高职高专教育"十二五"规划建设教材

动物微生物免疫与应用

裴春生　张进隆　主编

中国农业大学出版社

·北京·

内 容 简 介

本书共分为六个项目,二十个任务,每个任务又分为基本知识、扩展知识和技能训练三个模块,并列出知识点、技能点和复习思考题。项目一动物微生物的识别,包括细菌的识别、病毒的识别、其他微生物的识别三个任务,侧重介绍微生物的形态结构及其观察方法、常见病原微生物的形态结构特点。项目二动物微生物的分离与培养,包括细菌的分离与培养、病毒的分离与培养、其他微生物的分离与培养三个任务,主要介绍微生物的生长规律、繁殖条件、培养方法及其常见病原微生物的培养特点。项目三动物微生物的鉴定,包括细菌的鉴定、病毒的鉴定、其他微生物的鉴定三个任务,突出介绍病料的采集、保存及运输,微生物的分离鉴定,常见病原微生物的鉴定特点。项目四动物微生物的消毒与灭菌,包括物理消毒灭菌、化学消毒灭菌、生物消毒灭菌三个任务,着重介绍影响微生物消毒灭菌的因素、常见病原微生物的抵抗力、常用的消毒灭菌方法。项目五动物免疫,包括非特异性免疫、特异性免疫、变态反应三个任务,主要介绍免疫系统、抗原、抗体及免疫应答反应。项目六血清学实验,包括凝集实验、沉淀实验、补体结合实验、免疫标记实验、中和实验五个任务,主要介绍血清学实验种类、影响因素、实验原理、实验方法和应用。

本书适用于高职高专畜牧兽医专业、兽医专业、兽药生产与营销专业和动物防疫检疫专业,也可以作为基层畜牧兽医管理人员的培训教材,畜牧兽医行业工作人员参考书。

图书在版编目(CIP)数据

动物微生物免疫与应用/裴春生,张进隆主编. —北京:中国农业大学出版社,2014.11
ISBN 978-7-5655-1135-6

Ⅰ.①动… Ⅱ.①裴…②张… Ⅲ.①兽医学-微生物学-免疫学 Ⅳ.①S852.6

中国版本图书馆 CIP 数据核字(2014)第 285464 号

书 名	动物微生物免疫与应用			
作 者	裴春生 张进隆 主编			
策划编辑	康昊婷 伍 斌		责任编辑	田树君
封面设计	郑 川			
出版发行	中国农业大学出版社			
社 址	北京市海淀区圆明园西路 2 号		邮政编码	100193
电 话	发行部 010-62818525,8625		读者服务部	010-62732336
	编辑部 010-62732617,2618		出 版 部	010-62733440
网 址	http://www.cau.edu.cn/caup		e-mail	cbsszs @ cau.edu.cn
经 销	新华书店			
印 刷	北京时代华都印刷有限公司			
版 次	2014 年 12 月第 1 版 2014 年 12 月第 1 次印刷			
规 格	787×1 092 16 开本 20.5 印张 500 千字			
定 价	43.00 元			

图书如有质量问题本社发行部负责调换

◆◆◆◆◆ 前 言

本教材以教育部《关于全面提高高等职业教育教学质量的若干意见》、《关于加强高职高专教育教材建设的若干意见》的文件精神为指导。从畜牧业行业企业用人需要和畜牧业行业企业人员对动物微生物与免疫基本知识和基本技能需要出发,根据畜牧业行业企业岗位群,校企合作开发专业学习领域课程体系。结合专业人才培养目标,制订课程目标。遵循学生认知规律、能力形成规律和教师特点,结合国家职业资格与技术等级要求,以及区域经济发展与产业化项目的实施,筛选教材内容。

按照动物微生物与免疫的具体应用,将教材内容划分为六个项目,二十个任务,每个任务又分为基本知识、扩展知识和技能训练三个模块,并列出知识点、技能点和复习思考题,便于项目引导、任务驱动教学方法的运用,使学生通过完成相关的技能学习与训练,掌握相关的专业基本知识,从而实现培养学生职业能力的目的。为学生掌握相关专业知识与技术打下基础,增强学生的可持续发展能力。

具体内容为:项目一动物微生物的识别,包括细菌的识别、病毒的识别、其他微生物的识别三个任务,侧重介绍微生物的形态结构及其观察方法、常见病原微生物的形态结构特点。项目二动物微生物的分离与培养,包括细菌的分离与培养、病毒的分离与培养、其他微生物的分离与培养三个任务,主要介绍微生物的生长规律、繁殖条件、培养方法及其常见病原微生物的培养特点。项目三动物微生物的鉴定,包括细菌的鉴定、病毒的鉴定、其他微生物的鉴定三个任务,突出介绍病料的采集、保存及运输,微生物的分离鉴定,常见病原微生物的鉴定特点。项目四动物微生物的消毒与灭菌,包括物理消毒灭菌、化学消毒灭菌、生物消毒灭菌三个任务,着重介绍影响微生物消毒灭菌的因素、常见病原微生物的抵抗力、常用的消毒灭菌方法。项目五动物免疫,包括非特异性免疫、特异性免疫、变态反应三个任务,主要介绍免疫系统、抗原、抗体及免疫应答反应。项目六血清学实验,包括凝集实验、沉淀实验、补体结合实验、免疫标记实验、中和实验五个任务。主要介绍血清学实验种类、影响因素、实验原理、实验方法和应用。

本教材的编写分工:项目一中任务一由裴春生编写,任务二、任务三由李迎晓编写;项目二由张进隆和王雅华编写;项目三中任务一、任务二由王雅华和张振仓编写,任务三由曹素芳编写;项目四中任务一由曹素芳编写,任务二、任务三由刘志健编写;项目五中任务一、任务二由王俊峰编写,任务三由刘锦妮编写;项目六中任务一由刘锦妮编写,任务二、任务三由王金合编写,任务四、任务五由李迎晓编写;全书由裴春生统稿。全书图片制作由杨振野负责。

本书由具有多年本课程教学经验和一定生产实践经验的人员编写,除可作为全国高职高专院校畜牧兽医专业、兽医专业和动物防疫检疫专业的教材外,也可作为基层畜牧兽医管理人员的培训教材,以及畜牧兽医相关行业工作人员的自学参考书。

本教材由黑龙江畜牧兽医职业学院刘莉教授审定,在审稿过程中,她提出了诸多宝贵意见;教材编写过程中,也收到了许多兄弟学校老师提出的有益的意见和建议;同时,教材编写过程中也参考了相关专家的成果文献,在此一并表示感谢!

限于编者的经验和水平,请使用本书的师生及其同行,对本教材在内容和文字上的疏漏和不当之处给予批评指正。

编 者

2014 年 1 月

目 录

项目一　动物微生物的识别

项目二　动物微生物的分离与培养

项目三　动物微生物的鉴定

项目四 动物微生物的消毒与灭菌

项目五　动物免疫

项目六　血清学实验

项目一　动物微生物的识别

任务一

细菌的识别

❀ 知识点

　　细菌的分类、细菌的大小、细菌的基本形态、细菌的群体形态、细菌的基本结构、细菌的特殊结构、常见病原细菌的形态结构特点。

❀ 技能点

　　显微镜的使用、玻璃器材处理和包扎、细菌标本片制备、菌体形态观察、细菌的运动性观察。

◆◆ 模块一　基本知识 ◆◆

一、细菌的分类

　　细菌的分类与动物植物一样,也有纲、目、科、属、种,但是最重要的是种,其次是属。属是具有共性的若干种组合,应与其他属有明显的差异。种是微生物分类的最基本单元,是一群性质相似的菌株,它与其他菌株群体有明显差异。菌株是不同来源的某一种细菌的纯培养物。

　　细菌分类的主要依据是表型特征,即形态、染色、培养、细胞壁结构、理化特性等特征。

　　按有无细胞壁分为正常细菌和 L 型细菌。按细胞壁特征分为革兰氏阳性菌和革兰氏阴性菌,就是 G^+ 和 G^-。按细菌形态分为球菌、杆菌、螺旋菌。球菌中又有单球菌、双球菌、链球菌、四联球菌、八叠球菌、葡萄球菌。杆菌中又有球杆菌、链杆菌、竹节杆菌、双歧杆菌、粗大杆菌、细小杆菌、棒状杆菌等。螺旋菌又有弧菌、螺菌、螺旋体。按致病分为有条件性致病菌、致病菌、正常菌。按有无荚膜分为 S 型菌、R 型菌。按有无芽孢分为芽孢菌、无芽孢菌。按有无性菌毛分为 F^+ 菌、F^- 菌。按对氧气需要分为专性需氧菌、专性厌氧菌、微需氧菌、兼性厌氧菌。按营养方式分为化能自养菌、光能自养菌、异养菌、兼性自养菌等。

二、细菌的形态结构

(一)细菌的形态

1.细菌的大小

细菌的个体微小,经过染色后在光学显微镜下才能看见。测定细菌大小的单位一般是微米(μm),由于细菌的形态不同,各种细菌的大小表示有一定的差别。球菌以直径表示,常为$0.5 \sim 2.0\ \mu m$。杆菌和螺旋状菌用长和宽表示,较大的杆菌长$3 \sim 8\ \mu m$,宽$1 \sim 1.25\ \mu m$,中等大小的杆菌长$2 \sim 3\ \mu m$,宽$0.5 \sim 1.0\ \mu m$,小杆菌长$0.7 \sim 1.5\ \mu m$,宽$0.2 \sim 0.4\ \mu m$,螺旋状菌以其两端的直线距离作为长度,一般在$2 \sim 20\ \mu m$,宽$0.2 \sim 0.4\ \mu m$。

测定细菌的大小应以生长在适宜的温度和培养基中的对数生长期的培养物中的细菌为准,各细菌的大小是相对稳定的,可以作为鉴定细菌的依据,同种细菌在不同的生长环境和不同的培养基条件下,其大小会有变化,在实际测量时,制片方法、染色方法和使用的显微镜不同也会有影响,因此,测定和比较细菌的大小时,各种因素、条件和技术操作等均应一致。

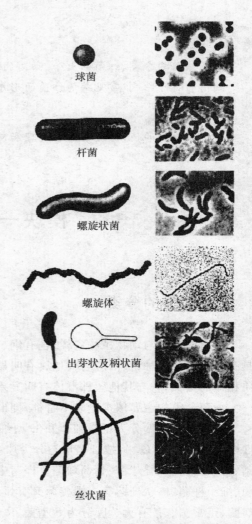

2.细菌的基本形态

细菌的外形很简单,有球状、杆状和螺旋状三种基本类型。细菌的繁殖方式是裂殖,不同细菌裂殖后其菌体排列方式不同。有些细菌分裂后单个存在,有些细菌分裂后彼此仍有原浆带相连,形成一定的排列方式,在正常情况下,各细菌的外形和排列方式是相对稳定而有特征性的,可以作为分类与鉴定的一种依据(图1-1)。

球菌:多数球菌呈正球形,少数呈肾形、豆形。按其分裂方向及分裂后的排列情况,又有以下几种。单球菌:分裂后的细菌分散而单独存在为单球菌,如尿素微球菌。双球菌:分裂后两个球菌成对排列,其接触面呈扁平或凹陷,菌体变成肾状、扁豆状或矛头状,如肺炎双球菌呈矛头状,脑膜炎双球菌呈肾状,淋病双球菌呈扁豆状。链球菌:向一个平面连续进行多次分裂,分裂后三个以上的球菌排列成链状,如猪链球菌、化脓性链球菌、马腺疫链球菌。葡萄球菌:向多个不规则的平面分

图1-1　细菌的各种形态示意图及电镜照片

(据 Madigan 等)

图中标注:球菌、杆菌、螺旋状菌、螺旋体、出芽状及柄状菌、丝状菌

裂,分裂后多个球菌不规则地堆在一起似葡萄串状,如金黄色葡萄球菌。此外还有四联球菌、八叠球菌。

杆菌:一般呈圆柱形,也有的近似卵圆形。菌体两端多呈钝圆,少数平齐,如炭疽杆菌。有些杆菌的菌体短小,近似球形,称为球杆菌,如多杀性巴氏杆菌。有的杆菌会形成分支,称为分枝杆菌。有的杆菌呈长丝状,如坏死杆菌。杆菌的分裂与菌体的长轴垂直。多数杆菌分裂后单独散在,为单杆菌,如大肠杆菌。有的杆菌分裂后成对存在,为双杆菌,乳酸菌。有的杆菌分裂后成链存在,为链杆菌,如炭疽杆菌。

螺旋状菌:菌体呈弯曲或螺旋状,两端圆或尖突。根据弯曲的程度的不同分为弧菌和螺菌。弧菌:只有一个弯曲,呈弧形,如霍乱弧菌。螺菌:有两个以上的弯曲,回转呈螺旋状,如鼠咬热螺菌。

细菌的形态与细菌的培养温度、时间和营养情况等因素有关,适宜的环境条件下表现出正常的形态,当环境条件发生变化时其形态也会发生改变,形态异常的细菌一般在重新处于正常的营养环境时,可恢复正常的形态。也有些细菌,即使在适宜的环境中生长,其形态也很不一致,表现多形性。如嗜血杆菌。

知道细菌的形态特点,对于细菌的分类鉴别、疾病诊断、细菌的致病性与免疫性的研究,均有重要意义。

3.细菌的群体形态

某个细菌在适合生长的固体培养基表面或内部,在适宜的条件下,经过一定时间的培养(18~24 h),生长繁殖出大量的菌体,形成一个肉眼可见的、有一定形状的菌体,称为菌落。若长出的菌落连成片称为菌苔。

菌落形态包括菌落的大小、形状、边缘、光泽、质地、颜色和透明程度等。每一种细菌在一定条件下形成固定的菌落特征。不同种或同种在不同的培养条件下,菌落特征是不同的。这些特征对菌种识别、鉴定有一定意义(图1-2)。

细菌形态是菌落形态的基础,菌落形态是细菌形态在群体集聚时的反映。细菌是原核微生物,故形成的菌落也小;细菌个体之间充满着水分,所以整个菌落显得湿润,易被接种环挑起;球菌形成隆起的菌落;有鞭毛细菌常形成边缘不规则的菌落;具有荚膜的菌落表面较透明,边缘光滑整齐;有芽孢的菌落表面干燥皱褶;有些能产生色素的细菌菌落还显出鲜艳的颜色。

图 1-2 细菌的菌落形态

(二)细菌的基本结构

细菌细胞均具有细胞壁、细胞膜、细胞质、核体和间体等基本结构(图1-3)。

1.细胞壁

细胞壁是位于细菌细胞外围的一层无色透明、坚韧而具有一定弹性的膜结构。将细菌染色,在光学显微镜下可见,将细菌制成超薄切片,用电子显微镜观察可看到细胞壁。

细胞壁的化学组成:用革兰氏染色法染色,可把细菌分成革兰氏阳性菌和革兰氏阴性菌两大类,他们的化学组成和结构不同。革兰氏阳性菌的细胞壁较厚,15~80 nm,其化学成分主要为肽聚糖,占细胞壁物质干重的40%~95%,并形成具有15~50层的聚合体。此外,还有磷壁酸、多糖和蛋白质等,有的细菌还有大量的脂类。革兰氏阴性菌的细胞壁较薄,厚10~15 nm,由周质间质和外膜组成,外膜由脂多糖、磷脂、蛋白质和脂蛋白等复合构成,周质间质是一层薄的肽聚糖,占细胞壁物质干重的10%~20%(图1-4)。

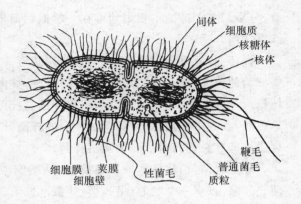

图1-3 细菌细胞结构示意图
(据 Madigan 等)

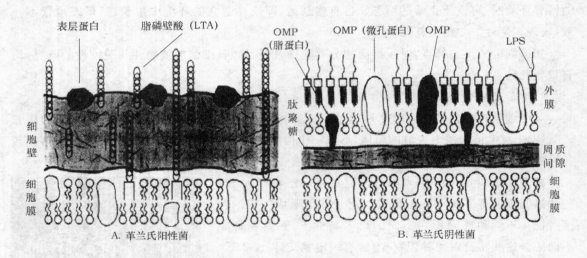

A. 革兰氏阳性菌
B. 革兰氏阴性菌

图1-4 细菌细胞壁结构示意图
(据 Madigan 等)

细胞壁的功能:细菌细胞壁具有保护菌体及维持菌体形态的功能。失去细胞壁的菌体都将有多形性的改变,细菌在一定限度内的高渗溶液中细胞质收缩,但细胞仍可保持原来的形态,在一定限度内的低渗溶液中细胞则会膨胀变大,但不会破裂,这些都与细胞壁具有一定坚韧性和弹性有关。细菌细胞壁的化学成分还与细菌的抗原性、致病性、药敏性及革兰氏染色特性有关。细菌细胞壁为鞭毛运动提供可靠的支点。有鞭毛的细菌在失去细胞壁后不能运动。细菌细胞壁的多孔性,可允许水及一些化学物质通过,并对大分子物质有阻拦作用。

2.细胞膜

细胞膜又称细胞质膜,位于细胞壁内面,包在细胞质的外面,是一层富有弹性的半透膜,将细菌用高渗溶液处理,使细胞壁与细胞质分开,在光学显微镜下可以观察到它的存在。用电子显微镜观察,可见到细胞膜的内外两层是电子稠密层,中间一层是电子透明层,整个厚度5~10 nm,重量占菌体干重的10%左右。

细胞膜的化学组成:主要是磷脂和蛋白质,也有少量的碳水化合物和其他物质,磷脂占细胞膜干重的 20%～30%,蛋白质占 55%～75%,碳水化合物占 2% 左右。其结构是由磷脂双分子构成骨架,每个磷脂分子的亲水基团(头部)向外,疏水基团(尾部)向内。蛋白质结合于磷脂双分子表面或镶嵌、贯穿于双分子层。镶嵌、贯穿于双分子层的蛋白质叫内在蛋白,位于膜表面的蛋白质叫外在蛋白或表面蛋白。

细胞膜的功能:细胞膜可以选择性地吸收和运送物质,维持细胞内正常渗透压,合成细胞壁、荚膜的各组分,也是细菌细胞能量转换的重要场所,还有专递信息功能。细胞膜受到损伤,细菌将死亡。

3.细胞质

细胞质是指细菌细胞膜内包围的、除核体以外的所有物质,是一种无色透明均质的黏稠胶体。

细胞质的化学组成:其主要成分是水、蛋白质、脂类、多糖类、核糖核酸和无机盐等。在细胞质内含有各种酶系统,还有核糖体、质粒和包含物等内含物。

核糖体:是散布在细胞质中的一种核糖核酸蛋白质小颗粒,呈小球形或不对称形。是细菌合成蛋白质的场所,由于其结构与人和动物细胞核糖体不同,有些药物,如红霉素和链霉素能干扰其蛋白质合成,将细菌杀死,但对人和动物细胞核糖体不起作用。

质粒:在核体 DNA 以外能够进行自我复制的游离的小型双股 DNA 分子,多为共价闭合的环状,也有线状。质粒不是细菌生命必需的,能够控制细菌产生菌毛、毒素、耐药性和细菌素等遗传性状,还能与外来的 DNA 重组,是基因工程中常用的载体。

包含物:是细菌内一些储存营养物质的颗粒样结构,主要有脂肪滴、肝糖粒、淀粉粒、气泡和液泡。

细胞质的功能:是细菌合成蛋白质和核酸的场所,是细菌进行物质代谢的场所。

4.核体

核体是细菌的核物质,无核仁,无核膜,没有固定形态,结构简单。核体含细菌的遗传基因,控制细菌的遗传和变异。核体是一个共价闭合环状的双链 DNA 分子,不与蛋白质相结合。

5.间体

间体是细菌的细胞膜折皱陷入细胞质内形成的一些管状、囊状或层状结构,其中酶系统发达,是能量代谢的场所,与细菌细胞分裂、呼吸、细胞壁的合成、芽孢的形成以及核体的复制有关。

(三)细菌的特殊结构

细菌的特殊结构是某些细菌在特定环境下或生长的特定阶段产生的特有的结构,如荚膜、鞭毛、菌毛、芽孢等,不是所有的细菌都有,是细菌分类鉴定的重要依据。

1.荚膜

某些细菌在其生活过程中可在细胞壁外周产生一层松散透明的黏液样物质,包围整个菌体,叫荚膜。当多个细菌的荚膜融合为一个大的胶状物,内含多个细菌时,叫菌胶团。用荚膜染色法染色,在光学显微镜下能看到荚膜,普通染色法染色看不到荚膜。荚膜不是细菌的主要结构,除去荚膜对细菌的生长代谢没有影响,很多有荚膜的菌株可产生无荚膜的变异株(图 1-5)。

荚膜的化学组成：大多数细菌的荚膜由多聚糖组成，少数细菌的荚膜由多肽组成，也有少数细菌的荚膜是由多聚糖和多肽共同组成。细菌产生荚膜可使液体培养基具有黏性，在固体培养基上则形成表面湿润、有光泽的光滑（S）型菌落或黏液（M）型菌落，失去荚膜后菌落变成粗糙（R）型菌落。

荚膜的功能：荚膜具有保护菌体的功能，可以保护细菌免受干燥等不良环境因素的影响。可抵宿主吞噬细胞的吞噬作用，还能抵抗抗体的作用。当营养缺乏时可为细菌提供营养。对宿主有侵袭力。荚膜还具有抗原性。并有种和株的特异性，可作细菌鉴定的依据。

2.鞭毛

鞭毛是某些细菌表面着生的细长而弯曲的丝状物。直径 10～20 nm，长 10～70 μm。有一端单鞭毛菌，如霍乱弧菌；有两端单鞭毛菌，如鼠咬热螺菌；有一端丛鞭毛菌，如铜绿假单胞菌；有两端丛鞭毛菌，如产碱杆菌；有周鞭毛菌，如大肠杆菌（图 1-6）。

鞭毛的化学组成：鞭毛的主要化学成分是蛋白质，有的还有少量的多糖和类脂。鞭毛蛋白质是一种良好的抗原物质，叫作鞭毛抗原，也叫 H 抗原。各细菌的 H 抗原性质不同，故可通过血清学反应进行细菌分类鉴定。

鞭毛的功能：鞭毛是细菌的运动器官，鞭毛有规律地收缩，引起细菌运动，细菌的运动方式与鞭毛的排列有关，单鞭毛菌和丛鞭毛菌呈直线运动。周鞭毛菌呈无规律的缓慢运动或滚动。细菌的鞭毛与细菌的致病性有关。

3.菌毛

菌毛是某些细菌的菌体上生长的一种较短的毛发状细丝。比鞭毛数量多，直径为 5～10 nm，长度为 0.2～1.5 μm，少数可达 4 μm，只能在电子显微镜下才能看见。

菌毛的化学组成：由菌毛蛋白质组成的中空管状结构，分为普通菌毛和性菌毛，普通菌毛较细、较短，数量较多，每个细菌有 150～500 条，周身排列。性菌毛比普通菌毛较粗较长，每个细菌有 1～4 条（图 1-7）。

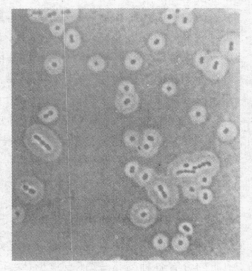

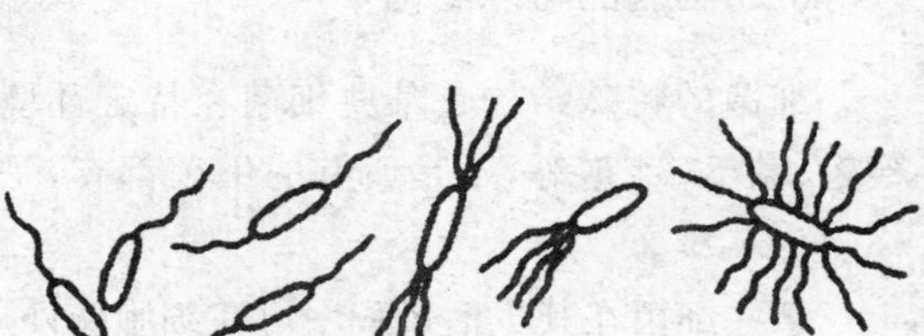

图 1-5 具有荚膜的不动杆菌
（据 Madigan 等）

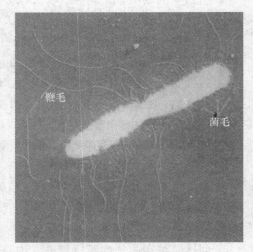

图 1-6 伤寒沙门氏菌的鞭毛和菌毛
（据 Madigan 等）

图 1-7 鞭毛和菌毛排列示意图
（据 Madigan 等）

菌毛的功能：普通菌毛具有吸附作用，能吸附在宿主细胞上，吸取营养。还与细菌的致病性有关。也是良好的抗原。性菌毛可传递质粒或转移基因，带有性菌毛的细菌具有致育性，称为 F⁺ 或雄性菌，不带性菌毛的细菌叫 F⁻ 菌或雌性菌。当雌雄菌株结合时，F⁺ 菌能够通过性菌毛将质粒传递给 F⁻ 菌，可以引起后者某些性状的改变。性菌毛还是某些噬菌体吸附于细菌表面的受体。

4. 芽孢

某些革兰氏阳性菌在一定环境下，可在菌体内形成一个圆形或卵圆形的休眠体，叫芽孢。未形成芽孢的菌体叫繁殖体或营养体，带芽孢的菌叫芽孢体。芽孢成熟后，菌体崩解，芽孢离开菌体单独存在，叫游离芽孢。

各种细菌的芽孢形状、大小以及在菌体中的位置不同，具有种的特征，可作为细菌分类鉴定的依据。如炭疽杆菌的芽孢位于菌体中央，呈卵圆形，比菌体小，叫中央芽孢。破伤风梭菌的芽孢位于菌体的顶端，圆形，比菌体大，叫顶端芽孢。肉毒梭菌的芽孢位于菌体的一端，叫近端芽孢（图1-8）。

图1-8 各种芽孢的形态和位置示意图
（据 Madigan 等）

芽孢的化学组成：芽孢具有较厚的芽孢壁，多层芽孢膜，结构坚实，含水量少，折光性强。应用普通染色时，不易着色，只有用特别强化的芽孢染色法才能使芽孢着色，一经着色不易脱色。芽孢内含有吡啶二羧酸，与钙结合后形成的复合物能提高芽孢的耐热性和抗氧化能力。芽孢内含有酸溶性芽孢小蛋白，能与 DNA 结合，可免受辐射、干燥、高温的破坏，在萌发时又可作为碳源和能源。

芽孢的功能：一个细菌只能形成一个芽孢，一个芽孢也只能形成一个菌体，芽孢不是细菌的繁殖器官，而是其生长发育过程中保存生命的一种休眠状态的结构，此时菌体代谢相对静止。芽孢的形成有一定的条件，细菌一般在营养不足时形成芽孢，各细菌形成芽孢的条件也不同。芽孢对外界不良环境的抵抗力比繁殖体强，特别能耐高温、干燥、渗透压、化学药品和辐射的作用。如炭疽杆菌芽孢在干燥条件下能存活数十年。

三、常见病原细菌的形态结构特点

1. 葡萄球菌

葡萄球菌广泛分布于空气、饲料、饮水及物体表面。人和动物的皮肤、黏膜、肠道、呼吸道及乳腺中有寄生。致病性葡萄球菌常引起各种化脓性疾病、败血症或脓毒败血症。当污染食物时，可引起食物中毒。

典型的葡萄球菌为球形，直径 0.5～1.5 μm，排列成葡萄串状，但在浓汁中或液体培养基中常呈双球或短链排列。无芽孢，无鞭毛，不能运动，有的有荚膜。革兰氏阳性。

2. 链球菌

链球菌是一种常见的化脓性细菌。在自然界分布很广，动物体表、黏膜、乳汁都有存在。有的为非致病菌，有的是动物的正常菌群，有的可以引起动物机体化脓性疾病、肺炎、乳腺炎、败血症等疾病。

链球菌呈球形或卵球形,直径 0.5～1.0 μm,常呈短链、长链或成对排列。一般情况下,致病菌的链长,非致病菌的链短。无芽孢,个别菌株有鞭毛,有的菌株有菌毛,初培养物可形成荚膜,革兰氏阳性。

3.炭疽杆菌

炭疽杆菌对人和动物都有致病性,且危害极为严重,在兽医学和医学上占有重要的地位。

炭疽杆菌为革兰氏阳性粗大杆菌,长 3～8 μm,宽 1～1.5 μm,无鞭毛,不运动。芽孢呈卵圆形,位于菌体中央,不突出菌体。在有氧的情况下才能形成芽孢,芽孢成熟后,菌体消失。在动物体内菌体单在或 3～5 个菌体形成短链,相连的菌端平直呈竹节状。在动物体内或含血清的培养基上形成荚膜,在普通培养基中不形成荚膜。荚膜有很强的抗腐败能力,当菌体因腐败消失后,仍有残留的荚膜显示,称为菌影。

4.多杀性巴氏杆菌

多杀性巴氏杆菌可引起多种动物发生巴氏杆菌病,表现为出血性败血症或传染性肺炎。本菌广泛分布于世界各地,正常存在于多种健康动物的口腔和喉部黏膜,属于条件致病菌。

巴氏杆菌呈球杆状或短杆状,两端钝圆,大小为 (0.25～0.4) μm×(0.5～2.5) μm。单个存在,有时成对排列。新分离的强毒株有荚膜,经培养后荚膜消失。革兰氏染色阴性。瑞氏染色或美蓝染色时,呈两极浓染。无鞭毛,不能运动。不形成芽孢。

5.布氏杆菌

布氏杆菌又名布鲁菌,是多种动物和人布氏杆菌病的病原,不仅危害畜牧生产,而且严重损害人类健康,因此在公共卫生和畜牧业发展上均有重要意义。

布氏杆菌菌体呈球形、球杆形或短杆形,新分离者趋向球形。(0.5～0.7) μm×(0.6～1.5) μm,多单在,很少成双、短链或小堆状。不形成芽孢和荚膜,偶尔有类似荚膜样结构,无鞭毛不运动。革兰氏染色阴性,姬姆萨氏染色呈紫色。由于对阿尼林染料吸附缓慢,经柯兹罗夫斯基或改良 Ziehl-Neelsen、改良 Koster 等鉴别染色法染成红色,可与其他细菌相区别。

6.猪丹毒杆菌

猪丹毒杆菌存在于猪、羊、鸟类及鱼体表、肠道等处,是引起猪丹毒病的病原体。

本菌为纤细的小杆菌,菌体直或稍弯,长 0.5～2.5 μm,宽 0.2～0.4 μm,无鞭毛、无荚膜、不产生芽孢,革兰氏染色阳性;老龄培养物中菌体着色能力较差,常呈阴性。病料中单在、成双或成丛排列,慢性病猪心脏疣状物中的细菌多为长丝状。

7.大肠杆菌

大肠埃希氏菌是肠杆菌科埃希菌属中具有代表性的菌种,俗称大肠杆菌,是人和动物肠道内正常菌群成员之一。一般不致病,并能合成维生素 B 和维生素 K,产生大肠杆菌素,抑制致病性大肠杆菌生长,对机体有利。但在一定条件下可引起肠道外感染,某些可引起肠道感染,称为致病性大肠杆菌。另外,一些大肠杆菌还是分子生物学和基因工程中重要的实验材料和研究对象。

大肠杆菌为革兰氏阴性无芽孢的短杆菌,大小 (0.4～0.7) μm×(2～3) μm,两端钝圆,散在或成对;大多数菌株为周身鞭毛,但也有无鞭毛或丢失鞭毛变异株;一般均有普通菌毛,少数菌株兼有性菌毛;除少数菌株外,通常无可见荚膜,但常有微荚膜。本菌对碱性染料有良好的着色性,菌体两端偶尔略深染

8.沙门氏菌

沙门氏菌种类繁多,目前已发现2 000多个血清型,且不断有新的血清型出现,是一群寄生于人和动物肠道内的革兰氏阴性无芽孢直杆菌。绝大多数沙门氏菌对人和动物有致病性,能引起人和动物的多种不同的沙门氏菌病,并且是人类食物中毒的主要病原之一,在医学、兽医和公共卫生方面均十分重要。

沙门氏菌的形态和染色特性与大肠杆菌相似,革兰氏染色阴性。除鸡白痢沙门菌和鸡伤寒沙门菌无鞭毛不运动外,其余均有周鞭毛,个别菌株可偶尔出现无鞭毛的变种,一般无荚膜,不形成芽孢。

9.厌氧芽孢梭菌

厌氧芽孢梭状杆菌是一群革兰氏阳性的厌氧杆菌,主要存在于土壤、污水和人畜肠道中,均能形成芽孢且芽孢直径一般大于菌体,致使菌体形如梭状。本群的细菌有80多种,其中多为非病原菌,常见的病原菌约11种,多为人畜共患病病原。病原梭状芽孢杆菌在适宜环境中均能产生强烈外毒素,是其主要的致病因素。

(1)破伤风梭菌。破伤风梭菌是引起人、畜破伤风的病原,大量存在于动物肠道及粪便中,随粪便排出污染土壤,形成芽孢后则长期存在。动物多以去势、断尾、分娩断脐、外科手术创伤等感染。本菌在局部繁殖,产生毒素经血流进入全身,引起以骨骼肌发生强直性痉挛症状为特征的破伤风病,又称为强直症,此菌也因此称之为强直梭菌。

本菌为两端钝圆、细长、正直或略弯曲的杆菌,大小(0.5～1.7)μm×(2.1～18.1)μm,长度变化很大。多单在,有时成双,偶有短链,在湿润琼脂表面上可形成较长的丝状。无荚膜,周鞭毛,能运动。在动物体内外均能形成圆形芽孢,位于菌体一端,而使芽孢体呈鼓槌状。革兰氏染色阳性。

(2)产气荚膜杆菌。产气荚膜杆菌又名魏氏梭菌。在自然界分布极广,土壤、污水、饲料、食物、粪便以及人畜肠道等都有存在,是动物和人创伤感染恶性水肿的主要病原菌。另外,可引起羔羊痢疾、羊猝狙、羊肠毒血症和魏氏梭菌下痢。

产气荚膜杆菌为两端钝圆的粗大杆菌,大小为(0.6～2.4)μm×(1.3～19.0)μm,单在或成双,也有短链状排列。无鞭毛,不运动。芽孢大,呈卵圆形,位于菌体中央或近端,使菌体膨胀,但在一般条件下罕见形成芽孢。多数菌株可形成荚膜,荚膜多糖的组成可因菌株不同而有变化。本菌易为一般苯胺染料着色,革兰氏染色阳性,且较稳定。

(3)肉毒梭菌。肉毒梭菌是一种腐生性细菌,广泛分布于土壤、海洋和湖泊的沉积物,哺乳动物、鸟类和鱼的肠道,饲料以及食品中。此菌不能在活的机体内生长繁殖,即使进入人畜消化道,亦随粪便排出体外。当有适宜营养并获得厌氧环境时,即可生长繁殖并产生肉毒素。人畜食入含此毒素的食品、饲料时,即可中毒而发生肉毒中毒症。

本菌多呈直杆状,不同型菌株的大小有差异。C型和D型为(0.5～2.4)μm×(3.0～22.0)μm,G型为(1.3～1.9)μm×(1.6～9.4)μm。单在或成双,革兰氏染色阳性。周鞭毛,能运动。芽孢卵圆形,位于菌体近端,大于菌体直径,使细胞膨大,易于在液体和固体培养基上形成芽孢,但G型菌罕见形成芽孢。

(4)气肿疽梭菌。气肿疽梭菌又名费氏梭菌,俗称黑腿病杆菌,为气肿疽的病原。此病主要发生于牛,症状主要是肌肉丰满部位发生气性水肿。病变肌肉常呈暗红棕色到黑色,故又称为黑腿病。该菌平日以芽孢形式存在于土壤中,通过消化道或创伤感染而引起发病,因此是一种地区性的土壤传染病。

本菌为两端钝圆的杆菌,$(0.5\sim1.7)\ \mu m\times(1.6\sim9.7)\ \mu m$,易呈多形性。单在或成双,在接种豚鼠腹腔渗出液中常单在或 3～5 个呈短链。不形成荚膜,周鞭毛,能运动。在液体和固体培养基中很快形成芽孢,在感染的肌肉及渗出液中也能形成芽孢。芽孢卵圆形,位于菌体中央或近端,横径大于菌体而使芽孢体呈梭状或汤匙状。染色不规则,病料及幼龄培养物中为革兰氏阳性,老龄培养菌呈阴性。

(5)腐败梭菌。本菌是引起动物和人恶性水肿的主要病原菌,故也曾称为恶性水肿杆菌。此菌还可引起羊快疫。

此菌为革兰氏阳性直或弯曲的杆菌,$(0.6\sim1.9)\ \mu m\times(1.9\sim35.0)\ \mu m$,与气肿疽梭菌极为相似,其不同特征为:在动物体内尤其是在肝背膜和腹膜上可形成微弯曲的长丝状,长者可达数百微米。

四、细菌的形态结构观察方法

(一)显微镜

微生物个体微小,大小通常用微米表示,肉眼难以看见,必须利用显微镜放大后才能看见。所以,显微镜是微生物学工作者必不可少的工具,正是显微镜的发明,使人类揭开了微生物世界的奥秘。随着科学技术的进步及微生物研究的需要,显微镜从使用可见光源的普通光学显微镜,发展到使用紫外线光源的荧光显微镜,进一步发展到用电子流代替照明光源的电子显微镜,使放大率和分辨率大大提高,为微生物学的发展提供了保障。

1. 普通光学显微镜

普通光学显微镜是由一组光学放大系统和机械支持及调节系统组成。机械支持及调节系统是整个显微镜的骨架,对光学系统起支撑和调节作用,部件包括镜座、镜臂、镜台、镜筒、物镜转换器和调焦旋钮等。光学系统架构于机械系统上,包括光源、聚光器、目镜和物镜。光学系统使标本物像放大,形成倒立的放大像。物镜分为低倍物镜、中倍物镜、高倍物镜、油浸物镜。显微镜的总放大倍数为物镜放大倍数乘以目镜的放大倍数。如在观察某标本时,物镜的放大倍数为 100 倍,目镜的放大倍数为 10 倍,则总的放大倍数为 $100\times10=1\ 000$ 倍。油镜头的镜片细小,进入镜中的光量亦较少,其视野较用高倍镜暗。当油镜头与载玻片之间为空气所隔时,因为空气的折光指数与玻璃不同,故有一部分光线被折射而不能进入镜头内,使视野更暗;若在镜头与载玻片之间放上与玻璃的折光指数相近的油类,如香柏油等,则光线不会因折射而损失太大,可使视野充分照明,能清楚地进行观察和检查。

2. 暗视野显微镜

暗视野显微镜使用特殊的暗视野聚光镜或暗视野聚光器,此聚光镜中央有一光挡,使光线不能由中央直线向上进入镜头,只能从周缘进入并会聚在被检物体的表面。同时,在有些物镜镜头中还装有光圈,以阻挡从边缘漏入的直射光线。由于光线不能直接进入物镜,因此,视野背景是黑暗的,如果在标本中有颗粒物体存在,并被斜射光照着,则能引起光线散射,一部分光线就会进入物镜。暗视野显微技术适于观察在明视野中，由于反差过小而不易观察折射率很强的物体，以及一些小于光学显微镜分辨极限的微小颗粒。在微生物学研究工作中，常用暗视野显微技术来观察活菌、螺旋体的运动或鞭毛等。

3. 相差显微镜

相差显微镜适合于观察透明的活微生物或其他细胞的内部结构。当光波遇到物体时，其波长(颜色)和振幅(亮度)发生变化，于是就能看到物体，但当光波通过透明的物体时，虽然物体的内部不同结构会有厚度和折光率不同的差异，而波长和振幅则仍然是不会发生改变的。因此，就不易看清这些不同的结构。用普通光学显微镜观察一些活的微生物或其他细胞等透明物体时，也就不易分清其内部的细微结构。但是，光线通过厚度不同的透明物体时，其相位却会发生改变形成相差。相差不表现为明暗和颜色的差异。利用光学的原理，可以把相差改变为振幅差，这样就能使透明的不同结构，表现明暗的不同，能够较清楚地予以区别。相差显微镜的结构和普通的显微镜相似。所不同的是它有其特殊的结构：环状光栅、相板、合轴调节望远镜和绿色滤光片。

4. 荧光显微镜

荧光显微镜是用来观察荧光性物质，特别是供免疫荧光技术应用的专门显微镜。荧光性物质含有荧光色素，当受到一定波长的短波光(通常是紫外线部分)照射，能够激发出较长波长的可见荧光。利用这一现象，把荧光色素与抗体结合起来，进行免疫荧光反应，可以在荧光显微镜中观察荧光影像，以作各种判定。荧光显微镜的结构和主要部件也是以普通光学显微镜为基础，其显微部分也是一般的复式显微系统，但其光源与滤光部分等则有所不同。其部件包括光源、滤色系统、反光镜、聚光镜、物镜、目镜、落射光装置。

5. 电子显微镜

用可见光作为光源的各种光学显微镜，进入光学系统中的可见光，其波长是恒定的，显微镜的分辨能力与波长相关，如欲提高分辨力则需缩短光波的波长，而这是无法实现的。因此，光波波长是限制显微镜增大分辨力不可逾越的障碍。

电子显微镜放大倍数可达 250 000 倍以上，再利用显微摄影技术放大 10 倍，就能得到 2 500 000 倍放大的图像(可以直接看到原子)。不仅可以窥知各类细胞生物详尽的细胞器、病毒的形态以及生物大分子物质的细微结构，使生命科学的研究进入了分子时代。电子显微镜有透射电子显微镜和扫描电子显微镜两种。

透射电子显微镜的构造与光学显微镜相似，在电子显微镜的顶端，装有由钨丝制成的电子枪。钨丝经高压电流通过，发生高热，放出电子流，这就相当于光学显微镜的光源。电子流向下通过第一磁场(称为电磁电容场，相当于光学显微镜的集光镜)，电子流的焦点被控制集中到标本上。电子流通过标本形成差异，在经过第二磁场(称为接物磁场，相当于物镜)时，被放大成一个居间像。居间像往下去被第三磁场(称为放映圈，相当于目镜)放映在荧光屏上，变成肉眼可见的光学影像，就可在观察窗看到，光学影像也可以在电子显微镜内摄于照相底片上，供冲晒和放大观察。

扫描电子显微镜：电子枪发射的电子束经聚光镜聚焦后在偏转线圈作用下，对样品表面进行"光栅状扫描"。由于样品表面形态、结构特征上的差异，反射的二次电子数量有所不同，从而被检测器接受并转换为视频信号，经放大和处理后显示在显示屏上。

细菌的超薄切片,经负染、冰冻蚀刻等处理后,在透射电镜中可清晰观察到细菌内部的超微结构。经金属喷涂的细菌标本,在扫描电镜中能清楚地显示细菌表面的立体形象。电镜观察的细菌标本必须干燥,并在高度真空的装置中接受电子流的作用,所以电镜不能观察活的细菌。

(二)染色法

细菌细胞呈无色半透明状态,直接在普通光学显微镜下,也只能大致见到其外貌。制成抹片并染色后,则能较清楚地显示其形态和结构,也可以根据不同染色反应,作为鉴别细菌的一种依据。

1.简单染色法

简单染色法是最基本的染色方法,由于细菌在中性环境中一般带负电荷,所以通常采用一种碱性染料,如美蓝、碱性复红、结晶紫、孔雀绿、番红等进行染色。这类染料解离后,染料离子带正电荷,带负电荷的细菌和带正电荷染料结合,使细菌着色。

2.革兰氏染色法

革兰氏染色法是细菌学中广泛使用的重要鉴别染色法,通过此法染色,可将细菌鉴别为革兰氏阳性细菌(G^+)和革兰氏阴性细菌(G^-)两大类。革兰氏染色过程中所用三种不同溶液:碱性染料(草酸结晶紫溶液)、媒染剂(碘液)、复染剂(番红溶液)。

革兰氏染色法是利用细菌的细胞壁组成成分和结构的不同。革兰氏阴性菌的细菌壁脂类含量较多,肽聚糖层少而薄,网状结构交联少。当以95%酒精脱色时,脂类被溶解,使得细胞壁孔隙变大,尽管95%酒精处理能使肽聚糖孔隙缩小,但因其肽聚糖含量较少,细胞壁缩小有限,故能让结晶紫与碘形成的紫色复合物被95%乙醇脱出细胞壁外,而被后来红色的复染剂染成红色。而革兰氏阳性细菌细胞壁所含脂类较少,肽聚糖层厚,交联而成的肽聚糖网状结构致密,经95%乙醇脱色处理时,肽聚糖发生脱水作用,使孔隙缩小,通透性降低,结晶紫与碘形成的大分子紫色染色料复合物保留在细胞内而不被脱色,结果使细菌细胞被染成紫色。

3.抗酸染色法

抗酸染色法是鉴别分枝杆菌属的染色法。分枝杆菌属细菌其菌体中含有分枝菌酸,用普通染色法不被着色,需用强浓染液加温或长时间才能着色,但一旦着色后即使使用强酸、强碱或酒精也不能使其脱色。其原因一是细菌细胞壁含有丰富的蜡质(分支菌酸),它可阻止染料透入菌体内着染,但一旦染料进入菌体后就不易脱去;二是菌体表面结构完整,当染料着染后即能抗御酸类脱色,若胞膜及胞壁破损,则失去抗酸性染色特性。

4.瑞氏染色法

瑞氏染料是美蓝与酸性伊红钠盐混合而成,当溶于甲醇后即发生分离,分解成酸性和碱性两种染料。由于细菌带负电荷,与带正电荷的碱性染料结合而成蓝色。组织细胞的细胞核含有大量的核糖核酸镁盐,也与碱性染料结合成蓝色。而背景和细胞浆一般为中性,易与酸性染料结合染成红色(瑞氏染色液中一般含有甲醇,故组织标本的瑞氏染色,一般不需要固定)。

5.芽孢染色法

细菌的芽孢壁比细菌繁殖体的细胞壁结构复杂而且致密,透性低,着色和脱色都比细菌繁殖体困难。因此,一般采用碱性染料并在微火上加热,或延长染色时间,使细菌和芽孢都同时染上颜色后,再用蒸馏水冲洗,脱去菌体的颜色,但仍保留芽孢的颜色。用另一种对比鲜明的染料使菌体着色,如此可以在显微镜下明显区分芽孢和细菌繁殖体的形态。如复红美蓝染色法,菌体呈蓝色,芽孢呈红色。孔雀绿-沙黄染色法,菌体呈红色,芽孢呈绿色。

6.荚膜染色法

荚膜是某些细菌细胞壁外存在的一层胶状黏液性物质,与染料亲和力低,一般采用负染色的方法,使背景与菌体之间形成一透明区,将菌体衬托出来便于观察分辨,故又称衬托法染色。因荚膜薄,且易变形,所以不能用加热法固定。如美蓝染色法,荚膜呈淡红色,菌体呈蓝色。瑞氏染色法,荚膜呈淡紫色,菌体呈蓝色。

7.鞭毛染色法

细菌鞭毛非常纤细,超过一般光学显微镜的分辨力。因此,观察时需通过特殊的鞭毛染色法。鞭毛的染色法较多,主要是需经媒染剂处理。媒染剂的作用是促使染料分子吸附到鞭毛上,并形成沉淀,使鞭毛直径加粗,才能在光学显微镜下观察到鞭毛。如莱氏鞭毛染色法,鞭毛呈红色。刘荣标氏鞭毛染色法,菌体和鞭毛均呈紫色。

◆◆◆ 模块二 扩展知识 ◆◆◆

一、微生物的概念

生物包括动物、植物和微生物。微生物是广泛存在于自然界中的一群肉眼不能直接看见,必须借助光学显微镜或电子显微镜才能看到的微小生物的总称,微生物在自然界中分布广泛,绝大多数微生物对人类和动、植物的生存是有益且必需的。例如,土壤中的微生物能将动、植物尸体中的有机蛋白转化为无机含氮化合物,以供植物生长的需要,而植物又被人类和动物所食用;人类在工业、农业、食品、医药等行业中利用微生物为我们服务,如酿酒、生产发酵食品、制造菌肥、生产抗生素及疫苗等;肠道内的微生物能帮助反刍动物牛、羊等发酵分解纤维素,肠道内的大肠杆菌能合成 B 族维生素和维生素 K 来保护动物的健康。然而,也有一小部分微生物可对人类或动、植物产生危害,尤其是能引起人和动物的传染病。这些具有致病性的微生物称为病原微生物,简称病原体。有些微生物在正常情况下是不致病的,而在特定条件下才可引起疾病,称为条件性病原微生物。

二、微生物的特点

个体微小,结构简单:微生物的个体极其微小,要借助显微镜才能看到,要测量它们必须用 μm 或 nm 作单位。迄今为止,最小的细菌是一种能引起尿结石的纳米细菌,其最小直径仅为 50 nm,个体最大的细菌是一个硫细菌,其大小一般在 0.1~0.3 mm。它们的结构也是非常简单的,大多数微生物为单细胞,只有少数是简单得多细胞,也有的呈颗粒状。

吸收多,转化快:微生物吸收和转化物质的能力比动物、植物要高很多倍。在合适的环境下,大肠杆菌每小时内可消耗其自重 2 000 倍的乳糖。产朊假丝酵母合成蛋白质的能力比食用公牛强 10 万倍。

生长旺,繁殖快:生物界中,微生物具有惊人的生长繁殖速度,其中二等份分裂的细菌尤为突出。大肠杆菌在合适的生长条件下,每分裂一次仅需 12.5~20 min。

适应强、易变异:微生物有极其灵活的适应性,这是高等动植物无法比拟的,诸如抗热性、抗寒性、抗盐性、抗酸性、抗压力等能力。海洋深处的某些硫细菌可在 100℃ 以上的温度生长;嗜盐细菌可在饱和盐水中正常生长繁殖。由于微生物易受环境条件影响,加之其繁殖快,数量多,因此可在短时间内产生大量变异的后代。

分布广,种类多:在生物圈的每一个角落都有微生物踪迹。人体、动物、植物、海底、高空、土壤、水等中都存在着微生物。由于微生物的发现比较迟,加上鉴定微生物种的工作以及划分种的标准等问题较复杂,所以目前确定微生物种数只有 15 万多种。随着分离、培养方法的改进和研究工作的进一步深入,将会有更多的微生物被发现。

三、微生物的分类

按形态、结构、繁殖等特征,可将微生物分为细菌、真菌、放线菌、螺旋体、霉形体(又称支原体)、立克次体、衣原体、病毒。

按核的类型和个体形态,微生物界又划分为三大类型。原核细胞型,个体为单细胞,细胞核分化程度低,仅有原始的核质,无核仁、无核膜,缺乏完整的细胞器,包括细菌、螺旋体、霉形体、立克次体和衣原体。真核细胞型,个体为单细胞或多细胞,细胞核分化程度高,有核仁、核膜和染色体,胞质内有完整的细胞器,真菌属于此类型。非细胞型,个体不呈细胞结构,仅含一种核酸(DNA 或 RNA),与蛋白质构成简单的颗粒,可以繁殖,但不能独立生存,必须在宿主细胞内才能增殖。病毒属于这一类型。

四、微生物的发展过程

人类在生活与生产过程中,早已能有效地应用有益微生物,并不断地与病原微生物引起的传染病做斗争。例如,中国祖先就会利用微生物制酒、制酱、制醋、腌酸菜、蒸馒头等。也知道人被疯狗咬伤会得疯狗病,以驱赶疯狗来防御该病;在与"痫疾"(天花)做斗争的过程中,创造了用病人痘痂接种健康人的方法,预防人的天花;但是古代人受科学技术的限制,还不能观察和认识到微生物。直至 1676 年荷兰人吕文虎克用显微镜首次看到细菌,从此揭示了微生物的存在,人类才开始研究微生物,微生物学才逐渐形成和发展。微生物学的发展经历了 3 个阶段。

1. 初期形态学阶段

这一阶段从 17 世纪中后期起至 19 世纪中期,约经历了 200 年。1676 年,吕文虎克用自制的可放大 200 倍的简单显微镜首次观察到了细菌。从此,人们对微生物的形态、大小、排列展开了研究。

2.生理学与免疫学发展阶段

这一阶段从 19 世纪中期至 20 世纪初,约经历 50 年。1861 年,法国学者巴斯德以著名的弯颈瓶实验,首次揭示了灭菌肉汤的腐败变质是由微生物作用引起的;巴斯德的主要贡献有:①1857 年,他研究了发酵的过程,证实了是微生物作用的结果,并进一步发明了预防酒变酸的加热消毒法,这种方法被命名为"巴氏消毒法"。②巴斯德通过当时流行的禽霍乱、炭疽和狂犬病等病的研究,证明了这些传染病是由病原微生物引起,进一步研制出了相应的疫苗,为防制这些传染病起了重要的作用,促进了微生物学的发展,也为免疫学的兴起奠定了基础。因此,巴斯德成为微生物学、免疫学的奠基人。

这一时期,其他学者也研究改良了细菌染色技术、显微镜技术、细菌分离培养技术、病毒培养技术,分离出许多人畜病原菌、病毒;揭示了许多细菌的生化特性、机体免疫现象和机理等,大大丰富了微生物学的内容,使微生物学发展成了一门独立的新学科。

3.现代微生物学发展阶段

20 世纪 40 年代以来,随着生物学、遗传学、生物化学、分子生物学、电子计算机等理论和技术的迅速发展,推动微生物学研究迅速深入发展,微生物学成为整个生命学科中发展最快的前沿学科。

在微生物学研究方面取得的成就,如:①对微生物结构研究已进入超微结构、分子水平,并在分子水平探讨基因结构功能、致病物质基础及诊断方法,微生物的生命活动规律。②研究化学治疗药剂、抗生素、基因工程疫苗等。③利用电子显微镜、细胞培养、空斑技术、蛋白质及核酸等提纯技术进行病毒的研究与鉴定。

我国在动物微生物及免疫学研究方面也取得了一定的成绩,如:①消灭了牛瘟、牛肺疫。②在世界上首先发现小鹅瘟病毒、兔出血热病毒。③研制了猪瘟等十几种疫苗,其中猪瘟疫苗获国际殊荣。④对马传染性贫血的研究走在了世界的前列。

模块三 技能训练

一、玻璃器材处理和包扎

【学习目标】
知道常用玻璃器皿的名称及规格,会玻璃器皿的洗涤、包扎及灭菌方法。

【仪器材料】
试管、吸管、三角烧瓶、烧杯、培养瓶、量筒、量杯、漏斗、乳钵、普通棉花、脱脂棉、纱布、牛皮纸、报纸、来苏儿、新洁尔灭、石炭酸、洗衣粉、洗洁精、重铬酸钾、粗硫酸、盐酸、橡胶手套及橡胶围裙等。

【方法步骤】

1.玻璃器皿的洗涤

新购入的玻璃器皿,因附着游离碱,不可直接使用。需用 1%～2% 盐酸溶液浸泡数小时或过夜,以中和其碱性,然后用清水反复冲刷,去除遗留盐酸,倒立使之干燥或烘干备用。

经常使用过的器皿,如配制溶液、试剂及制作培养基等,可于用后立即用清水冲净。沾有油污者,可用洗洁精液煮 30 min 后趁热刷洗,再用清水反复冲洗干净,最后用蒸馏水冲洗 2～3 次,晾干备用。

载玻片和盖玻片,用毕立即浸泡于 2％～3％ 来苏儿或 0.1％ 新洁尔灭中 1～2 h 后取出,用洗衣粉液煮沸 5 min,再用毛刷刷去油脂及污垢,然后用清水冲洗干净,晾干或将洗净的玻片用蒸馏水煮沸,趁热把玻片摊放在毛巾或干纱布上,稍等片刻,玻片即干,保存备用或浸泡于 95％ 乙醇中备用。

培养细菌用过的试管、平皿等,需高压蒸汽灭菌后趁热倒去内容物,立即用洗衣粉液刷去污物,清水冲洗后,用蒸馏水冲洗 2～3 次,晾干或烘干备用。

对污染有病原微生物的吸管,用后投入盛有 2％～3％ 来苏儿或 5％ 石炭酸的玻璃筒内,筒底必须垫有棉花,消毒液要淹没吸管,经 1～2 h 后取出,浸入洗衣粉液中 24～48 h 或煮沸后取出,用自来水反复冲洗,最后用蒸馏水冲洗晾干备用。

各种玻璃器材如用上述方法处理仍未洗净时,可用清洗液(工业用重铬酸钾 80 g、粗硫酸 100 mL、水 1 000 mL)浸泡过夜,取出后再用清水冲净。清洗液经反复使用后变黑,应重换新液。此液含有硫酸,腐蚀性强,用时勿触及皮肤或衣服等,可戴上橡胶手套和穿上橡胶围裙操作。

2. 玻璃器皿的包扎

培养皿将合适的底盖配对,装入金属盒内或用报纸 4～6 个一摞包成一包。

试管、三角烧瓶等于开口处塞上大小适合的胶塞、棉塞或纱布塞,并在棉塞、瓶口之外包以牛皮纸,用细绳扎紧即可。

吸管在吸口的一端加塞棉花少许,松紧要适宜,然后用 3～5 cm 宽的旧报纸条,由尖端缠卷包裹,直至包没吸管,将纸条合拢。

乳钵、漏斗、烧杯等可用纸张直接包扎或用厚纸包严开口处,再以牛皮纸包扎。

3. 玻璃器皿的灭菌

干热灭菌:将包装的玻璃器皿放入干燥箱内,为使空气流通,堆放不宜太挤,也不能紧贴箱壁,以免烧焦。一般采用 160℃ 2 h 灭菌即可。灭菌完毕,关闭电源,待箱中温度下降至 60℃ 以下,开箱取出玻璃器皿。

高压蒸汽灭菌:在 121℃ 条件下灭菌 30 min,然后烘干。

二、细菌标本片制备

【学习目标】

会细菌涂片的制备如固定方法,以及美蓝及革兰氏染色法的操作步骤和染色结果的判定;知道常用的染色方法。

【仪器材料】

器材:酒精灯、无菌镊子及剪刀、载玻片、接种环、染色缸(架)、吸水纸、火柴等。

试剂:二甲苯、美蓝染色液、草酸铵结晶紫染色液、革兰碘液、95％乙醇、稀释石炭酸复红染色液、瑞氏染色液、姬姆萨染色液、甲醇、生理盐水。

其他:病料、细菌的液体及固体培养物。

【方法步骤】

1.细菌标本片的制备

(1)涂片。根据所用材料不同,涂片的方法亦有差异。

固体培养物:取洁净无油渍的玻片一张,将接种环在酒精灯火焰上烧灼灭菌后,取1～2环无菌生理盐水,放于载玻片中央;再将接种环灭菌、冷却后,从固体培养基上钩取菌落或菌苔少许,与载玻片上的生理盐水混匀,做成直径约1 cm的涂面。接种环用后需灭菌才能放下。

液体培养物:可直接用灭菌接种环钩取细菌培养液1～2环,在玻片的中央做直径约1 cm的涂面。

液体病料(血液、渗出液、腹水等):取一张边缘整齐的载玻片,用其一端醮取血液等液体材料少许,在另一张洁净的玻片上,以45°角均匀推成一薄层的涂面。

组织病料:无菌操作取被检组织一小块,用无菌刀片或无菌剪子切一新鲜切面,在玻片上做数个压印或涂抹成适当大小的一薄层。

(2)干燥。涂片应在室温下自然干燥,必要时将涂面向上,置酒精灯火焰高处微烤加热干燥。

(3)固定。

火焰固定:将干燥好的涂片涂面向上,在火焰上以钟摆的速度来回通过3～4次,以手背触及玻片微烫手为宜。

化学固定:将干燥好的玻片浸入甲醇中固定2～3 min后取出晾干,或在涂片上滴加甲醇使其作用2～3 min后自然挥发干燥。

固定的目的是使菌体蛋白质凝固,形态固定,易于着色,并且经固定的菌体牢固黏附在玻片上,水洗时不易冲掉。

2.细菌的染色法

(1)美蓝染色法。

染色:在已干燥、固定好的涂片上滴加适量的美蓝染色液,染色1～2 min。

水洗:用细小的水流将染料洗去,至洗下的水没有颜色为止。注意不要使水流直接冲至涂面处。

干燥:在空气中自然干燥;或将标本压于两层吸水纸中间充分吸干,但不可摩擦;也可以在酒精灯火焰高处微加热干燥。

(2)稀释石炭酸复红染色法。在已干燥、固定好的涂片上滴加适量的稀释石炭酸复红染色液,染色1 min,水洗、干燥,方法同美蓝染色法。

(3)革兰氏染色法。是微生物中最常用的一种鉴别染色方法。所有细菌都有其革兰氏染色特性,染成蓝紫色的为革兰氏阳性菌;染成红色的为革兰氏阴性菌。染色步骤如下。

染色:在干燥、固定好的涂片上滴加草酸铵结晶紫染色液,染色1～2 min,水洗。

媒染:滴加革兰碘液染色1～2 min,水洗。

脱色:在95%乙醇脱色缸内脱色0.5～1 min或滴加95%乙醇2～3滴于涂片上,频频摇晃3～5 s后,倾去酒精,再滴加酒精,如此反复2～5次,直至流下的酒精无色或稍呈浅紫色为止。脱色时间可根据涂片的厚度灵活掌握。水洗。

复染:滴加稀释石炭酸复红染色液或沙黄染色液,染色 0.5 min,水洗。

干燥、镜检:染成蓝紫色的细菌为革兰氏阳性菌;染成红色的细菌为革兰氏阴性菌。

(4)瑞氏染色法。因瑞氏染色液中含有甲醇,细菌涂片自然干燥后不需另行固定,可直接染色。滴加瑞氏染色液于涂片上,经 1~3 min 后,再滴加与染色液等量的磷酸缓冲液或中性蒸馏水于玻片上,轻轻摇晃或用口吹气使其与染色液混合均匀,经 3~5 min,待表面显金属光泽,水洗,干燥后镜检。结果菌体呈蓝色,组织细胞等物呈其他颜色。

(5)姬姆萨染色法。涂片经甲醇固定 3~5 min 并自然干燥后,滴加足量的姬姆萨染色液或将涂片浸入盛有染色液的染色缸中,染色 30 min 或者数小时至 24 h,水洗,干燥后镜检。结果细菌呈蓝青色,组织、细胞等呈其他颜色,视野常呈红色。

【注意事项】

(1)制作的细菌涂片应薄而匀,否则不利于染色和观察。

(2)干燥及火焰固定时切勿紧靠火焰,以免温度过高造成菌体结构破坏。

(3)标本片固定必须确实,以免水洗过程中菌膜被冲掉。

(4)瑞氏染色水洗时,不要先倾去染色液,应直接用水冲洗,以此避免沉渣黏附,影响染色效果。

(5)欲长期保留标本时,可在涂抹面上滴加一滴加拿大树胶,以洁净盖玻片覆盖其上。并应贴上标签,注明菌名、材料、染色方法和制片日期等。

(6)复红、结晶紫的着色力强,适于做永久性标本片的染色,但不适于观察细菌的内部构造。美蓝的着色力较弱,但适合于观察细菌的内部结构。在没有染色液的情况下,可用红墨水或蓝墨水代替,染色 7~10 min,效果也较好。

三、显微镜的使用及菌体形态观察

【学习目标】

知道显微镜油镜的使用及操作、保养与维护方法;会进行细菌形态的观察与描绘。

【仪器材料】

器材:普通光学显微镜、擦镜纸等。

试剂:香柏油、二甲苯。

其他:球菌、杆菌、螺旋菌、荚膜、芽孢及鞭毛标本片。

【方法步骤】

1.油镜的使用与保养

(1)油镜的识别。油镜一般是所有物镜中最长的。油镜头的镜片是所有物镜中最小的。油镜头上标有其放大倍数 100× 或 90× 字样,进口油镜头常标有"oil"字样。

显微镜各物镜头上标有不同颜色的线圈以示区别,油镜一般标为白色圈,使用时应先根据放大倍数熟悉线圈的颜色,以防用错物镜。

(2)使用方法。

对光:将光圈完全打开,升高集光器与载物台同高。对于电光源显微镜,接通电源后可通过亮度调节钮调节光源的强弱;对于普通显微镜,则通过调节反光镜来完成,使用天然光源或较强的光线宜用平面反光镜,使用普通灯光或较弱的光线宜用凹面反光镜。凡检查染色标本时,光线应强;检查未染色标本时,光线不要太强。

滴加香柏油:在细菌标本片的欲检部位滴加一滴香柏油,将标本片放在载物台上,使待检部位位于集光器亮圈上,片夹固定好玻片,将油镜头调到正中。

调焦点:先从侧面注视镜头,轻轻上升载物台或转动粗调节螺旋使油镜头下降,最终使油镜头浸入油滴中,直到与标本片几乎接触为止。然后,用左眼看目镜,用右手微微转动粗调节螺旋,使载物台轻轻下沉或使油镜头慢慢上升,待看到模糊物象时,再轻轻转动细调节螺旋调节焦点,直到出现完全清晰的物像为止。

观察物像:观察时,调换视野可调节推进器,使标本片前后、左右移动。如没有看清视野,按上述方法重做。

保养:镜检完毕,转动粗调节螺旋将载物台下降或使油镜头上升,然后取出细菌标本片,用擦镜纸擦净镜头上的香柏油。如油已干在镜头上,可在擦镜纸上滴 1～2 滴二甲苯擦拭,并立即用干擦镜纸拭净二甲苯。最后将物镜转成"八"字形或将低倍镜转至中央,下降集光器,右手握镜臂,左手掌托底送入箱内。

2.细菌形态的观察

球菌标本片的观察。

杆菌标本片的观察。

螺旋菌标本片的观察。

细菌荚膜标本片的观察。

细菌芽孢标本片的观察。

细菌鞭毛标本片的观察。

【注意事项】

(1)香柏油的用量以 1～2 滴为宜。用量过多会浸染镜头,用量过少会使视野变暗,影响观察效果。

(2)在使油镜头浸入香柏油以及观察物象的过程中,不可使油镜头下降过度,以免压碎玻片和损坏油镜头。

(3)油镜头用毕必须用擦镜纸拭净香柏油,不可用手、棉花或其他纸张擦拭,否则将损坏油镜头。

(4)二甲苯的用量以 1～2 滴为宜,用量过多会腐蚀镜头,用量过少会擦拭不净。

四、细菌的运动性观察

【学习目标】

会细菌运动性的检查方法。

【仪器材料】

普通光学显微镜、酒精灯、载玻片、凹玻片、盖玻片、试管、接种环、小镊子、培养箱、生理盐水、凡士林、半固体培养基、大肠杆菌的固体及液体培养物。

【方法步骤】

1.显微镜直接检查法

(1)悬滴检查法。取洁净的凹玻片一块,于其凹窝的四周涂以适量的凡士林,如作短时间观察,可用水代替凡士林;另取洁净盖玻片一块,以接种环钩取 2～3 环生理盐水,置于盖玻片中央,再用灭菌接种环钩取少许细菌固体培养物与生理盐水混匀;如为液体培养物,可直接取 2～3 环置于盖玻片中央。

使凹玻片的凹窝正对着盖玻片的液滴盖下,轻压使盖玻片黏附到载玻片上,轻轻翻转使液滴朝下。

镜检:先用低倍镜找到液滴,再用高倍镜检查。检查时,通过下降集光器或调节光源亮度调节钮使视野变暗,以利观察。

(2)压滴法。取洁净载玻片一块,以接种环钩取生理盐水 2～3 环,置于载玻片中央,再用灭菌接种环钩取少许细菌固体培养物与生理盐水混匀;如为液体培养物,可直接取 2～3 环置于载玻片中央。

用小镊子夹一清洁无脂的盖玻片,盖在菌液上。放置时,先将盖玻片一边接触菌液,缓缓放下,以不发生气泡为好。如有气泡发生,可用小镊子轻压盖玻片,加以排除。

镜检:同悬滴检查法。

2.半固体培养基穿刺培养法

以灭菌的接种针蘸取细菌的纯培养物,垂直穿刺接种于半固体培养基的琼脂柱内,置37℃ 恒温培养箱内培养 18～24 h,取出观察。

结果:有运动性的细菌沿穿刺线向四周扩散生长,使培养基变浑浊;无运动性的细菌只沿穿刺线生长,周围的培养基仍保持澄清。

【注意事项】

显微镜直接检查细菌的运动性时,应选用细菌的幼龄培养物,最好刚从恒温箱中取出,并在温暖的环境下尽快检查。

镜检时,显微镜应置于平坦、稳定的实验台上,并且保证标本片在载物台上放置水平。否则,由于玻片不平导致液滴流动,造成菌体随水流向一个方向移动,影响观察效果。

细菌的运动性在显微镜下持续时间较短,做好的标本片应在较短的时间内观察。

复习思考题

1.简述细菌的分类。

2.简述细菌的基本形态。

3.细菌的基本结构及其功能有哪些?

4.细菌的特殊结构及其功能有哪些?

5.比较革兰氏阳性菌和革兰氏阴性菌细胞壁结构及化学组成的区别。

6.简述普通显微镜的构造和使用方法。

7 革兰氏染色法的步骤有哪些?

任务二

病毒的识别

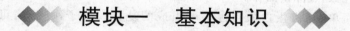

模块一　基本知识

一、病毒的分类

　　病毒的种类多达千种，为了研究及应用的方便，必须对病毒进行分类。根据核酸类型分为DNA 病毒和 RNA 病毒；根据寄生对象的不同，又可分为动物病毒、植物病毒、昆虫病毒和噬菌体等。根据国际病毒分类委员会（ICTV）第六次分类报告，将病毒分为三大类：第一类是DNA 病毒；第二类为 DNA 和 RNA 反转录病毒；第三类是 RNA 病毒。

　　国际病毒分类系统采用目、科、属、种，但不是所有的病毒科都必须隶属于一个目，在没有适当目的情况下，科可以是最高的病毒分类等级，在科下面允许设立不同的亚科或不设立亚科，科和属是病毒分类的最主要单位，种是一个不确定的分类单位。

　　如今病毒的分类依据包括形态与结构、核酸与多肽、复制以及对理化因素的稳定性等诸多方面。随着分子生物学技术的发展，病毒基因组的特征对分类越来越显得重要。根据 2012 年ICTV 发布的第 9 次分类报告，目前把已知病毒分为 87 个科、19 个亚科及 348 个属。

　　在 20 世纪 70 年代初，人们发现了比病毒更为简单和微小的各种亚病毒。如类病毒、朊病毒和卫星因子，类病毒没有蛋白质外壳，只是一个裸露的 RNA 分子，主要引起植物疾病，是在研究马铃薯纺锤形块茎病时发现的一种致病因子;朊病毒则是一类完全或主要由蛋白质组成的大分子,未发现有与其感染性直接相关的核酸的存在,主要引起人和动物的亚急性海绵状脑病,如疯牛病、绵羊的痒病等;卫星因子是必须依赖宿主细胞内共同感染的辅助病毒才能复制的核酸分子,有的卫星因子也有外壳蛋白包裹,又称卫星病毒。

二、病毒的命名

20 世纪 50 年代以前对病毒的基本特征性状了解极少,病毒的名称主要根据所致的疾病(如牛瘟、猪瘟)或者病毒的发现地点(如新城疫、裂谷热)而定。如今病毒的名称由 ICTV 认定。其命名与细菌不同,不再采用拉丁文双名法,而是采用英文或英语化的拉丁文,只用单名。第 7 次分类报告规定,凡被 ICTV 正式认定的病毒名,其名称用斜体书写,而一般通用名则用正体。如减蛋综合征病毒,学名为 *Duck adenovirus* A(鸭腺病毒甲型),兽医界通用名为 Egg drop syndrome virus。另外,凡作为某科或某属暂定成员的病毒英文名称,均用正体而非斜体,如 Anatid herpesvirus 1(鸭疱疹病毒 1 型)。目、科、亚科、属也用斜体标识,分别用拉丁文后缀"*-virales*"、"*-viridae*"、"*-virinae*"及"*-virus*"。

三、病毒的特点

病毒是一类只能在活细胞内寄生的非细胞型微生物。与其他生物相比,具有下列特征。
①体积微小,能通过除菌滤器。
②病毒结构简单,是由蛋白质包裹核酸组成的复合大分子,一种病毒只含有一种核酸(DNA 或 RNA)。
③病毒没有完整细胞结构,没有进行新陈代谢必需的原料、场所和酶系统等,故必须寄生于宿主细胞内,借助活细胞内的物质进行自我复制。
④病毒通过复制的方式增殖。
⑤对抗生素和作用于微生物代谢途径的药物均不敏感,但绝大多数病毒对干扰素敏感。
⑥有些病毒的核酸能整合入宿主染色体 DNA 中诱发潜伏感染。

四、病毒的形态结构

(一)病毒的大小和形态

1. 病毒的大小
病毒颗粒极其微小,以纳米(nm)作为计量单位($1\ nm = 10^{-3}\ \mu m$),只有通过电子显微镜才能观察到。其大小一般为 10~300 nm,各种病毒的大小差别很大,最大的病毒为痘病毒,直径约 300 nm,相当于霉形体的大小,在光学显微镜下可以看到;最小的圆环病毒直径仅 17 nm。

2. 病毒的形态
病毒的形态与结构有关,病毒粒子的外形各有不同(图 1-9)。动物病毒一般呈球形或卵圆形,也有呈弹状、砖形、丝状和蝌蚪状。动物病毒中,有囊膜的病毒形态有三类:一类近乎砖形,如痘病毒;另一类病毒似弹状,其形态像一个子弹头,一端较圆,一端较平,呈长圆形,如狂犬病病毒、水疱性口炎病毒等;其余的病毒都是近乎球形。动物病毒中无囊膜病毒的形态有两类:一类近似球形,它实际上是二十面体立体对称的核衣壳;另一类是圆柱形,实质上是一个螺旋对称的核衣壳。细菌病毒即噬菌体多为蝌蚪状,也有为球状和丝状,如大肠杆菌偶数 T 噬菌体系列为蝌蚪状。

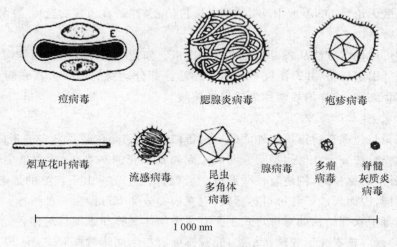

图 1-9　病毒的形态

(二)病毒的结构和化学成分

发育成熟的病毒粒子统称为病毒颗粒。完整的病毒颗粒主要由核酸和蛋白质组成。核酸位于病毒粒子的中心,构成了病毒的基因组或芯髓,外包一层蛋白质组成的外壳,即衣壳。衣壳和芯髓在一起组成核衣壳。有些病毒在核衣壳外,还有一层包膜,称为囊膜。有囊膜的病毒称为囊膜病毒,无囊膜的病毒称为裸露病毒(图 1-10)。

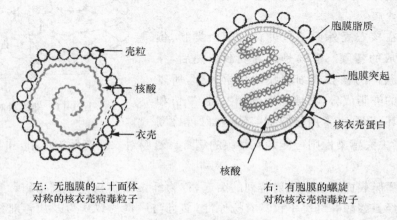

图 1-10　病毒的结构

1.病毒的芯髓

芯髓位于病毒的中心部位,主要成分是核酸。每一种病毒只含有一种类型的核酸,即 DNA 或 RNA。核酸可分为单股或双股、线状或环状、分节段或不分节段。DNA 病毒多数为双股、线状;少数为双股、环状,如多瘤病毒,或单股、线状,如细小病毒,或单股、环状,如圆环病毒。RNA 病毒多为单股线状,不分节段或少数分节段,如正黏病毒;少数 RNA 病毒为双股线状,分节段,如呼肠孤病毒。

病毒的核酸无论是 DNA 或 RNA 均携带遗传信息,控制着病毒的遗传、变异、增殖和对宿主的感染性等特性。

病毒核酸可用化学方法从病毒颗粒中提取出来。如把噬菌体或某些植物病毒的核酸注入易感细胞内即能引起感染,并产生完整的病毒颗粒。部分动物病毒除去其囊膜和衣壳后裸露的核酸也能感染细胞,这样的核酸称为感染性核酸。

2.病毒的衣壳

病毒的衣壳是包围在病毒核酸外面的一层蛋白质外壳,是由数目众多的蛋白质亚单位,即多肽链构成的壳粒按一定几何构型组合而成。壳粒是衣壳的基本单位,由单个或多个多肽分子组成,这些分子对称排列,围绕着核酸形成一层保护性外壳。由于核酸的形态和结构不同,多肽排列也不同,因而形成了几种对称形式,它在病毒分类上可作为一种指标。

在动物病毒中衣壳结构的对称形式主要有二十面体对称和螺旋状对称。

二十面体对称:核衣壳形成球状结构,壳粒排列成二十面体对称形式,由 20 个等边三角形构成 12 个顶、20 个面、30 条棱的立体结构。大多数球状病毒呈这种对称型。

螺旋状对称:壳粒呈螺旋形对称排列,中空,见于正黏病毒、副黏病毒、弹状病毒及多数杆状病毒(图 1-11)。

复合对称:壳粒既有螺旋对称结构,又有二十面体对称部分。如痘病毒、噬菌体。

病毒蛋白质衣壳的功能有:保护核酸免受核酸酶等外界因素的破坏;赋予病毒固有的外形;是病毒的主要抗原,可刺激机体产生免疫应答;使病毒易于吸附在易感细胞表面受体,与病毒的吸附、侵入和感染有关。

3.病毒的囊膜

有些病毒在核衣壳外面还包裹着一层由类脂、蛋白质和糖类构成的囊膜。囊膜是病毒复制成熟后,穿过宿主细胞时获得的核膜或细胞膜的化学成分,所以具有宿主细胞的类脂成分,易被脂溶剂如乙醚、氯仿和胆盐等溶解破坏。因此,常用脂溶剂溶解病毒,再检测

0   100 nm

图 1-11 螺旋状对称

其活性,若病毒失去感染性则可能是有囊膜的病毒。囊膜对衣壳有保护作用,并与病毒吸附宿主细胞有关。

有些病毒囊膜表面具有呈放射排列的突起,称为纤突或膜粒。如流感病毒囊膜上的纤突有血凝素和神经氨酸酶。纤突不仅具有抗原性,而且与病毒的致病力及病毒对细胞的亲和力有关。因此,一旦病毒失去囊膜上的纤突,也就失去了对易感细胞的感染能力。

五、病毒的其他特性

(一)干扰现象和干扰素

1. 干扰现象

当两种病毒感染同一种细胞或机体时,常常发生一种病毒抑制另一种病毒复制的现象,称为干扰现象。干扰现象可存在于异种病毒和无亲缘关系的病毒之间,这种干扰现象比较常见;也可存在同种异型病毒之间,如流感病毒 A 型与 B 型之间的干扰。此外,干扰现象还可见于缺损病毒的干扰,如流感病毒在鸡胚尿囊液中连续传代,一旦出现缺损型病毒,随着传代次数的增多,缺损型流感病毒就越来越多,而正常流感病毒就越来越少。

病毒间干扰的机制还不完全清楚,但可能有以下几点原因。

①占据或破坏细胞受体:两种病毒感染同一细胞,需要细胞膜上的同一受体,先进入的病毒占据或破坏了易感细胞膜上的受体,使另一种病毒无法完成吸附和增殖,这种情况常见于同种病毒或病毒的自身干扰。

②争夺酶系统、生物合成原料及场所:两种病毒在细胞内增殖时所需的原料、场所和酶系统一致,因此,当一种病毒抢先占据了这些原料后,另一种病毒的增殖就受到限制。

③产生干扰素:先进入的病毒诱导细胞产生了干扰素,可抑制另一种病毒的增殖,这是干扰现象存在的主要原因。

2. 干扰素

干扰素(IFN)是活细胞受病毒感染后产生的一种低分子糖蛋白,能抑制多种病毒的增殖。除了病毒,其他微生物,如细菌、衣原体和立克次氏体或它们的提取物、真菌产物以及人工合成的化学诱导剂(如多聚肌苷酸)等也可刺激机体细胞产生干扰素。因此,也可以说,干扰素是在干扰素诱导剂作用下细胞产生的一种糖蛋白。

根据干扰素的来源、生物学性质及活性可分为以下两大类。Ⅰ型干扰素包括 IFN-α 与 IFN-β 等。IFN-α 主要由单核-巨噬细胞产生,此外 B 细胞和成纤维细胞也能合成 IFN-α;IFN-β主要由成纤维细胞产生。Ⅱ型干扰素即 γ 干扰素,主要由活化的 T 细胞和 NK 细胞产生。不同干扰素诱导剂诱生出的干扰素性质有差异,但各种干扰素均具有以下基本特性和作用。

①干扰素属于糖蛋白,对蛋白分解酶敏感,能为乙醚、氯仿等所灭活,对 pH 和高温抵抗力强。

②干扰素具有非特异性的广谱的抗病毒作用,对同种和异种病毒均有效,可用于预防或治疗某些病毒性传染病。

③干扰素还具有抗肿瘤、免疫调节的作用,其主要是通过增强巨噬细胞、中性粒细胞、K 细胞、NK 细胞以及 T、B 淋巴细胞的活性,并直接抑制肿瘤细胞的分裂而起抗肿瘤作用。

④干扰素具有细胞种属特异性,某一种属动物产生的干扰素,只能保护同种或非常接近种属动物的细胞。

⑤干扰素对动物没有抗原性或抗原性很弱,毒性低,因此可以反复使用。

(二)病毒的血凝现象

许多病毒表面有血凝素,能与鸡、豚鼠、人等红细胞表面受体结合,而出现红细胞凝集现象,称为病毒的血凝现象,简称为病毒的血凝。血凝素多数为糖蛋白,是病毒粒子或其囊膜的组成成分。

有些病毒(如正黏病毒和某些副黏病毒)除具有血凝素,还具有神经氨酸酶,这些病毒与红细胞的结合在 4~20℃ 时是稳定的,但在 37℃ 时,神经氨酸酶可破坏红细胞表面受体,使病毒从红细胞表面脱落下来,而没有神经氨酸酶的病毒与红细胞结合后不再脱落。

病毒的血凝现象是非特异性的,当加入特异性的抗病毒血清时,病毒血凝素与抗体结合后,其凝集红细胞的作用被抑制,而不出现红细胞凝集现象,称为红细胞凝集抑制实验。

(三)包涵体

包涵体是某些病毒感染细胞后,在细胞浆或细胞核内形成的、通过染色后可用光学显微镜观察到的特殊"斑块"(图 1-12)。有的包涵体由病毒成分组成,如狂犬病病毒形成的内基氏小体,是堆积的核衣壳(狂犬病病毒有囊膜);有的包涵体是由病毒粒子组成,如腺病毒的包涵体。有的包涵体是细胞被病毒感染后的反应产物。

包涵体是某些病毒对敏感机体或敏感细胞造成的病理学反应。不同病毒感染不同宿主细胞后,所形成的包涵体形状、大小、染色特性及存在部位等均不相同。因此,观察包涵体的特征,可做病毒性疾病诊断的依据。如疱疹病毒可形成核内包涵体,痘病毒可形成胞浆内包涵体,而犬瘟热病毒胞浆内和核内均有包涵体。需要注意的是包涵体的出现率不是100%,所以当查不出包涵体时,不能轻易否定诊断。

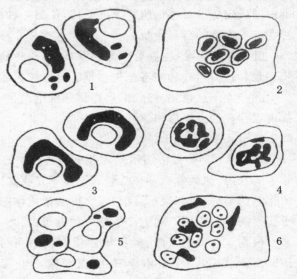

图 1-12　病毒感染细胞后形成不同类型的包涵体
1.痘病毒;2.单纯疱疹病毒;3.呼肠孤病毒;
4.腺病毒;5.狂犬病毒;6.麻疹病毒

(四)噬菌体

噬菌体是一类专门寄生于细菌、放线菌、真菌、支原体等细胞中的病毒,具有病毒的一般生物学特性。噬菌体在自然界分布广,凡是有细菌和放线菌存在的地方,一般都有噬菌体的存在,所以污水、粪便、垃圾是分离噬菌体的好材料。噬菌体有蝌蚪形、微球形和长丝状 3 种形态,大多数噬菌体呈蝌蚪形。噬菌体的核酸多数为 DNA,少数为 RNA。

噬菌体在宿主细胞内的增殖过程与动物病毒相似。增殖后能引起宿主细胞裂解的噬菌体,称为烈性噬菌体。有些噬菌体不裂解宿主细胞,而是将其 DNA 整合于宿主细胞的 DNA

中,并随宿主细胞的分裂而传递,这种噬菌体称为温和性噬菌体。含有温和性噬菌体的细菌称为溶源性细菌。噬菌体裂解细菌的作用,具有"种"甚至"型"的特异性,即某一种或型的噬菌体只能裂解相应的种或型的细菌,而对其他的细菌则不起作用。因此,可用噬菌体防治疾病和鉴定细菌,实践中可用于葡萄球菌、炭疽杆菌等的分型和鉴定,也可应用绿脓杆菌噬菌体治疗被绿脓杆菌感染的病人。

六、常见病原病毒的形态特点

(一)DNA 病毒

1.马立克病病毒

马立克病病毒(MDV)是引起鸡马立克病的病原体,可引起鸡的一种传染性肿瘤病,以淋巴组织的增生和肿瘤形成为特征,另外,外周神经、性腺、虹膜、各种脏器、肌肉和皮肤发生单核细胞浸润。

MDV 是双股 DNA 病毒,属于疱疹病毒科甲型疱疹病毒亚科的成员,又称禽疱疹病毒 2 型。本病毒可分为 3 个血清型,一般所说马立克病病毒指的是 1 型,2 型为非致瘤毒株,3 型为火鸡疱疹病毒(HVT),可致火鸡产蛋下降,对鸡无致病性。

马立克病病毒在机体组织内以无囊膜的裸病毒和有囊膜的完整病毒两种形式存在。裸病毒属于细胞结合型病毒,为二十面体对称,直径为 85~100 nm;有囊膜的完整病毒属于非细胞结合型病毒,主要存在于羽毛囊上皮中,具有感染性,病毒粒子近似球形,直径为 273~400 nm。在细胞内常可看到核内包涵体。

2.减蛋综合征病毒

减蛋综合征病毒(EDSV)是减蛋综合征的病原体,在临床上主要表现为群发性产蛋下降,以产褐色蛋、薄壳蛋或无壳蛋为特征。

减蛋综合征病毒学名为鸭腺病毒甲型,原先作为禽腺病毒群的唯一成员,现划归为腺病毒科富胸腺病毒属。减蛋综合征病毒是双股 DNA 病毒,病毒粒子无囊膜,核衣壳为二十面体对称,直径为 70~80 nm。减蛋综合征病毒能凝集多种禽类,如鸡、鸭、鹅、鸽等的红细胞。

3.痘病毒

痘病毒属于痘病毒科脊椎动物痘病毒亚科(软疣病毒属除外)的成员,痘病毒引起各种动物的急性和热性传染病,其特征是皮肤和黏膜发生特殊的丘疹和疱疹,但各类痘病毒感染宿主的范围不同,大多数痘病毒有其专一的感染宿主,并不感染其他动物,如鸡痘病毒很难感染哺乳动物,哺乳动物的病毒也很难感染禽类。

痘病毒中以鸡痘病毒、绵羊痘病毒危害较严重。鸡痘病毒主要侵害鸡,引起皮肤型痘和黏膜型白喉;绵羊痘病毒可使绵羊发生全身皮肤明显的上皮增生和水疱病变,绵羊痘是各种家畜痘病中最典型和最严重的一种热性接触性传染病,死亡率较高。

大多数痘病毒颗粒为砖形,其大小约为 250 nm×250 nm×200 nm,副痘病毒的颗粒为纺锤状,其大小约为 260 nm×160 nm,病毒核衣壳为复合对称。有囊膜,囊膜含有宿主细胞的类脂成分和某些病毒特殊蛋白。痘病毒的基因组为线状双股 DNA 组成,痘病毒基因组可以编码 200 种蛋白质。正痘病毒,如痘苗病毒、天花病毒、牛痘病毒、猴痘病毒和小鼠脱脚病(鼠痘)病毒的囊膜表面和感染细胞膜表面有血凝素蛋白,因此能够凝集火鸡红细胞和某些品种的鸡的红细胞。而禽痘病毒、羊痘病毒、兔痘病毒和副痘病毒均无血凝素蛋白(图 1-13)。

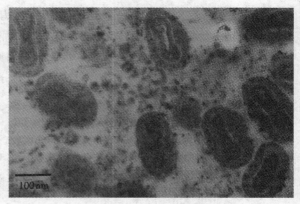

图 1-13　鸡痘病毒

4. 小鹅瘟病毒

小鹅瘟病毒又名鹅细小病毒。主要使 8～30 d 龄雏鹅致病,表现为局灶性或弥散性肝炎、心肌、平滑肌急性变性。

病毒外观呈圆形或六角形,直径 20～25 nm,具有本属病毒共同的形态特征。核酸由单股 DNA 组成。无囊膜,有核内包涵体,只有一个血清型,无血凝特性。

5. 鸭瘟病毒

鸭瘟病毒(DPV)又名鸭疱疹病毒 I 型(DHV),属于甲型疱疹病毒亚科马立克病毒属成员。主要危害家鸭、番鸭、野鸭、鹅、天鹅,其他水禽也易感,迁徙性水禽对病毒起传播作用。野鸭在感染后 1 年以上仍能分离到病毒。病毒主要侵害鸭的循环系统、消化系统、淋巴器官和实质器官,引起头、颈部皮下胶样水肿,消化道黏膜发生损伤、出血和坏死,形成伪膜,肝脏出血和坏死,严重威胁养鸭业的发展。

鸭瘟病毒是双股 DNA 病毒,病毒呈球形,直径为 80～120 nm,核衣壳呈二十面体对称,有囊膜。该病毒缺乏血凝特性,病毒只有 1 个血清型,但不同分离株毒力不同。

6. 犬细小病毒

犬细小病毒(CPV)是 1978 年首次从患肠炎的犬中发现的一种病毒。犬细小病毒在临床上可引起犬全身性疾病、心肌炎、肠炎和白细胞减少等疾病。

CPV 属细小病毒科细小病毒属,病毒外观呈六角形或球形,无囊膜,直径 20～23 nm,二十面体立体对称,衣壳由 32 个壳粒组成,核心含单股负链 DNA。CPV 能凝集鼠、豚鼠、恒河猴、鸡、鹅和人的 O 型红细胞。

(二)RNA 病毒

1. 口蹄疫病毒

口蹄疫病毒是牛、猪、羊等偶蹄兽口蹄疫的病原体,以口、鼻、蹄、乳房等部位的皮肤发生水泡病变和心肌炎为特征。本病流行广,传播迅速,给畜牧业生产带来巨大的经济损失,是当前各国最重视的家畜传染病之一。

口蹄疫病毒是微 RNA 病毒科口蹄疫病毒属成员。口蹄疫病毒是目前发现的最小的 RNA 病毒,病毒粒子呈二十面体对称,近似球形,直径 20～25 nm,无囊膜。电镜下口蹄疫病毒粒子呈颗粒状,衣壳由 32 个短而中空的圆柱状壳粒组成,病毒颗粒的中心区域密度较低。该病毒在细胞浆内增殖,在细胞浆内常呈晶格状排列。病毒的核酸是单股线状 RNA,病毒颗粒经石炭酸处理,除去蛋白质外壳,获得的裸状 RNA 仍然具有感染性,并能侵入易感细胞内复制出完整病毒。

口蹄疫病毒的衣壳蛋白有四种多肽构成,分别为 VP1、VP2、VP3、VP4。其中 VP1 为保护性抗原,能刺激机体产生保护性抗体。口蹄疫病毒有 7 个血清型:A、O、C、SAT 1、SAT 2、SAT 3 和 Asia1,各型之间无交叉免疫保护,每个型又可进一步划分亚型,我国流行的有 A、O 和 Asia1。

2. 猪瘟病毒

猪瘟病毒(CSFV)是猪瘟的病原体,主要危害猪和野猪。猪瘟病毒属黄病毒科瘟病毒属,是世界范围内最重要的猪病病毒。典型的猪瘟病毒为急性感染,伴有高热、厌食、委顿及结膜炎,潜伏期 2～14 d,病猪白细胞减少,仔猪可无症状死亡,成年猪往往因细菌继发感染在 1 周内死亡;亚急性和慢性型猪瘟的潜伏期和病程均延长,其病毒毒力减弱,怀孕母猪感染后可致死胎、流产、木乃伊胎或死产,所产仔猪不死者产生免疫耐受,表现为颤抖、矮小并终身排毒,多在数月内死亡。

猪瘟病毒粒子呈球形,直径 38～44 nm,核衣壳呈二十面体对称,有囊膜。基因组为单股 RNA。猪瘟病毒没有型的差别,只有毒力强弱之分。另外,研究证实,猪瘟病毒和牛病毒性腹泻病病毒有共同抗原性,既有血清学交叉,又有交叉保护作用。E^{ms}、E1 及 E2 是猪瘟病毒的主要结构蛋白,与病毒的吸附和侵入靶细胞有关。根据病毒膜粒糖蛋白 E2 基因的序列差异,可将我国的猪瘟流行毒株分为 2 个基因群,目前基因 2 群在我国占主导地位,与欧洲流行的基因 2 群毒株遗传关系较近。作为参考株的石门系强毒株于 1945 年在我国分离,属基因 1 群。

3. 猪传染性胃肠炎病毒

猪传染性胃肠炎病毒(TGEV)是引起猪传染性胃肠炎的病原。该病在临床诊断方面的主要病理特征表现为呕吐、水样腹泻和严重脱水,属于猪的一种高度接触性和急性传染病。本病对各年龄段的猪都易感,可引起两周龄以下的仔猪死亡,致死率高达 100%。该病流行范围广,发病和致死率极高,是我国及世界其他国家仔猪死亡的重要疫病,给养猪业造成了巨大的经济损失。

猪传染性胃肠炎病毒属冠状病毒科甲型冠状病毒属 α 亚群成员。病毒形态多样,呈球形、椭圆形和多边形,病毒粒子的直径在 60～200 nm,且表面有囊膜和明显的花瓣状纤突,纤突的长度在 12～25 nm。猪小肠上皮细胞内病毒粒子的直径为 65～95 nm。基因组为单股 RNA,病毒蛋白主要包括核衣壳蛋白(N)和 3 种膜相关蛋白(S、M、sM)。膜蛋白镶嵌在囊膜脂质双层中,其中,M 为膜糖蛋白且多次横穿脂质双层;S 为重要的纤突糖蛋白;sM 为镶嵌于囊膜中的小包膜蛋白,其数量远少于其他膜相关蛋白。

4. 猪呼吸与繁殖综合征病毒

猪繁殖与呼吸综合征病毒(PRRSV)可引起猪繁殖障碍与呼吸道综合征。PRRSV 在猪肺泡巨噬细胞及单核细胞中生长,引起仔猪发育障碍与呼吸症状,常造成免疫抑制。感染猪常表现为厌食、发热、耳发绀(俗称蓝耳病)、流涕。母猪怀孕 110 d 左右流产,可见早产、死产、木乃伊胎。仔猪感染可见呼吸困难,十分衰弱,在出生 1 周内半数死亡。成年猪也有类似症状。目前,猪繁殖障碍呼吸道综合征是养猪业的主要疫病之一。

PRRSV 属于动脉炎病毒科动脉炎病毒属,病毒粒子呈球形,直径 50～65 nm,但在负染标本中常呈卵圆形。基因组为单股正链 RNA。有囊膜,呈二十面体立体对称。PRRSV 不凝集牛、绵羊、山羊、马、猪、豚鼠、蒙古沙鼠、鹅、鸡鸡、豚鼠、猪、绵羊及人的 O 型红细胞,但可特异性凝集小鼠的红细胞,此血凝活性可被特异性抗血清抑制。

PRRSV有两个基因型:1型为欧洲型,代表毒株为Lelystad病毒;2型为美洲株,代表毒株为VR2332病毒,二者的核苷酸序列相似性约为60%。同一基因型的PRRSV毒株之间存在较广泛的变异,基因组中易变异区域包括NSP2、ORF3和ORF5。

5. 鸡新城疫病毒

新城疫病毒(NDV)是新城疫的病原体,本病毒发现于英国新城,故被命名为新城疫病毒。新城疫又称亚洲鸡瘟,主要危害鸡、珍珠鸡和火鸡,在被侵袭的鸡群中迅速传播,强毒株可使鸡群全群毁灭;毒力稍弱的毒株致病多呈亚急性经过,症状不典型,死亡率不超过25%;弱毒株则仅引起鸡群呼吸道感染和产蛋量下降,但可迅速康复。从野生禽类的雉鸡、鸽子和鹦鹉等体内亦分离到毒力强大的新城疫病毒。小白鼠和仓鼠可因人工感染而引发脑炎。人类可因接触病禽和活毒疫苗而引起结膜炎或淋巴腺炎,但很快便康复。

新城疫病毒属于副黏病毒科、副黏病毒亚科禽腮腺炎病毒属成员,为单股RNA病毒,有囊膜。病毒的颗粒具有多形性,有圆形、椭圆形和长杆状等。成熟的病毒粒子直径100~400 nm。囊膜表面有长12~15 nm的纤突,为血凝素、神经氨酸酶和溶血素。病毒的中心是单股RNA分子与附在其上的蛋白质壳粒,缠绕成螺旋对称卷曲的核衣壳,直径约为18 nm。成熟的病毒是以出芽方式释放至细胞外。

6. 禽流感病毒

禽流感病毒(AIV)是禽流感的病原体。禽流感又称为欧洲鸡瘟或真性鸡瘟,是禽类的一种急性、烈性传染病。该病特征为从低致病毒株引起的禽类轻度呼吸疾病、产蛋下降到高致病毒株引起的急性致死性疾病等多种形式。禽流感病毒不同毒株的致病力不同,其中由高致病力毒株(H5和H7亚型)引起的高致病性禽流感,是OIE规定的A类疫病。

禽流感病毒为正黏病毒科流感病毒属的A型流感病毒,AIV呈多形性,病毒粒子一般为球形,有的也呈杆状或长丝状。直径80~120 nm。有囊膜,囊膜表面有两种纤突,一种为血凝素(HA),另一种为神经氨酸酶(NA)。根据HA和NA的不同,A型禽流感病毒又可区分为不同的亚型,目前已鉴定15种HA和9种NA亚型。两者以不同的组合形式产生多种不同亚型的毒株,H5N1、H5N2、H7N1、H7N7及H9N2是引起禽流感的主要亚型,不同亚型的毒力相差很大,高致病力的毒株主要是H5和H7的某些亚型毒株。禽流感病毒核衣壳呈螺旋对称。基因组为线状负股单股RNA,大小10~13.6 kb。禽流感病毒具有血凝性,可凝集鸡、牛、马、猪和猴的红细胞(图1-14)。

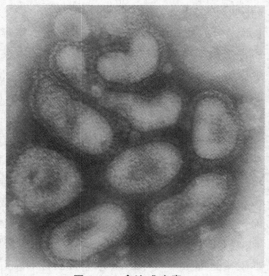

图1-14　禽流感病毒

7. 传染性法氏囊病病毒

传染性法氏囊病病毒(IBDV)是引起鸡传染性法氏囊病的病原体。它主要侵袭3~10周龄的雏鸡。本病毒损害的器官主要是法氏囊,引起法氏囊充血、出血和坏死,并引起腿部肌肉出血及肾脏尿酸盐沉积等病变。鸡感染 IBDV 后,因法氏囊损伤导致机体体液免疫机能障碍,还会使鸡群对疫苗的反应力降低,加剧其他致病因子的感染。

鸡传染性法氏囊病毒是双股 RNA 病毒科中的成员,无囊膜,其核衣壳由双股 RNA 和蛋白质组成,病毒粒子直径 55~60 nm,二十面体对称。IBDV 基因组由 A 节段和 B 节段组成,A 节段分别编码 VP2、VP3、VP4 和 VP5 四种蛋白,B 节段编码 VP1 蛋白。在这些病毒蛋白中,VP2 蛋白是 IBDV 的主要结构蛋白和宿主保护性抗原,研究表明,VP2 高变区氨基酸的突变是病毒抗原和毒力改变的重要因素之一。

该病毒有 2 个血清型,仅 1 型对鸡有致病性,火鸡和鸭为亚临床感染,2 型未发现有致病性。

8. 鸡传染性支气管炎病毒

鸡传染性支气管炎病毒(IBV)是鸡的一种鸡传染性支气管炎的病原。感染鸡主要表现呼吸道、消化系统和泌尿生殖系统的疾患。目前已出现 100 多种血清型。由于不同血清型毒株之间交叉保护力弱,给 IB 的诊断及防治带来了极大的困难。

鸡传染性支气管炎病毒属于冠状病毒科、冠状病毒属。IBV 病毒粒子略呈圆形,直径 80~120 nm,表面有纤突和囊膜,基因组为不分节段,单股正链 RNA,IBV 病毒粒子主要有外面的囊膜和内部的核衣壳组成,外层的囊膜上的两种病毒糖蛋白:纤突蛋白(S)和膜蛋白(M)。核衣壳直径为 10~20 nm,螺旋形,由正链 RNA 及其外面包裹的磷酸化核蛋白(N)组成。

9. 狂犬病病毒

狂犬病病毒是侵害人及多种温血脊椎动物,其临床症状表现为高度兴奋,大量流涎、举止异常、恐水、磨牙、乱咬,有时主动攻击动物,继而麻痹死亡。动物种类不同,表现症状有差异,病毒主要由唾液排出,通过接触、咬伤引起感染。本病毒对大多数动物是致命的,动物感染后幸存者甚微。但近年来也发现一些非致死性狂犬病康复病例,这种康复动物是危险的带毒者。

在自然条件下能对犬、人、猫等感染的病毒称街毒。街毒对人、家畜及某些野生动物的毒力很强,对家兔毒力较弱。把街毒接种于家兔脑内,连续传代后,对家兔的毒力逐渐增强,而且毒力稳定,称为固定毒。动物感染街毒后,在脑组织的海马角中浦金野氏细胞等神经细胞的胞浆内,可见包涵体(涅格里氏小体),每个细胞内可含几个小体。

狂犬病病毒为单股 RNA 病毒,属于弹状病毒科狂犬病毒属。病毒颗粒呈子弹形,长 180~250 nm,宽 75 nm。表现有许多突起,排列整齐,于负染色标本中表现为六边形蜂房形结构,每个突起长 6~7 nm。由糖蛋白组成,为血凝素。病毒内部为螺旋形的核衣壳,核酸为单股的 RNA。狂犬病毒粒子分子质量为 4.8×10^6 u,含五种蛋白质,为糖蛋白(G)、核蛋白(N)和二种膜蛋白 M_1 与 M_2 及少量的 L 蛋白(图 1-15)。

50 mm

图 1-15　狂犬病病毒

10.犬瘟热病毒

犬瘟热病毒(CDV)是犬瘟热的病原。该病毒属于副黏病毒科,与麻疹病毒、牛瘟病毒、小反刍兽疫病毒、海豚麻疹病毒、海豹瘟病毒和鼠海豚瘟病毒同属于麻疹病毒属成员。CDV 可引起多种动物急性、亚急性、接触性传染病,自然条件下可感染犬、貂、狐狸、狼、雪豹等动物。犬瘟热的传染性强,发病率高,容易继发其他细菌、病毒的混合感染和二次感染。其病理特征表现为双相热、结膜炎、鼻炎、支气管炎、肺炎、胃肠炎、神经症状为特征。一旦流行,往往引起大批犬发病死亡。

CDV 呈圆形或不整形,有时呈长丝状,直径在 150～300 nm,粒子中心含有直径 15～17 nm 的螺旋形核衣壳,外面被覆一近似双层轮廓的膜,膜上排列有长约 1.3 nm 的杆状纤突。目前认为其只有一个血清型。

11.兔出血症病毒

兔出血症病毒(RHDV)是兔出血症的病原体。RHDV 属于嵌杯状病毒科兔嵌杯状病毒属成员。该病主要病理特征表现为全身实质器官水肿、出血性变化及瘀血,是一种急性、高致死性传染疾病。

RHDV 病毒粒子呈球形,无囊膜,直径 32～36 nm,二十面体对称,其基因组为单股正链 RNA,全长 7 437 bp,RHDV 只有一个血清型。具有血凝特性,能凝集人的红细胞,也能凝集绵羊、鸡、鹅的红细胞(图 1-16)。

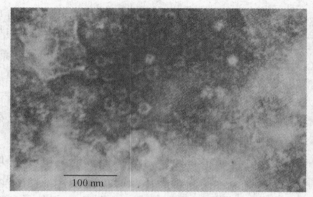

100 nm

图 1-16　兔出血症病毒

七、病毒形态结构观察方法

病毒不具备细胞结构,只能在活组织细胞内生长繁殖,其形态甚为微小,但均有各自的外形和结构。病毒的形态观察常借助透射电子显微镜,病毒的形态有圆形、丝状和子弹状等。各种病毒的大小和形态结构是鉴定病毒的初步依据。电子显微镜常用方法包括负染色技术和超薄切片技术。

(一)负染色技术

负染色又称阴性反差染色,它是利用高密度的且在透射电镜下又显示结构的重金属盐,如磷钨酸、醋酸铀等,把生物标本包围起来、在黑暗的背景上显示出呈现阴性反差样品的微细结构。所以负染色所显示的电镜图像,正好与超薄切片正染色相反,其样品结构为透明浅色,而背底则为无结构的灰色或黑色。负染色样品不需经过固定、脱水、包埋和超薄切片等复杂操作,而是直接对沉降的样品匀浆悬浮液进行染色。与超薄切片技术相比,该技术具有操作简便、用药量极少、省时快速及分辨力高等优点,因此,该技术在病毒的快速诊断中被广泛应用,尤其在病毒学中,负染色技术成为不可取代的实验技术。

1. 负染样品的制备

负染色所用的样品,全部取自悬浮液。在这种悬浮液中样品必须达到一定的浓度和纯度,这样才能与染色剂之间产生特异和清晰的结合反应。操作时,将带有样品的悬液,滴于带有支持膜的铜网上,染色处理后即可进行电镜观察。其制备过程如下。

(1)浓缩取样法。

红细胞吸附法:主要用于黏液病毒和副黏液病毒的制备。其操作方法为:将病毒悬液与等量红细胞混合,放置 5 min,使病毒吸附于红细胞表面;而后,以 800 r/min 速度低速离心 15 min,使吸附有大量病毒的红细胞沉于管底;最后,弃去上清液,加入少量生理盐水,于室温下或冰箱中存放 3～4 h,病毒即可从红细胞表面释放到上面的溶液里,取溶液滴在铜网载膜上,进行染色处理。

低渗释放法:从培养瓶中刮下所培养的腺病毒或疱疹病毒,低速离心,弃上清液,于沉淀物中加入培养液与蒸馏水的混合液,使细胞因低渗破裂而释放出病毒,然后快速冻融数次,再将冻融后的悬液低速离心,取其上清液滴膜染色。

抗体病毒凝集沉淀法:某些病毒,如风疹病毒、轮状病毒及肝炎病毒等,可于相应的抗体形成病毒-抗体复合物,经离心沉淀而浓缩,而后取浓缩的沉淀物滴膜染色,可找到较多的病毒。目前这一技术已广泛用于病毒疾病的快速诊断。

(2)直接取样法。对于某些病毒性疾病(如痘病毒及疱疹病毒等)可用毛细吸管直接刺入疱疹中取样,再将吸管中的泡液滴在带有支持膜的铜网上,待稍干后立即染色观察。此法主要用于临床快速诊断。

(3)离心提纯法。先用低速离心(3 000 r/min),弃去较大杂质和细胞碎片,再用适当孔径的滤膜过滤,其滤液再经低温超速离心,最后取沉淀物制成悬液滴样染色。

2. 染液的配制

一般均由重金属盐配制。最常用的有磷钨酸、磷钨酸钾、磷钨酸钠、醋酸钠、甲酸钠和钼酸铵等。负染色剂必须具备以下条件:

①具有较高的电子密度和较强的电子散射能力。

②耐受电子束的轰击,在电子束照射下不升华。

③在电镜下不呈现染色剂本身的结构。

④化学稳定性好,不析出沉淀,与样品不发生化学反应,易在不规则样品表面渗透。

3. 负染色操作方法

(1)滴染法。将制备好的悬浮液样品,用毛细吸管吸取,滴于带有支持膜的铜网上。根据悬液内样品的浓度,立即或放置数分钟后,用滤纸从液珠边缘吸去多余液体,即可滴上染液,染色时间1～2 min,而后即可用滤纸吸去染液,待干燥后即可电镜观察。

(2)漂浮法。先将样品悬浮液滴在干燥的载玻片上,再把带有支持膜的铜网放在悬浮液的液珠上漂浮以蘸取样品;然后用滤纸吸干铜网上的多余悬液,再将铜网在染液滴珠上漂浮,时间1～2 min,最后再用滤纸将染液吸干即可观察。

4. 负染样品的电镜观察条件

负染色生物样品作电镜观察时,应选用最小物镜光阑孔(20～30 μm),以增大样品的反差;电镜的加速电压一般可提高一些,以增加电子的穿透能力和分辨力。但有时提高电镜的加速电压反而会降低图像的反差,使分辨力降低,因此应灵活掌握;对负染样品应采取快速观察快速照相的方法进行,一般在 3 万～4 万倍的放大倍率下,即可获得反差良好、自然柔和、高分辨的电镜图像。电镜观察时要尽量避免长时间照射样品,以免引起样品的损坏。

(二)超薄切片技术

超薄切片法的标本制作过程比较费时,因此很少用于病毒性疾病的快速诊断。但该技术在检查保存完好的感染细胞时,能够直接获得病毒形态、存在部位、排列方式以及病毒粒子从细胞膜上芽生等特殊的影像信息。这对于揭示病毒形态、成熟部位、复制过程以及病毒与细胞间的相互作用具有重要意义。

超薄切片的制作过程包括取材、固定、脱水、浸透、包埋聚合、切片及染色等步骤。

1. 取材

组织从生物活体取下以后,如果不立即进行适当处理,会由于细胞内部各种酶的作用,出现细胞自溶现象。此外,还可能由于污染,微生物在组织内繁殖使细胞的微细结构遭受破坏。因此,为了使细胞结构尽可能保持生前状态,必须做到快、小、准、冷。

①动作迅速,组织从活体取下后应在最短时间内(争取在 1 min 内)投入 2.5％戊二醛固定液中。

②所取组织的体积要小,一般不超过 1 mm×1 mm×1 mm。也可将组织修成 1 mm×1 mm×2 mm 大小长条形。因为固定剂的渗透能力较弱,组织块如果太大,组织块的内部将不能得到良好的固定。

③机械损伤要小,解剖器械应锋利,操作宜轻,避免牵拉、挫伤与挤压。

④操作最好在低温(0～4℃)下进行,以降低酶的活性,防止细胞自溶。

⑤取材部位要准确。

取材方法:将取出的组织放在洁净的蜡版上,滴一滴预冷的固定液,用两片新的、锋利的刀片将组织切下并修小,然后用牙签或镊子将组织块移至盛有冷的固定液的小瓶中。如果组织带有较多的血液和组织液,应先用固定液洗几遍,然后再切成小块固定。

2. 固定

固定的目的是尽可能使细胞中的各种细胞器以及大分子结构保持生活状态,并且牢固地固定在它们原来所在的位置上。固定的方法有物理的和化学的两大类。物理的方法系采用冰冻、干燥等手段来保持细胞结构;化学的方法是用一定的化学试剂来固定细胞结构。现通常使用化学方法对组织或细胞进行固定。常用固定剂如下。

(1)四氧化锇。它是一种强氧化剂,与氮原子有较强的亲和力,因而对于细胞结构中的蛋白质成分有良好的固定作用。它还能与不饱和脂肪酸反应使脂肪得以固定。此外,四氧化锇还能固定脂蛋白,使生物膜结构的主要成分磷脂蛋白稳定。它还能与变性 DNA 以及核蛋白反应,但不能固定天然 DNA、RNA 及糖原。四氧化锇固定剂有强烈的电子染色作用,用它固定的样品图像反差较好。固定的时间一般为 1～2 h。

(2)戊二醛。戊二醛的优点是对糖原、糖蛋白、微管、内质网和细胞基质等有较好的固定作用,对组织和细胞的穿透力比四氧化锇强,还能保存某些酶的活力,长时间的固定(几周甚至1～2个月)不会使组织变脆。

组织块固定常规采用戊二醛-锇酸双重固定法。分前固定和后固定,中间用磷酸缓冲液漂洗。前固定用 2.5% 戊二醛固定 2 h 以上,后固定用 1% 锇酸固定液固定 1～2 h,固定完毕,用缓冲液漂洗 20 min 后进行脱水。

3.脱水

为了保证包埋介质完全渗入组织内部,必须事先将组织内的水分驱除干净,即用一种和水及包埋剂均能相混溶的液体来取代水,常用的脱水剂是乙醇和丙酮。急骤的脱水会引起细胞的收缩,因此,脱水应按梯度进行:70% 丙酮 15 min,80% 丙酮 15 min,90% 丙酮 15min,100% 丙酮 10 min(二次)。游离细胞可适当缩短脱水时间。过度脱水不仅引起更多物质的抽提,而且会使样品发脆,造成切片困难。

4.浸透和包埋

浸透就是利用包埋剂渗入到组织内部取代脱水剂,这种包埋剂在单体状态时(聚合前)为液体,能够渗入组织内,当加入某些催化剂,并经加温后,能聚合成固体,以便进行超薄切片。包埋就是将组织块包埋在多孔橡胶包埋模板中,然后置烤箱烘干,在 45℃(12 h)、60℃(36 h)烤箱内加温,即可聚合硬化,形成包埋块。

5.超薄切片

(1)超薄切片前的准备工作。

修块:一般用手工对包埋块进行修整。将包埋块夹在特制的夹持器上,放在解剖显微镜下,用锋利的刀片先削去表面的包埋剂,露出组织,然后在组织的四周以和水平面呈 45°的角度削去包埋剂,修成锥体形。

半薄切片定位:利用超薄切片机切厚度为 1～10 μm 的切片,称厚片或半薄切片。将切下的片子用镊子或小毛刷转移到干净的事先滴有蒸馏水的载玻片上,加温,使切片展平,干燥后经甲苯胺蓝染色,光学显微镜观察定位。

制刀:超薄切片使用的刀有两种:一种是玻璃刀,另一种是钻石刀。由于玻璃刀价格便宜,使用者较多。制刀用的玻璃为硬质玻璃,厚度为 5～6.5 mm。

载网和支持膜:电镜中使用的载网有铜网、不锈钢网、镍网等,一般常用铜网。载网为圆形,直径 3 mm。网孔的形状有圆形、方形、单孔形等。网孔的数目不等,有 100 目、200 目、300 目等多种规格,可根据需要进行选择;挑选并清洗好载网之后,要在载网上覆盖一层薄膜,这层薄膜称支持膜,厚度为 10～20 nm。对支持膜的要求是透明无结构,并能承受电子束的轰击。常用的支持膜有火棉胶膜及聚乙烯醇缩甲醛膜,一般采用后者。

(2)超薄切片。超薄切片需用超薄切片机进行。根据推进原理不同,将超薄切片机分为两大类:一类是机械推进式切片机,用微动螺旋和微动杠杆来提供微小推进;另一类是热胀冷缩式切片机,利用金属杆热胀或冷缩时产生的微小长度变化来提供推进。

超薄切片的步骤包括:安装包埋块;安装玻璃刀;调节刀与组织块的距离;调节水槽液面高度与灯光位置;调节加热电流及切片速度;切片;将切片捞在有支持膜的载网上。

6.超薄切片的染色

未经染色的超薄切片,反差很弱。因此,要进行染色处理,以增强样品的反差。常用醋酸铀-柠檬酸铅双染色法,是当前增强切片反差的常规染色技术。醋酸铀主要显示细胞核与结缔组织,柠檬酸铅主要用以提高细胞质内各种成分的反差。

7.电镜观察、拍片、记录

做好观察记录,选好范围拍片,准确记录底片号码及相应内容,然后在电脑中备案。

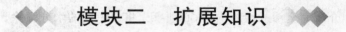

模块二　扩展知识

一、微生物在自然界的分布

微生物种类多,繁殖快,适应环境的能力强,它们广泛分布在自然界中,如高山峡谷、江河湖海、土壤岩层、大气上空以及在人畜的体表和与外界相通的腔道内。因此,了解微生物在自然界中的分布,对于家畜流行病学的调查、诊断和畜禽传染病的防治都具有重要意义,也为消毒、灭菌等工作的实施提供重要的理论依据。

(一)土壤中的微生物

土壤具备多种微生物生长繁殖所需要的营养、水分、气体环境、酸碱度、渗透压和温度等条件,并能防止日光直射的杀伤作用,是各种微生物生长繁殖的良好场所,也是微生物在自然界中最大的贮藏所,是一切自然环境微生物来源的主要来源地,是人类利用微生物资源的最丰富的"菌种资源库"。但是土壤也经常受病原体污染,在传播疾病中起一定作用。

土壤中微生物的种类很多,有细菌、真菌、放线菌、螺旋体和噬菌体,以细菌为主,占土壤微生物总数的 $70\%\sim90\%$。其分布受地理区域、环境条件和土壤深浅等因素的影响。通常 1 g 肥沃土壤所附载的微生物数可达几亿至几十亿,而荒地及沙漠中微生物数量则较少。土壤表层由于日光的作用,含菌量较少,深层土壤因营养物质的不足和分子氧的缺乏,含菌量也较少,在距离地面 $10\sim15$ cm 的土层中含菌量最多,在 $4\sim5$ m 深的土壤里几乎呈无菌状态。

土壤中的微生物可分为两大类:一类是长期定居于土壤中的固有的微生物,大多是有益的,如根瘤菌、固氮菌等,可制备各种细菌肥料,促进饲料作物增产。另一类是随动物的粪便、死于传染病的尸体、病畜的排泄物和分泌物进入土壤少量病原微生物。由于土壤里缺乏病原微生物所需要的特殊营养物质和适宜的理化因素,加之腐生菌的拮抗作用和噬菌体的侵袭破坏,所以大多数病原微生物在土壤中难以繁殖,生存时间也极短。只有少数能形成芽孢的病原菌,如炭疽杆菌、破伤风梭菌、气肿疽梭菌和腐败梭菌等,其芽孢能在土壤中存活数年乃至数十年,但有些病原菌也可在土壤中繁殖,如猪丹毒杆菌。被病原微生物污染的土壤可成为危险的疫源地,这对传染病的发生和流行具有特别重要的意义。

(二)水中的微生物

水是仅次于土壤的微生物第二天然培养基。无论江、河、湖、海,还是地下水、泉水、井水和雨雪水等各种水域,虽然物理、化学性状不同,但一般均能提供微生物生长的条件。特别是污水池中含有大量的有机物质,更适合于微生物的生长。水中的微生物主要来自土壤、尘埃、人畜排泄物和动植物的尸体等。

水中微生物的种类和数量取决于水的种类、水域中的有机物和无机物种类和含量、光照度、酸碱度、渗透压、温度、含氧量和污染程度的轻重以及水中微生物的拮抗作用等。水中的微生物主要为腐生性细菌,其次还有真菌、螺旋体、噬菌体等。水中病原微生物主要来源于人和动物的排泄物,故以传染病医院、兽医院、屠宰场、皮毛加工厂等排出的污水而造成的水源污染危害性最大。例如,炭疽杆菌、钩端螺旋体和猪瘟病毒等污染,常导致炭疽、钩端螺旋体和猪瘟等传染病的流行。因此,水和粪便的管理在切断传染源方面具有重要意义。由于水中病原微生物数量很少,不易直接检出,现一般采用测定细菌总数和大肠菌群的方法来判断水的污染程度。

(三)空气中的微生物

空气中缺乏微生物生存所必需的营养物质和足够的水分,加之日光照射等因素,不是微生物生命活动的良好场所。空气中的微生物主要来源于带有微生物菌体及孢子的灰尘,这些大多数是腐生性的,还有来源于人和动物,它们大多是通过呼吸道排出的,其中也包含有病原微生物,悬浮在大气中。空气中微生物的分布受多种因素影响,一般在人口密集的大城市、公共场所及阴暗潮湿、污秽拥挤、通风不良的畜舍,空气中微生物数量较多;而在乡村、草原、海滨以及空气流通的房舍中,空气中微生物数量就明显减少。

空气中一般没有病原微生物的存在,但在医院、动物医院及畜禽厩舍附近的空气中,常常漂浮带有病原微生物的气溶胶,或带有病原菌的分泌物和排泄物干燥后随尘埃进入空气中,健康人或动物往往因吸入而感染,分别称为飞沫传播和尘埃传播,总称为空气传播。此外,空气中的一些非病原微生物也可引起生物制品、药物制剂及食品的腐败变质,并造成微生物实验操作及外科手术的污染。所以,在实际工作中,常用不同的方法对室内外空气进行消毒灭菌。在进行注射、外科手术、制备药剂或生物制品等工作中,要注意无菌操作,严防微生物污染。

二、微生物在动物体及畜产品中的分布

(一)正常动物体内的微生物分布

1. 正常菌群及其作用

在动物的皮肤、黏膜以及与外界相通的腔道,如呼吸道、消化道和泌尿生殖道等,经常有一些微生物的存在,在正常情况下,它们对宿主健康有益或无害,甚至是宿主所必需的,这些微生物称为正常菌群。正常菌群存在的意义及其对宿主的影响有以下几点。

(1)营养。消化道正常菌群对机体的营养作用表现在三个方面:第一,消化道的细菌参与营养物质的消化,哺乳动物消化液中不含纤维素分解酶,草食兽消化饲料中的纤维素,需要消化道内共生的微生物的作用。第二,肠道细菌帮助宿主合成营养物质,如利用含氮物质合成蛋白质,合成 B 族维生素和维生素 K 等动物体自身不能合成的必需营养物。第三,消化道中的细菌能帮助宿主解毒,可破坏饲料中的有害物质并阻止其吸收。

(2)免疫。正常菌群对机体的免疫作用表现在三个方面:第一,刺激宿主免疫系统发育正

常,如无菌动物的免疫功能明显低于普通动物。第二,维持宿主正常的免疫反应,失去正常菌群后,细胞和体液免疫功能均下降。第三,维持正常的局部黏膜免疫。动物的肠道、呼吸道、泌尿生殖道等黏膜的固有层中有散在的淋巴细胞,其可在细菌的刺激下转化为浆细胞,产生IgA,是局部抵抗感染的第一道防线。

(3)生物拮抗。正常菌群对包括致病菌在内的外籍菌入侵有一定程度的拮抗作用。生物拮抗是通过占用定殖空间、抢夺营养、分泌细菌素和其他拮抗因子等途径实现。如给饲养的小鼠服用肠炎沙门菌,在小鼠肠道菌群正常时,小鼠无发病和死亡;若先给小鼠服用链霉素和红霉素,则全部死亡。

2. 正常动物体的微生物

(1)体表的微生物。动物的体表由于与外界环境密切接触,常附着各种各样的微生物,常见的微生物以球菌为主,如葡萄球菌、链球菌等;杆菌中主要有大肠杆菌、绿脓杆菌等。这些细菌主要来源于土壤、粪便的污染及空气中的尘埃。通常每平方厘米的皮肤上附着1万～2亿个细菌,含菌的多少与皮肤的清洁度有关。动物体表的黄色葡萄球菌和化脓链球菌是引起外伤后皮肤化脓的主要原因。患有传染病的动物体表常有该种传染病的病原,如布氏杆菌、结核杆菌、炭疽杆菌的芽孢以及口蹄疫病毒、痘病毒等,所以在处理皮革及被毛时应注意,以防止这些病原微生物通过皮毛传播。

(2)呼吸道的微生物。呼吸道上部,特别是鼻黏膜上,经常存在着由于吸气随空气进入的细菌。呼吸道下段,细菌逐渐减少。支气管末梢及肺泡内一般无细菌,只有在宿主患病时才有微生物的存在。寄生在动物上呼吸道中的细菌有葡萄球菌、肺炎球菌、链球菌、巴氏杆菌及其他革兰氏阴性菌等。通常呈无害状态,但当动物抵抗力下降时,这些微生物趁机大量繁殖,引起原发、并发或继发感染。

(3)消化道的微生物。胚胎期和分娩的幼畜,其消化道是无菌的。初生后伴随着吸乳、摄食等过程,乳汁、母体体表以及空气中的微生物便进入幼畜消化道,所以在出生后数小时的幼畜消化道中即能发现微生物。

口腔内因含有大量的食物残渣、充足的水分和适宜的温度,为微生物生长繁殖提供了良好的条件,所以口腔中微生物的种类较多,且数量较大,其中主要有乳酸杆菌、棒状杆菌、链球菌、放线菌、螺旋体等。

食管内没有食物残留,因而微生物很少。但禽类的嗉囊中则有很多随食物进入的微生物,正常栖居的是一些乳酸杆菌,对抑制大肠杆菌和某些腐败菌起着重要作用。

单胃动物的胃内受胃酸的限制,微生物含量极少,主要有乳酸杆菌、幽门螺杆菌和胃八叠球菌等少量耐酸性细菌。但反刍动物瘤胃中微生物的区系十分复杂,对饲料的消化起着重要作用,其中分解纤维素的细菌有黄色瘤胃球菌、白色瘤胃球菌、小瘤胃杆菌和产琥珀酸纤维菌;合成蛋白质的细菌有淀粉球菌、淀粉八叠球菌和淀粉螺旋菌等;瘤胃厌氧真菌具有降解纤维素和半纤维素的能力,有的还具有降解蛋白质和淀粉的能力;瘤胃中的原虫虽然数量比细菌和真菌少得多,但因体积大,其表面积可与细菌相当。一般每克瘤胃内容物中,含细菌10^9～10^{10}个,以及大量的真菌和部分原虫等。

在小肠部位,特别是十二指肠因胆汁及消化液的作用,微生物数量较少。在大肠和直肠中因消化液减弱,食物残渣停留时间较长,并含有丰富的营养物质,所以这些部位微生物的数量最多,通常以大肠杆菌、拟杆菌、双歧杆菌、肠球菌、乳酸杆菌及厌氧弯曲杆菌等为主。成年动物肠道中大肠杆菌可占正常菌总数的75%以上。

消化道中微生物的种类和数量虽多,但也可因饲料的种类、饲养管理条件和机体健康状况而有所变动,所以在拟定病畜饲料配方时,应予以注意。

(4)泌尿生殖道的微生物。在正常情况下,健康动物泌尿生殖系统中的肾脏、输尿管、子宫、卵巢、睾丸等是无菌的,但在泌尿生殖道口是有菌的。母畜的阴道中的微生物主要有乳杆菌,其次是葡萄球菌、链球菌、大肠杆菌等,偶有肠球菌和支原体。尿道口常栖居着一些革兰氏阴性或阳性球菌,以及若干不知名的杆菌。

因患病、外科手术、环境改变和滥用抗菌药物等原因,宿主正常菌群中的细菌种类和数量发生改变,对机体造成损失,出现一定病理效应的状态,称为菌群失调。如长期连续或短期大量口服大肠杆菌敏感的抗菌药物,杀死了肠道有益的大肠杆菌,致使对抗菌药物不敏感的致病性大肠杆菌或其他肠道致病菌借机大量增殖,引起肠道疾病。反刍动物采食含糖类或蛋白质类过多的饲料,或突然改变饲料后,常常使瘤胃正常菌群失调,引起严重的消化机能紊乱,导致前胃疾病。

(二)畜产品中微生物的分布

1.肉及肉制品上的微生物

健康动物的胴体,尤其是深部组织,是无微生物存在的,但从解体分割到销售要经历许多环节,组织中经常会有不同数量的微生物存在。

鲜肉中微生物的来源与许多因素有关,如动物生前的饲养管理条件、机体健康状况及屠宰加工的环境条件、操作程序等。鲜肉中的微生物种类较多,可分为致腐性、致病性及食物中毒性微生物三类。

冷藏肉中的微生物以外源性污染为主,如屠宰、加工、贮藏及销售环节中的污染。主要以嗜冷性微生物为主,常见的细菌有假单胞杆菌、乳杆菌及肠杆菌科的某些菌属;常见的真菌有红酵母、毛霉、根霉等。

肉制品种类多,由于加工、贮存方法不同,因此各种肉制品中微生物的来源与种类也有较大差别。熟肉制品经加热处理后,一般不含细菌繁殖体,引起熟肉变质的微生物主要是真菌,如根霉、青霉等。腌腊制品中多以耐盐或嗜盐菌类为主,弧菌是极常见的细菌,一些酵母菌和霉菌也可引起腌腊制品发生腐败。

2.乳及乳制品中的微生物

乳与乳制品是一类营养丰富的食品,是各种微生物极好的天然培养基。微生物在代谢过程中产生的各种代谢产物,可引起乳与乳制品变质或食物中毒。

鲜乳中的微生物主要来源于乳畜自身、外界环境和工作人员。乳畜体表及乳房上常附着草屑和灰尘等。挤乳时不注意操作卫生,会使这些带有大量微生物的附着物落入乳中,造成严重污染。正常情况下乳房组织内无菌或含有很少细菌,并且主要存在于乳头管及其分支。因此,在最先挤出的乳液中,会含有较多细菌,随着挤乳的进行,乳中细菌数会显著下降。所以在挤乳时最初挤出的乳应单独存放。在管理不良或乳畜患病时,乳中的细菌含量及种类会大大增加,甚至有病原菌的存在。挤乳时用的容器及用具也要先进行清洗消毒,不然通过这些器具也可使鲜乳污染。挤乳人员如不注意个人卫生,挤乳时就可直接污染乳汁。如果工作人员患有某些传染病或是带菌(毒)者则更危险。

鲜乳中污染的微生物有细菌、酵母菌和霉菌等多种类群,但最常见的且活动占优势的微生物主要是一些细菌。如乳酸菌、胨化细菌、脂肪分解菌等。

乳除供鲜食外,还可加工成多种制品。这些制品在加工过程中经消毒灭菌后,使其内不含有病原菌和引起变质的杂菌。但如果原料乳污染、加工不规范、容器及包装材料清洁不彻底则会造成乳制品的污染。奶粉污染中常见的细菌是沙门菌和金黄色葡萄球菌。炼乳如果被枯草杆菌、蜡样芽孢杆菌、巨大芽孢杆菌等污染,会出现凝乳;耐热性的厌氧芽孢菌污染可引起产气乳;刺鼻芽孢杆菌污染可引起苦味乳。干酪被大肠杆菌等有害物质污染可使其膨胀;腐败菌可使干酪表面湿润发黏,并有腐败味。

3. 蛋及蛋制品上的微生物

健康禽类所产的鲜蛋内部一般是无菌的。鲜蛋的蛋壳表面有一层胶状物质,蛋壳内层有一层薄膜,再加上蛋壳的结构,具有防止水分蒸发、阻碍外界微生物侵入的作用。其次,在蛋壳膜和蛋白中,存在一定的溶菌酶,也可以杀灭侵入壳内的微生物。故正常情况下,鲜蛋可保存较长的时间而不发生变质。但当家禽卵巢及子宫感染微生物,或蛋产出后,在运输、贮存及加工过程中,壳外胶状物被破坏,微生物经蛋壳上的气孔侵入蛋内,则鲜蛋内部及蛋制品中会带上微生物。

鲜蛋中的微生物以假单胞菌属、产碱杆菌属、变形杆菌属、青霉属、毛霉属等较为常见。另外,蛋中也可能存在病原微生物,如沙门氏菌、金黄色葡萄球菌、变形杆菌、禽白血病病毒等。

蛋制品包括两大类,一类是鲜蛋的腌制品,主要有皮蛋、咸蛋、糟蛋;另一类是去壳的液蛋和冰蛋、干蛋粉和干蛋白片。腌制品中添加具有抑菌和杀菌作用的盐、醇或氢氧化钠等物,可使其在常温下很好地保存。去壳蛋制品在加工中极易受微生物的影响,因此,要严格按照各种制品的操作规程进行加工并对所有器具做好消毒。

 模块三　技能训练

一、电子显微镜的使用及病毒形态观察

【学习目标】

知道负染技术在病毒学中的应用,会电镜负染技术的操作程序。知道超薄切片技术在病毒学中的应用。

【仪器材料】

(1)含病毒的细胞培养物。

(2)染色液:取浓度为 2% 的磷钨酸,用 1 mol/L KOH 将 pH 调至 6.8~7.4,4℃ 冰箱保存。

(3)PBS缓冲液(pH为7.4)。

(4)铜网支持膜:通常使用碳、火棉胶、聚乙烯醇缩甲醛等制成的400目网格,厚度10～20 nm,孔径75 μm,其表面铺有一层很薄的"电子透明"膜。

(5)冷冻高速离心机、超速离心机。

(6)小镊子、毛细滴管、试管架、滤纸片等。

【方法步骤】

(1)将含有病毒的细胞培养物反复冻融3次,释放出病毒粒子,然后在4℃条件下先低速(3 000 r/min)离心30 min,取上清液高速(15 000 r/min)离心20 min,取上清液。根据待检病毒的大小设定合适的超速离心速度,离心60 min,弃去上清,用少量PBS缓冲液(pH为7.4)重悬沉淀物后待检。

(2)用毛细管吸取约100 μL标本液滴于铜网支持膜上,约2 min后用滤纸条自铜网边缘吸取多余的标本液,室温静置数分钟,待其干燥。

(3)将铜网放于蜡盘上,用干净的毛细管加1滴2%的磷钨酸浸泡约2 min,吸干液体后,再用2%的磷钨酸复染1.5 min,吸干液体。然后把铜网放在红外线下烘干10～30 min。

(4)将制备好的铜网置于透射电镜下观察,首先在2 000倍上选择负染色良好的网孔,然后放大至30 000～40 000倍查找病毒粒子,一旦发现病毒粒子,应立即拍照。

【注意事项】

(1)取材体积要适当。

(2)样品中病毒浓度要适中,一般为10^6个/mL,浓度太大或太小均不利于观察病毒粒子。

(3)为节省时间,可以将超速离心获得的标本液与等量负染色剂混合后直接滴于铜网支持膜上,进行染色处理。

(4)染色最好在样品干透之后,否则容易出现染料凝集现象。染色时间可根据样品的厚薄进行适当调整,一般以2 min左右较为合适。

二、病毒蚀斑观察

【学习目标】

会病毒的蚀斑形成单位的测定。

【仪器材料】

器材:细胞培养(瓶)皿、CO_2培养箱、倒置显微镜、血细胞计数板、剪刀、镊子、酒精灯、烧杯、试管、移液管等。

试剂:PBS液或(D-Hanks液)、MEM培养液、胰蛋白酶消化液、酒精、碘酒、营养琼脂糖等。

其他:9～11日龄SPF鸡胚、新城疫病毒(NDV)LaSota株(即市售新城疫IV系活疫苗)。

【方法步骤】

1.鸡胚成纤维细胞的制备

(1)取胚。选取9～11日龄SPF鸡胚,大头朝上直立于蛋架上,用碘酒、酒精消毒气室外壳。用镊子从气室端打开蛋壳,撕开壳膜,用无菌弯头小镊子轻轻取出鸡胚,放入灭菌平皿中。

(2)组织处理。用 PBS 液或(D-Hanks 液)冲洗胚体 2～3 次,再将鸡胚的头、爪、内脏去除,剩下的胚体再用 PBS 液或(D-Hanks 液)冲洗胚体 2～3 次,然后再移入小的三角瓶中,用剪刀将鸡胚剪成 1～3 mm 大小的碎块。

(3)消化。用 PBS 液或(D-Hanks 液)充分冲洗组织碎块 2 次,加入 5～8 倍量的胰蛋白酶消化液,置 37℃ 消化 30 min,每隔 2～3 min 轻轻摇动一次。待组织碎块聚合成团,边缘毛样模糊时取出,轻轻吸去上层消化液,加适量 PBS 液或 MEM 培养液,用吸管反复吹打,使细胞分散。自然沉积片刻,将上层分散的细胞悬液通过 4～6 层纱布过滤到 MEM 生长液中。沉积的未消化完全的鸡胚碎块还可重复消化 1～2 次,最后收集细胞悬液。

(4)细胞计数。取少量细胞悬液,用血细胞计数板计数细胞总数。公式为:细胞总数＝4 大方格细胞总数×10^4/4×稀释倍数。

(5)分装、培养。将细胞悬液以 1 000 r/min 离心 5 min,弃去上清液,沉淀用细胞生长液重悬,按 10^6 个细胞/mL 分装于细胞培养瓶(皿)。置 37℃、5% CO_2 培养箱培养,逐日观察细胞生长情况,待 2～3 d 后长成单层即可用于实验。

2.PFU 的测定

(1)选取长成良好单层的细胞培养瓶。

(2)将待测的 NDV 用细胞维持液作 10 倍系列稀释,使病毒液浓度分别为 10^{-1}、10^{-2}、10^{-3}、…、10^{-10} 等,选择适当稀释度用于实验。

(3)吸弃细胞培养瓶(皿)中的生长液,加入不同稀释度的病毒液 0.1～1 mL,接种量以能覆盖瓶(皿)底为宜。每个稀释度 2～3 瓶(皿),置 37℃ 吸附 1 h,每 15 min 轻轻晃动一下培养瓶(皿),使病毒液均匀接触细胞。吸附完毕,吸弃残留的病毒液。

(4)取含中性红(50 μg/mL)的营养琼脂糖,融化后降温至 45～50℃,注入细胞培养瓶内无细胞的一面(或沿细胞培养皿边缘注入),再将培养瓶慢慢翻转,使营养琼脂糖覆盖在细胞表面,厚度以约 2 mm 为宜。待琼脂糖凝固,翻转细胞培养瓶(皿),使琼脂糖面朝上,置 37℃ 培养箱避光培养 3～5 d。

(5)每天计数空斑数。选择空斑不融合、分散呈单个,数目在 30～100 个/瓶(皿)的细胞培养瓶(皿),分别计算空斑数,再按下列公式计算:

$$PFU/mL＝病毒稀释度×(p/n)/V$$

式中:p 为该稀释度所有培养瓶上的空斑数,n 为培养瓶数,V 为每瓶接种量(mL)。

例:在 10^{-6} 稀释度,两瓶细胞($n＝2$)分别产生了 58 和 51 个空斑,每瓶(皿)各接种病毒量为 0.5 mL,代入公式即 $PFU/mL＝10^{-6}×(58＋51)/2×1/0.5＝1.36×10^{-8}$,查对数表为 8.13,即 PFU/mL 为 $10^{8.13}$。

【注意事项】

(1)细胞培养用水必须无色、无臭、无毒、无菌、无离子,可使用玻璃蒸馏器制备的三蒸水或双蒸水,且现用现制,水的贮存时间不宜超过 2 周。

(2)细胞培养液最好现配现用,各种试剂要避免反复冻融。吹打细胞时动作要轻巧,尽可能减少对细胞的损伤。细胞没有生长到足以覆盖瓶底大部分表面以前(80%),不要急于传代。

(3)用于稀释病毒的无菌生理盐水不应添加任何抗生素等物质。

(4)PFU 测定时,应将注入了营养琼脂糖的细胞培养瓶翻转培养,以免水滴在琼脂糖面流动而使蚀斑交叉融合。中性红应在蚀斑出现前加入,且要放在暗处培养。对某些生长较慢的病毒蚀斑,则不应将中性红加在最初的覆盖层里,而是在经过几天培养后,再加在最后一层覆盖层里。

复习思考题

1. 名词解释:核衣壳、囊膜、包涵体、亚病毒。

2. 简述病毒的结构、功能和化学组成。

3. 简述病毒的干扰现象与干扰素。

4. 何为病毒有血凝性?认识它有何意义?

5. 简述口蹄疫病毒的形态特点。

6. 简述禽流感病毒的形态特点。

7. 简述新城疫病毒的形态特点。

8. 简述蓝耳病病毒的形态特点。

9. 简述动物呼吸道的微生物的正常分布。

10. 乳及乳制品中的微生物有哪些?

任务三

其他微生物的识别

🍁 知识点

　　真菌基本形态与结构、放线菌基本形态与结构、霉形体基本形态与结构、螺旋体基本形态与结构、立克次氏体基本形态与结构、衣原体基本形态与结构、烟霉菌的生物学特征、黄曲霉的生物学特征、白色念珠菌的生物学特征、霉形体的生物学特征、衣原体的生物学特征、钩端螺旋体的生物学特征、立克次氏体的生物学特征。

🍁 技能点

　　显微镜的使用、标本片制备和染色及形态观察。

◆◆ 模块一　基本知识 ◆◆

一、其他微生物形态结构

(一)真菌

　　真菌是一类有细胞壁结构、没有根茎叶分化的异养型单细胞或多细胞真核微生物。真菌被广泛应用于农业、工业领域,但也有一些真菌能危害人和动植物,造成一些病害,称为病原性真菌。

　　真菌是一类低等真核生物,主要有 4 个特点:①有边缘清楚的核膜包围着细胞核,而且在一个细胞内有时可以包含多个核,其他真核生物很少出现这种现象;②不含叶绿素,不能进行光合作用,营养方式为异养吸收型,即通过细胞表面自周围环境中吸收可溶性营养物质,不同于植物(光合作用)和动物(吞噬作用);③以产生大量孢子进行繁殖;④除酵母菌为单细胞外,一般具有发达的菌丝体。

1.酵母菌

酵母菌在自然界分布很广,主要分布于偏酸性含糖环境中,酵母菌是人类利用最早的微生物,与人类关系极为密切。如各种酒类生产、面包制造、饲用、药用及食用单细胞蛋白生产,从酵母菌体提取核酸、麦角甾醇、辅酶 A、细胞色素 C、凝血质和维生素等生化药物。少数酵母菌能引起人或其他动物的疾病,如"白色念珠菌"能引起人体一些表层(皮肤、黏膜或深层各内脏和器官)组织疾病。

酵母菌的主要特点:①个体多以单细胞状态存在;②多数出芽生殖,也有裂殖;③能发酵糖类产能;④细胞壁常含甘露聚糖;⑤喜在含糖量较高的偏酸性环境中生长。

(1)形态。酵母菌细胞的形态通常有球状、卵圆状、椭圆状、柱状或香肠状等多种,当它们进行一连串的芽殖后,如果长大的子细胞与母细胞并不立即分离,其间仅以极狭小的面积相连,这种藕节状的细胞串就称假菌丝。酵母菌比细菌的单细胞个体要大得多,一般为 $1\sim5~\mu m$ 至 $5\sim30~\mu m$。

(2)结构。酵母菌细胞有细胞壁、细胞膜、细胞质和细胞核四种结构。酵母菌无鞭毛,不能运动。不能形成真正的菌丝,但生长旺盛时,由于迅速分裂而形成的新个体未能及时脱落而相互粘连,可形成类似丝状菌菌丝的假菌丝。

①细胞壁:细胞壁厚约 25 nm,约占细胞干重的 25%,是一种坚韧的结构。其化学组分较特殊,主要由酵母纤维素组成。它的结构似三明治,外层为甘露聚糖,内层为葡聚糖,中间为蛋白质分子。此外,细胞壁上还含有少量类脂和以环状形式分布在芽痕周围的几丁质。

②细胞膜:酵母菌的细胞膜同样为三层结构,它的主要成分是蛋白质、类脂和少量糖类。在酵母菌细胞膜上还含有各种甾醇,其中以麦角甾醇最多,它经紫外线照射后,可形成维生素 D_2。其主要功能是:①用以调节细胞外溶质运送到细胞内的渗透屏障;②细胞壁等大分子成分的生物合成和装配基地;③部分酶的成分和作用场所。

③细胞核:以酵母菌为代表的真菌细胞核是细胞遗传信息的主要贮存库,由双层单位膜构成核膜,核膜上具有核孔,是核内外物质交换的通道。核内有核仁是合成 RNA 的场所,核内的 DNA 以染色体的形式存在(图 1-17)。

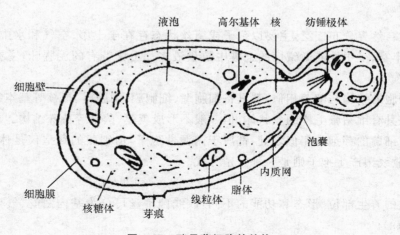

图 1-17　酵母菌细胞的结构

2.霉菌

凡是生长在营养基质上,能形成绒毛状、蛛网状或絮状菌丝体的真菌,均称为霉菌。霉菌在自然界分布极为广泛,它们存在于土壤、空气、水和生物体内外等处,与人类关系极为密切。一些霉菌或霉菌产生的毒素也可引起动物致病。

(1)霉菌菌丝。由成熟的孢子萌发产生芽管,并进一步伸长而形成丝状或管状,每根单一的细丝称为菌丝。霉菌的菌丝有不同的形态,如结节状、螺旋状、球拍状、梳状、鹿角状等。菌丝可伸长并产生分枝,许多分枝的菌丝相互交织在一起,叫菌丝体。

根据菌丝中是否存在隔膜,可把霉菌菌丝分成两种类型:无隔膜菌丝和有隔膜菌丝(图1-18)。无隔膜菌丝中无隔膜,整团菌丝体就是一个单细胞,其中含有多个细胞核。有隔膜菌丝中有隔膜,被隔膜隔开的一段菌丝就是一个细胞,菌丝体由很多个细胞组成,每个细胞内有1个或多个细胞核。在隔膜上有1至多个小孔,使细胞之间的细胞质和营养物质可以相互流通。

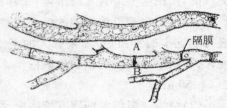

图1-18 霉菌的菌丝
A. 无隔膜菌丝 B. 有隔膜菌丝

(2)霉菌细胞结构。霉菌菌丝细胞均由细胞壁、细胞膜、细胞质、细胞核、线粒体、核糖体以及内含物组成。结构组成与其他真核细胞基本相同。

(二)放线菌

放线菌是一群革兰氏阳性细菌。放线菌因菌落呈放线状而的得名。它是一个原核生物类群,在自然界中分布很广,主要以孢子繁殖,其次是断裂生殖。与一般细菌一样,多为腐生,少数寄生。

放线菌与人类的生产和生活关系极为密切,目前广泛应用的抗生素约70%是各种放线菌所产生。一些种类的放线菌还能产生各种酶制剂(蛋白酶、淀粉酶和纤维素酶等)、维生素 B_{12} 和有机酸等。此外,放线菌还可用于甾体转化、烃类发酵、石油脱蜡和污水处理等方面。少数放线菌也会对人类构成危害,引起人和动植物病害。因此,放线菌与人类关系密切,在医药工业上有重要意义。

放线菌在自然界分布广泛,主要以孢子或菌丝状态存在于土壤、空气和水中,尤其是含水量低、有机物丰富、呈中性或微碱性的土壤中数量最多。土壤特有的泥腥味,主要是放线菌的代谢产物所致。

放线菌细胞的结构与细菌相似,都具备细胞壁、细胞膜、细胞质、拟核等基本结构。个别种类的放线菌也具有细菌鞭毛样的丝状体,但一般不形成荚膜、菌毛等特殊结构。放线菌的孢子在某些方面与细菌的芽孢有相似之处,都属于内源性孢子,但细菌的芽孢仅是休眠体,不具有繁殖作用,而放线菌产生孢子则是一种繁殖方式。

1.菌丝

根据菌丝的着生部位、形态和功能的不同,放线菌菌丝可分为基内菌丝、气生菌丝和孢子丝三种(图1-19)。

(1)基内菌丝。主要功能是吸收营养物质和排泄代谢产物。

（2）气生菌丝。它是基内菌丝长出培养基外并伸向空间的菌丝，又称二级菌丝。在显微镜下观察时，一般气生菌丝颜色较深，比基内菌丝粗，直径为 $1.0 \sim 1.4\ \mu m$，长度相差悬殊，形状直伸或弯曲，可产生色素，多为脂溶性色素。

（3）孢子丝。它是当气生菌丝发育到一定程度，其顶端分化出的可形成孢子的菌丝，叫孢子丝，又称繁殖菌丝。孢子成熟后，可从孢子丝中逸出飞散。放线菌孢子丝的形态及其在气生菌丝上的排列方式，随菌种不同而异，是菌种鉴定的重要依据。孢子丝的形状有直形、波曲、钩状、螺旋状，螺旋状的孢子丝较为常见。

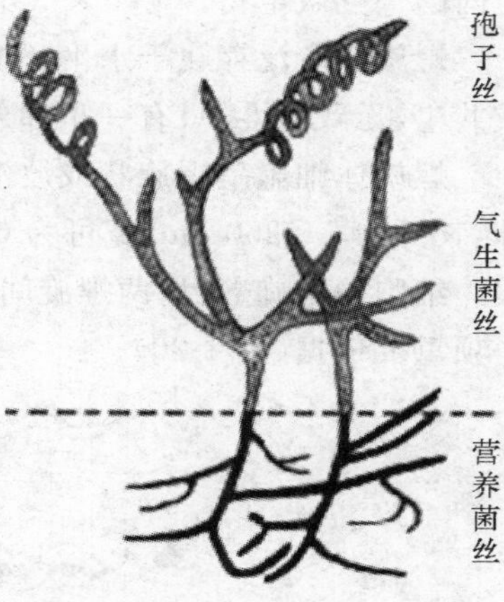

图 1-19　放线菌的菌丝形态

孢子丝
气生菌丝
营养菌丝

2. 孢子

孢子丝发育到一定阶段便分化为孢子。在光学显微镜下，孢子呈圆形、椭圆形、杆状、圆柱状、瓜子状、梭状和半月状等，即使是同一孢子丝分化形成的孢子也不完全相同，因而不能作为分类、鉴定的依据。孢子的颜色十分丰富。孢子表面的纹饰因种而异，在电子显微镜下清晰可见，有的光滑，有的褶皱状、疣状、刺状、毛发状或鳞片状，刺又有粗细、大小、长短和疏密之分，一般比较稳定，是菌种分类、鉴定的重要依据。

3. 孢囊

放线菌的特点是形成典型孢囊，孢囊着生的位置因种而异。有的菌孢囊长在气丝上，有的菌长在基丝上。孢囊形成分两种形式：有些菌的孢囊是由孢子丝卷绕而成；有些菌的孢囊是由孢子梗逐渐膨大形成。孢囊外围都有囊壁，无壁者一般称假孢囊。孢囊有圆形、棒状、指状、瓶状或不规则状之分。孢囊内原生质分化为孢囊孢子，带鞭毛者遇水游动，如游动放线菌属；无鞭毛者则不游动，如链孢囊菌属。

（三）霉形体

霉形体又称为支原体，是一类无细胞壁的细菌，细胞柔软，高度多形性，能通过除菌滤器，能在无生命的人工培养基上繁殖，是一类最小和结构最简单的能独立繁殖的原核细胞生物，含有 DNA 和 RNA，以二分裂或芽生方式繁殖。支原体广泛分布于污水、土壤、植物、动物和人体中，腐生、共生或寄生，常污染实验室的细胞培养及生物制品，有 30 多种对人或畜禽有致病性。

常呈球体、环状、杆状，有些偶见分枝丝状。球状细胞直径 $0.3 \sim 0.8\ \mu m$，在加压情况下，能通过孔径 $220 \sim 450\ nm$ 的滤膜。无鞭毛，不能运动，但有些菌株呈现滑动或旋转运动，革兰氏染色呈阴性，通常着色不良，用姬姆萨染色或瑞氏染色效果较理想，菌株呈淡紫色。

（四）螺旋体

螺旋体是一类菌体细长、柔软、弯曲呈螺旋状、能活泼运动的单细胞原核微生物。它的基本结构与细菌类似，细胞壁中有脂多糖和胞壁酸，无明显的细胞核，以二分裂繁殖。依靠位于细胞壁和细胞膜间轴丝的屈曲和旋转使其运动，这与原虫类似，所以螺旋体是介于细菌和原虫之间的一类微生物。

螺旋体广泛存在于水生环境,也有许多分布在人和动物体内。大部分营自由的腐生生活或共生,无致病性,只有一小部分可引起人和动物的疾病。

螺旋体细胞呈螺旋状或波浪状圆柱形,具有多个完整的螺旋。其大小(尤为长度)极为悬殊,长可为 $5\sim250\,\mu m$,宽可为 $0.1\sim3\,\mu m$。某些螺旋体可细到足以通过一般的除菌滤器或滤膜。细胞的螺旋数目、两螺旋间的距离(即螺距)及回旋角度(弧幅)各不相同,在分类上可作为一项重要依据(图 1-20)。

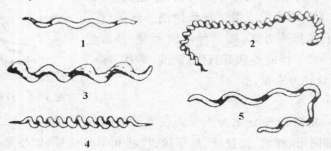

图 1-20　各属螺旋体形态示意图
1.螺旋体属;2.脊膜螺旋体属;3.密螺旋体属;
4.疏螺旋体属;5.钩端螺旋体属

螺旋体的细胞中心为原生质柱,外有 $2\sim100$ 根以上的轴丝,又称为轴鞭毛或内鞭毛,现亦简称为鞭毛,沿原生质柱的长轴缠绕其上。原生质柱具有细胞膜,膜外还有细胞壁和黏液层构成的外鞘,轴丝则夹在外鞘和细胞膜之间。

螺旋体具有不定型的核,无芽孢,核酸兼有 DNA 和 RNA,以二等分裂法繁殖。

螺旋体都是革兰氏阴性,但大多不易着色,故很少应用。姬姆萨染色效果较好,可使其染成红色或蓝色。染成蓝色者一般多属腐生性螺旋体。常用镀银染色法染色,染液中的金属盐黏附于螺旋体上,使之变粗而显出黑褐色。以相差和暗视野显微镜观察螺旋体既能检查形体,又可分辨运动方式,较为常用。

(五)衣原体

衣原体是一类具有滤过性、严格细胞内寄生,并经独特发育周期以二等分裂繁殖和形成包涵体样结构的革兰氏阴性原核细胞型微生物,能引起人和家畜的衣原体病。曾被认为是原生动物,后因能通过 450 nm 滤器而被认为是一种"大型病毒"。这类微生物与立克次体很相似,在许多特性上与病毒截然不同,因此,衣原体是一类介于立克次体与病毒之间的微生物。

衣原体的细胞呈圆形或椭圆形,革兰氏染色阴性,含 DNA 和 RNA 两种核酸。有较复杂的、能进行一定代谢活动的酶系统,但不能合成带高能键的化合物,必须利用宿主细胞的三磷酸盐和中间代谢产物作为能量来源,故为专性细胞内寄生,而不能在细胞外生长繁殖。

衣原体在宿主细胞内生长繁殖时,个体形态分为大、小两种。小的称为原体,呈球形、椭圆形或梨形,直径 $0.2\sim0.4\,\mu m$,与细菌芽孢类似,可存活于外环境,对人和动物具有高度传染性,但无繁殖能力,是衣原体的感染型个体形态。姬姆萨染色呈紫色,马基维洛染色呈红色;大的称为始体,形态较大,直径 0.7～1.5 μm,呈圆形或椭圆形,无感染性。在细胞内以二等分裂方式繁殖形成子代原体,成熟的子代原体从感染细胞中释出,在感染新的细胞,开始新的发育周期。姬姆萨和马基维洛染色均呈蓝色。包涵体是衣原体在细胞空泡内繁殖过程中所形成的集团(落)形态。

(六)立克次氏体

立克次氏体是一类介于细菌和病毒之间的专性细胞内寄生的小型革兰氏阴性原核单细胞微生物。立克次氏体在形态结构和繁殖方式等特性上与细菌相似,而在生长要求上又酷似病毒。某些成员能引致人和动物立克次氏体病,如斑疹伤寒、恙虫病等。

立克次氏体细胞形态多样,主要是球杆状,但在不同发育阶段及在不同的宿主体内,也可出现不同的形态。大小介于细菌和病毒之间,球状菌直径 0.2～0.7 μm,杆状菌大小为(0.3～0.6) μm×(0.8～2) μm,均不能通过除菌滤器。有类似于革兰氏阴性菌的细胞壁结构和化学组成,细胞壁中含有肽聚糖、脂多糖和蛋白质,细胞质内有 DNA、RNA 及核蛋白体。对于一般染料不易着色,姬姆萨染色效果较好,立克次氏体呈紫色或蓝色,而且往往染成两极着色,马基维洛法染成红色,革兰氏染色阴性。

立克次氏体在自然界主要寄生于节肢动物体内(蚤、虱、蜱和螨等),通过节肢动物传染给人和动物,引致人畜疾病的立克次体,多寄生于网状内皮系统、血管内皮细胞或红细胞。

二、常见其他微生物形态结构特点

(一)病原真菌

1. 感染性病原真菌

某些腐生性或寄生性真菌可感染动物机体,并在其中生长繁殖或产生代谢产物,而对机体致病。

(1)荚膜组织胞浆菌。

①荚膜组织胞浆菌荚膜变种。该菌引致犬、猫和人常发的高度接触性传染性组织胞浆菌病。寄生在网状内皮细胞的细胞质内,使感染组织形成肉芽肿。该菌孢子主要存在于鸟类或蝙蝠粪便污染的泥土或尘埃中,被人和动物吸入后引致本病的发生。

在巨噬细胞和网状内皮细胞内寄生时呈细小的、包有荚膜的圆球样细胞,直径 1～3 μm。在陈旧的病灶内,菌体较大,细胞质浓缩于菌体中央,与细胞壁之间出现一条空白带。22～25℃ 培养时,在培养基上缓慢形成丝状菌落,开始为白色,逐渐变为棕黄色,菌丝分支分隔,宽 2.5 μm。产生椭圆形光滑或多刺小分生孢子,直径 2.5～3 μm,随后可产生圆形或椭圆形大分生孢子,称为棘状厚壁大孢子,直径 8～15 μm,表面光滑、均匀间隔的像手指一样的突起,是本菌的特征形态。

②荚膜组织胞浆菌假皮疽变种。旧名假皮疽组织胞浆菌,是马属动物流行性淋巴管炎的病原,特征为皮下淋巴管和淋巴结发炎、肿胀和皮肤溃疡。

在脓汁中该菌呈卵圆形或瓜子形,具有双层膜的酵母样细胞。大小为(2～3) μm×(3～

5)μm，一端或两端较尖，多单在或23个排列，菌体细胞质均匀，可见2～4个圆形、呈回旋运动的小颗粒。在培养物中呈菌丝状，分支分隔、粗细不匀，菌丝末端形成瓶状假分生孢子。

（2）白色念珠菌。白色念珠菌能引起人和动物念珠菌病。存在于任何动物消化道、呼吸道和泌尿生殖道的黏膜，是机会致病菌。该菌为假丝酵母菌，在病变组织渗出物和普通培养基上产生芽生孢子和假菌丝，不形成有性孢子。菌体圆形或卵圆形，2 μm×4 μm，革兰氏染色阳性（图1-21）。

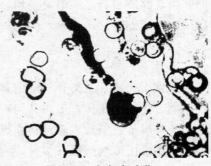

图1-21　白色念珠菌

（3）肺胞菌。肺胞菌是一种机会致病菌，可感染马、牛、羊、猪等多种动物，有宿主特异性。在正常健康的宿主体内通常不表现明显的临床症状，而在免疫功能低下的动物体内可引起严重的肺炎。

肺胞菌主要以包囊和滋养体两种形态存在于肺泡。包囊为椭圆形或近似圆形，直径1.5～5.0 μm，内有8个子孢子。滋养体有大型和小型两类，大型直径2.0～8.0 μm，圆形、椭圆形或新月状；小型直径1.0～1.5 μm，球形或阿米巴形。姬姆萨染色细胞质浅蓝色，细胞核紫色。通常有一个细胞核，少数可见2个以上的核。

（4）烟曲霉。烟曲霉菌是曲霉菌属致病性最强的霉菌，主要引起家禽的曲霉菌性肺炎及呼吸器官组织炎症，并形成肉芽肿结节，也可感染哺乳动物和人。

烟曲霉与其他曲霉菌在形态、结构上相同，菌丝无色透明或微绿，分生孢子梗较短（小于300 μm），顶囊直径20～30 μm，小梗单层，长6～8 μm，末端着生分生孢子，孢子链达400～500 μm。分生孢子呈圆形或卵圆形，直径2～3.5 μm，呈灰色、绿色或蓝绿色。

2. 中毒性病原真菌

凡能产生毒素、导致人和动物发生急性或慢性中毒症的真菌，称为中毒性病原真菌。但是，即使是同一种真菌，也不是所有菌株都能产生毒素，只有产毒素的菌株才有病原性。

（1）青霉菌属。本属目前发现300余种，黄绿青霉、橘青霉、岛青霉等是本属中主要常见的产毒素真菌，对人和动物的毒性作用各有不同。马尔尼菲青霉菌是新出现的一种机会致病菌，可引起人类播散性和进行性感染，自然动物宿主为竹鼠，是青霉菌中唯一的温度依赖性双相菌。

①黄绿青霉：又称为毒青霉。分布广泛，可从霉变米或土壤中分离。其产生的黄绿青霉素具有很强的神经毒性。本菌分生孢子梗从贴于基质表面的菌丝中生出，壁光滑。帚状支多为单轮，分支较少，小梗密集。分生孢子呈球形或近似球形，直径2.2～2.8 μm，壁薄而光滑，呈串状，可达50 μm以上。

②橘青霉：是粮食常见霉菌之一，侵害大米后，形成有毒的黄变米。其产生的橘青霉素可引起肾功能及形态损害。本菌分生孢子梗大部分从基质上产生，也有从菌落中央的气生菌丝上生出的，壁光滑、不分支，帚状支由3～4个轮生而略散开的梗基构成，每个梗基上生出6～10个密集而平行的小梗。分生孢子呈圆形或椭圆形，壁光滑，直径为2.2～3.2 μm，形成串状孢子链。

③岛青霉：亦称冰岛青霉，分布广泛，主要在大米、玉米、大麦中生长，产生岛青霉毒素。该毒素为肝脏毒。本菌分生孢子梗短，一般在50～75 μm，呈分支状，从气生菌丝上产生，帚状支为双轮对称，小梗平行密集，每簇5～8个，较短，顶端聚尖，大小为（7～9）μm×（1.8～2.2）μm。分

生孢子为椭圆形,$(2.2\sim3.0)\ \mu m\times(3.0\sim3.5)\ \mu m$,壁厚光滑,产生短的结节状分生孢子链。

(2)镰刀菌。本菌又称链孢霉。种类多,分布广泛,是危害各种作物的病原菌,有些也是人、动物、昆虫的病原菌,是医学和兽医学广为重视的产毒素性病原真菌之一。

在琼脂培养基上气生菌丝发达,高 $0.5\sim1.0\ cm$,低 $0.3\sim0.5\ cm$。有的气生菌丝不发达或完全无气生菌丝,由营养菌丝组成子座,分生孢子梗座直接在子座上生出。分生孢子分为大小两类。大分生孢子由气生菌丝或分生孢子座产生,或产生在黏孢团中,呈多样形态,如镰刀形、锥形、柱形等,多细胞、分隔。小分生孢子产生于分生孢子梗上,形态不一,呈卵形、纺锤形等,一般为单细胞,少数有 $1\sim3$ 个隔。气生菌丝、黏孢团、子座、菌核呈各种颜色,基质可被染成各种颜色。有些镰刀菌有性繁殖器官,产生闭囊壳,内含子囊及 8 个子囊孢子。子囊壳产生在子座上,呈卵圆形或圆形,深蓝色至黑紫色,粗糙或光滑。子囊孢子呈圆形、梭形、新月形。

(3)黄曲霉。黄曲霉是一种常见的腐生真菌,多见于发霉的粮食、粮制品及其他霉腐的有机物上。黄曲霉可产生黄曲霉毒素,不仅能引起畜禽中毒致死,亦有致癌作用。菌丝分支分隔,分生孢子梗壁厚、无色,直径 $10\sim20\ \mu m$;顶囊大、呈球状或近似球状,小梗为一层或两层,直径 $300\sim400\ \mu m$;分生孢子呈圆形或椭圆形,呈链状排列。

(4)棕曲霉。本菌也称赭曲霉,寄生于谷类上,特别是储存的高粱、玉米及小麦麸皮上,产生的棕曲霉毒素具有致病性。分生孢子头幼龄时为球形,老龄时分裂成 $2\sim3$ 个分叉,直径 $750\sim800\ \mu m$。分生孢子梗呈明显黄色、壁厚、极粗糙,有明显麻点。顶囊呈球形、壁薄、无色,直径 $30\sim50\ \mu m$,双层小梗覆盖整个顶囊,分生孢子呈球形、链状。

(二)放线菌

放线菌病是一种多菌性的非接触的慢性传染病,牛、猪、马、羊易感,人不易感。主要侵害牛和猪,奶牛发病率较高。放线菌存在于土壤、饮水和饲料中,病原菌寄生于动物的口腔和上呼吸道中。当皮肤、黏膜损伤时,即可能引起发病。牛感染放线菌后主要侵害颌骨、唇、舌、咽、齿龈、头颈部皮肤及肺,尤以颌骨缓慢肿大、脓性肉芽肿较多见。

本菌形态随生长环境不同而异。在培养基上呈棒状或杆状,可形成 Y 形、V 形或 T 形排列的无隔菌丝,直径为 $0.6\sim0.7\ \mu m$。在病灶中可形成肉眼可见的针头大的黄白色小菌块,颜色似硫黄,故称"硫黄颗粒",质地柔软或坚硬。将硫黄状颗粒放在载玻片上压平后镜检时呈菊花状,菌丝末端膨大,向周围呈放射状排列。革兰氏染色时,菌块中央呈阳性,周围大部分呈阴性,无抗酸特性。

(三)病原霉形体

1. 猪肺炎霉形体

猪肺炎霉形体是猪地方流行性肺炎(猪喘气病)的病原。本病广泛分布于世界各地,在我国许多地区的猪场都有发生。由于带菌病猪的存在和分布面较广,除直接发生死亡外,病猪生长发育缓慢,生长率降低 15% 左右,饲料利用率降低 20%,造成饲料和人力的浪费,有的成为僵猪或因激发感染而死亡,是危害养猪业发展的重要疫病之一。猪肺炎霉形体形态多样,大小不等。在液体培养物和肺触片中,以环形为主,直径 $112\sim225\ nm$,也见球状、两极杆状、新月状、丝状。可通过 $0.3\ \mu m$ 孔径滤膜。革兰氏染色阴性,但着色不佳。

2. 禽败血霉形体

鸡败血霉形体又名鸡毒支原体,是引起鸡和火鸡等多种禽类慢性呼吸道病或火鸡传染性窦炎的病原,从鸡、火鸡、雉鸡、珍珠鸡、鹌鹑、野鸡、鸭、鸽、矮脚鸡、孔雀、麻雀等十多种禽类均分离到本菌。菌体通常为球形(直径 0.2～0.5 μm)、卵圆形或梨形,细胞的一端或二端具有"小泡"极体,该结构与菌体的吸附性有关。如果培养基添加适当的胆固醇或长链脂肪酸,则可形成短而分枝的丝状结构。以姬姆萨或瑞氏染料着色良好,革兰氏染色为弱阴性。

3. 牛羊致病霉形体

牛羊致病性霉形体为丝状支原体簇的 6 个成员,分别为丝状支原体丝状亚种 SC 型、丝状支原体丝状亚种 LC 型、丝状支原体山羊亚种、山羊支原体肺炎亚种、山羊支原体山羊亚种和牛群支原体 7 型。

丝状支原体丝状亚种:是最早确认对动物有致病性的支原体,菌体可形成有分支的丝状体,在固体培养基上生长的菌落呈"煎荷包蛋"状,过去按菌落大小分为两个型,小菌落型和大菌落型,小菌落型分离自牛,是牛肺疫、关节炎、乳腺炎的病原体,对羊无致病性。

丝状支原体山羊亚种:引起山羊呼吸系统广泛的病变,细胞呈多形性,可形成丝状,长 10～30 μm。丝状支原体丝状亚种大菌落型分离自山羊,现已归入丝状支原体山羊亚种,可引起山羊关节炎、乳腺炎、肺炎和败血症等,对牛无致病性。

(四)病原螺旋体

1. 伯氏疏螺旋体

伯氏疏螺旋体是莱姆病的病原体,是疏螺旋体属的成员。莱姆病最早于 1975 年在美国康尼迪克州的莱姆镇发现,故而得名,现已遍布全世界,我国已有十多个省区有该病病例发生。此病以硬蜱为传播媒介,主要感染人和犬,此外,牛、马、猫等也可感染,致关节炎等多种疾病。菌体细长,20～30 μm,直径约 0.2 μm,有 4～20 个大而宽疏的螺旋。其鞭毛缠绕着菌体,位于外膜和细胞膜之间,称为轴鞭毛。在暗视野显微镜下,运动活泼,有扭曲、翻转及抖动等多种形式。革兰氏染色阴性,但不易着色。姬姆萨染色法染色呈淡紫色,也可用瑞氏染色法染色。

2. 鹅疏螺旋体

本菌又称鸡疏螺旋体,是疏螺旋体的成员,经蜱传播引起禽类的急性、败血性疏螺旋体病,是本属中唯一对禽类致病者。鹅疏螺旋体平均长度为 8～20 μm,宽 0.2～0.3 μm,有 5～8 个螺旋,能通过 0.45 μm 微孔滤膜。瑞氏染色呈紫蓝色,碱性复红染色呈紫红色。

3. 兔梅毒密螺旋体

兔梅毒密螺旋体是密螺旋体属的成员,引致兔梅毒,是兔的一种性传播慢性传染病,主要通过交配直接接触传播,但也通过污染的垫草、饲料及用具等传播。病变主要是生殖器及会阴部的疱疹、结节和糜烂,有时也侵及鼻孔和眼睑。兔梅毒密螺旋体是一种细而长的螺旋体,大小通常为(6～14) μm×0.25 μm,有 8～14 个致密而规则的螺旋。姬姆萨染色法染色菌体呈玫瑰红色。用福尔马林缓冲液固定后,能被碱性苯胺染料着色。暗视野显微镜检查活标本时,可观察到旋转样运动的活泼菌体。

4. 猪痢疾短螺旋体

猪痢疾短螺旋体为短螺旋体属,是猪痢疾的病原体,经口传染,传播迅速,发病率较高而致死率较低,病原主要存在于猪的病变肠段黏膜、肠内容物及粪便中。菌体多为 2～4 个弯曲,两端尖锐,形似双燕翅状。革兰氏染色呈阴性反应,用苯胺染料或姬姆萨氏染色时着染良好,将组织切片用镀银染色后效果更好。可通过 $0.45\ \mu m$ 孔径的滤膜。有两束 7～13 根周鞭毛。新鲜病料在暗视野显微镜下可见到活泼的蛇行运动或以长轴为中心的旋转运动。在透射电子显微镜下,其形状与细菌不同,胞壁与胞膜之间有 7～9 条轴丝。

5.细螺旋体

细螺旋体属又名钩端螺旋体属,是一大类菌体纤细、螺旋致密、一端或两端弯曲呈钩状的螺旋体,简称钩体。其中大部分营腐生生活,广泛分布于自然界,尤其存活于各种水生环境中,无致病性。小部分为寄生性和致病性,可引起人和动物的钩端螺旋体病。该病是在世界各地都广泛流行的一种人畜共患病,中国绝大多数地区都有不同程度的流行,尤以南方各省最为严重,对人民健康危害很大,是中国重点防治的传染病之一。

菌体纤细,长短不一,一般为 6～20 μm,宽 0.1～0.2 μm,具有细密而规则的螺旋,菌体一端或两端弯曲呈钩状,常为“C”、“S”等形状。在暗视野显微镜下可见钩体象一串发亮的微细珠粒,运动活泼,可曲屈、前后移动或围绕长轴作快速旋转。电镜下钩体为圆柱状结构,最外层是鞘膜,由脂多糖和蛋白质组成,其内为胞壁,再内为浆膜,在胞壁与浆膜之间有一根由两条轴丝扭成的中轴,位于菌体一侧。钩体是以整个圆柱形菌体缠绕中轴而成,钩体的胞壁成分与革兰氏阴性杆菌相似。钩体革兰氏染色为阴性,不易被碱性染料着色,常用镀银染色法,把菌体染成褐色,但因银粒堆积,其螺旋不能显示出来。

(五)病原性立克次体

1.贝氏柯克斯体

它又称贝氏立克次氏体或 Q 热立克次体,属于立克次体科、柯克斯体属。可导致 Q 热,由于患者表现不明原因的热性病症状,因而称之为 Q 热(“Q”为英文 Query 的第一个字母,即疑问之意),是一种自然疫源性人畜共患病。

贝氏柯克斯体是一种专性的细胞内寄生物。多为短杆状,偶呈球状、新月状、丝状等多种形态,一般大小为 (0.2～0.4) μm×(0.4～1) μm。无鞭毛,无荚膜,可形成内芽孢。革兰氏染色阴性,但一般不易着染;姬姆萨染色呈紫色;马基维洛染色法染成红色。贝氏柯克斯体与其他立克次体的区别在于其具有滤过性,不引起人的皮疹,能直接经气溶胶传播,而不需媒介节肢动物传播。用氯化铯梯度密度离心,可将细胞内繁殖的贝氏柯克斯体分离出大小不等、形态结构不一的两种细胞型菌体。上层密度低的细胞较小、稠密、呈棒状、细胞壁明显、核质紧密;下层密度大的细胞较大,圆形、多形性明显、核质松散。

2.附红细胞体

猪附红细胞体寄生于猪的红细胞表面及血浆中,引起猪的附红细胞体病,病猪以高热、贫血、黄疸为主要特征。多数学者认为猪附红细胞体属于立克次氏体目、无形体科、附红细胞体属。

附红细胞体呈圆形、卵圆形、环形、逗号形、月牙形、网球拍形和杆形等,附着于红细胞表面或游离于血浆中。直径 0.2～2 μm,最大可达 2.5 μm。游离于血浆中的附红细胞体作摇摆、扭转、翻滚等运动。但附着于红细胞表面时则看不到运动,当红细胞上附有多量附红细胞体时,有时能看到红细胞的轻微晃动、震颤。一个红细胞上可能附有 1～15 个附红细胞体,以 6～7 个最多,被寄生的红细胞变形为齿轮状、星芒状或不规则形状。

血液涂片经姬姆萨染色后,附红细胞体被染成浅蓝色,红细胞呈红色,附红细胞体好像是镶在红细胞上的多形态的"蓝宝石"。被侵害的红细胞可呈星状、齿轮状或菠萝状。

3. 无浆体

无浆体是一类经蜱传播的专性细胞内寄生菌,主要寄生于牛、羊等反刍动物的血细胞中,其引起的疾病被称为无浆体病。

无浆体属于立克次体目无浆体科无浆体属。已知的无浆体病原包括边缘无浆体、绵羊无浆体、中央无浆体、牛无浆体、嗜吞噬细胞无浆体和扁平无浆体。边缘无浆体主要感染牛等反刍动物,主要寄生于动物血液的红细胞中。致病力较强,成为各国科学家研究的热点和重点;中央无浆体亲缘关系与边缘无浆体接近,致病力较弱,在以色列、南美洲和澳大利亚被用作活疫苗;绵羊无浆体可以引起绵羊、山羊、鹿等反刍动物发病,但不感染牛,主要寄生于动物血液的红细胞中;嗜吞噬细胞无浆体是一种人畜共患病病原,主要寄生于动物的粒细胞中;牛无浆体先前被称为牛埃里克体,可以感染牛羊等反刍动物,主要寄生于动物血液的单核细胞中;扁平无浆体以前被称为扁平埃里克体,主要感染犬类动物。

无浆体几乎没有细胞浆,呈致密的、均匀的圆形结构,革兰氏染色阴性,姬姆萨氏染色呈紫红色。一个红细胞中有含 1 个的,也有含 2～3 个的。用电子显微镜观察,这种结构是由一层限界膜与红细胞胞浆分隔开的内含物,每个内含物包含 1～8 个亚单位或称初始体。初始体呈球状,直径 0.3～0.4 μm,外包有一层膜。侵入红细胞的一个初始体经二分裂的方式繁殖,成熟后的初始体从红细胞中释出,再侵入新的红细胞,完成一个生活周期。

(六)病原性衣原体

1. 鹦鹉热亲衣原体

鹦鹉热亲衣原体,首先从鹦鹉体内分离出来。后来又从鸽、鸭、火鸡等 190 多种禽类和绵羊、山羊、牛、猪、马、骆驼等多种哺乳动物体内分离出了这种衣原体。鹦鹉热衣原体可以使畜禽发生鹦鹉热、脑炎、肺炎、牛脑脊髓炎、羊及豚鼠结膜炎、牛、羊和猪流产,羔羊的多发性关节炎等,也可以使人发生鹦鹉热(饲鸟病)。其中危害最大的是禽类、绵羊、山羊和牛。

衣原体在宿主细胞内生长繁殖时,可表现独特的发育周期,不同发育阶段的衣原体在形态、大小和染色性上有差异。在形态上可分为个体形态和集团形态两类。个体形态又有大、小两种。一种是小而致密的,称为元体(EB),另一种是大而疏松的,称作网状体(RB)。元体又称原生小体或原体,呈球状、椭圆形、梨形,直径 0.2～0.4 μm。电镜下可见其内含大量核物质和核糖体,中央致密,有细胞壁,是发育成熟的衣原体。存在于细胞外较为稳定,对人和动物具有高度传染性,但无繁殖能力,为衣原体的一种传染型个体形态,衣原体的感染即由元体引起。姬姆萨染色呈紫色,马基维洛染色呈红色。网状体又称始体,形体较大,直径为 0.7～1.5 μm,呈圆形或椭圆形。其电子密度较低,无细胞壁。在细胞空泡中以二等分裂方式繁殖,网状体是衣原体在细胞内发育周期中的一种繁殖型个体形态,无感染性。姬姆萨和马基维洛染色均呈蓝色。包涵体是衣原体在细胞空泡内繁殖过程中所形成的集团(落)形态。

2. 肺炎亲衣原体

旧称肺炎衣原体,该衣原体是一种重要的呼吸道病原体。主要引起人的非典型性肺炎,同时还可致支气管炎、咽炎、鼻窦炎、中耳炎、虹膜炎、肝炎、心肌炎、心内膜炎、脑膜炎、结节性红斑等疾病,也是艾滋病、白血病等继发感染的重要病原菌之一,另外,流行病学和病原学研究认为,肺炎衣原体感染与心血管疾病相关,已引起各国学者的高度重视。

肺炎衣原体的形态多样,电镜下可呈现典型的梨形,其长轴长 $0.44\ \mu m$,短轴长 $0.31\ \mu m$,平均直径为 $0.38\ \mu m$。核区呈圆形,位于细胞中央,平均直径为 $0.24\ \mu m$,核区和细胞膜之间有较宽的原生质区。肺炎衣原体包涵体不含糖原,碘染色阴性,在 Hela 细胞中的形态与鹦鹉热衣原体十分相似,姬姆萨染色后呈深密度卵圆形,在 HEP-2 细胞中的包涵体,其密度和形态均多样化,有致密的、桂花样散在的、有伸出胞外出瘤状的还有圆形。

3.牛羊亲衣原体

牛羊亲衣原体旧称牛羊衣原体,属鹦鹉热亲衣原体,能引起牛和绵羊的多发性关节炎、脑脊髓炎和腹泻。

牛羊亲衣原体属原核细胞型微生物,多为圆形或椭圆形,直径 $0.1\sim 1\ \mu m$,无运动性,含有 DNA 和 RNA 两种核酸,以及脂类和黏性多糖,革兰氏染色阴性。牛羊亲衣原体在细胞内增殖,分裂方式为二分裂,电镜下可见原体(EB)和始体(IB 或称网状体 RB)两种,原体为直径 $0.2\sim 0.3\ \mu m$,中心致密的微小粒子,具有感染性;始体为较原体大而淡染的网状颗粒,无感染性。此外,牛羊亲衣原体按其抗原性不同分为两型,一是来自流产、肺炎或肠道感染,另一型与多发性关节炎,脑炎和结膜炎有关,这两型彼此无交叉反应,但在每一型内抗原性是一致的,来自牛和绵羊的分离物在抗原性上是一样的。

4.沙眼衣原体

主要寄生于人类、引致沙眼及性病淋巴肉芽肿等,无动物储存宿主。将鸡胚卵黄囊或细胞培养的沙眼衣原体高度提纯,于电镜下检查,可见原体呈球形或类球形,胞浆膜外有刚性细胞壁,壁外有平滑表层。始体的体积较大,形状不甚规则,其包膜富有韧性,无刚性的细胞壁,原体和始体内皆含有 DNA 与 RNA。

沙眼衣原体具有特殊的染色性状,不同的发育阶段其染色有所不同。成熟的原体以 Giemsa 染色为紫色,与蓝色的宿主细胞浆呈鲜明对比。始体以 Giemsa 染色呈蓝色。沙眼衣原体对革兰氏染色虽然一般反应为阴性,但变化不恒定。沙眼包涵体在上皮细胞浆内,很致密,如以 Giemsa 染色,则呈深紫色,由密集的颗粒组成。其基质内含有糖原,以 Lugol 液染色呈棕褐色斑块。

三、其他微生物形态结构观察方法

其他微生物形态差别较大,真菌、立克次氏体和螺旋体经不同的染色方法后,可用光学显微镜进行形态观察,而支原体和衣原体在光学显微镜下勉强可见。另外可通过电子显微镜进行其他微生物形态结构的精细观察。

内容及原理参考项目一中任务一细菌的形态结构观察方法和任务二病毒形态结构观察方法。

模块二 技能训练

一、真菌的形态观察

【学习目标】
知道真菌水浸片的制备及染色抹片的制作,会进行真菌形态的观察与描绘。

【仪器材料】
菌种:酵母菌、根霉及曲霉培养物。
染料:乳酸美蓝染液、美蓝染液。
其他:载玻片、盖玻片、酒精、PDA 培养基、解剖针、显微镜等。

【方法步骤】
1. 酵母菌水浸片的制备及观察
(1)在洁净的载玻片中央滴加美蓝染色液一滴,如不染色则加蒸馏水一滴,用接种环以无菌操作法取培养 48 h 左右的酵母菌体少许,放在液滴中轻轻涂抹均匀(若为液体培养物则直接取一环培养液于玻片上)。
(2)取一盖玻片,先将其一边接触液滴,再慢慢放下盖玻片(避免产生气泡)。
(3)将玻片放在显微镜下观察,观察酵母菌的形态、大小及芽体。同时可以根据是否染上颜色来区别死、活细胞。

2. 霉菌水浸片的制备及观察
(1)在洁净的载玻片上滴加蒸馏水或美蓝染色液一滴。
(2)取培养 2～5 d 的根霉或曲霉,培养 3～5 d 的青霉或木霉,用解剖针挑取少许菌体置乳酸美蓝染液中细心地用解剖针将菌体分散成自然状态,后加入盖玻片(避免产生气泡)。
(3)置显微镜下观察菌丝结构、孢子的形态、大小、颜色、分生孢子的形状、孢子囊柄及分生孢子梗的形状、足细胞与假根等特征。

3. 真菌染色标本的制作及观察
(1)于干净载玻片上加一滴融化的 PDA 培养基,冷却后接种真菌材料,用无菌盖玻片覆盖,放入灭菌的培养皿内,盖上皿盖,培养 3～4 d 后,置低倍显微镜下观察。
(2)染色。轻轻取下盖玻片,分别在盖玻片有生长物处滴加乳酸美蓝染色液固定染色 10～20 min,蒸馏水洗涤,自然干燥,置显微镜下观察菌丝和孢子。

4. 真菌玻璃纸透析培养观察法
(1)在霉菌斜面试管中加入 5 mL 无菌水,洗下孢子,制成孢子悬液。
(2)用无菌镊子将已灭菌的圆形玻璃纸覆盖于 PDA 培养基平板上。
(3)用 1 mL 无菌吸管吸取 0.2 mL 孢子悬液于上述玻璃纸平板上,并用无菌玻璃刮抹均匀,置 28℃ 温箱中培养 2～3 d 后,用镊子将玻璃纸与培养基分开,再用剪子剪取一小片,置玻片上,用显微镜观察菌丝、孢子、孢子囊等。

二、放线菌的形态观察

【学习目标】

会放线菌制片方法,观察其形态特征。

【仪器材料】

菌种:细黄链霉菌,马铃薯琼脂平板培养 3～4 d。

染料:石炭酸复红液、美蓝液。

其他:显微镜、载玻片、接种针、香柏油、二甲苯等。

【方法步骤】

1. 营养菌丝的制片与观察

(1)用接种针取细黄链霉菌菌落(连同培养基一起)置于载玻片中央。

(2)另取一块载玻片用力将其压碎,弃去培养基,制成涂片,干燥、固定。

(3)用美蓝染色液或石炭酸复红染色液染色 30～60 s,水洗、干燥,用油镜观察营养菌丝的形态。

2. 气生菌丝、孢子丝的观察

将培养皿打开,放在低倍镜下寻找菌落的边缘,直接观察气生菌丝和孢子丝的形态(分支、卷曲情况等)。

3. 孢子链及孢子的观察(印片法)

取洁净的盖玻片一块,在菌落上面轻轻压一下,然后将印有痕迹的一面朝下,放在滴有一滴美蓝液的载玻片上,使孢子等印渍在染色液中,制成印片。用油镜观察孢子链及孢子的形态。

4. 埋片法的制片观察

(1)在马铃薯浸汁琼脂培养基平板上,划线接入少量细黄链霉菌的孢子,在接种线旁倾斜地插入无菌盖玻片,于 28～30℃ 培养。

(2)培养 3～4 d 后,菌丝沿着盖玻片向上生长。待菌丝长好后,取出盖玻片放在干净的载玻片上,置显微镜下观察。

复习思考题

1. 名词解释:真菌、菌丝体、中毒性病原真菌、螺旋体、霉形体、立克次氏体、衣原体、放线菌。
2. 简述酵母菌的细胞结构特征。
3. 简述中毒性真菌的常见种类。
4. 简述放线菌的形态特征。
5. 简述霉形体的生物学特征。
6. 简述衣原体的生物学特征。
7. 简述螺旋体的生物学特征。
8. 简述真菌的染色方法。
9. 简述无浆体的致病性。
10. 简述感染性病原真菌的常见种类。

项目二　动物微生物的
分离与培养

任务一

细菌的分离与培养

知识点

  细菌的生长繁殖、细菌的生长繁殖条件、细菌的新陈代谢、培养基的种类和制备程序、细菌的培养方法、细菌在培养基中的生长情况、常见病原细菌的培养特点。

技能点

  常用培养基的制备、细菌的分离培养、细菌的液体培养。

 模块一　基本知识

一、细菌的生长繁殖

1. 细菌生长繁殖方式

  细菌以二分裂方式进行无性繁殖,大肠杆菌及许多病原菌在适宜条件下,经过 20~30 min 分裂一次,如以此速度繁殖 10 h,一个细菌可以繁殖成 10 亿个细菌,但由于营养物质的消耗和代谢产物的影响,细菌不可能持续保持高速度繁殖,整个繁殖过程经历快速增长期,达到最大值后,必然转入缓慢下降期。

2. 细菌的生长曲线

  一定数量的细菌,在适宜的液体培养基中生长繁殖,表现出一定的规律性。以培养时间为横坐标,以细菌数目的对数作为纵坐标,得出的曲线称为细菌的生长曲线,细菌的生长曲线根据细菌总数的变化情况分为 4 个阶段(图 2-1)。

  (1)迟缓期。细菌在新的培养基中有一段适应过程,繁殖速度较慢,细菌数量几乎不增加。以大肠杆菌为例,这个时期一般为 2~6 h。

  (2)对数期。细菌以恒定的速度分裂增殖,活菌数以几何级数增长,生长曲线接近一条斜的直线,以大肠杆菌为例,这一时期为6～10 h。在这一阶段病原菌的形态、大小及生理活性均较典型。

(3)稳定期。随着培养基中营养物质的迅速消耗和代谢产物的大量蓄积,细菌的生长繁殖速度减慢,死亡细菌数开始增加,新增细菌数与死亡细菌数大致平衡。以大肠杆菌为例,这个时期一般为 8 h。此期细菌的形态、大小及生理活性也均较典型。

(4)衰亡期。细菌死亡的速度超过分裂速度,培养基中活菌数逐渐下降,此期的细菌若不移植到新的培养基中,最终可能全部死亡。此期细菌形态、染色特性不典型,难以鉴定。

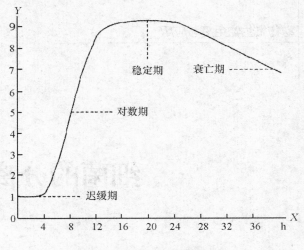

图 2-1　细菌生长曲线图
X:培养时间;Y:细菌数的对数

因此,在培养细菌时,为了获得数量大、形态特性典型的细菌,应以对数期到稳定期的细菌为佳。

二、细菌的生长繁殖条件

细菌要进行生长繁殖,除了提供丰富的营养物质外,还必须给予适宜的外部条件,如温度、气体、渗透压等。

(一)营养物质

包括水、含碳化合物、含氮化合物、无机盐和生长因子等,并根据细菌的类型,把各种营养物质按适宜比例合理搭配在一起。

1. 水

水是细菌体内不可缺少的主要成分,其存在形式有结合水和游离水两种。结合水是构成细菌的成分,游离水是菌体内重要的溶剂,参与一系列的生化反应。水是细菌体内外的溶媒,只有通过水,细菌所需要的营养物质才能进入细胞,代谢产物才能排出体外。另外,水也可以直接参加代谢作用,如蛋白质、碳水化合物和脂肪的水解作用都是有水参与进行的。

2. 含碳化合物

各种碳的无机或有机物都能被细菌吸收和利用,含碳化合物在细胞内经过一系列复杂的生化反应后成为细菌自身的组成成分,作为获得能量的主要来源。自养菌能利用无机碳,如CO_2和碳酸盐,病原菌主要从糖类获得碳,如单糖、双糖、多糖、醇类等。

3. 含氮化合物

氮是构成细菌蛋白质和核酸的重要元素,细菌对氮源的需要量仅次于碳源,其主要功能是作为菌体成分的原料。很多细菌可以利用有机氮化物,病原性微生物主要从氨基酸、蛋白胨等有机氮化物中获得氮。有些细菌也能利用无机氮作为氮源,如硝酸钾、硝酸钠、硫酸铵等。

4.无机盐

细菌需要各种无机盐以提供细菌生长的各种元素,其需要浓度在 $10^{-4} \sim 10^{-3}$ mol/L 的元素为常用元素,其需要浓度在 $10^{-8} \sim 10^{-6}$ mol/L 元素为微量元素。前者如磷、硫、钾、钠、镁、钙、铁等;后者如钴、锌、锰、铜、钼等。各类无机盐的功用:构成有机化合物,成为菌体的成分;作为酶的组成部分,维持酶的活性;参与能量的储存和转运;调节菌体内外的渗透压;某些元素与细菌的生长繁殖和致病作用密切相关。

5.生长因子

许多细菌的生长还需一些自身不能合成的生长因子,通常为有机化合物,包括维生素、某些氨基酸、嘌呤、嘧啶等。少数细菌还需特殊的生长因子,如流感嗜血杆菌需要 X、V 两种因子,X 因子是高铁血红素,V 因子是辅酶 I 或辅酶 II,两者为细菌呼吸所必需。

(二)环境条件

1.温度

细菌只能在一定的温度范围内进行生命活动,温度过高或过低,细菌生命活动受阻或停止。病原菌最适宜的生长温度是 37℃ 左右,所以实验室培养病原菌时常把培养箱温度设定为 37℃。

2.pH

酸碱度影响细菌的生长繁殖,每种细菌有一个可适应的 pH 范围及最适生长 pH,大多病原菌生长的最适宜 pH 为 7.2~7.6。

3.渗透压

细菌细胞在适宜的渗透压下才能生长繁殖,过高或过低都会导致细菌生命活动停止或死亡。因此,在配制细菌悬液时要用生理盐水,而不用高渗盐水和蒸馏水。

4.气体

主要指氧气,细菌在生长繁殖过程中是否需要氧气依呼吸类型而定。少数细菌生长繁殖时需要二氧化碳等其他气体。

三、细菌的新陈代谢

1.细菌的酶

细菌的新陈代谢离不开酶,酶是活细胞产生的功能蛋白质,具有高度的特异性。细菌的酶有的仅存在于细胞内部起作用,称为胞内酶,如各种呼吸酶;有的酶由细菌产生后能释放到细菌细胞外,称为胞外酶,如各种蛋白酶、脂肪酶、糖酶等水解酶。细菌必备的酶,称为固有酶,如某些脱氢酶;因适应环境而产生的酶称为诱导酶,如大肠杆菌的半乳糖酶,只有乳糖存在时才产生,当诱导物质消失,酶也不再产生。有些细菌产生的酶与该细菌的毒力有关,称为侵袭酶,如透明质酸酶、血浆凝固酶等。

细菌的新陈代谢是在酶的催化下进行的,细菌的代谢类型多样化取决于细菌酶的多样性,也决定了细菌对营养物质的摄取、分解及代谢产物的差异。

2.细菌的呼吸类型

细菌在呼吸酶的作用下,将物质氧化,获得能量供自己利用的过程,称为细菌的呼吸。呼吸是氧化过程,但并不一定需要氧。凡是需要氧存在的呼吸称为需氧呼吸;不需要氧的呼吸称为厌氧呼吸。依据细菌对氧的需求程度不同将细菌分为专性需氧菌、专性厌氧菌和兼性厌氧菌三种。

(1)专性需氧菌。具有完善的呼吸酶系统,必须在有氧的条件下才能生长,如结核分枝杆菌。

(2)专性厌氧菌。不具有完善的呼吸酶系统,必须在无氧或氧浓度极低的条件下才能生长,如破伤风梭菌。

(3)兼性厌氧菌。此类细菌具有复杂的酶系统,在有氧或无氧的条件下均可生长,大多数的细菌属于此类。

3.细菌的新陈代谢产物

(1)细菌的分解产物。糖的分解产物:糖在各种代谢过程中都生成丙酮酸,丙酮酸进一步分解时生成气体(CO_2、H_2)、酸类、醇类和酮类等。利用糖的分解产物对细菌进行鉴定的生化实验有糖发酵实验、V-P 实验、甲基红(MR)实验等。

蛋白质的分解产物:细菌种类不同,分解蛋白质、氨基酸的种类和能力也不同,因此能产生许多中间产物。硫化氢是细菌分解含硫氨基酸的产物;吲哚(靛基质)是细菌分解色氨酸的产物;有的细菌有明胶酶,可液化明胶;有的分解尿素形成氨;有的细菌能将硝酸盐还原为亚硝酸盐等。利用蛋白质的分解产物进行鉴定细菌的生化实验有靛基质实验、硫化氢实验、尿素分解实验、明胶液化实验、硝酸盐还原实验等。

(2)细菌的合成产物。细菌通过新陈代谢不断合成菌体成分,如糖类、脂类、核酸、蛋白质和酶类等,此外还能合成一些与人类生产实践有关的产物。

维生素:某些细菌合成的生长因子,除供细菌利用外,还能分泌到菌体以外。动物体内的正常菌群能合成 B 族维生素和维生素 K。

抗生素:它能抑制或杀死某些微生物。由细菌产生的抗生素很少,大多数抗生素是由真菌和放线菌产生的。

细菌素:是某些细菌菌株产生的一类具有抗菌作用的蛋白质,与抗生素作用相似,但作用范围狭窄,仅对近缘关系的细菌发挥抑制作用,如大肠菌素、弧菌素、绿脓杆菌素、葡萄球菌素等。

毒素:毒素有内毒素和外毒素,内毒素存在细菌细胞内,只有细菌细胞破裂才能释放出来,外毒素是细菌细胞产生的,直接释放在细菌细胞外。毒素与细菌的毒力有关。

酶类:除产生代谢酶之外,还产生具有侵袭力的酶,如透明质酸酶。

热原质:多数革兰氏阴性菌(如大肠杆菌)和少数革兰氏阳性菌(如枯草杆菌)产生的一种多糖,将它注入人和动物体内可引起发热反应。因此在制备注射用水和生理盐水时必须除去热原质。

色素:有水溶性色素和脂溶性色素两种。如绿脓杆菌产生的水溶性色素使培养基呈绿色;金黄色葡萄球菌产生的脂溶性色素使其菌落呈金黄色。细菌的色素在细菌鉴定中有一定意义。

四、培养基的种类和制备程序

(一)培养基的种类

1.按培养基的物理性状分类

(1)液体培养基。将细菌生长繁殖的各种营养物质直接溶解于水制成的培养基。如普通肉汤培养基,此类培养基常用于细菌的扩增培养。

(2)固体培养基。在液体培养基中按 $1\%\sim2\%$ 加入琼脂,使培养基凝固成固体状态。根据需要不同可制成平板培养基、斜面培养基和高层培养基。平板培养基常用于细菌的分离培养和药敏实验;斜面培养基常用于细菌的移植培养和保存菌种;高层培养基厚度增大,营养丰富,时间长些也不容易干燥、开裂,常用于保存菌种或短时间保存培养基。

(3)半固体培养基。在液体培养基中按 0.5% 加入琼脂,使培养基凝固成半固体状态。半固体培养基主要用于检查细菌运动性。

2.按培养基的用途分类

(1)基础培养基。含有细菌所需的最基本的营养成分,可供大多数细菌生长繁殖。常用的基础培养基有肉汤培养基、普通琼脂培养基和蛋白胨水。

(2)营养培养基。在基础培养基中添加一些其他营养物质,如葡萄糖、血液、血清、酵母浸膏以及生长因子等,用于培养营养要求较高的细菌。常用的营养培养基有鲜血琼脂培养基、血清琼脂培养基等。

(3)鉴别培养基。在培养基中加入某种特殊成分或指示剂,以便观察细菌生长后发生的变化,从而达到鉴别细菌。如伊红美蓝培养基、麦康凯琼脂平板培养基。

(4)选择培养基。在培养基中加入某些化学物质,有利于所分离细菌的生长,抑制其他细菌的生长,从而将某种细菌从混杂的细菌群中分离出来,如分离沙门氏菌所用的 SS 琼脂培养基。

(5)厌氧培养基。用于培养专性厌氧菌,如肝片肉汤培养基。

(二)培养基的制备程序

不同的培养基其制备方法也不同,一般包括以下步骤:

配料→溶化→测定和校正 pH→除渣→分装→灭菌→无菌检验→备用。

1.配料与溶化

根据培养基配方,准确称量各种不同的营养物质,将细菌生长繁殖所需的各种营养物质合理搭配在一起,加入水中溶化,培养基所需试剂必须纯净。

2.校正 pH

将称量好的培养基各种成分放入容器内,加热溶解,补充水分,测定酸碱度,常用精密 pH 试纸或酸度计测定。用 NaOH 或者 HCl 调节 pH 到适宜范围内。

3.过滤

将玻璃漏斗置铁架上,滤纸放在漏斗中,将上述培养基倒入进行过滤,滤液要求清朗透明。

4.分装

将过滤后的培养基分装于中试管或三角瓶内(试管内每支装 5 mL;三角瓶中装 100～150 mL),塞好棉塞用牛皮纸包扎好,准备灭菌。

5 灭菌

培养基的灭菌,常用高压蒸汽灭菌法。一般微生物的经煮沸后即被杀死,但细菌的芽孢有较强的耐热性,需经高压蒸汽 116℃,灭菌 30 min 后,才能达到彻底灭菌的目的。

五、细菌的培养方法

细菌培养方法分为固体表面培养法、液体静置培养法、液体深层通气培养法、振荡培养法、透析培养法五种。

1.固体表面培养法

将溶化的肉汤琼脂培养基分装于大扁瓶,灭菌后平放使其凝固,经培养观察无污染,在无菌室接入种子液,使均匀分布于表面,平放温室静止培养,收集菌苔制成菌悬浮液,用于制备抗原,灭活菌苗或冻干菌苗。

2.液体静置培养法

此法适用于一般菌苗生产,培养容器可用大玻瓶,也可用培养罐(或称发酵罐)。按容器的深度,装入适量培养基,一般是容器深度的 1/2～2/3 为宜。经高压蒸汽灭菌之后,冷至室温接入种子,保持适宜温度静置培养。本培养法简便,需氧菌和兼性厌氧菌均可用,但生长菌数不高。

3.液体深层通气培养法

深度通气培养由于能加速细菌的分裂繁殖,缩短培养时间,收获菌数较高的培养物,适于大量的培养,目前此法已成菌苗生产中的主要培养方法。该培养方法是在接入种子液的同时加入定量的消泡剂,先静置或者小气量培养 2～3 h,然后,逐渐加大通气量,直至收获。

4.振荡培养法

振荡培养亦称悬浮培养。是指把微生物或动植物的细胞接种于液体培养基中,并置放在振荡器上不停地摇动而进行的培养。是与静置培养、表面培养相对而言的。在细菌细胞培养时,可改善与培养基成分的接触和氧的供应,繁殖比较均一,而且效率也高,特别是对霉菌的培养,不会形成菌膜,也不会形成长菌丝所形成的小球,有些种类可形成酵母样形态。物质代谢形式也与酵母相似。因为发育和物质代谢的量都非常大。所以在微生物工业上与振荡培养具有同样效果的搅拌培养已被广泛应用。组织培养中的滚筒法(旋转培养法)也是振荡培养的一种。

5.透析培养法

透析培养(图 2-2)是对微生物培养用透析膜包裹,并使外部有新鲜培养液流动着的一种培养方法。用这种方法培养,微生物可

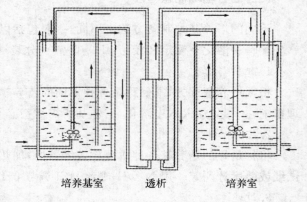

培养基室　　　透析　　　培养室

图 2-2　透析器循环系统

不断地受到新营养的补给,同时也不断地排出废物,因此可以延长对数期的增殖,增大静止期的细胞数。另外,通过外液的培养液成分的变化,可使微生物的营养环境慢慢发生改变,同时也可隔着膜培养两种微生物,通过其产生物来了解它们的相互关系。

六、细菌在培养基中的生长情况

1. 在液体培养基中的生长情况

细菌在液体培养基中生长后,常呈现浑浊、沉淀、液体表面形成菌膜、菌环或使液体变色等。

2. 在固体培养基上的生长情况

菌落:经过一定时间,单个细菌在固体培养基上某一点大量繁殖形成的肉眼可见的堆积物,称为菌落。细菌菌落的大小、形态、隆起度、湿润度、硬度、光滑度、光泽、颜色等,随菌种不同而异,是鉴定细菌的主要依据之一。

菌苔:许多菌落融合成片,称为菌苔。

3. 在半固体培养基上的生长情况

穿刺培养细菌,无鞭毛的细菌只沿穿刺线生长,有鞭毛菌向穿刺线以外扩散生长,据此可以鉴别细菌有无运动性。

七、常见病原细菌的培养特点

1. 葡萄球菌

葡萄球菌为需氧或兼性厌氧菌,在普通培养基上生长良好,在血液琼脂/血清琼脂以及有葡萄糖存在时生长更佳,并能产生几种不同的脂溶性色素。

普通琼脂平板上的菌落为湿润、光滑、隆起、边缘整齐的圆形菌落,直径 1～2 mm,有时可达 4～5 mm,金黄色葡萄球菌、白色葡萄球菌和柠檬色葡萄球菌菌落的颜色各不相同。在血液琼脂平板上,菌落较大,金黄色葡萄球菌的菌落周围呈现明显的溶血环(β溶血)。

在普通肉汤中培养 24 h,生长迅速,中等浑浊,管底有少量颗粒状沉淀,轻轻振荡,沉淀物上升,很快消散;培养 2～3 d 后,可形成很薄的菌环,在管底形成多量黏稠沉淀。

2. 链球菌

链球菌为需氧或兼性厌氧菌,在加有血液、血清和腹水等的培养基中生长良好。在血液琼脂平板上,不同的菌株可形成不同的溶血现象。根据溶血性的不同,将链球菌分为甲型(α型)、乙型(β型)和丙型(γ型)三种。

甲型(α型)链球菌菌落周围有 1～2 mm 宽的草绿色、半透明溶血环,本型链球菌致病力不强;乙型(β型)链球菌菌落周围有 2～4 mm 宽的无色、透明溶血环,本型致病力强,能引起人、畜多种疾病;丙型(γ型)链球菌菌落周围无溶血环,一般无致病性。

3. 炭疽杆菌

炭疽杆菌为需氧或兼性厌氧菌。在普通琼脂平板培养 24 h,形成灰白色、干燥、边缘不整齐的菌落,用低倍镜观察边缘呈卷发状;在血液琼脂培养基中生长不溶血;在肉汤中培养 24 h,管底有絮状沉淀,肉汤澄清;明胶培养基穿刺培养,呈倒立松树状生长,其表面渐被液化呈漏斗状。

4. 多杀性巴氏杆菌

多杀性巴氏杆菌为需氧或兼性厌氧菌,培养基中加有血液或血清才能生长良好。血液琼脂平板培养24 h,形成灰白色、湿润、边缘整齐、表面光滑的露珠状小菌落,无溶血现象;普通培养,肉汤轻度浑浊,管底有黏稠沉淀物,表面形成菌环。

5. 布氏杆菌

布氏杆菌为需氧菌,营养要求较高。在含有肝浸液、血液、血清和葡萄糖等培养基上生长良好。其中羊型、牛型布杆氏菌初次培养时需要 $5\% \sim 10\%$ CO_2,$5 \sim 10$ d 可形成肉眼可见菌落。在血液琼脂培养基上培养,$2 \sim 3$ d 形成灰白色、不溶血的小菌落。

6. 猪丹毒杆菌

猪丹毒杆菌为微需氧菌,在培养基中加入血液、血清、1% 葡萄糖时有明显促生长作用。急性病猪体内的猪丹毒杆菌在血液琼脂平板上培养 $24 \sim 48$ h,形成光滑、湿润、露珠样圆形小菌落(S 型菌落),周围形成 α 溶血环;慢性病猪体内的丹毒杆菌培养形成的菌落为 R 型菌落。普通肉汤培养呈轻度浑浊,管底形成颗粒样沉淀。明胶培养基穿刺培养,呈试管刷状生长,但不液化明胶。

7. 肠道杆菌

大肠杆菌为需氧或兼性厌氧菌。在液体培养基中生长,呈均匀浑浊,肉汤培养物具有粪臭味。在血液琼脂培养基上,菌落较大,少数菌株有明显的溶血环;在伊红美蓝琼脂平板上,形成紫黑色带金属光泽的菌落;在麦康凯培养基上形成红色菌落。

沙门氏菌为需氧或兼性厌氧菌,在 SS 琼脂平板或麦康凯琼脂平板上形成无色透明或半透明、较小的边缘整齐的菌落。

8. 厌氧芽孢梭菌

破伤风梭菌为厌氧菌,对营养要求不高,在普通琼脂平板上培养 $24 \sim 48$ h 后,可形成直径 1 mm 以上不规则的菌落,中心紧密,周边疏松似羽毛状菌落,易在培养基表面迁徙扩散。在血液琼脂平板上有明显溶血环;在疱肉培养基中培养,肉汤浑浊,肉渣部分被消化,微变黑,产生气体。

产气荚膜梭菌对营养要求、厌氧要求不高。在普通培养基上均易生长,在葡萄糖血琼脂上的菌落特征:圆形、光滑、隆起、淡黄色、直径 $2 \sim 4$ mm、有的形成圆盘形,边缘呈锯齿状。多次传代后,表面有辐射状条纹的"勋章"样且菌落周围有溶血环。有时为双环溶血,内环透明,外环淡绿色。牛乳培养基的暴烈发酵为本菌特征性的生化反应。接种培养 $8 \sim 10$ h 后,牛乳即被酸凝,同时产生大量的气体,使凝乳块变成多孔的海绵状,严重的被冲成数块,甚至喷出管外。

 模块二　扩展知识

常见培养基制备方法

1. 牛肉汤

牛肉 500 g、注射用水 1 000 mL。将牛肉除去脂肪、筋膜,用绞肉机绞碎,按肉、水比例混合,搅拌均匀。制法:用不锈钢或耐酸搪瓷双层锅,加温 65～75℃,保持 45 min,继续加热至沸腾,保持 1 h,全部过程均应不断搅拌。煮沸完成后,捞出肉渣,沉淀 30 min,抽上清液经绒布滤过,将滤过的肉汤与从肉渣中压榨出的肉汤混合即成。制成的肉汤,经 116℃ 灭菌 30～40 min,贮存备用;或即可与猪胃消化液混合配制成马丁肉汤。制备少量肉汤时,也可采用 4～18℃ 浸泡 12～24 h,再煮沸 30 min,灭菌后备用。牛肉汤用作制备其他培养基的原料。

2. 猪胃消化液

猪胃(清洗时保护胃膜)300 g、盐酸 10 mL、注射用水 1 000 mL。制法:将猪胃除去脂肪,用绞肉机绞碎。按比例加 50℃ 左右温水混合均匀,再加入盐酸,使 pH 为 1.6～2.0,保持消化液 51～55℃,消化 18～24 h。在消化过程的前 12 h 至少搅拌 6～10 次,然后静置。以胃组织溶解,液体澄清,为消化完全,如消化不完全,可酌予延长消化时间。除去脂肪和浮物,抽清液煮沸 10～20 min,放缸内静置沉淀 48 h 或冷却到 80～90℃,加氢氧化钠溶液使成弱酸性,经灭菌贮存备用。用作制备其他培养基的原料。

3. 普通肉汤

牛肉汤 1 000 mL、蛋白胨 10 g、氯化钠 5 g。制法:将上列成分混合后,煮沸使其溶解。以氢氧化钠溶液调整 pH 为 7.4～7.6,继续煮沸 10 min。补足失去的水分,冷却沉淀,抽取上清液,经滤纸或绒布滤过。116℃ 灭菌 30～40 min。供仔猪副伤寒等疫苗制造及检验用。

4. 普通琼脂

牛肉汤 1 000 mL、蛋白胨 10 g、氯化钠 5 g、琼脂粉 12 g。将上列成分混合,加热溶解。待琼脂完全溶化后,调整 pH 为 7.4～7.6。以卵白澄清法或凝固沉淀法除去沉淀。分装于试管或中性容器中,以 116℃ 灭菌 30～40 min。供细菌培养及检验用。

5. 马丁肉汤

牛肉汤 500 mL、猪胃消化液 500 mL、氯化钠 2.5 g。制法:将上列成分混合后,调整 pH 为 7.6～7.8,煮沸 20～40 min,补足失去的水分。冷却沉淀,抽取上清液,经滤纸或绒布滤过,滤液应为澄清、淡黄色,按需要量分装,经 116℃ 灭菌 30～40 min。供多杀性巴氏杆菌病疫苗制造及检验用。

6. 马丁琼脂

在马丁肉汤中加入 1.2% 琼脂,待琼脂完全溶化后,调 pH 为 7.4～7.6。以卵白澄清法或凝固沉淀法除去沉淀。分装于试管或中性容器中,以 116℃ 灭菌 30～40 min。供细菌菌种培养及检验用。

根据需要,将健康无菌绵羊脱纤血按培养基量的 10%,加入到冷却至 50℃ 左右的琼脂中,充分混合后,分装试管,制成血琼脂斜面。或按 10% 加入无菌健康的动物血清,充分混合,分装于平板中,制成 10% 血清马丁琼脂。或按 4% 加入健康动物血清和 0.1% 裂解细胞全血,充分混合后,分装于平板中,制成 4% 血清和 0.1% 裂解细胞全血的马丁琼脂。

7. 缓冲肉汤或缓冲马丁肉汤

牛肉汤(或马丁肉汤)1 000 mL、蛋白胨 20 g、氯化钠 2 g、磷酸氢二钠 1 g、碳酸氢钠 2 g、葡萄糖 2 g。制法:按上述比例将蛋白胨及氯化钠加入牛肉汤或马丁肉汤中,加热至 80～90℃,调 pH 为 7.2,再加入磷酸氢二钠、碳酸氢钠(徐徐加入),煮沸 90 min,静置 2～8 h(根据产品不同,自行掌握),吸取上清液,滤过、分装,116℃ 灭菌 40 min,灭菌后 pH 为 7.6～8.0。将葡萄糖配成 50% 溶液,间歇灭菌 3 次,每日 1 次,每次 30 min,或 116℃ 灭菌 15～30 min,在接种时加入。供链球菌疫苗制造及检验用。

8. 肉肝胃(膜)消化汤

牛肉 100 g、猪胃(或猪胃黏膜)100 g、牛肝(或猪肝、羊肝)50～70 g、注射用水 1 000 mL、盐酸(比重 1.18～1.19)10～12 mL。制法:取不超过 65℃ 的温水加入盐酸充分混合。将绞碎的肉、肝、胃(或胃黏膜)混于盐酸水中,充分混合均匀。调 pH 为 1.6～2.0。消化温度保持在 51～54℃,消化 20～24 h,消化期间应定期搅拌。消化完成后除去上浮脂肪,抽取消化液,加热至 65～75℃,调 pH 至 7.8～8.0,煮沸 40 min,不断撇出浮渣。煮沸后,静置冷却沉淀,抽取上清液,经绒布过滤,调 pH 至 7.6～7.8,按需要量分装或输入发酵罐,以 116℃ 灭菌 20～40 min。供制造猪丹毒弱毒疫苗用。

9. 厌气肉肝胃酶消化汤

牛肉 200 g、肝(牛、羊、猪)50 g、胃蛋白酶(1∶3 000)3～4 g、盐酸 10～11 mL、蛋白胨 10 g、糊精 10 g、注射用水 1 000 mL、无锈铁钉或铁屑(只用于培养诺维氏梭菌时加入)1/10。制法:在 65℃ 左右温水内加入盐酸和绞碎的牛肉、肝,充分搅匀,再加入胃蛋白酶充分搅拌,混合后的温度应在 56～58℃。置 53～55℃ 消化 22～24 h。前 10 h 每小时充分搅拌 1 次。提取上清液,加热至 80℃,然后加入蛋白胨煮开,调 pH 至 7.6～7.8。煮沸 10 min,滤过或经沉淀后取上清液,按量加入糊精(用于培养诺维氏梭菌时,再加入铁钉和铁屑)溶解后分装。116℃ 灭菌 40 min。供制造梭菌疫苗用。

10. 厌气肉肝汤

牛肉 250 g、肝(牛、羊、猪)250 g、蛋白胨 10 g、氯化钠 5 g、葡萄糖 2 g、注射用水 1 000 mL。制法:取牛肉除去脂肪及筋膜,用绞肉机绞碎,与切成 100 g 左右的肝块混合,加注射水,充分搅拌后,冷浸 20～24 h。煮沸 20～60 min,补足失去的水分,用白布滤过,弃去肉渣,取出肝块。滤液加入蛋白胨和氯化钠,加热溶化,调 pH 至 7.8～8.0,加热煮沸 10～20 min。用滤纸或绒布滤过,加入葡萄糖搅拌,使其溶化。将煮过的肝块洗净,切成小方块,用注射水充分冲洗后,分装于试管或中性玻璃瓶内,其量约为预计分装肉肝汤量的 1/10。将滤液分装于含有肝块的中性容器中(如为试管,还应加入适量液体石蜡),以 116℃ 灭菌 30～40 min。供一般厌气菌培养及检验用。用于菌种保存时,不加葡萄糖。

 模块三　技能训练

一、细菌的生化实验

【学习目标】

会生化培养基的制备。知道常用生化反应的操作及结果判定。

【仪器材料】

高压蒸汽灭菌器、恒温培养箱、天平、实验用菌种、pH 试纸、试管、试管架、接种环、酒精灯、超净工作台、各种生化试剂、各种生化反应培养基等。

【方法步骤】

(一)细菌生化反应培养基的制备

1.糖发酵培养基

(1)成分。

蛋白胨	10 g
氯化钠	5 g
0.5% 酸性品红指示液	10 mL
(或 0.4% 溴麝香草酚蓝指示液 6 mL)	
水	1 000 mL
糖	每 100 mL 基础液内各加 0.5 g

(2)制法。取蛋白胨和氯化钠加入水中,微温使溶解,调 pH 使灭菌后为 7.3±0.1,加入指示液混匀。每 100 mL 分别加入 1 种糖,混匀后分装于小管中(若需观察产气反应,在小管内另放置杜汉小倒管)。于 116℃ 灭菌 15 min。常用的糖有葡萄糖、果糖、甘露糖、半乳糖、麦芽糖、乳糖、蔗糖等。

(3)用途。鉴别各种细菌对糖类的发酵生化反应,发酵者产酸,培养基变色(加酸性品红者由无色至红色或再至黄色;加溴麝香草酚蓝者由蓝色至黄色);产气时,小倒管内有小气泡。

2.葡萄糖蛋白胨水培养基

(1)成分。

蛋白胨	7 g
葡萄糖	5 g
磷酸氢二钾	3.8 g
水	1 000 mL

(2)制法。取上述成分混合,微温使溶解,调 pH 使灭菌后为 7.3±0.1,分装于小试管中,121℃ 灭菌 15 min。

(3)用途。用于鉴别细菌的甲基红实验(M-R 反应)和乙酰甲基甲醇实验(V-P 反应)。

3.蛋白胨水培养基

(1)成分。

蛋白胨	10 g
氯化钠	5 g
水	1 000 mL

(2)制法。取上述成分混合,微温使溶解,调 pH 使灭菌后为 7.3±0.1,分装于小试管中,121℃ 灭菌 15 min。

(3)用途。用于鉴别细菌能否分解色氨酸而产生靛基质的生化反应。

4.三糖铁琼脂培养基

(1)成分。

蛋白胨	20 g
硫酸亚铁	0.2 g
牛肉浸出粉	5 g
硫代硫酸钠	0.2 g
乳糖	10 g
0.02% 酚磺酞指示液	12.5 mL
蔗糖	10 g
琼脂	12～15 g
葡萄糖	1 g
水	1 000 mL
氯化钠	5 g

(2)制法。除乳糖、蔗糖、葡萄糖、指示液、琼脂外,取上述成分,混合,加热使溶解,调 pH 使灭菌后为 7.3±0.1,加入琼脂,加热溶化后,再加入其余成分,摇匀,分装,121℃ 灭菌 15 min,制成高底层(2～3 cm)短斜面。

(3)用途。用于初步鉴别肠杆菌科细菌对糖类的发酵反应和产生硫化氢实验。

5.脲(尿素)培养基

(1)成分。

蛋白胨	1 g
0.2% 酚红溶液	6 mL
葡萄糖	1 g
20% 无菌脲溶液	100 mL
氯化钠	5 g
水	1 000 mL
磷酸氢二钾	2 g

(2)制法。除脲溶液外,取上述成分,混合,调 pH 使灭菌后为 6.9±0.1,混匀后,121℃ 灭菌 15 min,冷至 50～55℃,加入无菌脲溶液(经膜除菌过滤),混匀,分装于灭菌试管中。

(3)用途。用于鉴别细菌的尿素酶反应。

6.枸橼酸盐培养基

(1)成分。

氯化钠	5 g
枸橼酸钠(无水)	2 g
硫酸镁	0.2 g
1.0% 溴麝香草酚蓝指示液	10 mL
磷酸氢二钾	1 g
琼脂	14 g
磷酸二氢铵	1 g
水	1 000 mL

(2)制法。除指示液和琼脂外,取上述成分,混合,微温使溶解,调 pH 使灭菌后为 6.9±

0.1,加入琼脂,加热溶化,然后加入指示液,混匀,分装于小试管中,121℃灭菌 15 min,制成斜面。

（3）用途。用于鉴别细菌能否利用枸橼酸盐作为碳源和氮源而生长繁殖。

（二）常用生化实验

1. 糖酵解实验

实验方法:以无菌操作,用接种针或环移取纯培养物少许,接种于发酵液体培养基管中,接种后,置 37℃培养,每天观察结果,检视培养基颜色有无改变(产酸),小倒管中有无气泡,微小气泡亦为产气阳性,结果:不分解乳糖,无变化为阴性,记为"－",如沙门氏菌;分解乳糖产酸,结果为阳性,记为"＋",如葡萄球菌;分解乳糖产酸产气,结果为阳性,记为"⊕",如大肠杆菌。

2. V-P 实验

乙酰甲基甲醇生成实验,取可疑菌落或斜面培养物,接种于葡萄糖蛋白胨水培养基中,置 37℃ 培养 2～3 d 后,量取 2 mL 培养液,加入等量 V-P 试剂,充分振摇,出现红色,即为阳性反应,记为"＋",如产荚膜梭菌;无红色反应为阴性,记为"－",如大肠杆菌,对于阴性反应,置 37℃ 水浴 4 h 后再观察。

3. 甲基红实验

取可疑菌落或斜面培养物,接种于葡萄糖蛋白胨水培养基中,置 37℃ 培养 2～5 d,于培养管内加入甲基红指示液数滴,立即观察,呈鲜红色或橘红色为阳性,记为"＋",如大肠杆菌,呈黄色为阴性,记为"－",如产气荚膜梭菌。

4. 靛基质实验

将细菌接种于蛋白胨水培养基,于 37℃ 培养 2～3 d 后,加入靛基质试剂 1 mL,于培养液表面上,静止观察,在培养基与试剂的接触处呈红色环状物,即为阳性,记为"＋",不变色为阴性,记为"－",如沙门氏菌。

5. 硝酸盐还原实验

将试剂 A(磺胺酸冰醋酸溶液)和 B(α-萘胺乙醇溶液)各 0.2 mL 等量混合,取混合试剂约 0.1 mL 加于液体培养物或琼脂斜面培养物表面,立即或于 10 min 内呈现红色即为实验阳性,记为"＋",若无红色出现则为阴性,记为"－"。

6. 尿素酶实验

将待检菌接种于尿素培养基,于 35℃ 培养 18～24 h 观察结果。培养基呈碱性,使酚红指示剂变红为阳性记为"＋",如变形杆菌;不变色为阴性记为"－",如沙门氏菌。

7. 硫化氢实验

在含有醋酸铅或硫酸亚铁培养基中,沿管壁穿刺接种,于 37℃ 培养 24～28 h,培养基呈黑色为阳性,记为"＋",如变形杆菌;不变色者记为"－",如大肠杆菌。阴性应继续培养至 6 d。也可用醋酸铅纸条法:将待试菌接种于一般营养肉汤,再将醋酸铅纸条悬挂于培养基上方,以不会被溅湿为适度;用管塞压住置 37℃ 培养 1～6 d。纸条变黑为阳性。

8. 三糖铁琼脂实验

实验方法:以接种针挑取待检菌可疑菌落或纯培养物,穿刺接种并涂布于斜面,置 37℃ 培养 18～24 h,观察结果。

本实验可同时观察乳糖和蔗糖发酵产酸或产酸产气(变黄);产生硫化氢(变黑)。葡萄糖被分解产酸可使斜面先变黄,但因量少,生成的少量酸,因接触空气而氧化,加之细菌利用培养基中含氮物质,生成碱性产物,故使斜面后来又变红,底部由于是在厌氧状态下,酸类不被氧化,所以仍保持黄色。

9.枸橼酸盐利用实验

将被检菌接种于枸橼酸盐培养基,于37℃培养24 h,观察结果。培养基中的溴麝香草酚蓝指示剂由淡绿色变为深蓝色为阳性;记为"＋",如产气荚膜梭菌;不能利用枸橼酸盐作为碳源的细菌,在此培养基上不能生长,培养基则不变色,为阴性记为"－",如大肠杆菌。

【注意事项】

(1)严格按照培养基配方配制培养基,防止杂菌污染。

(2)观察结果时要注意反应时间,一般为24或48 h。

(3)待检菌必须是新鲜纯种培养物。

(4)为了结果的准确观察,需要做必要的对照实验。

(5)利用微量发酵管,进行细菌生化反应,简单快速。

二、细菌的分离培养

【学习目标】

掌握平板划线分离法的操作方法。熟悉细菌移植的方法。能仔细观察细菌培养性状并进行正确描述。

【仪器材料】

恒温培养箱、病料或细菌培养物、接种环、接种针、酒精灯、灭菌吸管、各种细菌培养基、记号笔等。

【方法步骤】

(一)细菌的分离培养

常用的分离方法是平板划线分离法,划线的方法较多,有连续划线法、间断划线法和棋盘划线法等,以连续划线法与间断划线法较为常用(图2-3)。

1.连续划线分离法

右手持接种环,左手先将接种环的环部稍稍弯曲,然后在酒精灯火焰上灼烧灭菌。待接种环冷却后,无菌操作取适量病料或菌落。左手持平皿,底朝下,盖在上,在酒精灯火焰附近,以拇指、食指和中指将平皿盖揭开呈20°左右的角度(角度不宜过大,以免空气中的微生物进入,污染培养基)。将已取有病料或细菌的接种环伸入平皿,并涂于培养基边缘的一侧,然后将接种环上多余的

图2-3　平板划线分离法示意图
1.连续划线法;2.间断划线法

病料或细菌烧毁,待接种环冷却后,再与涂抹病料或细菌处轻轻接触,以腕力在培养基表面轻轻进行"Z"字形连续划线,划线不宜太密,也不宜重复划线,并且不要划破培养基。划线完毕,在酒精灯火焰上灼烧接种环,然后将接种环倒置于试管架。盖好平皿盖后,将平皿倒置,用记号笔在平皿底边缘处注明被检材料或菌种名及日期、操作者姓名等,然后将平皿倒置于 37℃ 的温箱中,培养 18～24 h 后观察结果。

2.间断划线分离法

操作过程基本和直接划线分离培养的相似,不同的是首先要用记号笔在平皿底外面划线,将培养基分成 3～6 个小区。然后,在培养基表面划线,划线时每划完一个小区应将平皿旋转一定角度,以便于其他区的划线。

(二)厌氧菌的分离培养

1.肝片肉汤培养基培养

右手持接种环,在酒精灯火焰上灼烧灭菌。待接种环冷却后,无菌操作取适量病料或菌落。左手持试管,在酒精灯火焰附近,以小指和手掌拔去试管口的塞子,将试管倾斜。将蘸有病料或细菌的接种环从石蜡油较薄的部位伸入培养基内,在靠近液面的管壁上轻轻研磨,并搅动。接种完毕,塞好试管塞,在酒精灯火焰上灼烧接种环,然后将接种环倒置于试管架。用记号笔在靠试管口边缘处注明被检材料或菌种名及日期、操作者姓名等,然后将试管直立于试管架后置于 37℃ 的温箱中,培养 18～24 h 后观察结果。

2.焦性没食子酸法

将厌氧菌划线接种于琼脂平板上,取无菌方形玻板一块,中央置焦性没食子酸 10 g,覆盖一小片纱布(中央夹薄层脱脂棉花),在其上滴加 10% 氢氧化钠 10 mL,迅速取去平板盖,将平板倒置于玻板上,周围以融化石蜡或胶泥密封,置于 37℃ 温箱内培养 24～48 h 后观察结果。

(三)细菌的移植(纯化)

1.斜面移植

右手持接种环,在酒精灯火焰上灼烧灭菌。左手持菌种管(外侧)和琼脂斜面管(内侧),将试管倾斜,斜面朝上,在酒精灯火焰附近,以小指和手掌及小指和无名指拔去试管塞。用冷却的接种环从菌种管取少许菌落,原路退出,然后伸入琼脂斜面管培养基的底部,由下而上在斜面上弯曲划线,然后管口和塞子通过酒精灯火焰后塞好塞子。接种完毕,塞好试管塞,在酒精灯火焰上灼烧接种环,然后将接种环倒置于试管架。用记号笔在靠试管口边缘处注明被检材料或菌种名及日期、操作者姓名等,然后将试管直立于试管架后置于 37℃ 的温箱中,培养 18～24 h 后观察结果(图 2-4)。

2.肉汤移植

操作过程和斜面移植基本一致,不同的是取少许菌落后,迅速伸入肉汤管内,在接近液面的试管壁轻轻研磨,并搅动。

3.从平板移植到斜面

操作过程和斜面移植基本一致,不同的是无菌打开

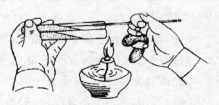

图 2-4 细菌的斜面移植法

平皿盖,20°左右的角度,取少许细菌移于斜面琼脂管。

4.半固体培养基穿刺接种法

操作过程和斜面移植基本一致,不同的是用接种针取少许菌落后,由培养基表面中央垂直刺入管底,然后由原线退出接种针。

(四)细菌在培养基上的生长特性观察

1.固体培养基上的生长特性

主要观察细菌在培养基上形成的菌落特征(图 2-5)。

圆形,边缘整齐,表面光滑

圆形,边缘整齐,表面有同心环

圆形,叶状边缘,表面有放射状皱褶

圆形,锯齿状边缘,表面较不光滑

不规则形,波浪状边缘,表面有不规则皱纹

圆形,边缘残缺不全,表面呈颗粒状

毛状

根状

图 2-5 菌落形态

(1)大小。不同细菌,其菌落大小变化很大,常用其直径来表示,单位是 mm。

(2)形状。主要有圆形、露滴状、乳头状或油煎蛋状、云雾状、放射状或蛛网状、同心圆状、扁平和针尖状等。

(3)边缘特征。有整齐、波浪状、锯齿状、卷发状等。

(4)表面性状。有光滑、粗糙、皱褶、颗粒状、同心圆状、放射状等。

(5)湿润度。有干燥和湿润两种。

(6)隆起度。有隆起、轻度隆起、中央隆起和云雾状等。

(7)色泽和透明度。色泽有白色、乳白色、黄色、橙色、红色及无色等;透明度有透明、半透明、不透明等。

(8)质地。有坚硬、柔软和黏稠等。

(9)溶血性。分为 α 型溶血、β 型溶血和 γ 型溶血三种。

2.液体培养基上的生长特性

(1)浑浊度。有完全浑浊、轻度浑浊和透明三种。

(2)底层情况。包括有沉淀和无沉淀两种,有沉淀又可分为颗粒状和絮状两种。

（3）表面性状。分为形成菌膜、菌环和无变化三种情况。

（4）产生气体和气味。很多细菌在生长繁殖的过程中能分解一些有机物产生气体,可通过观察是否产生气泡或收集产生的气体来判断;另一些细菌在发酵有机物时能产生特殊气味,如鱼腥味、臭味等。

（5）色泽。细菌在生长繁殖的过程中能使培养基变色,如绿色、红色、黑色等。

3.半固体培养基上的生长特性

有运动性的细菌会沿穿刺线向周围扩散生长,形成松树状、试管刷状;无运动性的细菌则只沿穿刺线呈线状生长。

【注意事项】

（1）细菌的分离培养必须严格无菌操作。

（2）接种环或接种针在挑取菌落之前,应先在培养基上无菌落处冷却,否则会将所挑的菌落烫死而使培养失败。

（3）划线接种时应先将接种环的环部稍弯曲,同时用力适度;分区接种时,每区开始的第一条线应通过上一区的划线。

（4）不同细菌所需要的培养时间相差很大,应根据不同的菌种培养观察足够的时间。

三、细菌的液体培养

【学习目标】

会细菌的液体培养方法步骤,知道细菌的液体培养结果判定。

【仪器材料】

高压灭菌器、培养箱、电炉子、天平、三角烧瓶、酒精灯、接种环、1 mL 注射器、酒精棉、碘酒棉、10 mL 吸管、1 mL 吸管、试管、吸耳球、试管架、菌种、普通琼脂平板培养基、液体培养基、检验用培养基[硫乙醇酸盐培养基（T.G）、酪胨琼脂培养基（G.A）、葡萄糖蛋白胨水（G.P）]、生理盐水、牛肉膏、蛋白胨、氯化钠、琼脂粉。

【方法步骤】

（一）普通肉汤培养基和普通琼脂平板培养基的制备

（1）成分。牛肉膏 2.5 g、蛋白胨 5 g、氯化钠 2.5 g、注射用水 500 mL。

（2）方法。按顺序称量后加热溶解,定容 500 mL,用 4% NaOH 调 pH 为 7.4～7.6。静止沉淀,取上清液分装于三角烧瓶中,每瓶分装 195 mL,分装 2 瓶。分装试管中,每支试管分装 5 mL,分装 2 支试管。另取 100 mL 加入 2 g 琼脂粉,加热融化,高压灭菌 116℃,30 min。灭菌后,将琼脂培养基趁热倒入平皿中,每个平皿 20 mL,制成平板培养基。

（二）菌种的制备

将冻干菌种用普通肉汤稀释,用划线分离培养的方法接种于普通琼脂平板培养基上,在 37℃ 培养 24 h,选中等大小典型菌落 5～10 个混合接种于试管培养基中,在 37℃ 培养 24 h。即为菌种。

(三)菌液培养

将试管培养基培养的菌种接种于三角烧瓶中普通肉汤培养基上,在37℃振荡培养24 h。

(四)检验

1.纯粹检验

将备检样品接种 T、G、G.A 小管各 2 支,每支 0.2 mL,置 37℃、25℃各一支;G.P 小管 1 支接种 0.2 mL 置 25℃培养。培养 5 d。应纯粹生长。

2.活菌计数

(1)取 7 支试管,每支试管加普通肉汤 4.5 mL。

(2)取 0.5 mL 被检样品于第 1 支试管中混合均匀,与第 1 支试管中取出 0.5 mL 于第 2 支试管中混合均匀,直至第 7 支试管。

(3)与第 7 支试管中取出 0.1 mL 放入平板培养基表面并将菌液铺满整个瓶皿。

(4)37℃培养 24 h,查菌落数,计算活菌数:菌落数×稀释倍数×10。

【注意事项】

(1)吸取量准确,混合均匀。不要将药液吸入吸耳球内。药液不要流到瓶皿壁。药液分布匀。

(2)放高压灭菌器前要做好标记。

(3)称量要准确。

(4)试管口包扎松紧适中。

(5)调 pH 时要在 80～90℃温度下进行。

(6)严格无菌操作;挑菌落时不要挑培养基。

(7)所有接触药液器材都要无菌处理。

复习思考题

1.细菌生长曲线分为哪几个阶段? 每一阶段有什么特点?

2.培养基按用途分为哪几种类型?

3.如何正确描述细菌在固体培养基上的生长表现?

4.如何观察细菌的液体培养物?

5.细菌生长繁殖必须具备哪些条件?

6.按呼吸类型将细菌分为哪几种类型?

7.细菌的培养方法有哪些?

8.简述产气荚膜梭菌的培养特性。

9.大肠杆菌与沙门氏菌培养特性有何不同?

任务二

病毒的分离与培养

🍁 知识点

　　病毒的增殖方式、病毒的复制过程、病毒的培养方法、常见的病原病毒培养特点、常用的细胞培养方法。

🍁 技能点

　　病毒的动物接种和剖检、病毒的鸡胚接种、病毒的细胞培养和收获。

◆◆◆ 模块一　基本知识 ◆◆◆

一、病毒的培养方式

　　病毒缺乏增殖所需的酶系统，必须依靠宿主细胞合成核酸和蛋白质，甚至直接利用宿主细胞的某些成分，所以活细胞是病毒增殖的唯一场所。病毒的增殖方式是复制，病毒利用宿主细胞内的原料、能量、酶和场所，在病毒核酸遗传密码的控制下，于宿主细胞内复制出病毒的核酸和合成自身的蛋白质，进一步装配成大量的子代病毒，并将它们释放到细胞外，这一过程称为复制。

二、病毒的复制过程

　　病毒的复制过程有吸附、穿入、脱壳、生物合成以及成熟与释放 5 个阶段，一个完整的复制过程也叫一个复制周期。

　　1. 吸附

　　它是指病毒附着于敏感细胞的表面，它是感染的起始期。细胞与病毒相互作用最初是偶然碰撞和静电作用，这是可逆的联结。随后的特异性吸附是非常重要的，根据这一点可确定许多病毒的宿主范围,不吸附就不能引起感染。病毒通过与细胞之间的静电吸附作用或与细胞膜上的受体发生结合,附着于细胞表面。

2. 穿入

它是指病毒核酸或感染性核衣壳穿过细胞进入胞浆,开始病毒感染的细胞内期。主要有三种方式。

(1)融合。在细胞膜表面病毒囊膜与细胞膜融合,病毒的核衣壳进入胞浆。副黏病毒以融合方式进入,如麻疹病毒、腮腺炎病毒囊膜上有融合蛋白,带有一段疏水氨基酸,介导细胞膜与病毒囊膜的融合。

(2)胞饮。由于细胞膜内陷整个病毒被吞饮入胞内形成囊泡。胞饮是病毒穿入的常见方式,也是哺乳动物细胞本身具有一种摄取各种营养物质和激素的方式。当病毒与受体结合后,在细胞膜的特殊区域与病毒一起内陷形成膜性囊泡,此时病毒在胞浆中仍被胞膜覆盖。某些囊膜病毒,如流感病毒借助病毒的血凝素(HA)完成脂膜间的融合,囊泡内低 pH 环境使 HA 蛋白的三维结构发生变化,从而介导病毒囊膜与囊泡膜的融合,病毒核衣壳进入胞浆。

(3)直接进入。某些无囊膜病毒,如脊髓灰质炎病毒与受体接合后,衣壳蛋白的多肽构形发生变化并对蛋白水解酶敏感,病毒核酸可直接穿越细胞膜到细胞浆中,而大部分蛋白衣壳仍留在胞膜外,这种进入的方式较为少见。

3. 脱壳

穿入和脱壳是连续的过程,失去病毒体的完整性被称为"脱壳"。脱壳到出现新的感染病毒之间叫"隐蔽期"。经胞饮进入细胞的病毒,衣壳可被吞噬体中的溶酶体酶降解而去除。有的病毒,如脊髓灰质炎病毒,在吸附穿入细胞的过程中病毒的 RNA 释放到胞浆中。而痘苗病毒当其复杂的核心结构进入胞浆中后,随之病毒体多聚酶活化,合成病毒脱壳所需要的酶,完成脱壳。在细胞浆中经溶酶体酶或脱壳酶或某种物理作用等而脱壳。有囊膜的病毒先于细胞膜上脱去囊膜(与细胞膜融合),再进入细胞浆脱壳。

4. 生物合成

生物合成包括 mRNA 的转录、核酸复制与蛋白质合成等。病毒基因组一旦从衣壳中释放后,就利用宿主细胞提供的低分子物质合成大量的病毒核酸和结构蛋白,进一步组装成完整的病毒子。

5. 成熟与释放

DNA 病毒(多数核内装配);RNA 病毒(多数胞浆内装配);包膜病毒(出芽释放);无包膜病毒(破胞释放)。新合成的病毒核酸和病毒结构蛋白在感染细胞内组合成病毒颗粒的过程称为装配,而从细胞内转移到细胞外的过程为释放。大多数 DNA 病毒,在核内复制 DNA,在胞浆内合成蛋白质,转入核内装配成熟。而痘苗病毒其全部成分及装配均在胞浆内完成。RNA 病毒多在胞浆内复制核酸及合成蛋白。感染后 6 h,一个细胞可产生多达 10 000 个病毒颗粒。病毒装配成熟后释放的方式如下。

(1)宿主细胞裂解,病毒释放到周围环境中,见于无囊膜病毒,如腺病毒等。

(2)以出芽的方式释放,见于有囊膜病毒,如疱疹病毒在核膜上获得囊膜,流感病毒在细胞膜上获得囊膜而成熟,然后以出芽方式释放出成熟病毒。也可通过细胞间桥或细胞融合邻近的细胞。在细胞核内或细胞浆内装配成子代病毒,进而成熟并释放。

三、病毒的培养方法

病毒必须在相适应的活细胞内增殖，所以常用动物接种、禽胚培养和组织细胞培养病毒。

(一)动物培养病毒

将病毒材料接种易感健康动物机体，使动物产生特定反应。根据具体情况，可供选用的动物有易感动物和实验动物两种；选用的动物应无特异性抗体，理想的动物是"无菌动物"和"SPF"(无特定病原体)动物。常用的实验动物有小白鼠、豚鼠、兔子、鸡、鸽子等。动物接种主要用于病原学检查、传染病诊断、疫苗生产及疫苗效力检验，还可用于制备诊断抗原、免疫血清，病毒的致病性研究、发病机理及有效疗法等。动物接种培养具有操作简单、实验要求不高，便于观察动物的反应等优点，但病毒分离及纯化难度较大。常用动物接种病毒的方法如下。

1. 脑内接种法

小鼠脑内接种用左手大拇指与食指固定鼠头，用碘酒消毒左侧眼与耳之间上部注射部位，然后与眼后角、耳前缘及颅前后中线所构成之位置中间进行注射。进针2~3 mm，注射量乳鼠为0.01~0.02 mL。豚鼠与家兔的脑内接种注射部位在颅前后中线旁约5 mm平行线与动物瞳孔横线交叉处。注射部位用酒精消毒，用手固定注射部位皮肤，用锥刺穿颅骨，拔锥时注意不移动皮肤孔，将针头沿穿孔注入，进针深度4~10 mm，注射量为0.1~0.25 mL。绵羊一般将羊头顶部事先剪毛，并经硫化钡脱毛后固定，碘酒消毒接种部位，在颅顶部中线左侧或右侧，用锥钻一小孔，将病毒液接种于脑内，注射剂量1 mL，接种孔立即用火棉胶封闭。

2. 皮内接种法

常用于较大动物，注射部位可选背部、颈部、腹部、耳及尾根部。剪毛消毒后，用手提起注射部位皮肤，针尖斜面向外，针头和皮肤面平行刺入皮肤2~3 mm，即可注入病毒液。注射量0.1~0.2 mL，注射部位隆起。需要注射较大量时，可分点注射。

3. 皮下接种法

注射部位选在皮肤松弛处，豚鼠及家兔可在腹部及大腿内侧，注射量为0.5~1.0 mL。小白鼠可选在尾根部或背部，用左手拇指和食指捏住头部皮肤，翻转鼠体使腹部向上，将鼠尾和后脚夹于小指和无名指之间，碘酒消毒皮肤，将针头水平方向挑起皮肤，刺入1.5~2 cm，缓慢注入接种物0.2~0.5 mL。

4. 静脉注射法

小白鼠由尾静脉注射，注射量0.1~1.0 mL。家兔由耳静脉注射，注射量1~2 mL。鸡由翅下肱静脉注射，注射量1~5 mL。马、牛由颈静脉注射病毒液规定的剂量。注射部位用碘酒消毒。

5 腹腔注射法

将被接种动物头向下，尾部向上倾斜45°角，腹部向上，针头平行刺入腿根处腹部皮下，然后向下斜行，通过腹部肌肉进入腹腔，注射病毒液。注射部位消毒。

动物接种后应每天观察特征性变化，如体温曲线、特征性临床症状等。根据观察选出接种后出现符合所要求的反应症候的动物，按规定的时间、规定的方法剖杀，采取含毒组织或器官，各项检验合格后即可使用。

(二)鸡胚培养病毒

禽胚中最常用的是鸡胚,选择健康的鸡胚,最好是 SPF 鸡胚。许多病毒在禽胚内增殖时能产生典型的病变。常见的病变有以下 3 个方面:禽胚死亡,胚胎不活动,照蛋时小血管消失;禽胚某些部位有出血点或胚胎畸形;在绒毛尿囊膜上出现斑点、斑块等。根据这些变化,便可间接推测病毒的存在。不同的病毒选用禽胚的日龄大小和接种途径不同。主要用于家禽传染病的诊断、病毒抗原性的研究、生产诊断抗原和疫苗。鸡胚来源充足,病毒易于增殖,适用面广,适合大多来自禽类的病毒及其他病毒,易于收集和处理病毒。但禽胚中可能带有垂直传播的病原,也有卵黄抗体干扰的问题。

1.接种途径

通常应用的禽胚接种途径有 4 种,即绒毛尿囊膜接种法、尿囊腔接种法、卵黄囊接种法和羊膜腔接种法。有时可采用静脉接种法、胚体接种法或脑内接种法。根据病毒特性采用适宜的接种途径。

(1)绒毛尿囊膜接种。多用于嗜皮肤性病毒的增殖,如痘病毒、疱疹病毒等。选择 10～12 日龄鸡胚,划出气室,将卵气室向上直立,经消毒后于气室中央打孔,用细针头插入刺破壳膜,再退出于气室内接种 0.2 mL 病毒液,将病毒滴在气室的壳膜上,病毒即慢慢渗到气室下面的绒尿膜上,封口后将鸡胚直立培养。另一种方法须作人工气室法,照检后划出气室和胚位,将卵横卧于蛋架上,胚胎位置向上,消毒后于气室部位和胚位的卵壳上分别钻一小孔,用吸耳球紧贴气室孔轻轻一吸,鸡胚面小孔处的绒毛膜下陷形成一个人工气室,天然气室消失。在人工气室处呈 30°角刺入针头,接种 0.1～0.2 mL 病毒液(图 2-6),封孔,人工气室向上横卧培养。

(2)尿囊腔接种。通常选 9～11 日龄鸡胚,照检后划出气室边界,在气室边界上方 5 mm 处作标记,用碘酒和酒精两次消毒后,在标记处打孔,接种病毒 0.1～0.2 mL,封口后孵育(图 2-7)。

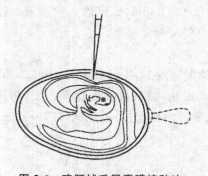

图 2-6　鸡胚绒毛尿囊膜接种法

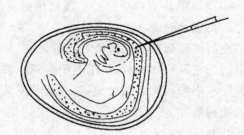

图 2-7　鸡胚尿囊腔接种法

(3)卵黄囊接种法。通常用 5～7 日龄鸡胚,经照检后划出气室和胎位,在气室中心壳上钻一小孔,接种的针头沿胚的纵轴插入约 30 mm,注入 0.1～0.2 mL 接种物后封口孵化(图 2-8)。

(4)羊膜腔接种法。操作时需在照蛋灯下进行,成功率约 80%。先将 10～12 日龄鸡胚直立于蛋盘上,气室朝上使胚胎上浮,划出气室和胚胎位置,在气室端靠近胚胎侧的蛋壳上钻孔,在照蛋灯下将注射器针头轻轻刺向胚体,当稍感抵抗时即可注入病毒液 0.1～0.2 mL。也可将注射器针头刺向胚体后,以针头拨动胚体,如胚体随针头的拨动而动,则说明针头已进入羊膜腔,然后再注射病毒液,最后封口孵化(图2-9)。本法可使病毒感染鸡胚全部组织,病毒且可通过胚体泄入尿囊腔。

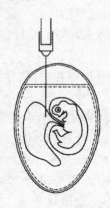

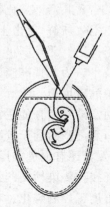

图2-8 鸡胚卵黄囊接种法　　　　**图2-9 鸡胚羊膜腔接种法**

(引自马兴树《禽传染病实验诊断技术》,2006)

2.病毒培养与病毒收获

接种后,一般在37℃继续培养2~7 d,,不翻蛋。每日照蛋2次,24 h内死胚弃去不用,24 h后死胚和感染胚及时取出,气室向上于4℃放置4~24 h或-20℃放置0.5~1 h后收获病毒。收获时将鸡胚直立于蛋盘上,碘酒、酒精两次消毒气室周围蛋壳,沿气室去除蛋壳和壳膜,无菌操作收获不同含毒组织。

(1)绒毛尿囊膜的收获。将整个蛋内容物倒掉,用灭菌镊子撕下整个绒毛尿囊膜,放灭菌容器中备用。经研磨制成病毒悬液。

(2)尿囊液的收获。用镊子压住胚体,用灭菌吸管插入尿囊腔,吸取尿囊液冷冻保存(图2-10)。

(3)羊水的收获。收获尿囊液后,用无菌镊子夹起羊膜,用灭菌吸管或注射器刺入羊膜腔,吸取羊水。

(4)卵黄囊的收获。将蛋内容物倒入平皿内,用镊子将卵黄囊及绒毛尿囊膜分开,用灭菌生理盐水冲去卵黄,取卵黄囊置灭菌瓶内低温保存备用。

图2-10 吸取尿囊液和羊水

(引自姜平《兽医生物制品学》,2003)

(5)胚胎的收获。无菌操作撕破绒毛尿囊膜和羊膜,挑起鸡胚,置灭菌容器中。

3.影响禽胚增殖病毒的因素

(1)种蛋质量。种蛋质量直接与增殖病毒的质和量相关。最理想的禽胚是SPF种蛋,其次是非免疫种蛋,而普通种蛋则有母源抗体影响病毒增殖。

①病原微生物:家禽有很多疫病及病原可垂直传递于鸡胚,如白血病、脑脊髓炎、腺病毒、支原体及传染性贫血因子等。这些病原体既可污染制品本身,又可影响病毒在鸡胚内的增殖,如新城疫病毒接种SPF鸡胚和非免疫鸡胚,在相同条件下增殖培养,前者鸡胚液毒价比后者至少高几个滴度。

②母源抗体:鸡感染病原或使用抗原后会使其种蛋带有母源抗体,从而影响病毒在鸡胚内

的增殖,如鸡传染性法氏囊病病毒强毒株接种 SPF 鸡胚,鸡胚死亡率达 100%,但接种免疫鸡胚,死亡率仅约 30%。

③禽胚污染:禽胚污染是危害病毒增殖最严重的因素之一,应严格防止。定期清扫消毒孵化室,保持室内空气新鲜,无尘土飞扬。种蛋入孵前先用温水清洗,再用 0.1% 来苏儿或新洁尔灭消毒,晾干。

(2)孵化技术。为获得高滴度病毒,需有适宜的孵化条件,并加以控制,这样才会使鸡胚发育良好,有利于病毒增殖。

①温度:通常禽胚发育的适宜温度为 37~39.5℃,其适宜温度应控制在 37.8~38℃。鸭、鹅蛋大且壳厚,蛋内脂肪含量较高,故所用孵化温度比鸡蛋略高。此外,鸡胚较能忍受低温,短期降温对鸡胚发育还有促进作用,故禽胚孵化温度应严格控制,宁低勿高。有些病毒对温度比较敏感,如鸡胚接种传染性支气管炎病毒后,应严格控制孵化温度,不应超过 37℃。

②湿度:湿度可控制孵化过程中蛋内水分的蒸发。鸡胚孵化湿度标准为 55%~65%,水禽胚孵化湿度比鸡胚高 5%~10%。

③通风:禽胚在发育过程中吸入氧气,排出二氧化碳。因此需更换孵化机内空气。目前使用的孵化机,通常采用机械通风法吸入新鲜空气排出部分污浊气体。

④翻蛋:在孵化过程中定期翻蛋,既可使胚胎受热均匀,有利于发育;又可防止胚胎与蛋壳粘连。翻蛋在鸡胚孵化至第 4~7 天尤为重要。翻蛋还可改变蛋内部压力,强制胚胎定期活动,促进胚胎发育。

(3)接种技术。不同病毒的增殖有不同的接种途径,同一种病毒接种不同日龄禽胚获得的病毒量也不同。如通常鸡胚发育至 13~15 日龄,鸭胚发育至 15~16 日龄,尿囊液含量最高,平均 6~8 mL,羊水 1~2 mL。因此,由尿囊腔接种病毒时,应根据不同病毒培养所需要的时间选择最恰当的接种胚龄,以获得最高量病毒液。同时,鸡胚接种时严格无菌操作,接种操作应严格按照规定,不应伤及胚体和血管,以免鸡胚早期死亡,使病毒增殖停止。

(三)细胞培养病毒

在离体活细胞上培养病毒是病毒研究、疫苗生产和病毒病诊断的良好方法。通常采用组织碎片或分散细胞培养,后者又称单层细胞培养。由于离体活组织细胞不受机体免疫力影响,很多病毒易于增殖;便于人工选择多种敏感细胞供病毒增殖;易于观察病毒的增殖特征,如细胞病变、蚀斑形成;便于收集病毒作进一步检查。但成本和技术水平要求较高,操作复杂,应用受到一定的限制。

1. 细胞类型

根据培养细胞的染色体和繁殖特性,细胞可分原代细胞、次代细胞和传代细胞三类。

(1)原代细胞。它是指由新鲜组织经胰酶消化后,将细胞分散制备而成,如鸡胚成纤维细胞(CEF)。原代细胞对病毒的检测最为敏感,但制备和应用不方便。

(2)次代细胞。原代细胞长成单层后用胰酶从玻璃瓶壁上消化下来后,再作培养的细胞称次代细胞,又称继代细胞。它保持原来细胞的理化特性不变,可在体外传几代到几十代,最后不可避免地逐渐衰老死亡。次代细胞形态和染色体与原代细胞基本相同。如犊牛睾丸三代细胞。

(3)传代细胞。它是指从原代细胞经传代培养后得来的可以长期连续传代的细胞。包括细胞株和细胞系。

细胞系是指从原代细胞经传代培养后得来的一群不均一的细胞,可以长期连续传代。细胞系又分为有限细胞系和无限细胞系,有限细胞系在体外传代是有限的,无限细胞系能在体外无限传代,其染色体数目及增殖特性均类似于恶性肿瘤细胞,且多来源于癌细胞,如 RAG 细胞系(鼠肾腺癌细胞)、RAT-1 等,有致癌性,故不能用于疫苗制备,多用于病毒的分离鉴定。

细胞株由细胞系克隆获得的、具有特殊遗传、生化性质或特异标记的细胞群,其生物学性质、生化性质呈现均一性。细胞株又分有限细胞株和连续细胞株。有限细胞株的大多数染色体为二倍体,又称亚二倍体细胞,猪肾细胞(PK15)、牛肾细胞(MDBK)等,能连续传很多代(50~100 代),但为有限生命;没有肿瘤原。广泛适用于病毒性生物制剂制备,如疫苗生产,安全可靠。连续细胞株可以连续传代,如 HeLa 细胞株(人子宫颈癌细胞)。

2. 细胞培养液的配制

配制细胞培养液和各种溶液,应使用分析纯级化学药品和灭菌的注射用水。

(1)生理平衡盐溶液。

①Hank's 平衡盐溶液(汉克氏液):10 倍浓缩液。甲液含氯化钠 80 g、氯化钾 14 g、硫酸镁(含 7 个结晶水)2 g、无水氯化钙 1.4 g。乙液含磷酸氢二钠(含 12 个结晶水)1.52 g、磷酸二氢钾 0.6 g、葡萄糖 10 g、1% 酚红溶液 16 mL。甲、乙分别用注射用水溶解,其中氯化钙应单独用注射用水 100 mL 溶解,其他试剂顺序溶解后,再加入氯化钙溶液。将乙液倒入甲液,补足水量至 1 000 mL,置 4℃ 保存。使用时,以注射用水稀释 10 倍,116℃ 灭菌 15 min。室温贮存。

②Earle's 平衡盐溶液(欧氏液):10 倍浓缩液。每 1 000 mL 含氯化钠 68.5 g、氯化钾 4 g、氯化钙 2 g、硫酸镁(含 7 个结晶水)2 g、磷酸二氢钠(含 1 个结晶水)1.4 g、葡萄糖 10 g、1% 酚红溶液 20 mL。其中,氯化钙应单独用注射用水 100 mL 溶解,其他试剂顺序溶解后,再加入氯化钙溶液,然后补足注射用水至 1 000 mL。使用时,用注射用水稀释 10 倍,116℃ 灭菌 15 min。

以上两种溶液在使用前,以 7.5% 碳酸氢钠溶液调 pH 至 7.2~7.4,加入一定量的抗生素。用于冲洗动物组织和细胞、配制细胞营养液及维持液等,具有等渗和一定的酸碱缓冲作用。

(2)7.5% 碳酸氢钠溶液。碳酸氢钠 7.5 g,溶于 100 mL 注射用水,121℃ 灭菌 20~30 min,分装小瓶,2~8℃ 保存。也可用滤器滤过除菌。

(3)细胞分散液。

①0.25% 胰蛋白酶溶液:胰蛋白酶(1:250)1 g、汉克氏液 400 mL。在室温充分溶解后,用 0.2 μm 的微孔滤膜或 G6 型玻璃滤器滤过除菌,分装后-20℃ 保存。

②EDTA-胰酶分散液:氯化钠 80 g、氯化钾 4 g、葡萄糖 10 g、碳酸氢钠 5.8 g、胰蛋白酶(1:250)5 g、乙二胺四乙酸(EDTA)2 g、1% 酚红溶液 10 mL。各成分依次溶解于注射用水中,最后加注射用水至 1 000 mL,用 0.2 μm 的微孔滤膜或 G6 型玻璃滤器滤过除菌。分装小瓶,-20℃ 保存。使用时,用注射用水稀释 10 倍。经 35~37℃ 预热,用 7.5% 碳酸氢钠调 pH 至 7.6~8.0。

(4)指示剂。

①1% 酚红溶液:取澄清的氢氧化钠饱和液 56 mL,加新煮沸过的冷双蒸水使成 1 000 mL,

即得 1 mol/L 氢氧化钠液。称酚红 10 g 加氢氧化钠溶液(1 mol/L)20 mL 搅拌,溶解并静置片刻,将已溶解的酚红溶液倾入 1 000 mL 刻度容器内。未溶解的酚红再加氢氧化钠溶液(1 mol/L)20 mL,重复上述操作。如未完全溶解,可再加少量氢氧化钠(1 mol/L)溶液,但总量不得超过 60 mL。补足注射用水至 1 000 mL,116℃ 灭菌 15 min 后,置 2~8℃ 保存。

②0.1% 中性红溶液:氯化钠 0.85 g、中性红 0.1 g、注射用水 100 mL。溶解后分装,116℃ 灭菌 15 min,2~8℃ 保存。

(5)营养液。

①0.5% 乳汉液:水解乳蛋白 5 g、汉克氏液 1 000 mL。完全溶解后分装,116℃ 灭菌 20 min,2~8℃ 保存。用于配制细胞生长液,培养健康细胞。

②0.5% 乳欧液:水解乳蛋白 5 g、欧氏液 1 000 mL。完全溶解后分装,经 116℃ 灭菌 15 min,2~8℃ 保存备用。用于配制细胞维持液,培养接毒后的细胞。

③合成培养液:由已知化学物质组合而成,适应多种细胞营养需求。市场有粉剂出售,来源方便,成分稳定。如 Eagle 氏液、E-MEM 培养基、199 培养基、RPMI-1640 培养基等,各有其特点和适用范围。Eagle 氏液主要成分为 13 种必需氨基酸、8 种维生素、糖和无机盐等成分。E-MEM 它含有 13 种氨基酸、9 种维生素和多种无机盐。199 营养液含有 21 种氨基酸、17 种维生素、21 种其他成分,营养比较齐全,适合于培养多种细胞。RPMI-1640 营养液由含有 20 种氨基酸、11 种维生素、6 种无机盐和 3 种其他成分组成。均有商品出售,使用时按说明配制,但临用前另加谷氨酰胺溶液。

④3% 谷氨酰胺溶液:L-谷氨酰胺 3 g、注射用水 100 mL。溶解后,经滤器滤过除菌,分装小瓶,-20℃ 保存备用。使用时,每 100 mL 细胞营养液中加 3% 谷氨酰胺溶液 1 mL。

(6)血清。是细胞生长的必需的营养成分,多用犊牛血清。由颈动脉无菌放血。采血前先向瓶内加些等渗盐溶液湿润瓶壁,采血后置室温或 37℃ 温箱内待血液完全凝固后,用灭菌玻棒将血块自瓶壁分离。再置室温或 4℃ 冰箱内 1 d,即可吸取血清,如有少量红细胞可离心沉淀除去。经滤过除菌,分装,置 -20℃ 冻存。

血清是细胞污染支原体、病毒等的重要来源。因此,对血清的质量控制尤为重要。血清必须无菌,不得有支原体污染,不得有牛黏膜病毒等外源病毒污染,血清中细菌内毒素含量应不高于 10 EU/mL。

(7)抗生素溶液。一般应用青、链霉素。取青霉素配成 100 万 IU,双氢链霉素硫酸盐 100 万 μg,溶于 100 mL 灭菌注射用水中,使每 1 mL 含青霉素 10 000 IU 和链霉素 10 000 μg,滤过除菌定量分装,-20℃ 冻结保存。使用时每 1 mL 培养液抗生素的浓度为 100 IU(μg)。

3.细胞制备方法

(1)原代细胞。首先选取适当组织或器官,如鸡胚体、乳鼠肾脏或犊牛睾丸等,采用机械分散法如剪碎、挤压等使之成为约 1 mm³ 小块,然后用 0.25% 胰酶(pH 为 7.4~7.6)消化掉细胞间的组织蛋白,消化的时间长短与温度、组织的来源及大小等有关,一般 37℃ 消化 10~50 min,4℃ 消化需要 12 h 左右。消化好的组织块去掉胰酶经吹打成分散的细胞,加上营养液进行培养。

(2)传代细胞。多采用 EDTA-胰酶消化法,胰酶浓度为 0.05%,其作用是消化细胞间的组织蛋白;EDTA 浓度为 0.01%,其作用是螯合维持细胞间结合的钙镁离子和细胞与细胞瓶间的钙镁离子,使细胞易脱落和分散。

取已长成单层的传代细胞,倾去营养液;加入 37℃ 预热的 EDTA-胰酶溶液;待细胞开始脱落时倾去胰酶;加入少量细胞生长液,轻轻吹打使细胞分散,加入剩下生长液,分装培养,48 h 即可长成单层。某些半悬浮培养或悬浮培养的细胞,不需消化液消化,采用机械吹打即可形成单细胞。

(3)细胞冻存与复苏。细胞株与细胞系均需保存于液氮中(－196℃)。为保持细胞最大存活率,一般采用慢冻快融法。常用冷冻速度为每分钟下降 1～2℃,当温度达 －25℃ 时,速度可增至 5～10℃/min,到 －100℃ 时则可迅速浸入液氮中。也可采用如下程序:取对数生长期细胞消化后离心,将细胞沉淀用冻存液(10% DMSO,20% 犊牛血清,70% MEM)悬浮至 200 万～500 万/mL 细胞数,分装于细胞冻存管后 4℃ 放置 1 h,然后 －20℃ 放置 2 h,再放入 －70℃ 冰箱 4～6 h 后放入液氮保存。复苏时要求快速融化以防止损害细胞。通常将取出的细胞管置 37～40℃ 水浴 40～60 s 融化,离心后除去冻存液,然后将细胞悬浮于培养液中培养。必要时待细胞完全贴壁后换液 1 次,以防止残留的 DMSO 对细胞有害。细胞在液氮可贮存 3～5 年。通常每冻存 1 年应再复苏 1 次。

4.细胞培养方法

随着生物技术的发展,细胞体外培养方法也日益增多,目前在兽用生物制品上适用的有下列几种方法。

(1)静置培养。培养瓶和营养液都静止不动,细胞沉降后贴附在培养瓶内面上生长分裂,3～5 d 形成细胞单层。静置培养是最常用的细胞培养方法。

(2)转瓶培养。将培养瓶放在转瓶机上,使营养液和培养瓶做相对运动,转瓶转速一般为9～11 r/h,使贴壁细胞不始终浸于培养液中,有利于细胞呼吸和物质交换。可在少量的培养液中培养大量的细胞来增殖病毒,多用于生物制品生产。

(3)悬浮培养。是通过振荡或转动装置使细胞始终处于分散悬浮于培养液内的培养方法,培养瓶不动营养液运动。主要用于一些在振荡或搅拌下能生长繁殖的细胞,如生产单克隆抗体的杂交瘤细胞。对正常细胞(贴壁依赖性细胞)、某些传代细胞等不适用,这些细胞在悬浮下会很快死亡。

(4)微载体培养。微载体是以细小的颗粒作为细胞载体,通过搅拌悬浮在培养液内,使细胞在载体表面繁殖成单层的一种细胞培养技术,兼有单层和悬浮细胞培养的优点。微载体带有正电荷,负电荷的细胞很容易贴附。微载体培养的容器为特制的生物反应器,有自动化装置。该培养方法完全可以实现自动化和工业化,可满足大量生产疫苗的需要。

5.细胞培养要素

(1)培养液。不同培养液适用于不同细胞,乳汉液多用于鸡胚成纤维细胞培养;Eagle 氏液适用于各种二倍体细胞,是最常用的培养液;199 多用于原代肾细胞培养;RPMI-1640 和DMEM 主要用于肿瘤细胞和淋巴细胞培养。

(2)血清。血清中除含有细胞生长的部分必需氨基酸外,还有促进细胞生长和贴壁的成分。因此在细胞培养中必须加入一定量的血清方能获得成功。目前国内多用犊牛血清,使用前 56℃ 水浴中灭活 30 min。细胞培养时血清含量为营养液的 10%,接毒后血清含量不超过 5%。

（3）细胞接种量。在适宜的培养条件下，需要有一定量活细胞才能生长繁殖，这是因为细胞在生长过程中分泌刺激细胞分裂的物质，若细胞量太少，这些物质分泌量少，作用也小。此外，细胞接种量和形成单层的速度也有关，接种细胞数量越大，细胞生长为单层的速度越快，但细胞过多对细胞生长也不利。一般 CEF 细胞为 100 万/mL，小鼠或地鼠肾细胞为 50 万/mL，猴肾细胞量为 30 万/mL，传代细胞为 10 万～30 万/mL。

（4）pH。细胞生长的 pH 为 6.6～7.8，但最适 pH 为 7.0～7.4。细胞代谢产生的各种酸性物质可使 pH 下降，因此要使用缓冲能力强的培养液。

（5）温度。细胞培养的最适温度应与细胞来源的动物体温一致，在此基础上，如升高 2～3℃，则对细胞产生不良影响，甚至在 24 h 内死亡。低温对细胞影响较小，在 20～25℃ 时细胞仍可缓慢生长。

此外，成功的细胞培养还需要严格的无菌操作及洁净的培养器皿。

6.细胞培养污染与控制

细胞培养污染是指细胞培养过程中，有害的成分或异物混入细胞培养环境中，包括微生物（细菌、真菌、支原体、病毒和原虫等）、化学物和异种细胞等。但微生物的污染最常见，化学物污染较少，而细胞交叉污染近几年来随细胞种类的增多也有发生。

（1）细菌污染。多见于消毒不彻底、操作不严格和环境污染所致，表现为营养液很快浑浊和 pH 下降，随之细胞死亡脱落。常见的污染菌有大肠杆菌、假单胞菌和葡萄球菌等。应用抗生素预防或处理污染细胞有一定效果。

（2）真菌污染。也与消毒不彻底和操作不严格有关。在培养液中可见白色或黄色小点状悬浮物，镜检时可见菌丝结构。念珠菌或酵母菌污染后镜检可见卵圆形菌分散于细胞周边和悬浮于营养液内有折光性。真菌污染时可用两性霉素或制霉菌素处理，但效果不理想。

（3）支原体污染。支原体在细胞培养中最常见，不易察觉，危害较大。目前细胞支原体污染率为 50%～60%，主要来源于犊牛血清、实验人员、细胞原始材料及已污染的细胞。支原体污染可多方面影响细胞的功能和活力，如引起细胞产生病变、竞争细胞的营养、抑制或刺激淋巴细胞转化、造成细胞染色体缺损及促进或抑制病毒增殖等。

迄今尚无消除支原体污染的简便方法。目前多用以下方法：①抗生素（四环素、金霉素、卡那霉素、泰乐霉素、新生霉素）处理；②41℃处理 18 h；③加入特异性抗支原体高免血清等。这些方法在一定程度上能降低支原体在细胞培养中的滴度，但很难彻底清除。

（4）病毒污染。病毒污染是指细胞培养中出现非目的病毒。其来源有：①组织带毒。如鸡胚成纤维细胞常有禽呼肠孤病毒；在某些细胞株和细胞系内也有潜在病毒污染，如 PK15 细胞常有猪圆环病毒污染。②培养液带毒。主要是在病毒污染实验室中，培养液配制过程中受到污染。病毒污染后细胞往往出现病变。有些病毒虽不出现病变，却干扰目的病毒的增殖。细胞一旦污染病毒，就很难排除。因此主要以预防为主，如选择 SPF 动物组织、营养液配制用水和器皿应消毒后使用等。

（5）胶原虫污染。在犊牛血清中，有时会发现一种新的对细胞培养有害的胶原虫，一经污染就难以消除。目前唯一的方法是将犊牛血清 37℃ 培养 1 个月以上，然后高速离心取沉淀物镜检检查胶原虫。此外，对某些肿瘤细胞可腹腔注射小鼠，利用巨噬细胞杀死部分胶原虫，然后再抽取细胞进行培养检验。

传代细胞一旦污染支原体、病毒和胶原虫,很难消除。因此,只能重新引进纯净的细胞,建立细胞库。

7. 细胞增殖病毒

(1)细胞的选择。病毒需在敏感的宿主细胞中增殖,病毒培养的宿主细胞一般选择相应易感动物的组织细胞(表2-1)。但非敏感动物的细胞有时也能使病毒生长,如鸭胚成纤维细胞可培养马立克氏病毒。通常病毒的细胞感染谱是通过实验获得的,同一病毒在不同敏感细胞增殖后其毒价不尽相同。

表 2-1　常见病毒细胞感染谱

病毒	敏感细胞
口蹄疫病毒	BHK21、PK15、IBRS21 细胞、牛、猪、羊肾原代细胞
狂犬病病毒	BHK21、W126 细胞、鸡胚成纤维细胞
伪狂犬病病毒	猪、兔肾原代细胞、鸡胚成纤维细胞、BHK21
日本乙型脑炎病毒	鸡胚成纤维细胞、仓鼠肾细胞
猪瘟病毒	PK15 细胞、猪肾细胞、犊牛睾丸细胞
猪水泡病病毒	PK15 细胞、IBRS21 细胞、猪肾细胞
猪传染性胃肠炎病毒	猪肾、猪甲状腺细胞、唾液腺细胞
猪繁殖与呼吸综合征病毒	Marc145、CL2621、猪肺泡巨噬细胞
猪圆环病毒	PK15 细胞
猪细小病毒	ST 细胞、猪肾细胞
牛病毒性腹泻-黏膜病病毒	牛肾细胞、牛睾丸细胞
马传染性贫血病毒	驴、马白细胞
鸡传染性喉气管炎病毒	鸡胚肾细胞
鸡痘病毒	鸡胚成纤维细胞、鸡胚肾细胞
鸡传染性法氏囊病病毒	鸡胚成纤维细胞
鸡马立克氏病病毒	鸡、鸭胚成纤维细胞
鸭瘟病毒	鸡、鸭、鹅胚成纤维细胞
小鹅瘟病毒	鹅胚成纤维细胞
犬瘟热病毒	鸡胚成纤维细胞、犬肾细胞、Vero 细胞
犬传染性肝炎病毒	MDCK 细胞、犬睾丸细胞、肾细胞
犬细小病毒	MDCK 细胞、FK81 细胞、犬、猫胚肾细胞
犬副流病毒	Vero 细胞、犬、猴肾细胞
猫泛白细胞减少症病毒	FK81 细胞、NLFK 细胞、CRFK 细胞、FLF31 细胞、猫肾细胞
水貂传染性肠炎病毒	FK81 细胞、NLFK 细胞、CRFK 细胞、猫、水貂肾细胞

(2)病毒增殖指标与收获。细胞接种病毒后,在适宜温度下培养,多数病毒在敏感细胞内增殖可引起细胞代谢等方面的变化,发生形态改变,即细胞病变(CPE),显微镜下主要表现为(图2-11):①细胞圆缩。如痘病毒和呼肠孤病毒等。②细胞聚合。如腺病毒。③细胞融合形成合胞体。如副黏病毒和疱疹病毒。④轻微病变。如正黏病毒、冠状病毒、弹状病毒和反转录病毒等。包涵体和血凝性也可作为检查病毒增殖的指标。有些病毒在细胞上增殖并不产生CPE,如猪瘟病毒和猪圆环病毒等。一般在 CPE 达 75% 左右时收获细胞培养物,低温冷冻保存。

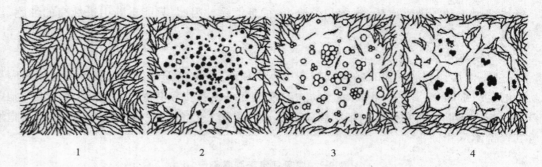

图 2-11 病毒所致细胞病变的模式
1.正常细胞 2.细胞崩解碎片 3.细胞肿大形成团块 4.形成合胞体
(引自马兴树.禽传染病实验诊断技术,2006)

(3)细胞培养病毒要素。病毒在敏感细胞上增殖需要一定条件,只有在最佳条件下,病毒才能大量增殖,毒价才会最高。

①血清:细胞培养必须加一定量血清以维持细胞的生长。但是,血清中存在一些非特异性抑制因子,它们对某些病毒的生长和增殖有抑制作用,经 56℃ 30 min 不能被灭活。为了克服血清中非特异性抑制因子的作用,病毒维持液内血清含量一般不超过 5%。目前已有无血清培养液可替代,以维持细胞活力并避免血清中某些物质对病毒增殖的抑制作用。

②温度:病毒细胞培养的温度多数为 37℃,此温度有利于病毒吸附和侵入细胞,如口蹄疫病毒于 37 ℃ 可在 3～5 min 内使 90% 的敏感细胞发生感染,而在 25℃ 时需要 20 min,15℃ 以下则很少引起感染。但有些病毒的最适温度或高于 37℃ 或低于 37℃。

③pH:pH 一般在 7.2～7.4 才能防止细胞过早老化,有利于病毒增殖。如果维持液 pH 下降过快或过低,也可用 7.5% $NaHCO_3$ 液调整。

④接毒量:接种量小,细胞不能完全发生感染,会影响毒价;接种量过大,会产生大量无感染性缺陷病毒,如水泡性口炎病毒。为获得培养液中典型病毒和高度感染性,接种时必须用高稀释度的病毒液,如应用高浓度的病毒液传代,在第 3～4 代时会出现明显的缺陷病毒,发生自我干扰现象,病毒滴度下降。

⑤接毒方法:应根据病毒特点选择异步接毒和同步接毒,以获得高效价病毒。

⑥支原体污染问题:支原体污染不仅消耗维持液的营养,从而影响细胞生长;同时,也可以影响病毒的增殖。如痘病毒、犬瘟热病毒、马立克氏病毒和新城疫病毒等,均能被鸡毒支原体所抑制。

四、常用的病原病毒培养特点

(一)DNA 病毒

1.马立克病病毒

可在雏鸡、组织细胞和鸡胚中生长繁殖,人工接种 1 周龄以内的易感鸡,一般经 2～4 周可在鸡的神经节、神经和某些脏器中出现病变。卵黄囊接种 4 日龄鸡胚,18 日龄左右可以看到绒毛尿囊膜上形成白色痘疱,从针尖大小到 1～2 mm。雏鸡肾细胞(CK)和鸭胚成纤维细胞适于 MDV1 型的初次分离,适应后可在鸡胚成纤维细胞上生长,并产生细胞病变,2 型和 3 型 MDV 在鸡胚成纤维细胞上生长良好。

2.减蛋综合征病毒

在鸭胚和鹅胚上复制的滴度高于鸡胚。能在鸭胚和鹅胚的肾细胞、肝细胞、鸭和鹅成纤维上复制并产生细胞病变(细胞肿胀,变圆,聚集成葡萄串状)。

3.痘病毒

大多数能在鸡胚绒毛膜上生长并产生痘斑,如山羊痘、禽痘、牛痘,绵羊痘病毒不形成痘斑。各种痘病毒均可在同种动物的单层细胞(肾、胚胎、睾丸)上生长良好,引起细胞病变或肉眼可见的空斑,还往往在鸡胚、兔睾丸、传代 Hela 等细胞上生长,同样引起细胞病变或肉眼可见的空斑。

4.小鹅瘟病毒

初次分离,只能在 12～14 日龄的鹅胚或莫斯科鸭胚绒毛尿囊膜上增殖,接种后 5～7 d 鹅胚(鸭胚)死亡。适应于鹅的病毒,致死鹅胚时间由 5～7 d 缩短至 3 d,而且毒价也提高,病毒连续通过鹅胚 30 代以上,对雏鹅的毒性显著降低。病毒在鹅胚继代后,能适应于鸭胚。

5.鸭瘟病毒

能在 9～14 日龄鸭胚中生长及传代,接种后 4 d 鸭胚死亡,胚体表面轻度充血和小点出血,绒尿膜水肿增厚,有灰白色坏死灶,肝表面有特征性灰白色或灰黄色针尖大小坏死灶。能在鸡胚成纤维细胞中生长,自第 6 代起可引起明显的细胞病变,形成核内包涵体和空斑。

6.犬细小病毒

犬细小病毒能在多种不同类型的细胞内增殖,如原代、次代猫胎肾细胞、犬胎肾、脾、胸腺和肠管细胞,水貂肺细胞系和浣熊的唾液腺细胞内增殖和传代,近代常用 MDCK、CRFK 和 F18 等传代细胞内传代和培养,犬细小病毒增殖后可引起 F18 脱落、崩解和变碎等明显细胞病变。病毒能在 MD-CK 细胞内良好增殖,但无明显细胞病变,有时出现细胞圆缩,常形成核内包涵体。

(二)RNA 病毒

1.口蹄疫病毒

利用犊牛、幼猪的肾脏或豚鼠、牛上皮组织制成细胞单层来培养,病毒繁殖后,使细胞发生病变,如 IB-RS-2 细胞变圆,收缩、细胞间隙增大。口蹄疫病毒不易在鸡胚中生长,必须反复交替通过牛与鸡胚或添加牛舌上皮细胞的鸡胚组织培养继代后,才能适应鸡胚或鸡胚组织培养。

2.猪瘟病毒

猪瘟病毒(HCV)可在猪肾、脾、睾丸、胎皮、骨髓、淋巴结、白细胞等原代细胞中生长,一般不产生细胞病变或极轻微细胞病变。

猪瘟病毒能增强 NDV 对猪睾丸细胞的致病效应,HCV 和 NDV 在猪睾丸上皮细胞均不产生细胞病变,但在接种 HCV 后 3 d,再接种 NDV,可产生明显细胞病变,而且提高了 NDV 滴度,根据 CPE 的有无可间接测定 HCV。另外 HCV 和 NDV 在猪肾细胞中不产生 CPE,在接种 HCV 于猪肾细胞中后,再接种 NDV,仍不出现 CPE,但细胞培养液中血凝滴度显著升高,所以测定血凝滴度可以间接检查 HCV。

3.猪传染性胃肠炎病毒

猪传染性胃肠炎病毒在细胞浆内增殖,不在细胞核内增殖,不产生包涵体,低次代的细胞培养传代病毒对无特定病原菌猪有高度致死率,高代次细胞培养传代病毒的致病性显著降低。猪传染性胃肠炎病毒不易在鸡胚和各种实验动物体内生长。此病毒可用猪肾细胞或猪甲状腺及唾液腺细胞培养。

4.猪呼吸与繁殖综合征病毒

猪呼吸与繁殖综合征病毒对细胞的选择极为苛刻,适合生长的原代细胞有猪肺巨噬细胞(SAM),传代细胞有 CL2621,Marc-145 细胞。

5.鸡新城疫病毒

新城疫病毒可以在鸡胚中增殖,常用于病毒的分离及传代,大多数毒株可以在多种细胞上生长,如鸡胚、成年鸡、猴肾、猪肾、地鼠肾细胞组织上生长,并引起细胞病变,使感染的细胞形成蚀斑。常用鸡胚成纤维细胞培养,用蚀斑计数来测定病毒数量,同时也可以用抗 NDV 血清特异的抑制蚀斑的形成来鉴定病毒。

6.禽流感病毒

容易在鸡胚以及鸡和猴肾组织培养中生长,有些毒株也能在家兔、公牛和人的细胞中生长,在组织培养中能引起细胞的吸附,并常产生病变。大多数毒株能在鸡胚成纤维细胞培养中产生蚀斑,有些毒株在鸡、鸽子或人的细胞培养中培养之后,对鸡的毒力减弱。

7.传染性法氏囊病病毒

鸡传染性法氏囊病病毒可在鸡胚中生长,被接种的鸡胚一般经 3～7 d 死亡,也可在鸡胚成纤维细胞内增殖,并形成蚀斑。鸡胚适应病毒可在兔肾细胞(PK-13)上生长,产生细胞病变。

8.禽传染性支气管炎病毒

大多数传染性支气管炎病毒分离株经尿囊腔接种 9～11 日龄鸡胚后生长良好。野毒株需要数次传代才能在尿囊液中达到较高滴度。鸡胚特征性病变包括:生长阻滞,胚胎和爪卷曲,随着传代次数的增加,胚胎死亡率会增加,病变更加明显。感染鸡胚肾有尿酸盐沉积。

能在鸡胚及鸡胚的多种细胞上生长。病毒感染鸡肾细胞可诱导形成合胞体,将 Vero 细胞适应株接种 Vero 细胞后,形成的合胞体内含数个细胞核,且在培养板上黏附的时间比较长。组织内感染不形成包涵体。

9.狂犬病病毒

将死亡动物的大脑、小脑等在无菌条件下取出,研磨处理后,取上清液接种于实验动物脑内,幼龄小白鼠于接种后 7～10 d 发病死亡,可在脑组织中发现内基氏小体。豚鼠及家兔潜伏期较长,接种后经 2～3 周发病死亡。应用 10～15 日龄鸡胚,将狂犬病病毒接种于卵黄囊,绒毛尿囊膜及脑内,在脑组织及绒毛尿囊膜上出现嗜酸性颗粒内基氏小体。狂犬病病毒可在多种动物(幼龄小白鼠、大白鼠、田鼠、乳兔、羔羊等)肾原代细胞、鸡胚成纤维细胞、羊胚肾及人胚皮肤肌肉传代细胞上生长。

10.犬瘟热病毒

犬瘟热病毒可在来源于犬、貂、猴、鸡和人的多种原代与传代细胞上生长,但初次培养比较困难。一旦适应某一细胞后,即易在其他细胞上生长,其中以犬肺巨噬细胞最为敏感,可形成葡萄串样的典型细胞病变。鸡胚成纤维细胞的应用最多,既可形成星芒状和露珠样的细胞病变,也可在覆盖的琼脂下形成微小的蚀斑。实验感染可使鸡胚、雪貂、乳鼠、犬等发病,其中以雪貂最敏感,为公认的犬瘟热病毒实验动物。犬瘟热病毒在鸡胚绒毛尿囊膜上能形成特征性的痘斑,被用作测定犬瘟热病毒中和抗体的标准系统。适应鸡胚的犬瘟热病毒株做鼠脑内接种,可引起鼠神经症状与死亡。

11. 兔出血热病毒

可在金黄仓鼠、小白鼠体内繁殖,虽不表现症状,但可引起病变,且与家兔病变相似,病毒在乳鼠体内连续传代 16 代,能引起发病死亡。在乳鼠肾细胞,猪睾丸传代细胞上生长,将病毒接种 Vero 细胞株及猴肾 MA104 细胞株,能产生一定的病变,但后者传至第 8 代病变消失,用第 6～7 代培养物接种家兔,不引起发病但有一定的保护力。

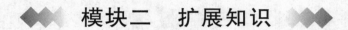

模块二 扩展知识

常用的细胞培养方法

1. 鸡胚成纤维细胞(CEF)制备

选用 9～10 日龄发育良好 SPF 鸡胚。在气室部用 5% 碘酊消毒,无菌手术取出胚胎,放入灭菌的玻璃平皿内,去头、四肢和内脏,用汉克氏液洗 2～3 次,用镊子挑入灭菌的烧杯中,用灭菌剪子剪成 1～2 mm 大小的组织块。将组织块倒入灭菌的三角烧瓶中,加入预热至 37℃ 的 0.25% 胰酶液,每个胚约 4 mL,在 37.5～38.5℃ 水浴中消化 10～30 min,弃去胰酶液。将汉克氏液倒入三角瓶中,静置片刻,倾去上清液,如此洗 2～3 次后,摇动三角烧瓶使细胞分散。加入适量的生长液,通过 6～8 层纱布的漏斗滤过,将滤液制成每 1 mL 含活细胞数 100 万～150 万的细胞悬液,分装于培养瓶中。置 37℃ 静止或旋转培养。一般在 24 h 内形成单层,即可接种。

2. 犊牛睾丸细胞(BTC)制备

犊牛应来源于非猪瘟疫区,无口蹄疫、黏膜病等传染病地区。犊牛经体表消毒,无菌采取牛睾丸,放入含适宜抗生素的 HanK's 液中,浸泡 30～40 min。无菌操作除去被膜、附睾,将组织剪成 1～2 mm 小块,用 HanK's 液反复冲洗,至上清液清亮为止。加入 5～8 倍的 0.25% 胰酶溶液,塞紧瓶口,置 37℃ 水浴消化 40～50 min,不含预热时间,中间每隔 10 min 轻摇一次,消化完毕除去胰酶溶液。用 Hank's 液反复冲洗 2～3 次,再加入营养液,以玻璃珠振摇法或吹打法分散细胞,反复进行 3～4 次,用 6～8 层纱布滤过,收集细胞悬液。通常 1 对犊牛睾丸可制成 1 000 mL 细胞悬液,分装于培养瓶中,装量为瓶容积的 1/10,置 36～37℃ 进行静止或旋转培养,3～5 d 长成致密单层。

牛睾丸原代细胞长成单层后,用 EDTA-胰酶细胞分散液消化,以 1:(3～5) 制成次代细胞悬液,继续培养 3～5 d,形成良好单层。根据需要接毒或继续进行传代。

3.仔猪(或胎猪)肾细胞的制备

仔猪应来自猪细小病毒病洁净区。将仔猪体表消毒,无菌采取仔猪肾,放在含适宜抗生素的 Hank's 液或 Earle's 液中浸泡 30～40 min。把组织剪成 1～2 mm 小块,反复冲洗至上清液清亮为止。将组织块放入消化瓶中,加 5～8 倍 0.25% 胰酶溶液。置 37℃ 水浴消化 30～50 min。在消化过程中,每隔 10 min 轻摇一次,消化完毕除去胰酶溶液。反复冲洗 2～3 次,再加入营养液,以玻璃珠振摇法或吹打法分散细胞,反复进行 3～4 次。用 8～10 层纱布将细胞过滤,收取细胞悬液,分装于培养瓶中,置 36～37℃ 进行旋转培养,转速为 10～12 r/h,3～5 d 长成单层。

◆◆◆ 模块三　技能训练 ◆◆◆

一、猪瘟病毒的动物接种和剖检

【学习目标】

会家兔耳缘静脉注射,知道猪瘟病毒引起家兔体内变化。

【仪器材料】

猪瘟病毒、生理盐水、新洁尔灭、家兔、注射器、体温计、手术剪子、手术镊子、剪毛剪子、酒精棉、碘酒棉。

【方法步骤】

(1)家兔的选择。选用营养良好体重 1.5～3 kg 家兔,家兔在接种前至少应测温观察 3 d,每日上、下午各测一次,选用体温正常,温差不大的健康家兔。

(2)毒种稀释。将毒种用灭菌生理盐水制成 50 倍稀释的乳剂。

(3)接种部位消毒。选择家兔耳缘静脉,用剪毛剪子剪掉接种部位的被毛,用碘酒和酒精两次消毒。

(4)注射。用 2 mL 注射器抽取病毒液 1 mL,将家兔耳缘静脉向心端用手按住,使血管充盈,将注射器针头扎入血管内,放开按住静脉血管向心端的手,注入 1 mL 病毒液。

(5)观察。每隔 6 h 测温一次,记录体温情况。

(6)剖检。选择呈定型热的家兔,处死家兔,用 0.1% 新洁尔灭浸泡家兔 30 min 进行体表消毒,将家兔头向上吊起,左侧向外,在肋骨下缘腹部皮肤用手术剪子剪成倒三角形,使腹内肠管脱出,露出脾脏,观察脾脏病变,并将脾脏取出放在灭菌容器内。可以做进一步检查。

【注意事项】

(1)注射结束后,用手按住血管一会儿,防止出血。

(2)剪腹部皮肤时,不要剪到肝脏和肠道。

(3)用镊子夹住脾脏,用力不要过大,以免破坏脾脏。

二、鸡新城疫病毒的鸡胚接种与收获

【学习目标】

会鸡胚接种方法和收获方法。能够区分终止蛋、无精蛋和发育良好的鸡胚。

【仪器材料】

孵化器、种蛋、新洁尔灭、暗室、照蛋器、试管、10 mL 与 1 mL 吸管、1 mL 注射器、毒种、蜡、酒精棉、碘酒棉、打孔器、酒精灯、生理盐水、中性瓶、眼科剪子、眼科镊子、镊子、试管、2 mL 注射器。

【方法步骤】

(1)选择发育良好的 10～11 日龄 SPF 鸡胚。

(2)接种。接种前,鸡胚在照蛋灯上划出鸡胚气室位置,并在气室上避开胎儿及大血管划出接种区,将鸡胚置于蛋盘上,接种区用 2% 碘酊和 75% 酒精消毒并用打孔器钻一小孔,将病毒用灭菌生理盐水稀释成 10^{-4} 或 10^{-5}[含双抗各 1 000 IU(μg)或庆大霉素 500 IU(μg)/mL]摇匀后,用灭菌的 1 mL 注射器吸取稀释好的毒种液,由接种区小孔插入尿囊腔 2.0～2.5 cm 注射 0.1 mL,如遇接种液倒流需补接。用蜡封孔。气室向上码在塑料蛋盘上,置 36～37℃ 继续孵育,不必翻蛋。

(3)孵育与观察。鸡胚接种后,每天照蛋一次,将在 60 h 前死亡的鸡胚弃掉,60 h 后,每 6 h 照蛋一次,死亡胚随时取出冷却,直至 96～120 h,不论鸡胚死亡与否,全部取出,气室向上直立,置于 2～8℃ 冷却。

(4)收获。将冷却 4～24 h 的鸡胚取出,用 0.1% 新洁尔灭消毒后将鸡胚气室端向上,直立于圆孔蛋盘上,在气室部位涂碘酊,以无菌镊子去气室端蛋壳。用无菌镊子剥离壳膜,用灭菌镊子扯破绒毛尿囊膜及羊膜(勿碰破孵黄膜),用灭菌镊子压住胚体,以灭菌吸管吸取鸡胚液于灭菌瓶中,加入适量抗生素,加塞摇匀后,置 −18℃ 以下保存。

【注意事项】

(1)点燃的酒精灯不要移动。

(2)严格无菌操作。

(3)消毒面积不要太大。

(4)蜡封得不要太厚。

(5)进针深度适中。

(6)压胚时不要碰破孵黄膜。

三、鸡痘病毒的细胞培养和收获

【学习目标】

掌握鸡胚原代细胞培养操作的基本程序,观察单层细胞生长情况。

【仪器材料】

9～10 日龄鸡胚,Hank's 液 50 mL,0.5%水解乳蛋白液或 MEM 培养液 20 mL(内含犊牛血清 1 mL,双抗 0.2 mL,pH=7.2),0.25% 胰蛋白酶 5 mL,7.5% NaHCO₃ 1 mL,手术剪,镊子,培养瓶,50 mL 三角瓶,吸管若干,链霉素瓶若干,塞子若干,培养盘,蛋托,95%酒精,水浴锅。

【方法步骤】

1.鸡胚成纤维细胞的制备

(1)取胚。选取 9～11 日龄 SPF 鸡胚,大头朝上直立于蛋架上,用碘酒、酒精消毒气室外壳。用镊子从气室端打开蛋壳,撕开壳膜,用无菌镊子轻轻取出鸡胚,放入灭菌平皿中。

(2)组织处理。用 PBS 液冲洗胚体 2～3 次,再将鸡胚的头、爪、内脏去除,剩下的胚体再用 PBS 液冲洗 2～3 次,放入平皿中,用剪刀将鸡胚剪成碎块。

(3)消化。用 PBS 液充分冲洗组织碎块 2～3 次,加入 3～5 倍量的胰蛋白酶消化液,置 37℃ 消化 30 min,每隔 2～3 min 轻轻摇动一次。待组织碎块聚合成团,边缘毛样模糊时取出,轻轻吸取上层消化液,加适量 DMEM 培养液,用吸管反复吹打,使细胞分散。

(4)分装、培养。将细胞悬液移入细胞培养瓶中,在细胞培养瓶中加入到 5 mL DMEM,充分混匀,让细胞呈单个形式存在,最后将其放入 37℃ 恒温箱中培养。

2.病毒接种

(1)毒种制备。将鸡痘病毒稀释成多个浓度分别接种在 10～11 日龄鸡胚绒毛尿囊膜上,培养 96～120 h 收集产生病变鸡胚尿囊膜。用手术剪子将其剪碎,加入少量细胞培养液用乳钵研磨使病毒浸出。取上清液加入细胞培养液,使其含 3% 病毒(按鸡胚绒毛尿囊膜重量计算)。

(2)接种。将长成单层致密的鸡胚成纤维细胞液倒掉,用 PBS 反复清洗 3 次,将死亡或脱落的细胞洗掉,取 0.5 mL 病毒液注入细胞瓶内,使病毒液充分铺满瓶底。将接种病毒后的细胞瓶置于培养箱中感作 45 min,将感作后的细胞瓶补加 4.5 mL 营养液后置于温箱中培养。

(3)细胞病变的观察。接种后每天观察细胞 2 次,观察细胞病变情况。

3.病毒收获

当有 75% 细胞发生病变后,将细胞培养瓶反复冻融 3 次,用吸管反复吹打数次,使病毒完全从细胞中释放出来。收集于灭菌的链霉素瓶中进行无菌检验和病毒含量测定。

【注意事项】

(1)注意坚持无菌操作,预防污染。

(2)培养液要现配现用,放置时间不要太长。

(3)调整好培养液 pH。

(4)细胞培养所用溶液和器材要进行无菌处理后才能使用。

复习思考题

1.什么是病毒的复制?

2.病毒的培养方法有哪些?

3.细胞培养有哪些优缺点?

4.简述口蹄疫病毒培养特点。

5.简述鸡马立克病毒培养特点。

任务三

其他微生物的分离与培养

◆ 知识点

其他微生物繁殖与培养、常见其他微生物繁殖与培养特点。

◆ 技能点

真菌的培养与观察、支原体的培养与观察。

◆◆◆ 模块一 基本知识 ◆◆◆

一、其他微生物繁殖与培养

(一)真菌

1. 真菌的繁殖

在自然界中,霉菌以产生各种无性和有性孢子进行繁殖,以无性孢子进行繁殖为主,无性繁殖是不经过两性细胞的结合而形成新个体的过程,大多数霉菌进行无性繁殖,产生不同的无性孢子(图 2-12)。有性繁殖是经过两性细胞的质配与核配,产生有性孢子来实现的,可分为3 个阶段:第一阶段是质配,即两个性细胞质融合在同一细胞中,此时细胞核并不结合;第二阶段是核配,即两个细胞核融合为一个细胞核,此时核的染色体数目是双倍的;第三阶段是减数分裂,双倍体的细胞核进行减数分裂,子核的细胞成为单倍体核。多数霉菌是由菌丝体分化出称为配子囊的性器官进行交配,性器官里如产生性细胞则称为配子。由两性细胞结合产生的孢子称有性孢子、接合孢子及子囊孢子。

酵母菌具有无性繁殖和有性繁殖两种繁殖方式,大多数酵母以无性繁殖为主。无性繁殖包括芽殖、裂殖和产生掷孢子。芽殖是成熟的酵母菌细胞在芽痕处长出一个称为芽体的小突起,随后细胞核分裂成两个核,一个留在母细胞,一个随细胞进入芽体,当芽体逐渐长大到与母体细胞相仿时,子细胞基部收缩,脱离母体细胞形成一个新个体。有的酵母菌的母细胞与子细胞相连成串而不脱离,似丝状,称为假菌丝。

裂殖为少数酵母菌的繁殖方式,其过程与细胞分裂方式相似。母细胞伸长,核分裂,细胞中央出现横隔将细胞分为两个具有单核的子细胞。

掷孢子是在营养细胞上生出的小梗上形成的无性孢子,成熟后通过一种特殊的喷射机制将孢子射出。

有性繁殖是指两个性别不同的单倍体营养细胞经接触、细胞壁溶解、细胞膜和细胞质融合,形成的二倍体细胞的细胞核进行分裂,其中一次为减数分裂,形成子囊,子囊破裂后释放孢子。

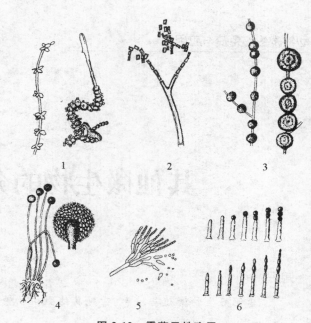

图 2-12　霉菌无性孢子
1.芽孢子;2.节孢子;3.厚垣孢子;4.孢子囊孢子;
5.分生孢子;6.分生孢子形成过程

2.真菌的分离培养

(1)分离方法。真菌的酵母细胞、繁殖菌丝和孢子(无性或有性孢子)都可以生长发育成新的个体。酵母菌的分离方法同细菌。真菌的分离方法有菌丝分离法、组织分离法和孢子分离法。

菌丝分离法是在无菌条件下设法将目的菌的菌丝片段分离出来,使其在适合的培养基上形成菌落,以获得纯种菌。常用的方法有划线法和稀释法。

组织分离法是在无菌条件下用镊子取出真菌实体内部的一小块组织,直接放在适宜的培养基上培养,可获得纯菌种。实际上,组织分离法也是用菌丝分离的,因为一般的真菌组织,都是由密集的菌丝构成的,并且真菌实体的内部是没有杂菌污染的。

孢子分离法是在无菌条件下,利用无性和有性孢子在适宜的条件下萌发,生长成新的菌丝体以获得纯种菌的一种方法,常用的方法也是划线法和稀释法。

(2)培养条件。真菌对外界环境适应力强,对营养要求不高,在一般培养基上均能生长,常用弱酸性的沙保罗氏培养基或马铃薯琼脂培养基,最适培养温度为 20~28℃,pH 3~6 生长良好,最适 pH 为 5.6~5.8,适宜生长在潮湿的环境中,需氧条件下生长良好(酵母菌必须在厌氧条件下才能发酵产生酒精);少数是严格厌氧菌,如反刍动物瘤胃中的真菌;寄生于动物内脏的病原性真菌则在 37℃ 左右时生长良好,常需培养数天至十几天才能形成菌落。

(3)培养方法。真菌的培养方法有固体和液体培养两种基本方法。

固体培养法:实验室中进行菌种分离、菌种培养和研究时,常用琼脂斜面和琼脂平板,真菌在其上呈现菌落或菌苔生长,便于观察和分离。制曲和发酵饲料生产时,利用谷糠、麸皮等农副产品为原料,按真菌营养要求搭配好,加适量水拌和成固体培养基,根据需要经过蒸煮灭菌后,接入菌种进行培养。

液体培养法:有浅层培养和深层培养两类。浅层培养是把培养基置于浅层容器中,利用较大的液体表面积接触空气以保证液体中的氧含量,常用浅盘或浅池进行。浅层培养为静置培养,真菌多在液体表面呈膜状生长,故又称表面培养。一般实验室或数量较小的培养,可用浅层培养。深层培养是把大量的液体培养基置于深层容器内进行培养,深层培养时必须用人工方法通入足够空气,并作适当搅拌。为了保证各种条件的控制和防止外来感染,常常使用密闭容器发酵罐,深层液体培养可用于生产单细胞蛋白饲料等,培养、制备少量液体种子时,常用摇瓶机、摇床等简单设备,这样既可以增加空气的溶解、更多地提供真菌生长繁殖中所需的氧气,也可有利于培养基中营养成分的充分利用。

真菌的生产培养方法有多种,培养以后发酵产品亦有多样,但其全部生产过程,主要包括斜面菌种培养、液体种子扩大培养、生产发酵和产品检验分装 4 个阶段。

(二)放线菌

以外生孢子的形式繁殖,这些特征又与霉菌相似。放线菌主要通过形成无性孢子的方式进行繁殖,也可借菌体分裂片段繁殖。放线菌长到一定阶段,一部分气生菌丝形成孢子丝,孢子丝成熟便分化形成许多孢子,称为分生孢子。孢子成熟后,孢子丝壁破裂释放出孢子。多数放线菌按此方式形成孢子,如链霉菌孢子的形成多属此类型。横隔分裂形成横隔孢子。其过程是单细胞孢子丝长到一定阶段,首先在其中产生横隔膜,然后,在横隔膜处断裂形成孢子,称横隔孢子或粉孢子。诺卡氏菌属按此方式形成孢子。有些放线菌首先在菌丝上形成孢子囊,在孢子囊内形成孢子,孢子囊成熟后,破裂,释放出大量的孢囊孢子。孢子囊可在气生菌丝上形成,也可在营养菌丝上形成,或二者均可生成。放线菌也可借菌丝断裂的片断形成新的菌体,这种繁殖方式常见于液体培养基中。工业化发酵生产抗生素时,放线菌就以此方式大量繁殖。如果静置培养,培养物表面往往形成菌膜,膜上也可产生出孢子。

放线菌主要营异养生活,培养较困难,厌氧或微需氧。加 5% CO_2 可促进其生长。在营养丰富的培养基上,如血平板 37℃ 培养 3~6 d 可长出灰白或淡黄色微小菌落。多数放线菌的最适生长温度为 30~32℃,致病性放线菌为 37℃,最适 pH 为 6.8~7.5。放线菌能产生多种抗生素,用于传染病的治疗。

(三)霉形体

霉形体对营养要求较高,培养霉形体的人工培养基中除基础营养外,需加 10%~20% 的动物血清,除无胆甾原体外,其余绝大多数霉形体生长需外源胆固醇。为抑制细菌生长,常在培养基中加入青霉素、醋酸铊、叠氮化钠等药物。

霉形体多数在有氧条件下生长良好,但用固体培养基分离培养时,在 5% CO_2 和 95% N_2 的环境中生长为佳,琼脂浓度则以 1%~1.5% 为宜。适合生长的 pH 为 7.0~8.0,脲原体属适宜 pH 较低,pH 为 6.0±0.5,适宜温度为 36℃。

霉形体的繁殖方式以二分裂为主,也有出芽、分枝或由球状细胞伸展成长丝,然后分节游离出来新的细胞。

霉形体生长缓慢,在琼脂培养基上培养 2~6 d,才长出微小的菌落,必须用低倍显微镜才能观察到。菌落直径 10~600 μm,圆形、透明、露滴状。霉形体的典型菌落呈"煎荷包蛋状"

(图 2-13),菌落中心深入培养基中、致密、色暗,周围长在培养基表面、较透明。猪肺炎霉形体和肺霉形体等的菌落则不典型,无中心生长点。在液体培养基中生长数量较少,不易见到浑浊,有时见到小颗粒样物黏附于管壁或沉于管底。可在鸡胚的卵黄囊或绒毛尿囊膜上生长,有些菌株可致鸡胚死亡。

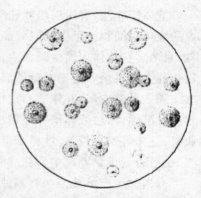

图 2-13　霉形体的典型菌落呈"煎荷包蛋状"

根据对糖类分解利用能力不同,可将霉形体分为两群。一群能分解葡萄糖及其他多种糖类,产酸不产气,称发酵型;另一群不能分解糖,称为非发酵型,但能利用精氨酸作为碳素和能量来源。仅有少数几种霉形体例外,二者兼而有之,或均不能利用。在含豚鼠红细胞的培养基中形成 β 型溶血环,某些糖不发酵种则呈 α 型溶血。少数株能液化明胶、消化凝固血清或酪蛋白。禽败血霉形体、肺炎霉形体的菌落能吸附禽类红细胞。

(四)螺旋体

螺旋体广泛存在于水生环境,也有许多分布在人和动物体内。大部分营自由的腐生生活或共生,无致病性,只有一小部分可引起人和动物的疾病。

除钩端螺旋体外,多不能用人工培养基培养,或培养较为困难。多数需厌氧培养。非致病性螺旋体、蛇形螺旋体、钩端螺旋体以及个别致病性密螺旋体与疏螺旋体可采用含血液、腹水或其他特殊成分的培养基培养,其余螺旋体迄今尚不能用人工培养基培养,但可用易感动物来增殖培养和保种。

(五)衣原体

具有一些酶类但不够完善,这些酶缺乏产生代谢能量的作用,要由宿主细胞提供,须严格胞内寄生。能在鸡胚卵黄囊膜、小白鼠腹腔和 HeLa 细胞组织培养物等多种活体内生长繁殖。有独特发育周期,仅在活细胞内以二分裂方式繁殖。

可接种于 5~7 日龄鸡胚卵黄囊,一般在接种 3~5 d 死亡,取死胚卵黄囊膜涂片染色,镜检可见有包涵体、原体和网状颗粒。动物接种多用于严重污染病料中衣原体的分离培养。常用动物为 3~4 周龄小鼠,可进行腹腔接种或脑内接种。细胞培养可用鸡胚、小鼠、羔羊等易感动物组织的原代细胞,也可用 Hela 细胞、Vero 细胞、BHK$_{21}$等传代细胞系来增殖衣原体。由于衣原体对宿主细胞的穿入能力较弱,可于细胞管中加入二乙氨基乙基葡聚糖或预先用 X 射线照射细胞培养物,以提高细胞对衣原体的易感性。

(六)立克次体

在真核细胞内营专性寄生,宿主一般为虱、蚤等节肢动物,并可传至人或其他脊椎动物。立克次体酶系统不完整,大多数只能利用谷氨酸产能而不能利用葡萄糖产能,缺乏合成核酸的能力,依赖宿主细胞提供三磷酸腺苷、辅酶 I 和辅酶 A 等才能生长,并以二等分裂方式繁殖。但繁殖速度较细菌慢,一般 9~12 h 繁殖一代。多不能在普通培养基上生长繁殖,故常用动物接种、鸡胚卵黄囊接种以及细胞培养等方法培养立克次体。

二、常见其他微生物繁殖与培养特点

(一)病原真菌

根据真菌致病性的差异,主要可分为两大类。一类是真菌侵入动物机体而引起感染的病原性真菌;一类是通过产生毒素,当动物采食了含有其毒素的饲料而引起中毒的产毒性真菌。但这种分类是人为的,有的真菌既能感染动物组织,同时也产生具有致病作用的毒素,如烟曲霉菌。

1. 感染性病原真菌

这是一类腐生性或寄生性真菌,可感染动物机体,并在感染部位生长繁殖或产生代谢产物而对机体致病。对动物有重要致病作用的有皮肤真菌、假皮疽组织胞浆菌、白色念珠菌等。

(1)皮肤真菌。该类菌对营养要求不高,需氧,在葡萄糖蛋白胨琼脂上能良好生长。最适生长温度为 22~28℃,一般要培养 1 周以后,长出的菌落有绒絮状、粉粒状、蜡样或石膏样;随着时间的延长,菌落形成灰白、淡红、橘红、红、紫、黄、橙、棕黄及棕色等颜色。

(2)假皮疽组织胞浆菌。本菌为需氧菌,最适温度为 25~30℃,pH 为 5~9。常用培养基有 1% 葡萄糖甘露醇甘油琼脂、2% 葡萄糖甘油琼脂等,但只有在这些培养基中加入 10% 的牛、绵羊、马或兔血清才能使本菌发育良好,而且初步培养比较困难,生长发育相应缓慢,一般在接种后 15~20 d 才能出现菌落,约 30 d 才能生长出蚕豆至拇指大小的菌落,菌落边缘不齐,表面有皱褶,呈淡黄色或褐色,如爆玉米花状。本菌不发酵多种糖类,不产生靛基质和 H_2S,V-P 实验阴性,能凝固石蕊牛乳,能轻微液化明胶。

(3)白色念珠菌。本菌在普通琼脂、血液琼脂与沙堡葡萄糖琼脂培养基上均可良好生长。需氧,室温或 37℃ 培养 1~3 d 可长出菌落。菌落呈灰白色或乳白色,偶呈淡黄色,表面光滑,有浓厚的酵母气味;培养稍久,菌落增大,菌落表面形成隆起的花纹或呈火山口状。菌落无气生菌丝,但有向下生长的营养假菌丝,在玉米粉培养基上可长出厚壁孢子。本菌的假菌丝和厚壁孢子可作为鉴定依据。

本菌能发酵葡萄糖、麦芽糖、甘露糖、果糖等,产酸产气;发酵蔗糖、半乳糖产酸不产气;不发酵乳糖、棉籽糖等。不凝固牛乳,不液化明胶。家兔或小鼠静脉注射本菌的生理盐水悬液,4~5 d 后可引起死亡,剖检可见肾脏皮质有许多白色脓肿。

(4)新型隐球菌。该菌在沙堡葡萄糖琼脂上生长缓慢,37℃ 培养 1~2 周方见白色、皱纹样菌落,继续培养时呈湿润、黏稠、光滑、乳酪色或淡褐色典型的酵母菌落;在液体培养基中培养,可形成菌环,但不形成菌膜。不分解葡萄糖、麦芽糖、蔗糖和乳糖,硝酸盐实验阴性。分解尿素,此点可与念珠菌区别。

2. 中毒性病原真菌

凡能产生毒素,导致人和动物发生急性或慢性中毒的真菌,称为中毒性病原真菌。中毒性病原真菌产生的真菌毒素是一类次生代谢产物,种类很多。人们根据各种真菌毒素毒性作用的靶器官分为肝脏毒、肾脏毒、神经毒、造血组织毒等几类。①肝脏毒,主要引发肝细胞变性、坏死或引起肝硬化、肝癌。②肾脏毒,主要引发肾脏急性或慢性病变,使肾功能丧失。③神经毒,主要造成大脑和中枢神经系统的损害,引起严重的出血和神经组织变性。④造血组织毒,主要损害造血系统,发生造血组织坏死或造血机能障碍,白细胞减少症等。许多真菌毒素往往作用两种以上的器官或系统,表现出致畸、致癌和致突变作用。此外,还包括抑制细胞的分裂或蛋白质的合成、影响核酸的复制、降低免疫应答作用等。

真菌毒素的产生,除取决于菌株外,还有依赖于外界环境因素,如基质、温度和湿度等。一般真菌产毒菌株易在食物、粮食、饲草等植物上生长产毒,而在乳、蛋等动物源基质上产毒能力较低。真菌的生长繁殖与温度及空气的湿度关系密切,大多数最适温度为 25~30℃,低于10℃或高于40℃生长减弱,产生毒素的能力也会受到影响。基质含水量在 17%~18% 时,是真菌产毒的最适条件。

(1)黑葡萄穗霉菌。本菌为专性需氧霉菌,最适温度 20~25℃,相对湿度为 30%~45%,对营养要求不高。在琼脂培养基上菌落呈湿絮状、橙棕色圆形,背面为橙色。本菌产生的毒素熔点为 162~166℃,溶于各种有机溶剂,对120℃高温和酸稳定,易被 20%~40% 的氢氧化钠溶液破坏,毒素无抗原性。

(2)镰刀菌属。本菌在马铃薯葡萄糖琼脂培养基上,菌落生长扩展迅速,呈白色、粉色、粉红、橙红、黄色、紫色等。气生菌丝发达,高的 0.5~1.0 cm;低的为 0.3~0.5 cm。有的气生菌丝不发达或完全无气生菌丝,由营养菌丝组成子座,分生孢子梗座直接在子座上生出。产生毒素的镰刀菌主要为禾谷镰刀菌、三线镰刀菌、串珠镰刀菌、木贼镰刀菌、拟枝镰刀菌和雪腐镰刀菌等。产生的毒素十分复杂,种类因镰刀菌而异。大致可分为 3 大类,第一类为玉米赤霉烯酮,第二类为单端孢霉烯族化合物毒素,第三类为丁烯酸内酯。

玉米赤霉烯酮是一种白色结晶,不溶于水,而溶于碱性水溶液、乙醚、苯、二氯甲烷中。此毒素可引起仔猪子宫、外阴肿大,母猪阴门及乳腺肿大,子宫外翻、流产、胎儿畸形,所以称此为雌性发情毒素。牛有一定的抵抗力,但食入毒素的奶牛奶中可含毒素,对人有危害。

单端孢霉烯族化合物是一组毒素的统称,主要引起动物呕吐、消化道黏膜溃疡及发炎、出血性病变以及神经症状,发生拒食与呕吐综合征,猪多发。马属动物食入污染毒素的饲料也易发病,临床表现有神经症状和消化道出血,病理上出现脑白质软化等。

丁烯酸内酯为棒状结晶,易溶于水,微溶于二氯甲烷和氯仿,在碱性水溶液中极易水解。主要引起水牛的"蹄腿腐烂病",饲喂带此毒素的霉败稻草后,蹄和皮肤处破裂,有时蹄匣脱落或尾尖、耳尖干性坏死。

(3)青霉菌属。本属是一群种类多、分布广的真菌。其中黄绿青霉、橘青霉、岛青霉、圆弧青霉、扩展青霉是本属中主要常见的产毒素真菌,对人和动物机体的毒性作用各有不同。本属的基本特征是,营养菌丝从无色到有鲜明颜色,菌丝有隔;气生菌丝呈密毯状、棉絮状或部分集结成菌索;分生孢子梗有隔,光滑或粗糙,顶端有呈扫帚状的轮生分枝,称帚状枝;分生孢子呈球形、椭圆形或圆柱形,大部分呈黄绿、绿或灰绿色。①黄绿青霉:在琼脂培养基上室温培养 12~14 d 可长出直径为 2~3 cm 的菌落,表面有皱褶,呈纽扣状,中心隆起或凹陷。大部分菌落呈明显的柠檬色及黄绿色,经 14 d 后变成浊灰色,表面呈绒状或絮状,略带霉味。②橘青霉:在琼脂培养基上生长局限,24~26℃ 培养 10~14 d 长出菌落,直径为 2.2~2.5 cm,有典型的放射状皱纹,呈绒状或絮状。菌落初期呈蓝绿色,日久则变为黄绿色,菌落背面呈黄色至橙黄色,有明显的蘑菇气味。③岛青霉:在琼脂培养基上生长缓慢,室温 14 d 菌落直径达 2.5~3.0 cm,具有显著的环带及轻微的放射状皱纹,菌落呈黄橙色、橘红色、褐色及暗绿色等多种颜色。

（4）甘薯黑斑病霉菌。本菌能在人工培养基上生长，幼龄菌丝呈白色，老龄变为深褐色。接种于甘薯块根时，局部迅速形成黑色斑，其中产生黑粉和刺毛，并有恶臭气味。

本菌在甘薯上可产生甘薯醇和甘薯酮等多种毒素。牛采食这种霉烂甘薯后，可引起急性肺水肿和间质肺气肿为特征的中毒症，主要表现是突然发生极度的呼吸困难，严重时死亡。

（5）曲霉菌属。本属菌的特性是菌丝分枝分隔，细胞多核。由营养菌丝或气生菌丝特化形成的足细胞上生出分生孢子梗，顶端膨大呈圆形称顶囊。顶囊上长着许多小梗，小梗单层或双层，小梗上着生分生孢子。分生孢子呈链状，并分为黄、绿、黑、灰等颜色。①烟曲霉菌：烟曲霉的分生孢子梗常带绿色，光滑。顶囊呈绿色，上长满辐射状的小梗，小梗顶端长出的成串的球形分生孢子，呈绿色，表面粗糙有细刺。在葡萄糖马铃薯培养基、沙堡培养基、血琼脂培养基上经 25～37℃ 培养，生长较快，菌落最初呈白色绒毛状或棉絮样，迅速变为绿色、暗绿色以及黑色，外观呈细粉末状或绒毛状，菌落反面无色或带褐色。②黄曲霉菌：黄曲霉的分生孢子梗壁厚而粗糙，无色。顶囊大，呈烧瓶状或近球形，上有单层或双层小梗。分生孢子有椭圆形及球状，呈链状排列。本菌的培养常用察氏琼脂，最适温度为 28～30℃，经 10～14 d 菌落直径可达 3～7 cm，最初带黄色，然后变成黄绿色，老龄菌落呈暗色，表面平坦或有放射状皱纹，菌落反面无色或略带褐色。③杂色曲霉菌：本菌的分生孢子头呈粗糙的半球形、放射状。分生孢子梗无色或微黄、壁厚、光滑。顶囊半椭圆形至半球形，顶囊生有双层小梗。分生孢子为球形，有小刺，呈链状。在琼脂培养基上生长缓慢，24～26℃ 培养 15 d 后菌落直径可达 2～3 cm，呈绒状、絮状，中心较高，呈现放射状皱纹。不同菌株的菌落可呈不同颜色如黄、绿、橙黄、深绿、灰绿、粉红色等，背面无色至黄色、玫瑰色、粉红色及紫红色。

（二）牛放线菌

牛放线菌为厌氧或微需氧，培养比较困难，最适 pH 为 7.2～7.4，最适温度 37℃，在 1% 甘油、1% 葡萄糖、1% 血清培养基上生长良好。在甘油琼脂上培养 3～4 d 后，形成露滴状小菌落，初为灰白色，很快变为暗灰白色，菌落隆起，表面粗糙干燥，紧贴培养基。在血液琼脂上，37℃ 厌氧培养 2 d 可见半透明、乳白色、不溶血的粗糙菌落，紧贴在培养基上，呈小米粒状，无气生菌丝。血液肉汤内培养时，沿管壁发育成颗粒状，肉汤往往透明。能缓慢发酵葡萄糖、果糖、蔗糖、乳糖、麦芽糖，产酸不产气。不分解甘露醇。明胶上生长少，不液化。牛奶不凝固、不胨化，变酸，有时无生长。不还原硝酸盐。不产生吲哚、H_2S。

（三）病原支原体

1. 猪肺炎支原体

猪肺炎支原体对营养要求较高，培养基除添加猪血清外，尚需添加水解乳蛋白、酵母浸液等，并有 5%～10% CO_2 才能生长。在固体培养基上培养 9 d，可见针尖大露珠状菌落，边缘整齐、表面粗糙。此外也可用鸡胚卵黄囊或猪的肺、肾、睾丸等单层细胞培养。

2. 禽败血支原体

禽败血支原体为需氧或兼性厌氧，对营养要求较高，培养时需加入 10%～15% 的灭能血清才能生长。在固体培养基上经过 3～10 d，可形成圆形表面光滑透明、边缘整齐、露滴样小菌落，直径 0.2～0.3 mm，菌落中央有颜色较深而致密的乳头状突起。在马鲜血琼脂上表现溶血。也可在 7 日龄鸡胚卵黄囊生长,接种 5～7 d 死亡。

3. 牛羊致病支原体

本菌需氧,适宜的生长温度是 36～38℃,pH 为 7.8～8.0。对营养要求不太高,只需在培养基中加入 8%～10% 的血清便可生长。初次分离时生长迟缓。在琼脂培养基上培养 5～7 d出现细小露滴状菌落,菌落呈"油煎蛋状"。菌落没有吸附红细胞的能力。可轻度分解葡萄糖、果糖、麦芽糖,产酸不产气。葡萄糖可促使本菌生长,但由于产酸,经过一定的时间后,反而会加速其死亡。不分解乳糖和蔗糖。

(四)病原螺旋体

1. 伯氏疏螺旋体

能在含牛血清的人工培养基上生长,微需氧,最佳生长温度为 34～37℃。本菌和其他疏螺旋体不同,抗原性较稳定。

2 鹅疏螺旋体

本菌不能在普通培养基上生长,可在鸭胚或鸡胚中生长,并可用幼鸡或幼鸭每间隔 3～5 d连续传代和保存菌种。

3. 猪痢疾短螺旋体

该螺旋体严格厌氧,常用的一般厌氧环境不易培养成功。对培养基的要求也相当苛刻,通常要采用加入 10% 胎牛或兔血清的酪蛋白胰酶消化物大豆胨汤或脑心浸液汤的液体或固体培养基,并在含有 N_2 和 10% CO_2 混合气体的条件下才能生长。菌落为扁平、半透明、针尖状,并有明显的 β 溶血。为抑制其他杂菌生长,提高肠道样品中的分离率,可在培养基中加入多黏菌素 B。本菌能发酵葡萄糖和麦芽糖,不能发酵其他碳水化合物;在含 6.5% NaCl 条件下能生长。

4. 钩端螺旋体

钩端螺旋体严格需氧,对营养要求不高,是一种较易在人工培养基上生长的致病性螺旋体。在含动物血清和蛋白胨的柯氏培养基、不含血清的半综合培养基、无蛋白全综合培养基以及选择性培养基上可良好生长。最适 pH 为 7.2～7.4,最适温度为 28～30℃。生长缓慢,一般需 2～4 d 才可生长,通常在接种后 7～14 d 生长最好。在液体培养基中,可见半透明、云雾状浑浊,以后液体渐变透明,管底出现沉淀块。在半固体培养基中,菌体生长较液体培养基中迅速、稠密而持久,大部分钩端螺旋体在表面下数毫米处生长,形成一个白色致密的生长层。在固体培养基上可形成无色、透明、边缘整齐或不整齐、平贴于琼脂表面的菲薄菌落,大者 4～5 mm,小者 0.5～1.0 mm,故在挑取菌落时应与琼脂一起钩取。钩端螺旋体生化反应极不活泼,不发酵糖类,不分解蛋白质,某些菌株能产生溶血素。

(五)病原性立克次体

普氏立克次氏体和绝大多数立克次氏体为专性活细胞内寄生,只有在活的细胞内才能生长,以二分裂方式繁殖,繁殖一代需要 6～10 h,生长缓慢。培养立克次氏体的方法有动物接种、鸡胚接种和细胞培养。动物接种是最常用的方法,可采用豚鼠和小鼠,多种病原性立克次体在豚鼠和小鼠体内生长繁殖良好。鸡胚卵黄囊接种常用于立克次体的传代培养。目前采用鸡胚成纤维细胞、L929 细胞和 Vero 单层细胞进行分离、鉴定、传代和培养,最适温度为 37℃。

贝氏柯克斯体不能在人工培养基上生长,通常用鸡胚或细胞培养,鸡胚卵黄囊在接种后第 4 天才能有较多量菌体,第 5～7 天可达高峰,以卵黄囊中含菌量最多。多种原代和传代细胞可用于培养本菌,常不引起明显的病变。

附红细胞体以二分裂、出芽和裂殖方式增殖。

(六)病原性衣原体

病原性衣原体主要有鹦鹉热亲衣原体、肺炎亲衣原体、牛羊亲衣原体、沙眼亲衣原体。衣原体为专性细胞内寄生,不能用人工培养基培养,可用鸡胚卵黄囊及 HeLa-299、BHK-21、Mc-Coy 等细胞培养。将接种标本的细胞培养管离心,促进衣原体黏附进入细胞;或在培养管内加入二乙氨乙基葡聚糖,以增强衣原体吸附于易感细胞,提高分离培养阳性率。

 ## 模块二　技能训练

一、真菌的培养与观察

【学习目标】
(1)掌握真菌分离培养方法。
(2)认识真菌菌落的特征,比较与细菌菌落有何不同。
(3)了解真菌载片培养法。
(4)掌握观察真菌的基本方法,并观察其形态特征。

【仪器材料】
酵母菌、霉菌的固体、液体培养物,沙堡培养基,载玻片,盖玻片,染色液,平皿,试管,吸管等。

【方法步骤】

(一)真菌的分离培养方法

1.平板划线分离法
(1)取适合真菌的琼脂培养基融化,冷至 45℃,注入无菌平皿中,每皿 15～20 mL,制成平板待用。
(2)取要分离的材料(如田土、混杂的或污染的真菌培养物、真菌)少许,投入盛无菌水的试管内,振摇,使分离菌悬浮于水中。
(3)将接种环经火焰灭菌并冷却后,蘸取上述菌悬浮液,进行平板划线(同细菌的划线法)。
(4)划线完毕,置温箱中培养 2～5 d,待长出菌落后,钩取可疑单个菌落先作制片检查,若只有一种所需的真菌生长,即可进行钓菌纯培养。如有杂菌可从单个菌落中钩少许菌制成悬液,再作划线分离培养,有时需反复多次,才得纯种。另外,也可在放大镜的观察下,用无菌镊子夹取一段待分离的真菌菌丝,直接放在平板上作分离培养,可获得该种真菌的纯培养。

2.稀释分离法

(1)取盛有无菌水的试管 5 支(每管 9 mL),分别标记 1、2、3、4、5 号。取样品(如田土等) 1 g,投入 1 号管内,振摇,使悬浮均匀。

(2)用 1 mL 灭菌吸管,无菌操作,从 1 号管中吸取 1 mL 悬浮液注入 2 号管中,并摇匀;同样由 2 号管取 1 mL 至 3 号管,依此类推,直至 5 号管。注意每稀释一管应更换一支灭菌吸管。

(3)用两支无菌吸管分别由 4 号、5 号试管中各取 1 mL 悬液,并分别注入两个灭菌培养皿中,再加入融化后冷至 45℃ 的琼脂培养基约 15 mL,轻轻在桌面上摇转,静置,使冷凝成平板。然后倒置温箱中培养,2~5 d 后,从中挑选单个菌落,并移植于斜面上。

(二)真菌培养性状观察

1.真菌在固体培养基上的生长表现

(1)酵母菌菌落。酵母菌在固体培养基上多呈油脂状或蜡脂状,表面光滑、湿润、黏稠,有的表面呈粉粒状、粗糙或皱褶。菌落边缘有整齐、缺损或带丝状。菌落颜色有乳白色、黄色或红色等。

(2)霉菌菌落。将不同霉菌在固体培养基上培养 2~5 d,可见霉菌菌落呈绒毛状、絮状、蜘蛛网状等。菌落大小依种而异,有的能扩展到整个固体培养基,有的有一定的局限性(直径 1~2 mm 或更小)。很多霉菌的孢子能产生色素,致使菌落表面、背面甚至培养基呈现不同的颜色,如黄色、绿色、青色、黑色、橙色等。

2.真菌在液体培养基中的生长表现

(1)酵母菌。注意观察其浑浊度、沉淀物及表面生长性状等。

(2)霉菌。霉菌在液体培养基中生长,一般都在表面形成菌层,且不同的霉菌有不同的形态和颜色。

(三)真菌的形态观察

1.真菌水浸片的制备及观察

常用美蓝染色液制备真菌水浸片来观察真菌的菌体形态,并且活细胞能还原美蓝为无色,故可区别死细胞、活细胞。

(1)酵母菌水浸片的制备。将一滴美蓝染色液滴加在干净的载玻片中央,如不染色则加蒸馏水一滴,用接触环以无菌操作取培养 48 h 左右的酵母菌体少许,在液滴中轻轻涂抹均匀(液体培养物可直接取一接种环培养液于玻片上)并加盖干净盖玻片。为避免产生气泡,应先将其一边接触液滴,再慢慢放下盖玻片。然后置于显微镜载物台上进行观察,注意酵母菌的形态、大小和芽体,同时可以根据是否染上颜色来区别死、活细胞。

(2)霉菌水浸片的制备。在干净载玻片上加蒸馏水或美蓝染色液一滴。取培养 2~5 d 的根霉或毛霉,培养 3~5 d 的曲霉、青霉或木霉,培养 2 d 左右的白地霉同上法制片。霉菌要选择有无性孢子的菌体,用解剖针挑取少量菌丝体放在载玻片的液滴中,将玻片置于解剖镜下,细心地用解剖针将菌丝体分散成自然状态,然后加盖玻片,注意不要让其产生气泡,盖后不再移动玻片,以免弄乱菌丝。制好片后,就可以在显微镜下观察。

观察时注意它们的菌丝有无隔膜、孢子囊柄与分生孢子柄的形状、分生孢子小梗的着生方式、孢子囊的形态、足细胞与假根的有无、孢子囊孢子和分生孢子的形状和颜色、节孢子的形状和特点等。并且要区别根霉与毛霉、青霉、曲霉、木霉之间的异同点以及白地霉的特点。

2.霉菌封闭标本的制备

霉菌的封闭标本,常用乳酸石炭酸液封片,其中含有的甘油使标本不宜干燥,而石炭酸又有防腐作用。在封片液中,还可加入棉蓝或其他酸性染料,以便于观察菌体。

在洁净载玻片上滴一滴乳酸石炭酸棉蓝染色液,用解剖针从霉菌菌落的边缘处取少许带有孢子的菌丝于染液中,再细心地把菌丝挑成自然状态,然后用盖玻片盖上,注意不要产生气泡。在温暖干燥室内放数日,让水分蒸发一部分,使盖玻片与载玻片紧贴,即可封片。封片时,先用清洁的纱布或脱脂棉将盖玻片四周擦净,并在盖玻片周围涂一圈加拿大树胶或合成树胶,风干后即成封闭标本。

3.真菌的载片培养

真菌的载片培养法不仅可克服水浸片制片的困难,还可使对菌丝分枝和孢子着生状态的观察获得更满意的效果。

取直径 7 cm 左右圆形滤纸一张,铺放于一个直径 9 cm 的平皿底部,上放一 U 形玻棒,其上再平放一张干净的载玻片与一张盖玻片,盖好平皿盖进行灭菌。挑取真菌孢子接入盛有灭菌水的试管中,摇振试管制成孢子悬液备用。用灭菌滴管吸取灭菌后融化的真菌固体培养基少许,滴于上述灭菌平皿内的载玻片中央,并以接种环将孢子悬液接种在培养基四周,加上盖玻片,并轻轻压贴一下。为防止培养过程中培养基干燥,可在滤纸上滴加灭菌 20% 甘油液3~4 mL,然后盖上平皿盖,即成所谓湿室载片培养。放在适宜温度(多数真菌为 20~30℃)的培养箱内培养,定期取出在低倍镜下观察,可以看到孢子萌发、发芽管的长出、菌丝的生长、无隔菌丝中孢子囊柄与孢子囊孢子形成的过程、有隔菌丝上足细胞生长、锁状联合的发生、孢子着生状态等。

【注意事项】

(1)真菌的分离培养必须严格无菌操作。

(2)平板划线操作动作要轻,手腕用力均匀。

二、支原体的培养与观察

【学习目标】

了解支原体的形态学特征,分离培养法和生长表现。

【仪器材料】

猪肺炎支原体、禽败血支原体培养物,姬姆萨染色液,pH 为 7.2 的 PBS,疑似猪地方性肺炎肺组织材料。

【方法步骤】

1.形态与染色

将猪肺炎支原体培养物制成均匀悬液,吸一滴在清洁玻片上,推成薄层;干燥后用甲醇固定 2～3 min；用 pH 为 7.2 的 PBS 将姬姆萨染液稀释 20 倍，染色，用 pH 为 7.2 的 PBS 冲洗玻片；干后，丙酮脱色 10 s，待干燥后在油镜下观察其形态特征。

　　2.支原体的分离培养

　　(1)牛心汤复合培养基的制备。牛心汤 1 000 mL，蛋白胨 10 g，氯化钠 5 g，酵母提取液 10 mL，无菌马血清 200 mL，1.25% 醋酸铊溶液 20 mL，青霉素 200 IU/mL。

　　①牛心汤的制备：切碎牛心 500 g 加 1 000 mL 水置 4℃ 浸泡过夜，次日煮沸 30 min 过滤，补充原水量。

　　②酵母提取液的制备：酵母粉 25 g 加双蒸水 100 mL，煮沸 30 min，离心取上清液，分装试管，121℃ 灭菌 15 min。

　　③在牛心汤中加入蛋白胨、氯化钠、酵母提取液，调 pH 至 7.8，过滤(如制备固体培养基，此时加入 2% 琼脂)，121℃ 灭菌 20 min。

　　④凉至 50℃ 时，加入无菌马血清、醋酸铊及青霉素，分装试管或铺平板备用。

　　(2)分离培养。无菌采取肺、肝、脾、肾组织，直接剪成小块上划一直线，再用无菌铂耳环在与其垂直方向划线，或者将组织块剪碎磨成匀浆，经液体培养基连续系列稀释后培养。若当液体材料为牛乳、排泄物、分泌物、胎液、滑液和胎儿胃内容物，可直接取 0.2 mL 接种于液体培养基或取 0.1 mL 接种于固体培养基，固体琼脂平板置 37℃ 潮湿需氧条件或在 5% CO_2 下培养 48～96 h，用斜射光或放大 25～40 倍的立体显微镜检查，若有特异的菌落出现，应选取散在的单个菌落用无菌解剖刀切下小琼脂块，用巴氏吸管小心地将菌落和周围琼脂吸入，再将其移入盛有 2～3 mL 的液体肉汤培养管培养 48 h，将其培养物通过 0.45 μm 孔径大小的滤膜过滤后作 1:10 和 1:100 稀释，每一个稀释液取 0.05 mL 涂布于几个琼脂平板，即可得到纯的支原体培养物。若为液体培养基则取 0.2 mL 移入试管内，塞紧橡皮塞，48～72 h 后，若看到培养基清朗而培养基 pH 下降，此时再移植，取 0.2 mL 培养物加入新的培养基，若仍然表现只见液体 pH 下降，而培养基清朗，涂片染色检查其形态特征，并取 0.1 mL 培养液于固体琼脂平板，用铂耳环涂布均匀，培养可见支原体的菌落特征。

【注意事项】

(1)坚持无菌操作，预防污染。

(2)注意观察支原体菌落特征。

复习思考题

　　1.真菌的分离方法有哪些？

　　2.真菌的培养方法有哪些？

　　3.真菌的生长繁殖需要具备哪些条件？

项目三 动物微生物的鉴定

任务一

细菌的鉴定

🍁 知识点

病料的采集、病料的保存与运送、细菌的分离鉴定、常见病原细菌的鉴定特点、实验动物接种方法、实验动物种类。

🍁 技能点

大肠杆菌的鉴定、巴氏杆菌的鉴定。

◆◆◆ 模块一 基本知识 ◆◆◆

细菌是自然界广泛存在的一种微生物,细菌性传染病占动物传染病的 50％ 左右,细菌病的发生给畜牧业带来了极大的经济损失。因此,在动物生产过程中必须做好细菌病的防治工作。而对于发病的群体,及时准确地做出诊断是十分重要的。

动物细菌性传染病,除少数如破伤风等可根据流行病学、临床症状做出诊断外,多数还需要借助病理变化进行初步诊断,而确诊则需要在临床诊断的基础上进行实验室诊断,确定细菌的存在或检出特异性抗体。细菌病的实验室诊断需要在正确采集病料的基础上进行,常用的诊断方法包括细菌的形态检查、细菌的分离培养、细菌的生化实验、细菌的血清学实验、动物接种实验和分子生物学方法等。

一、病料的采集、保存及运输

(一)病料的采集

1.采集病料的原则

(1)无菌采病料原则。病料的采集要求进行无菌操作,所用器械、容器及其他物品均需事先灭菌。同时在采集病料时也要防止病原菌污染环境及造成人的感染。如在尸体剖检前，首先将尸体在适当消毒液中浸泡消毒，打开胸腹腔后，应先取病料以备细菌学检验，然后再进行病理学检查；最后将剖检的尸体焚烧，或浸入消毒液中过夜，次日取出做深埋处理。剖检场地应选择易于消毒的地面或台面，如水泥地面等。剖检后，操作者、用具及场地都要进行消毒或灭菌处理。

（2）适时采病料原则。病料一般采集于濒死或刚刚死亡的动物，若是死亡的动物，则应在动物死亡后立即采集；夏天不宜迟于 6～8 h，冬天不迟于 24 h，取得病料后，应立即送检；如不能立刻进行检验，则应存放于冰箱中。若需要采血清测抗体，最好采发病初期和恢复期两个时期的血清。

（3）病料含病原多的原则。病料必须采自含病原菌最多的病变组织或脏器。

（4）采病料适量的原则。采集的病料不宜过少，以免在送检过程中细菌因干燥而死亡。病料的量至少是检测量的四倍。

2.采集病料的方法

（1）液体材料的采集方法。破溃的脓汁、胸腹水一般用灭菌的棉棒或吸管吸取，放入无菌试管内，塞好胶塞送检。血液可无菌操作从静脉或心脏采血，然后加抗凝剂即每 1 mL 血液加 3.8% 枸橼酸钠 0.1 mL。若需分离血清，则采血后放在灭菌的试管中，摆成斜面，待血液凝固析出血清后，再将血清吸出，置于另一灭菌试管中送检。方便时，可直接无菌操作取液体涂片或接种适宜的培养基。

（2）实质脏器的采集方法。应在解剖尸体后立即采集。若剖检过程中被检器官污染或剖开胸腹后时间过久，应先用烧红的铁片烧烙表面，或用酒精火焰灭菌后，在烧烙的深部取一块实质脏器，放在灭菌试管或平皿内。如剖检现场有细菌分离培养条件，可以直接用烧红的铁片烧烙脏器表面，然后用灭菌的接种环自烧烙的部位插入组织中，缓缓转动接种环，取少量组织或液体接种到适宜的培养基中。

（3）肠道及其内容物的采集方法。肠道采集只需选择病变量明显的部分，将其中内容物去掉，用灭菌水轻轻冲洗后在平皿内。粪便应采取新鲜的带有脓、血、黏液的部分，液态粪应采集絮状物。有时可将胃肠两端扎好剪下，保存送检。

（4）皮肤及羽毛的采集方法。皮肤要取病变明显且带有一部分正常皮肤的部位。被毛或羽毛要取病变明显部位，并带毛根，放入平皿内。

（5）胎儿。可将流产胎儿及胎盘、羊水等送往实验室；也可用吸管或注射器吸取胎儿胃内容物，放入试管送检。

（二）病料的保存与运送

供细菌检验的病料，若能在 1～2 d 内送到实验室，则可放在有冰的保温瓶或 4～10℃ 冰箱内，也可放入灭菌液体石蜡或 30% 甘油盐水缓冲保存液中（甘油 300 mL，氯化钠 4.2 g，磷酸氢二钾 3.1 g，磷酸二氢钾 1.0 g，0.02% 酚红 1.5 mL，蒸馏水加至 1 000 mL，pH 为 7.6）。

供细菌学检验的病料，最好及时由专人送检，并带好说明，内容包括送检单位、地址、动物品种、性别、日龄、送检的病料种类和数量、检验目的、保存方法、死亡日期、送检日期、送检者姓名；并附临床病例摘要，包括发病时间、死亡情况、临床表现、免疫和用药情况等。

二、细菌的分离鉴定

(一)检测细菌或其抗原

1.直接涂片镜检

细菌的形态检查是细菌检验的重要手段之一。在细菌病的实验室诊断中,形态检查的应用有两个时机,一个是将病料涂片染色镜检,它有助于对细菌的初步认识,也是决定是否进行细菌分离培养的重要依据,有时通过这一环节即可得到确切诊断。如禽霍乱和炭疽的诊断有时可通过病料组织触片、染色镜检得以确诊。另一个是在细菌的分离培养之后,将细菌培养物涂片染色,观察细菌的形态、排列及染色特性,这是鉴定分离菌的基本方法之一,也是进行生化鉴定、血清学鉴定的前提。

常用的细菌染色法包括单染色法和复染色法,应用时可根据实际情况选择适当的染色方法。对病料中的细菌进行检查时,常选择单染色法。对培养物中的细菌进行染色检查时,多采用可以鉴别细菌的复染色法。单染色法,只用一种染料使菌体着色,如美蓝染色法;复染色法,用两种或两种以上的染料染色,可使不同菌体呈现不同颜色,故又称为鉴别染色法,如革兰氏染色法、抗酸染色法等,其中最常用的复染色法是革兰氏染色法。此外,还有细菌特殊结构的染色法,如荚膜染色法、鞭毛染色法、芽孢染色法等。

2.分离培养

细菌的分离培养及移植是细菌学检验中最重要的环节,细菌病的诊断、防治及对未知菌的研究,常需要进行细菌的分离培养。

细菌病的临床病料或培养物中常有多种细菌混杂,其中有致病菌,也有非致病菌,从采集的病料中分离出目的病原菌是细菌病诊断的重要依据,也是对病原菌进一步鉴定的前提。不同的细菌在一定培养基中有其特定的生长现象,如在液体培养基中的均匀浑浊、沉淀、菌环或菌膜,在固体培养基上形成的菌落和菌苔等,均因细菌的种类不同而异,根据菌落的特征,往往可以初步确定细菌的种类。分离纯化的病原菌,除可为生化实验和血清学实验提供纯的细菌,也可用于细菌的计数、扩增和动力观察等。细菌分离培养的方法很多,最常用的是平板划线接种法,还有倾注平板培养法、斜面接种法、穿刺接种法、液体培养基接种法等。

3.动物接种实验

实验动物的接种是微生物实验室常用的技术。其主要用途是进行病原体的分离与鉴定,确定病原体的致病力,恢复或增强细菌的毒力,测定某些细菌的外毒素,制备疫苗或诊断用抗原,制备诊断或治疗用的免疫血清,以及用于检验药物的治疗效果及毒性等。最常用的是本动物接种和实验动物接种。实验动物有"活试剂"或"活天平"之誉,是生物学研究的重要基础和条件之一。以病原微生物存在的情况为标准,可将动物分为无菌动物、悉生动物、无特定病原体动物、清洁动物及普通动物,经常使用的实验动物属后三种。

(1)无菌动物(GP)。指不携带任何微生物的动物,即无外源菌动物。实际上某些内源性病毒或正常病毒很难除去,因此无菌动物事实上是一个相对概念。

无菌动物生产,首先以无菌技术由动物子宫或孵育的鸡蛋内取出胎儿,在无菌的隔离罩或隔离室内培育成功。在隔离罩(室)内供应的空气、饲料、水及其他物品都必须是无菌的,自始至终保持绝对无菌条件,才能培育出无菌动物。无菌动物虽能在无菌隔离罩(室)环境内存活和传代,但其生命力不强;生理功能低下;有些局部组织器官不同于普通动物,如小肠壁变薄、肠内网状内皮系统的组分明显减少、免疫球蛋白含量低;其他组织器官无明显肉眼变化。

由于无菌动物不受任何微生物刺激和干扰,所以可用于研究动物体内外微生物区系对机体的影响以及微生态学研究;也可用来研究免疫、肿瘤、病理及传染病的净化等。由于无菌动物的培育和饲养技术很困难,所以通常用悉生动物替代。

(2)悉生动物。狭义的悉生动物是指无菌动物,广义也指有目的地带有某种或某些已知微生物的动物。无菌动物带有或接种了一种微生物的动物叫单联悉生动物,带两种微生物者称双联悉生动物,依次类推,称三联或多联悉生动物。

(3)无特定病原体动物(SPF)。指不存在某些特定的具有病原性或潜在的病原性微生物的动物。例如,为了排除某些细菌如假单胞菌属、变形杆菌属、克雷伯菌属等的干扰,可通过无菌动物与这些细菌以外的正常菌群相联系培育动物。

(4)清洁动物。指来源于剖腹产,饲养于半屏障系统,其体内外不能携带人畜共患病和动物主要传染的病原体的动物。

(5)普通动物。指在开放条件下饲养,其体内外存在着多种微生物和寄生虫,但不能携带人畜共患病病原微生物的动物。

常用的实验动物接种方法如下。

(1)脑内接种法。小鼠脑内接种用左手大拇指与食指固定鼠头,用碘酒消毒左侧眼与耳之间上部注射部位,然后与眼后角、耳前缘及颅前后中线所构成之位置中间进行注射。进针 2～3 mm,注射量乳鼠为 0.01～0.02 mL。豚鼠与家兔的脑内接种注射部位在颅前后中线旁约 5 mm 平行线与动物瞳孔横线交叉处。注射部位用酒精消毒,用手固定注射部位皮肤,用锥刺穿颅骨,拔锥时注意不移动皮肤孔,将针头沿穿孔注入,进针深度 4～10 mm,注射量为 0.1～0.25 mL。绵羊一般将羊头顶部事先剪毛,并经硫化钡脱毛后固定,碘酒消毒接种部位,在颅顶部中线左侧或右侧,用锥钻一小孔,将病毒液接种于脑内,注射剂量 1 mL,接种孔立即用火棉胶封闭。

(2)皮内接种法。常用于较大动物,注射部位可选背部、颈部、腹部、耳及尾根部。剪毛消毒后,用手提起注射部位皮肤,针尖斜面向外,针头和皮肤面平行刺入皮肤 2～3 mm,即可注入病毒液。注射量 0.1～0.2 mL,注射部位隆起。需要注射较大量时,可分点注射。

(3)皮下接种法。注射部位选在皮肤松弛处,豚鼠及家兔可在腹部及大腿内侧,注射量为 0.5～1.0 mL。小白鼠可选在尾根部或背部,用左手拇指和食指捏住头部皮肤,翻转鼠体使腹部向上,将鼠尾和后脚夹于小指和无名指之间,碘酒消毒皮肤,将针头水平方向挑起皮肤,刺入 1.5～2 cm,缓慢注入接种物 0.2～0.5 mL。

(4)静脉注射法。小白鼠由尾静脉注射,注射量 0.1～1.0 mL。家兔由耳静脉注射,注射量 1～2 mL。鸡由翅下肱静脉注射,注射量 1～5 mL。马、牛由颈静脉注射病毒液规定的剂量。注射部位碘酒消毒。

(5)腹腔注射法。将被接种动物头向下,尾部向上倾斜 45°角,腹部向上,针头平行刺入腿根处腹部皮下,然后向下斜行,通过腹部肌肉进入腹腔,注射病毒液。注射部位消毒。

4. 生化实验

细菌在代谢过程中要进行多种生物化学反应,这些反应几乎都靠各种酶系统来催化完成。由于不同的细菌含有不同的酶,因而对营养物质的利用和分解能力不一致,代谢产物也不尽相同,据此设计的用于鉴定细菌的实验,称为细菌的生化实验。细菌生化实验的主要用途是鉴别细菌。对革兰氏染色反应、菌体形态以及菌落特征相同或相似细菌的鉴别具有重要意义。

5. 抗原检测

有些细菌即使用生化实验也很难区别,但其细菌抗原成分(包括菌体抗原、鞭毛抗原)却不同。利用已知的特异抗体测定有无相应的细菌抗原可以确定菌种或菌型。实验室常用的方法为凝集性实验,近年来还采用了对流免疫电泳、放射免疫、酶联免疫、气相色谱等快速检测细菌抗原的方法。

(二)检测抗体

一般来说,诊断感染性疾病,如能从标本中直接检测到病原体是最理想的。但由于某些病原体生长所需条件高、生长时间长、检出的阳性率低,给诊断带来一定困难。特异性抗体的检出在一定程度上可弥补以上的不足。近年来,逐步发展起来的用免疫学方法测定标本中的病原抗原,或用分子生物学技术测定感染因子,无疑对感染性疾病的早期诊断是一个巨大的进步。尽管如此,也不能完全代替特异性抗体的检测。

现在抗体检测的方法众多,除传统的沉淀反应、凝集实验、补体结合实验外,标记免疫测定如酶联免疫测定、放射免疫测定、荧光免疫测定、发光免疫测定等已成为主要的免疫测定技术,免疫印迹法也发挥了明显的作用,一些快速测定法如快速斑点免疫结合实验也被广泛使用。必须明确,不同的方法,灵敏度、准确性、重复性并不完全相同,加上试剂盒质量不一,都影响到实验结果。

(三)检测细菌遗传物质(PCR 技术)

PCR 技术又称聚合酶链式反应,是 20 世纪 80 年代末发展起来的一种快速的 DNA 特定片段体外合成扩增技术。PCR 的基本原理与体内复制类似,主要根据碱基配对原理,利用 DNA 聚合酶催化和 dNTP 的参与,引物依赖于 DNA 模板特异性引导 DNA 合成。诊断时可以根据已知病原微生物特异性核酸序列,设计合成引物。在体外反应管中加入待检的病原微生物核酸即模板 DNA,如果待检核酸与引物上的碱基匹配,在 dNTP 和 DNA Taq 聚合酶参与下,利用 PCR 仪就可扩增出 DNA。经琼脂糖凝胶电泳,见到预期大小的 DNA 条带出现,即可做出确诊。

此项技术具有特异性强、灵敏度高、操作简便、快速、重复性好和对原材料要求较低等特点。它尤其适于那些培养时间较长的病原菌的检查,如结核分枝杆菌、支原体等。此外,还有逆转录 PCR(RT-PCR)、免疫-PCR 等技术也常用于检测病原体。

三、常见病原细菌的鉴定特点

1. 葡萄球菌

不同病型应采取不同的病料,如化脓性病灶取脓汁或渗出物,败血症取血液,乳腺炎取乳汁,食物中毒取可疑食物、呕吐物及粪便等。

(1)涂片镜检。取病料直接涂片、革兰氏染色镜检。根据细菌形态、排列和染色特性作初步诊断。

(2)分离培养。将病料接种于血液琼脂平板,培养后观察其菌落特征、色素形成、有无溶血,菌落涂片染色镜检;菌落呈金黄色,周围呈溶血现象者多为致病菌株。确定其致病力可做甘露醇发酵实验、血浆凝固酶实验、耐热核酸酶实验,阳性者多为致病菌,必要时可做动物接种实验。

(3)生化实验。葡萄球菌生化反应不恒定,常因菌株及培养条件而异。触酶阳性,氧化酶阴性,多数能分解乳糖、葡萄糖、麦芽糖、蔗糖,产酸而不产气。致病菌株多能分解甘露醇,还原硝酸盐,但不产生靛基质

(4)动物实验。实验动物中家兔最为易感,皮下接种 24 h 培养物 1.0 mL,可引起局部皮肤溃疡坏死。静脉接种 0.1~0.5 mL,于 24~28 h 死亡;剖检可见浆膜出血,肾、心肌及其他脏器出现大小不等的脓肿。

发生食物中毒时,可将从剩余食物或呕吐物中分离到的葡萄球菌接种到普通肉汤中,于30% 二氧化碳条件下培养 40 h,离心沉淀后取上清液,100℃ 30 min 加热后,幼猫静脉或腹腔内注射,15 min~2 h 内出现寒颤、呕吐、腹泻等急性症状,表明有肠毒素存在。用 ELISA 或DNA 探针可快速检出肠毒素。

2.链球菌

根据链球菌所致疾病不同,可采取脓汁、乳汁、血液等为病料做检查。

(1)涂片镜检。取适宜病料涂片、革兰氏染色镜检,若发现有革兰氏阳性呈链状排列的球菌,可初步诊断。在链球菌败血症羊、猪等动物组织涂片中,往往成双球状,有荚膜,用瑞氏染色或姬姆萨染色比革兰氏染色更清楚;在腹腔或心包液等组织液中常呈长链状排列,但荚膜不如组织中明显。

(2)分离培养。将病料接种于血液琼脂平板,37℃ 恒温箱培养 18~24 h,观察其菌落特征。如病料中含菌较少,可先将病料接种于血清肉汤培养基中,37℃ 恒温箱培养 6~18 h,肉汤呈轻微浑浊,管底形成黏性沉淀,再取培养液划线接种血液琼脂平板。链球菌形成圆形、隆起、表面光滑、边缘整齐的灰白色小菌落,多数致病菌株形成溶血。

(3)生化实验。取纯培养物分别接种于乳糖、菊糖、甘露醇、山梨醇、水杨苷生化培养基做糖发酵实验,37℃ 恒温箱培养 24 h,观察结果(表 3-1)。

表 3-1　主要病原链球菌的特性

菌种	甘露醇	山梨醇	乳糖	菊糖	水杨苷
化脓链球菌	+/-	-	+	-	+
无乳链球菌	-	-	+	-	(+)
马链球菌兽疫亚种	-	+	+	-	+
马链球菌马亚种	-	-	-	-	+
肺炎链球菌	-	-	+	+	(+)
猪链球菌	-	-	+	(+)	+

(4)血清学实验。可使用特异性血清,对所分离的链球菌进行血清学分群和分型。

3.炭疽杆菌

死于炭疽的病畜尸体严禁剖检,只能自耳根部采取血液,必要时可切开肋间采取脾脏。皮肤炭疽可采取病灶水肿液或渗出物,肠炭疽可采取粪便。已经误解剖的畜尸,则可采取脾、肝、

心、肺、脑等组织进行检验。

(1)涂片镜检。病料涂片以碱性美蓝、瑞氏或姬姆萨染色法染色镜检,如发现有荚膜的竹节状大杆菌,即可初步诊断;陈旧病料,可以看到"菌影",确诊还需分离培养。

(2)分离培养。取病料接种于普通琼脂或血液琼脂,37℃培养18～24 h观察有无典型的炭疽杆菌菌落。为了抑制杂菌生长,还可接种于戊烷脒琼脂、溶菌酶-正铁血红素琼脂等炭疽选择性培养基。经37℃培养16～20 h后,挑取纯培养物与芽孢杆菌,如枯草芽孢杆菌、蜡状芽孢杆菌等鉴别。

(3)生化实验。本菌能分解葡萄糖、麦芽糖、蔗糖、果糖和甘油,不发酵阿拉伯糖、木糖和甘露醇。能水解淀粉、明胶和酪蛋白。V-P实验阳性,不产生靛基质和H_2S,能还原硝酸盐。牛乳经2～4 d凝固,然后缓慢胨化,不能或微弱还原美蓝。

(4)动物实验。将被检病料或培养物用生理盐水制成1:5乳悬液,皮下注射小白鼠0.1～0.2 mL或豚鼠、家兔0.2～0.3 mL。如为炭疽,动物多在18～72 h败血症死亡。剖检时可见注射部位呈胶样水肿,脾脏肿大。取血液、脏器涂片镜检,当发现有荚膜的竹节状大杆菌时,即可确诊。

(5)血清学实验。有多种血清学方法,多用已知抗体来检查被检的抗原。常用的血清学实验有Ascoli沉淀反应、间接血凝实验、协同凝集实验、串珠荧光抗体检查、琼脂扩散实验等。

4.多杀性巴氏杆菌

(1)涂片镜检。采取渗出液、心、肝、脾、淋巴结等病料涂片或触片,以碱性美蓝液或瑞氏染色液染色,如发现典型的两极着色的短杆菌,结合流行病学及剖检变化,即可作初步诊断。但慢性病例或腐败材料不易发现典型菌体,则须进行分离培养和动物实验。

(2)分离培养。用血琼脂平板和麦康凯琼脂同时进行分离培养,麦康凯培养基上不生长,血琼脂平板上生长良好,菌落不溶血,革兰氏染色为阴性短杆菌。将此菌接种在三糖铁培养基上可生长,并使底部变黄。必要时可进一步做生化反应鉴定。

(3)动物接种。取1:10病料乳剂或24 h肉汤培养物0.2～0.5 mL,皮下或肌肉注射于小白鼠或家兔,经24～48 h能死亡,死亡剖检观察病变并镜检进行确诊。

若要鉴定荚膜抗原和菌体抗原型,则要用抗血清或单克隆抗体进行血清学实验。检测动物血清中的抗体,可用试管凝集、间接凝集、琼脂扩散实验或ELISA。

5.布氏杆菌

包括细菌学检查、血清学检查及变态反应检查。

(1)细菌学检查。病料取流产胎儿的胃内容物、肺、肝和脾以及流产胎盘和羊水等;也可采用阴道分泌物、乳汁、血液、精液、尿液以及急宰病畜的子宫、乳房、精囊、睾丸、淋巴结、骨髓和其他有局部病变的器官。

涂片镜检:病料直接涂片,做革兰氏染色和柯兹洛夫斯基染色镜检。若发现革兰氏阴性、鉴别染色为红色的球状杆菌或短小杆菌,即可做出初步的疑似诊断。

分离培养:无污染病科可直接划线接种于适宜的培养基;而污染病料,则应接种到加有放线菌酮0.1 mg/mL、杆菌肽25 IU/mL、多黏菌素B 6 IU/mL和加有色素的选择性琼脂平板。初次培养应置于5%～10%二氧化碳环境中,37℃培养。每3 d观察1次,如有细菌生长,可挑选可疑菌落做细菌鉴定;如无细菌生长,可继续培养至30 d后,仍无生长者方可示为阴性。

对于含菌数量较少的病料,如血液、乳汁、精液或尿液等,应使用增菌培养、豚鼠皮下接种或鸡胚卵黄囊接种等增菌方法。挑选可疑菌落,做涂片、染色和镜检,确定为疑似菌后进行纯培养,再以布氏杆菌抗血清做玻片凝集实验,依此做出诊断。

动物实验:将病料乳剂腹腔或皮下注射感染豚鼠,每只1~2 mL,每隔7~10 d采血检查血清抗体,如凝集价达到1:50以上,即认为有感染的可能。也可于接种后5周左右扑杀豚鼠,观察病变并做分离检查。

(2)血清学检查。包括血清中的抗体检查和病料中布氏杆菌的检查两大类方法。动物在感染布氏杆菌7~15 d可出现抗体,故检测血清中的抗体是布氏杆菌病诊断和检疫的主要手段。常用的方法是采用玻片凝集实验、虎红平板凝集实验、乳汁环状实验进行现场或牧区大群检疫,再以试管凝集实验和补体结合实验进行实验室最后确诊。还可选用琼脂扩散实验或酶联免疫吸附实验等作为辅助诊断。而用已知抗体检查病料中是否存在布氏杆菌时,常用方法有荧光抗体技术、反向间接血凝实验、间接炭凝集实验以及免疫酶组化法染色等。

(3)变态反应检查。皮肤变态反应一般在感染后的20~25 d出现,因此不宜做早期诊断。此法对慢性病例的检出率较高。

凝集反应、补体结合反应和变态反应出现的时间各有特点。即动物感染布氏杆菌后,首先出现凝集反应,消失较早;其次,出现补体结合反应,消失较晚;最后出现变态反应,保持时间也较长。因此在感染初期阶段,凝集反应常为阳性,补体结合反应或为阳性或为阴性,变态反应则为阴性。到晚期、慢性或恢复阶段,则凝集反应与补体结合反应均转为阴性,仅变态反应呈现阳性。

6.猪丹毒杆菌

病料采集,败血型猪丹毒,生前耳静脉采血,死后可采取肾、脾、肝、心、淋巴结,尸体腐败可采取长骨骨髓;疹块型猪丹毒可采取疹块皮肤;慢性病例,可采心脏瓣膜疣状增生物和肿胀部关节液。

(1)涂片镜检。取上述病料涂片染色镜检,如发现革兰氏阳性、单在、成对或成丛的纤细的小杆菌,可初步诊断。如慢性病例,可见长丝状菌体。

(2)分离培养。取病料接种于血液琼脂平板,经24~48 h培养,观察有无针尖状菌落,并在周围呈α溶血,取此菌落涂片染色镜检,观察形态,进一步明胶穿刺等生化反应鉴定。

(3)动物实验。取病料制成乳剂,对小白鼠皮下注射0.2 mL或鸽子胸肌注射1 mL,若病料有猪丹毒杆菌,则接种动物于2~5 d死亡,死后取病料涂片镜检或接种培养基进行确诊。

(4)血清学诊断。可用凝集实验、协同凝集实验、免疫荧光法进行诊断。

7.大肠杆菌

(1)分离培养。对败血症病例可无菌采取其病变的内脏组织,直接在血液琼脂平板或麦康凯琼脂平板上划线分离培养;对幼畜腹泻及猪水肿病病例,可采取其各段小肠内容物或黏膜刮取物以及相应肠段的肠系膜淋巴结分别在血液琼脂平板和麦康凯琼脂平板上划线分离培养。37℃恒温箱培养18~24 h,观察其在各种培养基上的菌落特征。实际工作中,在直接分离培养的同时进行增菌培养,如分离培养没有成功,则取24 h及48 h的增菌培养物做划线分离培养。

大肠杆菌在麦康凯琼脂平板上形成直径1~3 mm、红色的露珠状菌落,部分菌株如仔猪黄痢与水肿病菌株在血液琼脂平板上呈β溶血。挑取麦康凯平板上的红色菌落或血平板上呈β溶血(仔猪黄痢与水肿病菌株)的典型菌落几个,分别转到三糖铁培养基和普通琼脂斜面做初步生化鉴定和纯培养。

大肠杆菌在三糖铁琼脂斜面上生长,产酸,使斜面部分变黄,穿刺培养,于管底产酸产气,使底层变黄且浑浊;不产生硫化氢。

(2)生化实验。糖发酵实验:取纯培养物分别接种葡萄糖、乳糖、麦芽糖、甘露醇和蔗糖生化培养基,37℃ 培养 2~3 d 观察结果。

吲哚实验:取纯培养物接种蛋白胨水,37℃ 培养 2~3 d,加入吲哚指示剂,观察结果。

MR 实验和 V-P 实验:取纯培养物接种葡萄糖蛋白胨水,37℃ 培养 2~3 d 分别加入 MR 和 V-P 指示剂,观察结果。

枸橼酸盐实验:取纯培养物接种枸橼酸盐培养基上,37℃ 培养 18~24 h,观察结果。

硫化氢实验:取纯培养物接种醋酸铅琼脂,37℃ 培养 18~24 h,观察结果。

(3)动物实验。取分离菌的纯培养物接种实验动物,观察实验动物的发病情况,并做进一步细菌学检查。

(4)血清学实验。将三糖铁培养基上符合大肠杆菌的生长物或普通琼脂斜面纯培养物做 O 抗原鉴定,同时可做生化实验,以确定分离株是否为大肠杆菌。在此基础上,通过对毒力因子的检测便可确定其属于何类致病性大肠杆菌。也可以做血清型鉴定。

8.破伤风梭菌

破伤风具有典型的临床症状,一般不需微生物学诊断。如有特殊需要,可采取创伤部的分泌物或坏死组织进行细菌学检查。另外还可用患病动物血清或细菌培养滤液进行毒素检查,其方法为小鼠尾根皮下注射 0.5~1.0 mL,观察 24 h,看是否出现尾部和后腿强直或全身肌肉痉挛等症状,且不久死亡。还可用破伤风抗毒素血清进行毒素保护实验。

9.产气荚膜梭菌

(1)涂片镜检。可取新鲜病料(肝、肾)作组织触片,染色,镜检,如发现革兰氏染色阳性、粗大、钝圆、单在、不易见芽孢,有时可见荚膜的菌体,可初步诊断。

(2)分离培养。A 型菌所致气性坏疽及人食物中毒,其余各型所致的各种疾病,均系细菌在肠道内产生毒素所致,细菌本身不一定侵入机体;同时正常人肠道中常有此菌存在。因此,从病料中检出该菌,并不能说明它就是病原;只有当分离到毒力强大的此菌时,才具有一定的参考意义。鉴定本菌的要点为厌氧生长、菌落整齐、生长快、不运动,有双层溶血环,引起牛奶"暴烈发酵",鸽胸肌注射过夜死亡,胸肌涂片可见有荚膜的菌体。

(3)动物实验及毒素检查。有效的微生物学诊断方法是肠内容物毒素检查。取回肠内容物,如采集量不够,可再采空肠后段或结肠前段内容物,加适量灭菌生理盐水稀释,经离心沉淀后取上清液分成两份,一份不加热,一份 60℃ 加热 30 min,分别静脉注射家兔(1~3 mL)或小鼠(0.1~0.3 mL)。如有毒素存在,不加热组动物常于几分钟至十几小时内死亡,而加热组动物不死亡。为确定致死动物的毒素类别及其细菌型别,还需进一步做毒素中和保护实验。

10.气肿疽梭菌

对可疑病例采取病变组织、肌肉及渗出液进行细菌检查。涂片镜检发现较大的梭状芽孢杆菌,还需进行分离鉴定才能做出诊断。另外,也可用病料或培养菌肌肉注射豚鼠,若是此菌,则豚鼠常于 24~48 h 内死亡。剖检注射部位肌肉呈暗蓝色,较干而呈海绵状,仅有少许气泡。由此再取动物病料镜检及做分离培养。

鉴别诊断,引起恶性水肿的病原腐败梭菌虽与气肿疽梭菌极为相似,也能致死豚鼠,但菌体排列呈长链或长丝状,而且腐败梭菌能致死兔,这是两菌的主要区别。

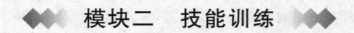

模块二 技能训练

一、大肠杆菌的鉴定

【学习目标】

知道大肠杆菌培养及鉴定技术。会观察大肠杆菌菌落形态特点。

【试剂器材】

麦康凯培养基、普通肉汤培养基、普通琼脂培养基、蛋白胨水培养基、葡萄糖蛋白胨水培养基、伊红美蓝培养基、SS 琼脂培养基、革兰氏染色液、甲基红试剂、V-P 试剂、靛基试剂;对二甲基氨基苯甲醛、纯乙醇、浓盐酸、硝酸盐还原试剂、香柏油等。

接种环、培养皿、载玻片、糖发酵管、酒精灯、脱色缸、吸水纸、擦镜纸、隔水式恒温培养箱、光学显微镜、医用净化工作台、蒸汽高压灭菌锅等。

【方法步骤】

1.病料采集

用于分离大肠杆菌的病料包括感染鸡胚、脐炎的蛋黄、急性败血症的心血和肝脏、亚急性纤维蛋白脓性病变的心包,气囊和关节的渗出物或脓液、输卵管炎和腹膜炎的干酪样物等。猪大肠杆菌病采集有腹泻症状的,疑似大肠杆菌病病猪的粪便。①仔猪黄痢采集病死仔猪小肠内容物;②仔猪白痢采集病死仔猪小肠内容物;③猪水肿病采集小肠内容物和肠系膜淋巴结。

2.分离培养

分离时将病料直接划线接种于普通琼脂培养基中,37℃ 培养 24 h,在普通琼脂培养基上挑取圆形、整齐、隆起、湿润、光滑及灰白色的菌种分别划线接种于麦康凯琼脂培养基、伊红美蓝琼脂培养基、SS 琼脂平板和普通肉汤培养基中,37℃ 培养 24 h,进行观察结果。同时将选取的菌落接种于普通琼脂斜面培养基,37℃ 培养 24 h,以备生化实验及形态观察。

大肠杆菌在以上培养基上生长会出现下列现象。

(1)普通肉汤培养基。均匀浑浊状生长,24 h 后可形成菌膜,管底有黏液状沉淀物。

(2)麦康凯琼脂平板。菌落边缘整齐或波状,稍凸起,表面光泽湿润,直径 1.5～2.0 mm,呈粉红色或深红色。

(3)伊红美蓝琼脂平板。菌落圆形,呈蓝紫色,中心为紫黑色,带金属光泽。

(4)SS 琼脂平板。菌落呈红色,但其周围色稍淡。

3.菌体形态的观察

取干净载玻片,用接种环取无菌生理盐水于玻片,挑取少量符合上述现象的菌落,在载玻片上涂匀、干燥、固定、染色、镜检。可见大小(0.4～0.7) μm×(1～3) μm,两端钝圆,无芽孢,无荚膜,红色短直杆菌,单独或成双存在,要鉴定菌株是否大肠杆菌还要看菌株的生理生化特征。

4.生理生化实验

将大肠杆菌分别接种糖发酵培养基和生化培养基,37℃培养24 h,观察结果。会出现表 3-2 的结果。

表 3-2　大肠杆菌生理生化特性

项目	葡萄糖	乳糖	麦芽糖	甘露醇	阿拉伯糖	靛基质	甲基红	V-P	尿素酶	明胶液化	硝酸盐还原	H_2S	枸橼酸盐利用
结果	⊕	⊕	⊕	⊕	+	+	+	+	-	-	+	-	-

5.血清型鉴定

(1)将分离到的符合大肠杆菌生化特性的菌株接种于普通琼脂斜面上,37℃培养18～24 h,用无菌生理盐水洗下制成菌悬液,121℃高压2 h,破坏其 K、H 抗原。

(2)玻板凝集实验:先用微量滴管吸取 O 抗原标准血清于玻片上 1 小滴,再以等量菌液加于血清中,即刻将两者充分混匀。

(3)如 0.5 min 内出现明显凝集者为阳性反应,同时以菌悬液与生理盐水混合物作对照,观察有无自凝集现象。

二、巴氏杆菌的鉴定

【学习目标】

(1)会微生物学实验室诊断的一般过程、步骤和方法。

(2)知道病原细菌的分离、鉴定方法。

(3)认识禽霍乱多杀性巴氏杆菌的主要生物学性状。

【仪器材料】

病死鸡若干只,常规细菌分离培养和纯化用器材,多种糖发酵管,MR、VP、靛基质、H_2S试剂,血清定型免疫血清。

【方法步骤】

1.涂片镜检

取实质脏器病料,特别是心血与肝脏,涂片,进行革兰氏染色,同时进行美蓝染色或瑞氏染色、姬姆萨染色。镜检,如发现有革兰氏阴性小杆菌、美蓝染色有明显的两极着色,菌体形态为球杆菌,来自于组织涂片的巴氏杆菌一般菌体较大,单个存在,在菌体周围可观查到明显的荚膜。根据以上特点,结合临床与剖检变化,即可确诊。

2.细菌分离培养与鉴定

(1)血清裂解血培养基的制作。取 4 mL 灭菌蒸馏水加无菌采取的脱纤血 1 mL,即为裂解血。取 0.5 mL 灭活血清和 0.5 mL 裂解血,加到 9 mL 的溶化的冷却至 50℃左右的琼脂中,充分混匀。倒成平皿,即为血清裂解血琼脂培养基。

(2)无菌操作采取实质脏器病料,接种于普通琼脂培养基和血清裂解血琼脂培养基,37℃培养 24 h。多杀性巴氏杆菌在普通培养基上生长不好,在血清裂解血琼脂培养基上生长茂盛,菌落为圆形、光滑、湿润、隆起、边缘整齐、灰白色的中等大小菌落,革兰氏阴性,美蓝染色为典

型的两极浓染的球杆菌

（3）菌落荧光性观察。取血清裂解血平板上的菌落，在 45° 折光下低倍镜放大观察细菌菌落荧光性。禽霍乱多杀性巴氏杆菌有橘黄色荧光。

（4）生化反应测定。多杀性巴氏杆菌糖发酵管的制备，取胰蛋白酶 20 g、L-胱氨酸 0.5 g、氯化钠 5 g、亚硝酸钠 0.5 g、琼脂粉 0.5 g、酚红 0.017 g、蒸馏水 1 400 mL，调 pH 至 7.0。按 1% 的比例加入各种糖，混匀后，按每管 2 mL 分装，121℃ 10 min 灭菌，37℃ 杂检 18 h，将可疑菌落穿刺接种，37℃ 培养 48 h，换胶塞，继续培养观察 12 d，如培养基变黄，即为发酵阳性。

3. 动物接种实验

将病料研磨成糊状，以灭菌生理盐水行 1∶5 或 1∶10 倍稀释，于小鼠皮下或肌肉注射，剂量为 0.2～0.4 mL。小鼠通常于 24～72 h 死亡，采取心血等病料组织涂片、染色镜检，同时进行分离培养及各种性状的观察。小鼠的病理变化是在接种部位的皮下组织出现炎性水肿，心包和胸腔有浆液性纤维素性渗出物，心内、外膜出血，肝、淋巴结肿大。

4. 菌型鉴定

（1）荚膜群鉴定。采用间接血凝实验。荚膜抗原的制备方法是，选荧光性好的菌株，接种到血清裂解血斜面上，每株接两管，37℃ 培养 16～18 h，达融合生长后，用 2 mL 生理盐水洗下，置于小试管中，56℃ 水浴 30 min，以 8 000 r/min 离心 30 min，取上清液即可。将 2 mL 荚膜抗原加入 50% 的绵羊红细胞或人的 O 型红细胞（用醛化红细胞也可）0.2 mL，充分混合，37℃ 感作 2 h，中间振摇数次，离心后去上清，再用生理盐水洗涤一次，最后加入 10 mL 生理盐水，即为 1% 的致敏红细胞。将标准荚膜群阳性血清 A、B、D、E 各 2 mL，置 56℃ 灭活 30 min，加入 50% 绵羊红细胞 0.4 mL，37℃ 感作 2 h，以除去非特异性抗体，离心，取上清即可。将标准荚膜血清进行 1∶5、1∶10、1∶20 等倍比稀释，每管加 0.4 mL，再加致敏红细胞 0.4 mL，混合，置室温下感作 2 h，判读结果。

（2）菌体型的鉴定。菌体抗原的制备方法是，将培养好的多杀性巴氏杆菌培养物，经洗涤离心取沉在 1 mol/L HCl，充分摇匀，置 37℃ 感作 24 h，离心去上清液，再用 pH 为 7.4 PBS 液洗涤 2 次，最后用 PBS 液稀释至离心管内，经过细菌计数后，使其终浓度为 12 亿/mL，此即为凝集反应用抗原。标准菌体血清按 1∶50、1∶100 等倍比稀释，管加 0.5 mL，加等量待测抗原，混合，37℃ 感作 16～18 h，判读结果。

（3）琼扩型的鉴定。取优质琼脂粉溶于 0.85% NaCl PBS 液中，使成 1% 浓度，制成平板，使孔距均为 4 mm 的 7 孔图，中间孔加已知抗体，周围 6 孔加对照和待测抗原，37℃ 湿盒温育 1～3 d，观察结果，如在血清孔与抗原孔之间出现沉淀线，即为阳性结果。

复习思考题

1. 在细菌的鉴定中怎样采集病料？
2. 细菌的分离鉴定方法有哪些？
3. 实验动物接种方法种类有哪些？
4. 实验动物种类有哪些？
5. 怎样鉴定大肠杆菌？
6. 怎样鉴定巴氏杆菌？

任务二

病毒的鉴定

🍁 知识点

　　病料的采集、病料的保存及运送、病毒的直接镜检、病毒的分离培养、分离病毒的
鉴定、病毒的血清学诊断、病毒的分子生物学诊断、常见病原病毒的鉴定特点。

🍁 技能点

　　鸡新城疫病毒的鉴定。

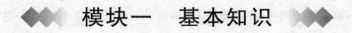 模块一　基本知识

　　病毒感染机体的证据是在机体或从机体采集的病料中分离到病毒，或者发现病毒感染引起的特异性变化，如病毒包涵体形成或产生特异性抗体等。这些实验室检测得到的病毒感染证据，还必须结合流行病学情况、临床症状以及病理学检查结果等综合判断，才能确定动物发病的直接原因。

　　病毒感染的实验室检查方法包括病料的采集、直接镜检法、病毒的分离培养与鉴定、血清学检查、分子生物学诊断等，在不同的病毒病诊断上，侧重点应该有所不同。

一、病料的采集、保存及运送

　　病毒性病料的采集与保存是否恰当，直接影响到病毒分离的成功率。病毒性病料采集的原则、方法以及保存、运送的方法与细菌病病料的采集、保存和运送方法基本是一致的，不同之处主要有以下几点。

　　(1)样的时机。最理想的时机是疾病的急性期；濒死动物的样品或死亡之后立即采集的样品也有利于病毒的分离。血清应在发病早期和恢复期各采集一份。

　　(2)样品的选择。不同病毒病采集的样品各有不同，特别注意采集病毒含量高的部位。一

一般按下列原则选择病料,呼吸道疾患采集咽喉分泌物;中枢神经疾患采集脑脊液;消化道疾患采集粪便;发热性疾患或非水泡性疾患采集咽喉分泌物、粪便或全血;水疱性疾患采集水疱皮或水疱液。从剖检的尸体中一般采集有病变的器官或组织。

(3)样品的保存。绝大多病毒是不稳定的,样品一经采集要尽快冷藏。若样品不能当天使用,有些可放在50%甘油磷酸盐缓冲液(含复合抗生素)中低温保存,液体病料采集后可直接加入一定量的青、链霉素或其他抗生素,以防细菌和霉菌的污染。若要冷冻保存,一般要保存于-70℃以下;忌放-20℃,因为该温度对有些病毒活性有影响。现场采集的样品要尽快用冷藏瓶(加干冰或水冰)送到实验室检验。

二、直接镜检

1.光学显微镜检查法

光学显微镜主要用于病毒性病料中包涵体的检查和细胞培养物的观察。

病毒包涵体的检查是将被检样品,如从狂犬病病犬采集的大脑海马角,直接制成涂片、组织切片或冰冻切片,染色后,用普通光学显微镜直接检查。包涵体检查对某些能形成包涵体的病毒病诊断具有重要意义,如狂犬病病毒、痘病毒。但包涵体的形成有一个过程,出现率不是100%,在包涵体检查时应注意。

细胞培养物出现的CPE通常用低倍显微镜观察,一般要求每天检查1~2次,诸如细胞的凝缩、团聚,细胞浆的颗粒变性等,都可在不染色的情况下于低倍显微镜下看到。如欲检查细胞的包涵体或详细观察细胞的变化,可将细胞培养物染色后用光学显微镜观察。当细胞培养物不出现CPE时,则需要利用免疫荧光技术,借助荧光显微镜进行病毒的鉴定。

2.电子显微镜检查法

电子显微镜可把物体放大数十万或数百万倍,因此,电子显微镜技术为研究细胞和各种微生物特别是病毒的形态和超微结构提供了有力工具。常用的方法有超薄切片技术和负染技术。

超薄切片技术主要用于观察感染细胞内的病毒形态和存在部位。超薄切片的样品必须采自活体,经固定、脱水、包埋后,用特殊专用的切片机切片,再用1%~3%饱和醋酸铀乙醇溶液染色后,即可在电镜下观察。

负染技术快速、简单,主要用于检测细胞外游离的病毒,特别适用于难以培养的病毒。待检样品要尽可能纯净,先将病料处理、离心后收集上清液,或将细胞培养物冻融、离心后收集上清液,再取少量这样的病毒悬液经磷钨酸染色后,立即在电镜下观察。在兽医学临床诊断上,该方法对某些形态特征明显的病毒,如疱疹病毒、痘病毒和腺病毒等所致的传染病,结合临床症状及流行病学资料,常可以做出快速的初步诊断或确诊。

三、病毒的分离培养及鉴定

1.病毒的分离培养

从动物病料分离病毒时,应根据病料的种类作适当处理。将病毒与病料中其他成分分离的方法有细菌滤器过滤、高速离心和用抗生素处理三种。例如,用口蹄疫的水疱皮病料进行病毒分离培养时,先将送检的水疱皮置平皿内,以灭菌的 pH 为 7.6 磷酸盐缓冲液洗涤 4～5 次,并用灭菌滤纸吸干,称重后置于灭菌乳钵中剪碎、研磨,加 Hank's 液制成 1:5 悬液,为防止细菌污染,每毫升加青霉素 1 000 IU,链霉素 1 000 μg,置 2～4℃ 冰箱内作用 4～6 h,然后以 3 000 r/min 速度离心沉淀 10～15 min,吸取上清液做接种用。

将处理好的病毒液接种于动物、禽胚或细胞,观察接种对象的变化;或通过病毒抗原的检测,对病毒进行进一步鉴定。

2.分离病毒的鉴定

(1)电子显微镜检查。根据观察到的病毒粒子的形态、大小、对称型、排列及在细胞内的位置等特征进一步诊断。

(2)病毒的核酸型鉴定。常用的为卤化核苷酸法。如 FUDR(氟脱氧尿嘧啶核苷)或 IU-DR(碘脱氧尿嘧啶核苷)为常用的卤化核苷酸,它们是 DNA 代谢抑制剂。当用单层细胞培养病毒时,加入含有 FUDR 或 IUDR 的细胞营养液,DNA 病毒的复制受到抑制,而绝大多数 RNA 病毒不受影响。

(3)病毒理化特性测定。热敏感性实验:有些病毒对热敏感,50℃ 30 min 可被灭活。因其敏感性受细胞营养液中某些物质浓度的影响,故在实验中的条件要一致。

阳离子稳定性实验:某些病毒如肠道病毒和呼肠孤病毒可被高浓度二价阳离子如 $MgCl_2$ 所稳定,使其 50℃ 60 min 不被灭活。也有另外一些病毒如腺病毒、疱疹病毒和痘病毒,阳离子反而增加了其对热的敏感性。

酸敏感性实验:某些病毒如口蹄疫病毒在 pH 为 3.0 溶液中作用 30 min,可使其感染力降低,而对另一些病毒如猪水泡病病毒则没有作用。

胰蛋白酶敏感实验:某些病毒如肠道病毒、冠状病毒和轮状病毒等对胰蛋白酶有较强抵抗力,而另一些病毒如疱疹病毒和痘病毒等则对胰蛋白酶敏感。

脂溶剂敏感实验:大多数有囊膜病毒对脂溶剂敏感,经乙醚或氯仿等脂溶剂处理后即失去感染力。

(4)中和实验。应用已知的免疫血清与细胞培养物混合,感作一定时间后进行培养,用病毒液接种敏感细胞。观察细胞培养板各孔细胞培养物的 CPE、红细胞吸附能力等。出现能被某一已知血清特异性抑制的感染培养物,就是存在相应病毒的证明。

(5)分子生物学诊断。应用 PCR 和核酸杂交等技术,可以直接检测样品中病毒的核酸及抗原,从而对病毒做出快速准确的鉴定。

(6)动物或鸡胚接种实验。将病料或感染培养物接种敏感动物或鸡胚,根据实验动物或鸡胚的症状、死亡情况以及病理变化等,判断接种物中有无致病性病毒的存在。

四、病毒的血清学诊断

病毒的血清学诊断主要有两个目的,一是应用已知抗体鉴定病毒的种类乃至型别;二是由发病动物采集血清标本,应用全病毒或特异性病毒抗原,测定发病动物体内的特异性抗体,或进一步比较动物急性期和恢复期血清中的抗体效价,了解病毒性抗体是否有明显的增长,从而判定病毒感染的存在。血清学实验在病毒性传染病的诊断中占有重要地位,常用的类型有凝集实验、血凝和血凝抑制实验、沉淀实验、中和实验、补体结合实验、免疫标记技术等。根据实际情况,可选择特异性强、灵敏度较高的血清学实验进行诊断。

五、病毒的分子生物学诊断

分子生物学诊断包括对病毒核酸(DNA 或 RNA)和蛋白质等的测定,主要是针对不同病原微生物所具有的特异性核酸序列和结构进行测定。其特点是反应的灵敏度高,特异性强,检出率高,是目前最先进的诊断技术。常用的分子生物学诊断技术主要有核酸探针、PCR 技术、DNA 芯片技术、DNA 酶切图谱分析、寡核苷酸指纹图谱和核苷酸序列分析等。其中 PCR 和核酸杂交技术又以其特异、快速、敏感、适于早期和大量样品检测等优点,成为当今病毒病诊断中最具应用价值的方法。

1. PCR 技术

PCR 技术又称聚合酶链式反应。方法是根据已知病原微生物特异性核酸序列,设计合成与其 3′ 端互补的两条引物;在体外反应管中加入待检的病原微生物核酸(称为模板 DNA)、引物、dNTP 和具有热稳定性的 DNA Tap 聚合酶,在适当条件下,置于 PCR 仪中,经过变性、复性、延伸三种反应为一个循环,进行 20～30 次循环。如果待检的病原微生物核酸与引物上的碱基匹配,合成的核酸产物就会以 $2n$(n 为循环次数)呈指数递增。产物经琼脂糖凝胶电泳,可见到预期大小的 DNA 条带出现,就可做出确诊。

此技术具有特异性强、灵敏度高、操作简便、快速、重复性好和对原材料要求较低等特点。但 PCR 的高度敏感性使该技术在病原体诊断过程中极易出现假阳性,避免污染是提高 PCR 诊断准确性的关键环节。

2. 核酸杂交技术

核酸杂交技术是利用核酸碱基互补的理论,将标记过的特异性核酸探针同经过处理、固定在滤膜上的 DNA 进行杂交,以鉴定样品中未知的 DNA。由于每一种病原体都有其独特的核苷酸序列,所以应用一种已知的特异性核酸探针,就能准确地鉴定样品中存在的是何种病原体,进而做出疾病诊断。

六、常见病原病毒的鉴定特点

(一)DNA 病毒

1. 马立克病病毒

(1)病毒分离培养。采集病鸡的羽毛囊或脾,将脾脏用胰酶消化后制成细胞悬液或用鸡的羽髓液,接种 4～5 日龄鸡胚卵黄囊或绒毛尿囊膜,也可接种鸡肾细胞进行病毒培养。若有 MDV 增殖,在鸡胚绒毛尿囊膜上可出现痘斑或在细胞培养物中形成蚀斑现象。

(2)PCR 鉴定。PCR 方法具有很强的特异性和敏感性,适于马立克病的早期诊断。

(3)血清学诊断。用于马立克病诊断的血清学方法有琼脂扩散实验、荧光抗体实验和间接血凝实验等。其中最简单的方法是琼脂扩散实验,中间孔加阳性血清,周围插入被检鸡羽毛囊,出现沉淀线即为阳性。

2. 减蛋综合征病毒

(1)病毒分离培养。采集病死鸡的输卵管、变形卵泡、无壳软蛋等病料,匀浆处理后取上清液,接种于 10～12 日龄鸭胚尿囊腔培养。收集尿囊液,用血凝实验测其血凝性。若有血凝性,进一步进行病毒鉴定。也可用鸡胚成纤维细胞分离该病毒。

(2)电镜观察。将尿囊液负染后用电镜观察,可见典型的腺病毒样形态。

(3)血清学鉴定。用 HA-HI 实验对分离到的病毒进行鉴定,若此病毒能被 EDS76 的标准阳性血清所抑制,而不被 NDV、AIV、IBV 和支原体标准阳性血清所抑制,可判为阳性。也可用琼脂扩散实验、EILSA、中和实验和荧光抗体技术等进行诊断。

3. 痘病毒

痘病一般通过临床症状和发病情况即可做出正确诊断。如需确诊,可采取血清、痘疱皮或痘疱液进行微生物学及血清学诊断。

(1)原生小体检查。对无典型症状的病例,采取痘疹组织片,按莫洛佐夫镀银法染色后,在油镜下观察,可见有深褐色的球菌群样圆形小颗粒,单在或呈短链或成堆,即为原生小体。

(2)血清学诊断。将可疑病料做成乳剂,并以此为抗原,同其阳性血清做琼脂扩散实验,如出现沉淀线,即可确诊。此外,还可用补体结合实验、中和实验等进行诊断。

(3)病毒分离鉴定。必要时可接种于鸡胚绒毛尿囊膜或采用划痕法接种于家兔、豚鼠等实验动物,观察鸡胚绒毛尿囊膜的痘斑或动物皮肤上出现的痘疹进行鉴定。

4. 小鹅瘟病毒

(1)病毒分离鉴定。采集病死雏鹅的肝、脾、肾等器官,匀浆后取上清液,接种 12～15 日龄鹅胚尿囊腔,经 3～6 d 鹅胚死亡;若死胚出现典型病变,如绒毛尿囊膜增厚,全身皮肤充血,翅尖、趾、胸部毛孔、颈和喙旁均有出血点等,取尿囊液病毒通过理化特性测定、中和实验等做进一步鉴定。

(2)血清学诊断。常用的有中和实验和琼脂扩散实验,可用于检测鹅血清中的抗体,也可用于检测病死鹅体内的抗原。

5. 鸭瘟病毒

一般根据流行病学、临床症状和病理变化不难做出正确的诊断,但对初次发生本病的地区,必须进行病毒的分离鉴定,才能达到确诊目的。

(1)病毒分离鉴定。采集病鸭的肝、脾或肾等病料,处理后取上清液,接种于 9～14 日龄鸭胚绒毛尿囊膜上,接种 4～14 d 鸭胚死亡,呈现特征性地弥漫性出血。本法敏感性不如用上清液接种 1 日龄易感鸭,易感鸭在接种 3～12 d 内死亡,剖检可见到该病的典型病灶。也可用细胞分离培养病毒,对分离到的病毒通过电镜观察、中和实验等进一步鉴定。

(2)血清学诊断。血清学实验在诊断急性感染病例中的价值不大,但鸭胚或细胞培养做中和实验,可用于监测。

6. 犬细小病毒

本病的检查除了注意临床上是否有明显的呕吐、腹泻与白细胞减少外,还应注意病犬的年龄,因刚断乳的幼犬最易感。要确诊本病有赖于病毒的分离鉴定和血清学检查。

（1）病毒分离鉴定。取发病早期的粪样，处理后取上清液，接种于原代犬胎肠细胞培养，用荧光抗体技术、电镜及 HA-HI 实验进一步鉴定。

（2）血清学诊断。最简便的方法是采集发病早期病犬的粪便直接做 HA 实验，若能凝集猪或恒河猴的红细胞即可基本确诊。HI 实验主要用于检测血清或粪便中的抗体，适合于流行病学调查。对粪便样品负染后借助电镜观察，可做出快速诊断。还可用 ELISA、荧光抗体实验等方法检测病毒。

（二）RNA 病毒

1.口蹄疫病毒

世界动物卫生组织（OIE）把口蹄疫列为 A 类疫病，我国也把口蹄疫定为 14 个一类疫病之一，诊断必须在指定的实验室进行。

（1）病毒的分离鉴定。送检的样品包括水疱液和水疱皮等，常用 BHK 细胞、HBRS 细胞等进行病毒的分离，做蚀斑实验，同时应用 ELISA 试剂盒诊断。如果样品中病毒的滴度较低，可用 BHK 21 细胞培养分离病毒，然后通过 ELISA 或中和实验加以鉴定。RT-PCR 可用于动物产品检疫，快速且灵敏。

（2）动物接种实验。采水疱皮制成悬液，接种豚鼠跖部皮内，注射部位出现水疱可确诊。

（3）血清学诊断。常用 ELISA、间接 ELISA 以及荧光抗体实验。对口蹄疫的诊断还必须确定其血清型，这对本病的防治是极为重要的，因为只有同型免疫才能起到良好的保护作用。应用补体结合实验、琼脂扩散实验等可对口蹄疫血清型做出鉴定。

2.猪瘟病毒

应在国家认可的实验室进行。

（1）病毒分离鉴定。采取疑似病例的淋巴结、脾、扁桃体、血液等，用猪淋巴细胞或肾细胞分离培养病毒，因为不能产生细胞病变，通常用荧光抗体技术检查细胞浆内病毒抗原。用 RT-PCR 可快速检测感染组织中的猪瘟病毒。

（2）血清学诊断。常用荧光抗体法、酶标抗体法或琼脂扩散实验等血清学实验来直接确诊病料中有无猪瘟病毒。

3.猪传染性胃肠炎病毒

通常根据临床症状及病理变化进行诊断，必要时进行实验室检查。

（1）病毒分离鉴定。病毒分离可用猪甲状腺原代细胞、猪甲状腺细胞株 PD5 或睾丸细胞，产生细胞病变，再进一步用中和实验进行鉴定。

（2）血清学诊断。取疾病早期阶段的仔猪肠黏膜做涂片或冰冻切片，通过荧光抗体或 ELISA 可快速检出病毒。采集发病期及康复期双份血清样品做中和实验或 ELISA 检测抗体，根据抗体的消长规律确定病毒的感染情况，是最确实的诊断方法。

（3）动物接种实验。取病猪粪便或空肠组织，制成 5%～10% 悬液，取上清加抗生素处理后，喂给 2～7 日龄的仔猪，若病料中有病毒存在，仔猪常于 18～72 h 内发生呕吐及严重腹泻，并可引起死亡。

4.猪呼吸与繁殖综合征病毒

（1）病毒分离鉴定。采集病猪或流产胎儿的组织病料、哺乳仔猪的肺、脾、支气管淋巴结、血清等制成病毒悬液,接种于仔猪的肺泡巨噬细胞进行培养,观察细胞病变,再用 RT-PCR 或 ELISA 进一步鉴定。

(2)血清学诊断。适合于群体水平检测,而不适合于个体检测。常用方法有 ELISA、间接免疫荧光实验等。

5.鸡新城疫病毒

(1)病毒分离鉴定。采取病鸡脑、肺、肝和血液等,处理后取上清液,接种鸡胚尿囊腔,检查死亡胚胎病变。收集尿囊液,用 1% 鸡红细胞做血凝实验,若出现红细胞凝集,再用新城疫标准阳性血清做血凝抑制实验即可确诊。病毒分离实验只有在患病初期或最急性期才能成功。

(2)血清学诊断。采集发病鸡群急性期和康复期的双份血清,用血凝抑制实验测其抗体,若康复期比急性期抗体效价升高 4 倍以上,即可确诊。也可用病鸡组织压印片进行荧光抗体实验确诊,此方法更快、更灵敏。

6.禽流感病毒

禽流感病毒的分离鉴定应在国务院认定的实验室中进行。

(1)病毒分离鉴定。活禽可用棉拭子从病禽气管及泄殖腔采取分泌物或粪便,死禽采集气管、肝、脾等送检。处理病料取上清液接种于 9～11 日龄 SPF 鸡胚尿囊腔,收集尿囊液,用 HA 测其血凝性。病毒分离呈阳性后,再对病毒进行血凝素和神经氨酸酶亚型鉴定和致病力测定。病毒鉴定的实验主要有 ELISA 实验、琼脂扩散实验、HI 实验、神经氨酸酶抑制实验、RT-PCR 及致病力测定实验。

(2)血清学诊断。主要有 HI 实验、琼脂扩散实验、免疫荧光实验等。

7.传染性法氏囊病病毒

(1)病毒分离培养。采取病鸡法氏囊,处理后取上清液,接种鸡胚绒毛尿囊膜,接种后胚胎 3 d 左右死亡,检查其病变。也可用雏鸡或鸡胚成纤维细胞进行培养,用中和实验或琼脂扩散实验进一步鉴定。还可用 RT-PCR 等分子生物学技术进行快速诊断。

(2)血清学诊断.常用方法主要有琼脂扩散实验、中和实验、ELISA 实验等。

8.禽传染性支气管炎病毒

(1)病毒分离鉴定。采集感染初期的气管拭子或感染 1 周以上的泄殖腔拭子,经处理后接种于鸡胚尿囊腔,至少盲传 4 代,根据死亡鸡胚特征性病变,可证明有病毒存在。可用中和实验、琼脂扩散实验、ELISA 等进一步鉴定。目前 RT-PCR 或 cDNA 探针也已使用。

(2)血清学诊断。常用方法有中和实验、免疫荧光实验、琼脂扩散实验、HI 实验、ELISA 实验等。

9.狂犬病病毒

在大多数国家仅限于获得认可的实验室及具有确认资格的人员才能做狂犬病的实验室诊断。常用的诊断方法如下。

(1)包涵体检查。取病死动物的海马角,用载玻片做成压印片。室温自然干燥,滴加数滴塞莱染色液(由 2% 亚甲蓝醇 15 mL,4% 碱性复红 2～4 mL,纯甲醇 25 mL 配成),染 1～5 s,水洗,干燥,镜检,阳性结果可见内基氏小体为樱桃红色。有 70%～90% 的病犬可检出胞浆包涵体,如出现阴性,应采用其他方法再进行检查。

(2)血清学诊断。免疫荧光实验是世界卫生组织推荐的方法,是一种快速、特异性很强的方法。还可采用琼脂扩散实验、ELISA、中和实验、补体结合实验等进行诊断。必要时做病毒的分离和动物接种实验。

10.犬瘟热病毒

因经常混合感染,诊断比较困难,确诊必须经过实验室检查。

(1)包涵体检查。刮取膀胱、胆囊、舌、眼结膜等处黏膜上皮,涂片,染色,镜检可见到细胞核呈淡蓝色,胞浆呈玫瑰色,包涵体呈红色。

(2)动物接种。采取肝、脾、淋巴结等病料制成 1% 乳剂,接种 2～3 月龄断奶幼犬 5 mL,一般在接种后 5～7 d(时间长的 8～12 d)发病,且多在发病后 5～6 d 死亡。

(3)血清学检查。可用荧光抗体技术、中和实验或 ELISA 等来确诊本病。

11.兔出血热病毒

兔出血性败血症大多数为最急性或急性型,根据临床症状和病理变化可做出初步诊断,确诊则需经实验室检查。常用的方法为血凝(HA)和血凝抑制(HI)实验,也可用其他方法如 ELISA 等诊断。

(1)病毒抗原检测。无菌采取病兔的肝、脾、肾及淋巴结等,磨碎后加生理盐水制成 1∶10 悬液,冻融 3 次,3 000 r/min 离心 30 min,取上清液做血凝实验。把待检的上清液连续 2 倍稀释,然后加入 1% 人 O 型红细胞,37℃ 作用 60 min,观察结果。凝集价大于 1∶160 判为阳性。再用已知阳性血清做 HI,如血凝作用被抑制,血凝抑制滴度大于 1∶80 为阳性,则证实病料中含有本病毒。也可用荧光抗体实验、琼脂扩散实验或斑点酶联免疫吸附实验检测病料中的病毒抗原。

(2)血清抗体检测。多用于本病的流行病学调查和疫苗免疫效果的检测,常用的方法是血凝抑制实验。也可用间接血凝实验检测血清抗体。

◆◆◆ 模块二 技能训练 ◆◆◆

鸡新城疫病毒的鉴定

【学习目标】

知道鸡新城疫病毒培养及鉴定。会血凝与血凝抑制实验操作及结果判定。

【试剂器材】

NDV 标准阳性血清、超净工作台、96 孔微量板、1% 鸡红细胞悬液、9～11 日龄 SPF 鸡胚、照蛋器、SPF 鸡或 ND 抗体阴性鸡、阿氏液、PBS 溶液、青霉素、链霉素、土霉素等。

【方法步骤】

(一)病料采集和处理

1.病料采集

无菌采取病死鸡的脑、脾、肺、肝、心或骨髓,生前可采取呼吸道分泌物(气管拭子)和粪便材料(泄殖腔拭子)。上述样品视临床症状不同可单独采集或混合采集。

2.处理

最好的方法是将采集的样品分别处理,将样品置于含抗生素的 PBS 中,对组织和气管拭子应加青霉素 2 000 U/mL,链霉素 2 mg/mL,卡那霉素 50 g/mL 和制霉菌素 1 000 IU/mL,如疑有衣原体生长,可加土霉素 50 mg/mL,而对粪便或泄殖腔拭子,所加抗生素浓度要提高 5 倍。加入抗生素后,调节 pH 至 7.0～7.4。对粪便或捣碎的组织,应用抗生素 PBS 制成 200 g/L 的悬液,置冰箱中作用 4～6 h,然后以 3 000 r/min 离心沉淀 20 min,取上清液,再用 0.45 μm 的滤膜过滤除菌,滤液作无菌检测,合格样品作为接种材料保存备用。

(二)分离培养

取经处理的病料接种于 9～11 日龄 SPF 鸡胚或 NDV 抗体阴性鸡胚的尿囊腔内,每胚 0.1～0.2 mL。接种后置 37℃ 孵育,定时照蛋,并将死胚或弱胚及时取出置 4℃ 冷藏。接种 5～7 d 后,将所有鸡胚取出置 4℃ 冷却。收集其尿囊液和羊水进行血凝实验,如阴性,再传 2～3 代。

(三)血凝与血凝抑制实验

将无菌收集的鸡胚尿囊液采用微量法用 1‰ 鸡红细胞悬液进行血凝(HA)实验,以 HA 价 ≥4 lg 2 为实验阳性。

1.抗原血凝效价测定(HA 实验,微量法)

①在微量反应板的 1～12 孔均加入 25 μL PBS,换滴头。

②吸取 25 μL 病毒悬液加入第 1 孔,混匀。

③从第 1 孔吸取 25 μL 病毒液加入第 2 孔,混匀后吸取 25 μL 加入第 3 孔,如此进行对倍稀释至第 11 孔,从第 11 孔吸取 25 μL 弃之,换滴头。

④每孔再加入 25 μL PBS。

⑤每孔均加入 25 μL 1‰ 鸡红细胞悬液(将鸡红细胞悬液充分摇匀后加入)。

⑥振荡混匀,在室温(20～25℃)下静置 40 min 后观察结果。

将板倾斜 45° 左右,观察血凝板,判读结果:＋＋＋＋红细胞全部凝集,均匀铺于孔底,即 100‰红细胞凝集;＋＋＋红细胞凝集基本同上,但孔底有大圈;＋＋红细胞于孔底形成中等大圈,四周有小凝块;＋红细胞于孔底形成小圆点,四周有少许凝集块;－红细胞于孔底呈小圆点,边缘光滑整齐,即红细胞完全不凝集。能使红细胞完全凝集(100‰凝集,＋＋＋＋)的抗原最高稀释度为该抗原的血凝效价,此效价为 1 个血凝单位(HAU)。对照孔应呈现完全不凝集(－),否则此次检验无效。

2.血凝抑制实验(HI 实验,微量法)

①根据 1 的实验结果配制 4HAU 的病毒抗原。以完全血凝的病毒最高稀释倍数作为终点,终点稀释倍数除以 4 即为含 4HAU 的抗原的稀释倍数。

②在微量反应板的 1～11 孔加入 25 μL PBS,第 12 孔加入 50μL PBS。

③吸取 25 μL 新城疫阳性血清加入第 1 孔内,充分混匀后吸 25 μL 于第 2 孔,依次对倍稀释至第 10 孔,从第 10 孔吸取 25 μL 弃去。

④1～11 孔均加入含 4HAU 混匀的检测病毒抗原液 25 μL，室温（约 20℃）静置至少 30 min。

⑤每孔加入 25 μL 1% 的鸡红细胞悬液，静置约 40 min（室温约 20℃，若环境温度太高可置 4℃ 条件下进行），对照红细胞将呈现纽扣状沉于孔底。

⑥结果判定：以完全抑制 4 个 HAU 抗原的血清最高稀释倍数作为 HI 滴度。只有阴性对照孔血清滴度不大于 2 lg 2，阳性对照孔血清误差不超过 1 个滴度，实验结果才有效。HI 价小于或等于 2 lg 2 判定 HI 实验阴性；HI 价等于 3 lg 2 为可疑，需重复实验；HI 价大于或等于 4 lg 2 为阳性，说明病料样本中含有新城疫病毒。

(四)病毒致病指数的测定

不同 NDV 分离株的毒力很不相同，仅从具有临床症状的病禽分离出病毒进行鉴定，不能构成对 ND 的诊断，还应进行分离物毒力的评定。

1. 鸡胚平均致死时间（MDT）

将新鲜的感染尿囊液用生理盐水连续 10 倍递增稀释成（6～9）lg 10，每个稀释度接种 5 个 9～10 日龄的 SPF 鸡胚，每个鸡胚接种 0.1 mL，随后置于 37℃。剩余下的病毒稀释液保存于 4℃，于 8 h 后，每个稀释度接种另外 5 个鸡胚，每个鸡胚接种 0.1 mL，置于 37℃ 培养。每天观察二次，共观察 7 d。每次观察都要记录每个鸡胚死亡的时间。强毒力型，鸡胚平均死亡时间低于或等于 60 d；中等毒力型，鸡胚平均死亡时间在 61～90 h；温和型，鸡胚平均死亡时间大于 90 h。

2. 脑内致病指数（ICPI）

4 lg 2 以上血凝滴度的新鲜感染尿囊液，用等渗无菌盐溶液作 10 倍稀释，不加添加剂，脑内接种 1 日龄的 SPF 雏鸡，共接种 10 只，每只接种 0.05 mL。每 24 h 观察一次小鸡，共观察 8 d。每一天观察应给鸡打分，正常鸡记作 0，病鸡记作 1，死亡鸡记作 2，脑内致病指数是每只鸡 8 d 内所有每次观察数值的平均数。最强毒力病毒的脑内致病指数将接近最大值 2.0，而温和型毒株的值接近 0。

复习思考题

1. 在病毒的鉴定中怎样保存及运送病料？
2. 怎样直接镜检病毒？
3. 怎样分离培养病毒？
4. 病毒的分离鉴定方法种类是什么？
5. 病毒的血清学诊断方法种类是什么？
6. 怎样用分子生物学方法诊断病毒？
7. 怎样鉴定鸡新城疫病毒？

任务三

其他微生物的鉴定

🍁 知识点

　　病料的采集、病料的保存及运输、真菌的分离鉴定、放线菌的分离鉴定、霉形体的分离鉴定、螺旋体的分离鉴定、衣原体的分离鉴定、立克次体的分离鉴定。

🍁 技能点

　　病原真菌的鉴定、支原体的鉴定。

◆◆◆ 模块一　基本知识 ◆◆◆

一、病料的采集、保存及运输

(一)病料的采集

正确采集病料是其他微生物分离鉴定的重要环节。病料采集应遵循以下几点。

1. 适时采集

进行鉴定的病料力求新鲜,最好能在濒死时或死后数小时内进行采集。

2. 无菌采集

样品采集全过程应无菌操作,尤其是供微生物学检查和血清学实验的样品。采样部位、采样用具、盛放样品的容器均需灭菌处理,为防止液体病料被污染,有的可在其中加入适量的青霉素和链霉素或其他抗生素。

3. 合理采集

常常根据所怀疑病的类型和特性来决定采取哪些器官或组织的病料。原则上要求采取病原微生物含量多、病变明显的部位,同时易于采取,易于保存和运送。如果缺乏临诊资料,剖检时又难于分析诊断可能属何种病时,应比较全面地取材,例如,血液、肝、脾、肺、肾、脑和淋巴结等。

4.安全采集

在采样过程中,采样人员要注意安全,防止感染;同时防止病原扩散而造成环境污染。

(二)病料的保存与运输

其他微生物对理化因素抵抗力不强,尤其对热较敏感,而在低温条件下可存活很长时间,因此,采集的病料应保低温保存和送检病料。

二、其他微生物的分离鉴定

(一)真菌

1.显微镜检查

可做抹片或湿标本片检查。

(1)抹片镜检。将组织、体液、脓汁及离心沉淀材料等做成抹片,用姬姆萨染色法或其他合适的方法染色镜检,检查真菌细菌、菌丝和孢子等。

(2)湿标本片检查。氢氧化钾片检查:采取脓汁、痰液、毛发、角质等检测材料,于检测材料上滴加 10%~20% 氢氧化钾溶液,加盖玻片,微热处理后进行显微镜观察。或加改良的氢氧化钾溶液(100 mL 蒸馏水含 KOH 10 g,二甲基亚砜 40 mL 和甘油 10 mL)后加盖玻片直接观察。

乳酸石炭酸棉蓝液压片:是检测真菌最常用的方法之一,乳酸石炭酸棉蓝具有着染、杀菌及防腐的作用。采集检测病料,在检测材料上滴加乳酸石炭酸棉蓝染液,或将培养物置于乳酸石炭酸棉蓝染色液中,必要时以细针梳理,再加盖玻片后检查。

2.分离培养

将无菌采集的病料接种于沙堡(Sadouraud)葡萄糖琼脂,某些深部感染的病料,还需接种血液琼脂,分别培养于室温及 37℃,培养后逐日观察。真菌一般生长较慢,往往需培养数日甚至数周。培养生长后,可做抹片染色或乳酸石炭酸棉蓝液片,观察真菌形态结构。

为了便于观察真菌的形态结构特点及其发育,可将分离物接种于玻片进行培养,开始生长时,在显微镜下逐日观察。

3.毒素检测

对真菌毒素中毒性疾病,一般检测可疑的饲草、饲料中的真菌毒素和产毒真菌。真菌毒素的检测可用免疫学检测或提取后用薄层层析、气相液相色谱分析手段,或接种动物作生物实验。

4.变态反应诊断

有的真菌性疾病可用变态反应进行诊断,如假皮疽组织胞菌引起的马流行性淋巴管炎。

(二)放线菌

1.病料采集处理

无菌采取少量脓汁加入无菌生理盐水中进行洗涤,静止沉淀或离心沉淀,获得硫黄样颗粒。

2.直接镜检

将处理获得的硫黄样颗粒放在载玻片上,滴加 1 滴 5% KOH 溶液,盖上盖玻片直接镜检或用盖玻片将颗粒压碎,固定后进行革兰氏染色后镜检。如要观察孢子及孢子丝等可通过印片染色法镜检观察。具体如下。

制片:取干净载玻片一块,用小刀切下带培养基的放线菌培养体一小块,放在载玻片上,用另一载玻片对准菌块的气生菌丝轻轻按压,然后将载玻片垂直拿起。

固定:将印有放线菌的涂面向上,在酒精灯火焰加热固定。

染色:用石炭酸复红染色液染色 1 min。

镜检:水洗,晾干后镜检观察。

3.分离培养

将采集的病料接种于高氏培养基上或血琼脂平板上,37℃ 或 28℃ 厌氧或需氧培养 2~7 d,观察培养菌落特点。然后进行染色镜检或生化特性鉴定。

4.生化特性鉴定

将获得的纯化的放线菌培养物进行糖发酵实验、甲基红实验、明胶液化实验、硫化氢产生实验、酪氨酸水解、淀粉水解及纤维素水解实验等鉴定。

(三)霉形体

1.病料的采集

用无菌棉拭子采取呼吸道分泌物或气囊渗出物、关节液及肺脏组织等病料,采集的病料应在当天尽快接种,否则应放 $-70℃$ 保存备用

2.分离培养

分泌物直接接入霉形体培养基中进行培养,脏器组织剪碎后用液体培养制备成乳剂,再用 10 倍比稀释至 10^{-6}~10^{-5},过滤除菌后接种于霉形体液体培养基中,5%~10% CO_2 37℃ 培养 2~7 d;或将脏器剪成 1~2 mm 的碎块直接将组织块无菌接入霉形体液体培养基中培养,5%~10% CO_2 37℃培养 20~24 h 后及时转入液体培养基和固体培养基中进行培养。

3.生理生化特性检测

先做洋地黄苷敏感性检测,以确定分离物是霉形体或无胆甾原体,再做葡萄糖、精氨酸分解实验将其分为发酵葡萄糖和水解精氨酸两种类型,如有必要还可做尿素水解实验、磷酸酶活性实验、四氮唑还原实验、膜和斑点形成实验及血细胞吸附实验等。但种的鉴定必须用血清学方法确定。

4.血清学检测

常用生长抑制实验、代谢抑制实验及表面免疫荧光实验等方法进行检测。

生长抑制实验(GIT)利用霉形体可被相应的抗血清所抑制的原理,在接种被检霉形体的固体培养基上,贴上含已知抗血清的圆纸片,培养后观察圆纸片周围有无菌落抑制圈产生。抑制宽度达 2 mm 以上为同种,无抑制圈的为异种。

代谢抑制实验(MIT)根据霉形体的代谢活性可被相应的抗体所抑制的原理,建立了发酵抑制实验(FIT)、精氨酸代谢抑制实验(AIT)和脲酶代谢抑制实验三种。FIT 是将霉形体接种

于含葡萄糖(以酚红为指示剂)的液体培养基中,加入相应的抗血清,培养观察霉形体分解葡萄糖产酸的活性是否被抑制。可根据指示剂颜色的变化判断葡萄糖分解的抑制程度。AIT 是将霉形体接种于含精氨酸加指示剂的液体培养基中,能分解精氨酸使培养基变碱者,可因加入相应的抗血清所抑制。

表面免疫荧光法(epi-IF)可用已知的霉形体抗血清制备成荧光抗体,直接染色琼脂上的霉形体菌落,在入射式光源荧光显微镜下观察菌落的特异性荧光。也可将抗血清与菌落反应后再用荧光标记的抗抗体染色。

5.PCR 检测

可利用 PCR 技术进行霉形体特异性基因扩增检测。

(四)螺旋体

1.直接镜检

根据不同疾病无菌采集合适的病料(如血液、粪便、肠内容物等),涂片,采用姬姆萨染色法、镀银染色法、印度墨汁染色法或刚果红染色法进行染色,用暗视野或相差显微镜观察形态及染色特点。

2.分离培养

不同螺旋体培养难易程度不同,大多数螺旋体为厌氧培养,少数为需氧培养。伯氏疏螺旋体可用改良的 Kelley 氏培养基培养,鹅疏螺旋体用易感鸡胚或鸭胚卵黄囊进行分离培养,猪痢蛇形螺旋体应用 TSB 鲜血琼脂进行培养。兔梅毒密螺旋体还不能用人工培养基进行培养,但可通过睾丸内接种种兔培养。钩端螺旋体常用柯氏培养基、弗氏培养基或斯氏培养基进行分离培养。

3.血清学检测

对于不同属的螺旋体引起的疾病,血清学检测所用方法不同,伯氏疏螺旋体引起的莱姆病常用 ELISA 进行诊断,鹅疏螺旋体引起的螺旋体病常用琼脂扩散实验、凝集实验、间接免疫荧光技术等检测,猪痢蛇形螺旋体引起的猪痢疾用常规的多克隆抗体难以进行确诊,可用猪痢蛇形螺旋体单克隆抗体-PAP(过氧化物酶-抗过氧化物酶免疫复合物)侨联酶标法及吸收的免疫荧光抗体鉴定病原。其余的血清学方法多限于对病猪血清中特异性抗体的检测。应用显微凝聚溶解实验、补体结合实验、ELISA 等均可进行钩端螺旋体病的检测。

(五)衣原体

1.病料采集与处理

根据所衣原体导致的不同疾病,无菌采集肺脏、关节液、脑脊髓及胎盘等病料,剪碎研磨后用灭菌肉汤或 Hank's 液制备成组织悬液,加入链霉素和卡那霉素使其各终浓度达 1000 μL/mL,4℃作用 4~12 h 后上清备用。

2.培养鉴定

将上述处理好的病料接种 5~7 日龄鸡胚或 8~10 日龄鸭胚卵黄囊,每胚接种 0.3~0.5 mL,培养 3~5 d,去死胚卵黄囊膜制备成涂片,染色镜检,革兰氏染色为阴性,显红色;除沙眼衣原体外,其余衣原体碘染色反应均为阴性,显深褐色。姬姆萨染色网状体呈蓝色,成熟的包涵体呈深紫色,元体呈紫色。

3.血清学检测

对于动物感染衣原体后可用补体结合实验检测,或用琼脂扩散、间接血凝及 EILSA 等进行特异性抗体检测;对感染组织或细胞中衣原体,可用荧光标记特异性单克隆抗体进行免疫荧光检测,也可用酶标记的单克隆抗体进行酶免法染色鉴定。

(六)立克次体

1.病料的采集、处理

于病程的第一周内,在使用抗生素之前采集血液。可加抗凝剂。如做细胞培养分离则将血液经 1 000 r/min 离心 2 h,取上清备用。也可采集病畜的肺、肝、脾、肾等制备组织抹片进行病原检查。

2.直接检测

(1)染色镜检。

①血液涂片:将采集的血液加一小滴于载玻片上,涂成薄片火焰固定后用 Gimenez 染色或抗立克次体荧光抗体进行染色后镜检,Gimenez 染色镜检立克次体呈红色,背景为绿色;免疫荧光抗体检测,荧光显微镜下见明亮荧光、轮廓清楚、菌体膨大,而对照实验阴性即可判断。

②组织抹片:将采集的病畜脏器用锋利刀片切取组织,吸干创面血液,以切面轻压玻片制成薄而均匀的压印片,晾干,火焰固定或用丙酮室温固定 10～15 min,后用 Gimenez 染色或抗立克次体荧光抗体进行染色后镜检,结果如血液涂片。

(2)PCR 检测。将采集的病料进行处理,提取其 DNA,扩增立克次体特异性基因。

3.分离培养与鉴定

(1)实验动物培养分离。将采集的血液或脏器悬液接种豚鼠两只,每只腹腔注射 2～4 mL,待豚鼠发热到 40℃ 以上,解剖 1 只豚鼠,去脾脏制备成悬液传代或接种鸡胚卵黄囊或细胞培养以繁殖立克次体,后用 Gimenez 染色或荧光抗体染色法检测病原。另 1 只留至恢复期(一般 28 d 后)采血,用荧光抗体技术、血清中和实验或补体结合实验检测特异性抗体。

(2)细胞培养分离。将处理后的标本接种于内有盖玻片的细胞培养板中,置 5% CO_2 培养箱 36℃ 培养 72～96 h 后,取出盖玻片进行 Gimenez 染色鉴定或免疫荧光鉴定。

4.血清学检测

无菌采集血液按常规方法制备血清,用已知抗原进行凝集实验、补体结合实验、酶联免疫吸附实验及中和实验等。

三、常见其他微生物的鉴定特点

(一)病原真菌

1.感染性病原真菌

(1)烟曲霉。

①染色镜检:无菌采集病畜的肺和气囊等处的黄色或灰黄色结节,置载玻片上压碎,加棉

蓝染色液,盖玻片后于光学显微镜下观察。如发现特征性的分生孢子梗、烧瓶状的顶囊和竖直的小梗,以及绿色球状的分生孢子,即可做出诊断。

②分离培养:培养常用的培养基有马铃薯葡萄糖琼脂、萨布罗琼脂和察贝克琼脂。在琼脂培养基上形成绒毛状菌落,最初为白色,随着孢子的产生,菌落的颜色变为蓝绿色、深绿色和灰绿色。老龄菌落甚至呈暗灰绿色。菌落背面一般无色,但有的菌株可现黄、绿或红棕色。具鉴别意义的主要特征为顶囊由分生孢子柄逐渐膨大而形成,状如烧瓶;小梗着生于顶囊的上半部;小梗单层,小梗和分生孢子链按与分生孢子柄轴平行的方向升起;菌落颜色为暗绿色至黑褐色。

(2)白色念珠菌。

①直接镜检:取病变组织如坏死伪膜,加氢氧化钾溶液处理后,经革兰氏染色镜检可见大量真菌丝和假菌丝以及成群的卵圆形芽孢,可做出初步诊断。

②分离培养:镜检的同时,用血液琼脂进行分离培养,在初代分离培养时有大量菌落生长对确诊具有重要意义。说明标本中有无念珠菌存在,37℃培养1~3 d可长出灰白色或奶油色,具有浓厚酵母气味的光滑菌落。

③生化鉴定:白色念珠菌能发酵葡萄糖、麦芽糖、甘露醇、果糖等,产酸产气。发酵蔗糖、半乳糖产酸不产气,不发酵乳糖、棉实糖等。

(3)皮霉菌。

①镜检:用镊子拔取患部无光泽的被毛,或用刀片刮取患病的皮肤或爪甲上的癣屑,置于滴有10%~20%的氢氧化钾载玻片上(必要时在火焰上稍加热材料透明),盖上盖玻片后进行镜检。如发现孢子紧密地排列在毛干的周围,即为小孢子菌属感染;若孢子呈平行的链状排列于毛发内或毛发内外,毛发内还常见不规则的菌丝的空泡,则为毛癣菌感染。在皮痂和爪甲癣屑的材料中可见到分枝的菌丝。

②培养:将收集到的毛发和癣屑,用消毒剂作杀死杂菌的处理,然后接种于加有抗生素的萨布罗琼脂培养基中,于25~28℃恒温培养,通常在第3天便可见其生长,并逐渐形成各种性状和色泽的菌落。

(4)荚膜组织胞浆菌。镜检如发现棘厚壁大孢子可做出诊断。活体病变组织末梢血及骨髓触片或涂片用瑞氏染色,在单核细胞或多形核细胞中如有小的、呈洋葱切面样卵圆形孢子,则可作出判断。

2.中毒性病原真菌

(1)黄曲霉菌。

①真菌分离鉴定:从可疑饲料分离,常用马铃薯葡萄糖琼脂和察贝克琼脂等进行培养,菌落初为灰白色,扁平,以后出现放射状沟纹,菌落颜色转为黄至暗绿色,菌落背面无色至淡红,顶囊大,球状;小梗一或二层,布满整个顶囊表面。根据其形态学及培养特点作出鉴定,并进行产毒性实验。

②毒素检验:从可疑饲料提取毒素,进行生物学鉴定。可用1日龄鸭进行实验,着重检查肝脏病变,可见坏死、出血以及胆管上皮细胞增生等。

(2)镰孢霉。

①分离鉴定:在琼脂培养基上气生菌丝发达,菌落初呈白色,棉毛状,以后菌落中心迅速变

为淡红、紫色或黄色,菌落周边部分的色泽较淡。镜检菌丝分隔分支,大分生孢子呈镰刀形,有横隔,两端尖锐,着生于分生把子柄顶,成丛。小分生孢子为单细胞或双细胞,圆柱形至卵圆形,单个或呈球状丛,着生于分生孢子柄顶端。

②毒素检查:皮肤实验,将浓缩的毒素涂敷于家兔或大白鼠的剃毛的皮肤上,分别于 24 h、48 h 及 72 h 后检查。可引起发炎、水肿、表皮下出血及坏死等病变。腹腔注射或口服实验,可用小白鼠进行实验。实验动物表现精神委顿、腹泻、胃肠出血,口部有时有坏死灶,最后可引起死亡。

(二)牛放线菌

1. 染色镜检

采取少量脓汁加入无菌生理盐水进行冲洗,沉淀后将硫黄样颗粒放载玻片上压平后,加 5% KOH 液 1 滴,盖上盖玻片镜检,可见菊花状,菌丝末端膨大,呈放射状排列。或用盖玻片将颗粒压碎,固定,革兰氏染色,可见菌块中央呈蓝紫色,周围膨大部分呈红色。

2. 分离培养

用血液琼脂进行厌氧培养,可见细小、圆形、乳白色、不溶血的粗糙菌落,呈小米粒状,无气生菌丝。

3. 生化鉴定

牛放线菌能分解葡萄糖、果糖、乳糖、麦芽糖、蔗糖,产酸产气;不分解木胶糖、鼠李糖和甘露醇,不液化明胶,不还原硝酸盐。

(三)病原霉形体

1. 猪肺炎霉形体

(1)直接染色镜检。将病变肺组织制成肺触片,可见多为环形菌体,也可见球状、两极杆状,新月状和丝状等多形态菌体。革兰氏染色着色不佳,呈阴性,姬姆萨或瑞氏染色良好。

(2)分离培养。采集病肺组织剪成 1～2 mm 小碎块,放入 A26 液体培养基中 37℃ 培养,根据对葡萄糖分解产酸使培养基颜色变黄进行判断,连续传 4～5 代,当培养物出现规则变化时涂片镜检,同时将液态培养物适当稀释接种固体培养基,5%～10% CO_2 37℃ 培养 3～10 d 后呈边缘整齐、中央隆起有颗粒的微小菌落。

(3)血清学检测。可用间接血凝实验、微粒凝集实验和 ELISA 等检测抗体;可用 GIT、MIT 或 epi-IF 等血清学实验检测新分离的菌株。

2. 禽败血霉形体

(1)形态染色镜检。禽败血霉形体常呈球形、卵圆形、梨形,细胞的一端或两端有"小泡"极体。姬姆萨或瑞氏染色良好,革兰氏染色为弱阴性。

(2)培养特性。禽败血霉形体常用加 10%～20% 马血清的牛心浸出液培养基,37℃ 培养 2～5 d 呈轻度浑浊,同时将液体培养物接种固体培养基中经 3～10 d 可形成圆形、表明光滑、透明、边缘整齐、露滴样小菌落,菌落中央有颜色较深且致密的乳头状突起。

(3)血清学检测。固体培养基上培养的小菌落可用红细胞吸附实验检测。取 0.25% 鸡红细胞液滴于琼脂培养物表面,静置 15 min,去红细胞液,用生理盐水轻轻洗涤 2～3 次,用低倍镜观察,可见菌落表面吸附有许多红细胞。这种红细胞吸附可被相应的抗血清所抑制。

3. 牛羊致病霉形体

常见的具有致病性或污染细胞培养的有以下几种。

(1)丝状霉形体丝状亚种。按菌落大小分为两个型,小菌落型(SC)和大菌落型(LC)。SC为牛肺疫、关节炎、乳腺炎的病原体;LC是山羊关节炎、乳腺炎、腹膜炎、脓肿和败血症等的病原。丝状霉形体丝状亚种可形成有分支的丝状体,在固体培养基上可形成"煎荷包蛋状"菌落。

(2)殊异霉形体。它是引起犊牛肺炎的病原体。菌体细胞呈球状或短丝状。初次或低代次分离培养的菌落呈颗粒状、花边状或网状,只有多次继代培养的菌落呈"煎荷包蛋状"。

(3)牛霉形体。常存在于牛的呼吸道和生殖道,主要引起乳腺炎,也可引起关节炎,和其他病原混合感染可引起呼吸道和生殖道的损伤。菌体呈球状和极短的细丝状,不分解葡萄糖和精氨酸。

(4)牛生殖道霉形体。它是引起牛乳腺炎的病原体之一,存在于公、母牛泌尿生殖道中。琼脂上菌落可吸附各种红细胞。

(5)丝状霉形体山羊亚种。它是引起山羊传染性胸膜肺炎(CCPP)的病原体。菌体细胞呈多形性,可形成丝状。

(6)无乳霉形体。它是导致绵羊和山羊传染性无乳症的病原体,菌体细胞呈球状,有的呈短或中等长度的细丝状。培养的菌落具有吸附豚鼠和牛红细胞的特性。

(7)山羊霉形体。可引起绵羊和山羊泌乳减少或停止,关节炎,结膜炎或导致死羔。常存与健康山羊、绵羊鼻咽部和绵羊子宫黏膜中。菌体细胞呈球杆状或短丝状。

(8)结膜霉形体。它是引起绵羊、山羊结膜炎和角膜炎的病原体。菌体细胞呈球状、球杆状等。琼脂培养基上的菌落呈绿色、黄色或橄榄色,中心可见突起。

(四) 病原螺旋体

1. 伯氏疏螺旋体

伯氏疏螺旋体是莱姆病的病原。以硬蜱为媒介。菌体细长,有 4～20 个大而宽疏的螺旋。

(1)分离鉴定。取蜱叮咬部附近皮肤(碾磨)、患病关节的关节液接种 BSK Ⅱ 培养基中进行培养后,暗视野显微镜或姬姆萨染色观察疏螺旋体。

(2)血清学检查。可用血清学方法诊断。常用 ELISA 检测抗体。

2. 鹅疏螺旋体

(1)直接镜检。采集病禽高温期血液进行涂片,用瑞氏染色或碱性复红染色观察,瑞氏染色螺旋体呈紫蓝色,碱性复红染色螺旋体呈紫红色。亦可用生理盐水适当吸收制成血压滴标本片,用暗视野显微镜观察,可见其两端细长,呈波浪状线性体即可判断。

(2)分离培养。采集血液样品接种易感鸡胚或鸭胚卵黄囊分离培养鹅疏螺旋体或合适培养基(含正常鸡血清的肝素培养基、5 倍量 5％蛋白胨水和少量红细胞裂解液稀释的兔血清培养基或含凝固鸡蛋蛋白及马或鸡灭能血清培养基)上分离培养。

(3)血清学检测。可用琼脂扩散实验、凝集实验、间接免疫荧光技术等检测病禽血清中有无特异抗体。

3. 兔梅毒密螺旋体

对兔密螺旋体的诊断主要是依靠显微镜的检查。

从病变部的皮肤挤压淋巴液,或刮取溃疡物,制成涂片,用姬姆萨染色法染色后镜检。姬姆萨染色,菌体呈玫瑰红色。用福尔马林缓冲液固定后,能被碱性苯胺染料着色。暗视野显微镜检查活标本时,可观察到旋转样运动的活泼菌体。

4.猪痢疾短螺旋体

(1)直接镜检。

①染色镜检。以病猪的新鲜粪便黏液,或病变结肠黏膜刮取物或肠内容物制成薄涂片,染色镜检。多用姬姆萨氏法染色法。也可用印度墨汁作负染或镀银染色法染色镜检。

②相差或暗视野显微镜活体检查:待检样品与适量生理盐水混合后制成压滴标本片,用相差或暗视野显微镜下镜检。若每个高倍视野中见2~3个或更多个蛇样运动的较大螺旋体即可确诊。

③染色组织切片检查:将采集的病变肠组织用10%甲醛缓冲液固定后切片,再用维多利亚蓝染色法染色。镜检可见螺旋体大量存在组织内及黏液囊腔内,有时数量多到堆积成网状。

(2)分离培养。采集的病料,经镜检正式有螺旋体存在后,再分离培养。方法是:用灭菌生理盐水将样品作5~10倍稀释,轻度离心,上清先用大孔径滤膜逐级过滤,再用0.8 μm和0.45 μm滤膜依次过滤。取滤液直接涂布接种于TSB鲜血琼脂平板上,37~38℃厌氧培养3~6 d,每隔2 d检查1次,当观察到平板上出现β溶血时,即可挑取可疑菌落,做成悬滴或压滴标本,用暗视野显微镜检查。或制成涂片,染色镜检。

5.细螺旋体

发病7~8 d内(菌血症、发热期)可采集血、脑脊髓液,剖检可取肝和肾;发病7~8 d后(退热、菌尿症期)可采集尿液,死后采肾,用于微生物学检查。

(1)直接镜检。

①暗视野活菌检查:将病料差速离心集菌后,制压滴标本片镜检。如在暗视野中见有细螺旋体菌的典型形态与运动方式,即可确认为细螺旋体。

②染色镜检:多用改良镀银法和媒染法。前者使细螺旋体呈深黑色或灰色。后者细螺旋体呈紫红色。姬姆萨染色片中细螺旋体呈紫色。

(2)分离培养。用于细螺旋体的培养基很多,常用的有柯氏培养基、弗氏培养基等。病料接种后,置28~30℃温箱内培养,每5~7 d观察细螺旋体生长情况并取样镜检。

(3)动物接种实验。体重150~200 g幼龄豚鼠或50~60 g金黄仓鼠,常用于病料内钩体的分离及菌株毒力测定。一般在接种后1~2周动物出现体温升高和体重减轻,此时即可剖检,取其肾和肝进行镜检和分离培养。主要病变为内脏出血和皮下出血、黄染。

(4)血清学检查。常用的有以下几种方法进行检测。

①显微凝集溶解实验:有高度型特异性,既是诊断钩体病最常用的方法之一,又是细螺旋体分型的主要方法。

②酶联免疫吸附实验(ELISA):敏感性高于显微凝集溶解实验,多用于细螺旋体病的早期诊断,具有特异、敏感、快速的优点。

③SPA协同凝集实验:用于细螺旋体菌株鉴定、分型、抗原变异等的研究。

此外,还有补体结合实验、间接血凝实验等,以及核酸探针、PCR技术等。

(五)病原性立克次体

1. 贝氏柯克斯体

(1)形态特点。贝氏柯克斯体多为短杆状,偶呈球状、新月状、丝状等多种形态。无鞭毛,无荚膜,可形成内芽孢。革兰氏染色阴性,但一般不易着染;姬姆萨染色呈紫色;马基维洛染色法染成红色。贝氏柯克斯体为专性细胞内寄生。

(2)染色镜检。将病料涂片,用姬姆萨染色法或马基维洛染色法染色镜检,如能在细胞内发现大量染成紫色或红色的短杆状或球状颗粒,可做出初步诊断。

(3)分离培养。将病料经腹腔接种豚鼠或仓鼠,待其发热后,取脾脏涂片、染色、镜检,观察胞浆内的贝氏柯克斯体。

(4)血清学检查。可采集被检动物血清做补体结合实验或微量凝集实验,检查血清抗体做出诊断。也可用间接免疫荧光技术和酶联免疫吸附实验检测特异性抗体。

2. 附红细胞体

(1)形态特点。附红细胞体呈圆形、卵圆形、环形、逗号形、月牙形、网球拍形和杆形等,附着于红细胞表面或游离于血浆中。

(2)染色镜检。血液涂片经姬姆萨染色后,附红细胞体被染成浅蓝色,红细胞呈红色,附红细胞体好像是镶在红细胞上的多形态的"蓝宝石"。被侵害的红细胞可呈星状、齿轮状或菠萝状。

(3)运动特性检测。附红细胞体的运动不受红细胞溶解的影响。在新鲜血滴涂片上,加一滴 0.1% 稀盐酸,将红细胞溶解后。则附红细胞体活动力仍不减弱。但在涂片上加一滴 1% 碘液后,可使其运动停止,这一特性具有鉴别作用。

3. 无浆体

(1)形态特点。呈短杆状、球状或环状,在血浆或红细胞内可排列成短链或不规则簇状。无浆体几乎没有细胞浆,由致密的球菌样团块所组成,在红细胞内 95% 位于边缘,一般含有 1~3 个。

(2)染色镜检。采集发热期血液制成涂片,经用姬姆萨氏染色法染色,可在一些红细胞中发现单个或数个紫红色无浆体。

(3)血清学检测。常用补体结合实验、毛细管凝集实验、琼脂扩散实验等进行诊断。

(六)病原性衣原体

1. 鹦鹉热亲衣原体

(1)直接镜检。取病变组织或器官涂片,姬姆萨染色,水洗、干燥、镜检,衣原体的元体形态为圆形,染成玫瑰红色,包涵体和组织细胞染成蓝色。

(2)病原体分离。取病料,剪碎、研磨,用生理盐水稀释后(每毫升加入 1 mg 链霉素),然后注射小鼠和豚鼠,同时接种鸡胚卵黄囊或绒毛尿囊膜。结果小鼠 5~7 d 死亡,豚鼠 8~10 d 死亡,鸡胚 5~10 d 死亡。死亡动物剖检后取脾、肺、肝等器官组织涂片染色,检查有无衣原体及嗜碱性包涵体。

(3)血清学实验。若上述检查阳性,再进行血清学鉴定。可用补体结合实验(畜禽感染衣原体后 7～10 d 出现补体结合抗体。)、琼扩实验、血凝抑制实验、酶联免疫吸附实验等进行检查。

2.牛羊亲衣原体

(1)显微镜检查。无菌采取发炎器官、渗出液、流产胎盘、胎儿、子宫分泌物以及感染的关节或腱鞘,直接涂片,用姬姆萨法染色镜检,可见到细胞浆内有微小的亮红色或紫红色的感染性成熟型粒子和较大的呈蓝色的非感性分裂型粒子。

(2)病原体的分离和鉴定。接种 6～7 日龄鸡胚或幼龄小白鼠分离病原体。衣原体宜在鸡胚卵黄囊内生长增殖,卵黄囊接种后,鸡胚 5～10 d 即可死亡,而尿囊膜接种后,鸡胚 8～10 d 只出现痘疹样变化。小白鼠在接种后 5～7 d 死亡。剖检可见,鸡胚和卵黄囊膜充血、出血,用卵黄囊涂片可检出衣原体;小白鼠肺脏充血、出血,肝脏、脾脏肿大,胸腹腔内有渗出物,渗出物中含有大量的单核细胞,其细胞浆内有衣原体存在。对其分离培养物既可用药敏实验和碘染色实验鉴定,也可用其制备抗原,与衣原体阳性血清进行血清学实验以证实其特异性。

(3)血清学实验。常用补体结合反应检查血清抗体。衣原体性流产时,血清的补体结合抗体滴度可达到 1∶(64～128) 以上,在母畜流产时作第一次检查,两周后作第二次检查,若补体结合抗体滴度明显升高即为阳性。另外,还可以用琼脂扩散实验、酶联免疫吸附实验、间接血凝实验和荧光抗体等方法进行诊断。

 模块二　技能训练

一、病原真菌的鉴定

【学习目标】

知道病原真菌-曲霉菌水浸片及染色抹片的制备。会观察曲霉菌菌丝及孢子的形态特点。

【仪器材料】

曲霉培养物、载玻片、盖玻片、剪刀、镊子、乳酸棉蓝染液、50％酒精(V/V)、PDA 培养基、解剖针、显微镜等。

【方法步骤】

1.曲霉菌染色标本的制作及观察

(1)于干净载玻片上加一滴融化的 PDA 培养基,冷却后接种曲霉菌材料,用无菌盖玻片覆盖,放入灭菌的培养皿内,盖上皿盖,培养 3～4 d 后,置低倍显微镜下观察。

(2)染色。轻轻取下盖玻片,分别在盖玻片有生长物处滴加乳酸美蓝染色液固定染色 10～20 min,蒸馏水洗涤,自然干燥,置显微镜下观察菌丝和孢子。

2.曲霉菌水浸片的制备及观察

用解剖针挑取少量带有孢子的霉菌菌丝,用 50％ 的乙醇浸润,用蒸馏水洗涤,放入载玻片上的乳酸石炭酸棉蓝染色液中,用解剖针将菌丝分开,盖上盖玻片(勿使产生气泡,且不要再移动盖玻片），显微镜观察。

3.玻璃纸透析培养观察法

（1）在曲霉菌斜面试管中加入 5 mL 无菌水，洗下孢子，制成孢子悬液。

（2）用无菌镊子将已灭菌的圆形玻璃纸覆盖于 PDA 培养基平板上。

（3）用 1 mL 无菌吸管吸取 0.2 mL 孢子悬液于上述玻璃纸平板上，并用无菌玻璃刮抹均匀，置 28℃ 温箱中培养 2～3 d 后，用镊子将玻璃纸与培养基分开，再用剪子剪取一小片，置玻片上，用显微镜观察菌丝、孢子、孢子囊等。

二、支原体的鉴定

【学习目标】

知道支原体培养及鉴定技术。会观察支原体菌落特点。

【仪器材料】

牛心汤、蛋白胨、酵母浸粉、醋酸铊、酚红、灭活马血清、青霉素钠、1%水解乳蛋白Hank's液、琼脂、鸡毒支原体、瑞氏染色液、Dienes染色液、显微镜、接种环、酒精灯、3%鸡红细胞悬液等。

【方法步骤】

1.改良 Hartleys 培养基的制备

（1）液体培养基制备。

①称量溶解：分别准确称取蛋白胨 0.6 g、酵母浸粉 0.3 g、醋酸铊 0.025 g 于三角瓶中，并分别加入 50 mL 牛心汤、1% 水解乳蛋白Hank's液 100 mL、灭活马血清 40 mL、青霉素钠 4 万 IU 和 0.001% 的酚红，搅拌溶解。

②调 pH：用 2 mol/L NaOH 调 pH 至 7.3～7.5。

③过滤：用 0.22 μm 或 0.45 μm 滤膜进行过滤备用。

（2）固体培养基制备。分别准确称取蛋白胨 0.6 g、酵母浸粉 0.3 g、醋酸铊 0.025 g、琼脂 2.4 g 于搪瓷缸中，并分别加入 50 mL 牛心汤、1% 水解乳蛋白 Hank's 液 100 mL、灭活马血清 40 mL 和 0.001% 的酚红，煮沸溶解，倒板，冷却备用。

2.培养

将鸡毒支原体接种于改良 Hartleys 培养基液体培养基中，置 37℃ 培养 18～24 h，观察培养基颜色变化，当液体培养基的颜色变黄且透明无浑浊时，将液体培养物接种改良 Hartleys 固体培养基中，于 37℃ 培养箱中培养 3～4 d，于 40× 光学显微镜下观察，寻找典型的"油煎蛋"状菌落。

3.鉴定

（1）支原体形态染色特点观察。挑取典型"油煎蛋"样菌落进行涂片、瑞氏染色液染色，镜检观察支原体形态和染色特点。

（2）Dienes 菌落染色法。吸取 Dienes 染色液直接覆盖于固体培养基中的典型"油煎蛋"样菌落上，静置 1 min，用生理盐水洗去染色液，低倍镜观察。

（3）红细胞吸附实验。在固体培养基上生长的鸡毒支原体菌落上滴加豚鼠红细胞悬液或吸取颜色变黄的液体培养物50 mL,加入放置有鸡红细胞悬液的培养皿中,于湿盒内37℃静置30 min,取少量滴加于载玻片上,置于 600×显微镜下观察鸡红细胞和鸡毒支原体相互吸附结果。

复习思考题

1. 动物病原性真菌主要有哪些? 如何进行鉴定?

2. 简述中毒性真菌的鉴定特点。

3. 常见的霉形体有哪些? 如何鉴定?

4. 猪肺炎霉形体引起猪何种疾病? 其鉴定特点有哪些?

5. 禽败血霉形体致鸡的何种疾病? 如何诊断?

6. 猪痢短螺旋体应如何分离培养?

7. 简述伯氏疏螺旋体的鉴定特点。

8. 附红细胞引起何种疾病? 如何鉴定?

9. 常见的病原性衣原体有哪些? 如何鉴定?

10. 简述放线菌的分离鉴定程序。

项目四　动物微生物的
消毒与灭菌

任务一

物理消毒灭菌

❧ **知识点**

温度对微生物的影响、辐射对微生物的影响、干燥对微生物的影响、渗透压对微生物的影响、微波对微生物的影响、干热灭菌法、湿热灭菌法、电离辐射灭菌法、过滤除菌法、常见病原微生物对物理因素的抵抗力、微生物的变异现象、微生物的变异机理。

❧ **技能点**

干热灭菌法应用、湿热灭菌法应用、电离辐射灭菌法应用、过滤除菌法应用。

◆◆◆ 模块一 基本知识 ◆◆◆

一、物理因素对微生物的影响

影响微生物生长繁殖的物理因素主要包括温度、辐射、干燥、渗透压、声波与超声波、微波及滤过等。

(一)温度

温度是影响微生物生长繁殖和代谢活动最重要的因素之一。微生物必须在一定的温度范围内才能进行正常的生命活动。在自然界中,由于不同环境的温度不同,因此所存在的微生物种类也不一样。由于自然选择的结果,微生物有自己最低、最适和最高生长温度范围。根据微生物的最适生长温度,可将微生物分为三种类型:嗜冷型(低温微生物)、嗜温型(中温微生物)、嗜热型(高温微生物)微生物。各型微生物均有其最低、最适合、最高生长温度范围(表4-1)。

表 4-1　微生物生长的温度范围　　　　　　　　　　　　℃

类型	最低温度	最适温度	最高温度	存在环境
低温微生物（嗜冷菌）	−5～10	10～20	25～30	水、冷藏库等
中温微生物（嗜温菌）	10～20	18～28	40～45	腐生微生物
		37		病原微生物
高温微生物（嗜热菌）	25～45	50～60	70～85	温泉、堆肥等

不同温度对微生物生命活动呈现不同的作用。适当的温度有利于微生物的生长发育，但温度过高或过低都会影响微生物的新陈代谢，生长发育受到抑制，甚至使之死亡。

1. 低温

大多数微生物对低温具有很强的抵抗力，当微生物处于最低生长温度以下时，其代谢活动降低到最低水平，生长繁殖停止，但仍可长时间保持活力。所以，常用来保存细菌。温度愈低病毒存活的时间也愈长。也有些细菌，如流感嗜血杆菌等对低温特别敏感，在冰箱内保存比在室温下保存死亡更快。

冷冻真空干燥（冻干）法是保存菌种、毒种、疫苗、补体、血清等的良好方法，可保存微生物及生物制剂数月至数年而不丧失其活力。其采用迅速冷冻和抽真空除水的原理，将保存物置于玻璃容器内，迅速冷冻使溶液中和菌体内的水分不形成冰晶，然后抽去容器内的空气，便冷冻物中的水分在真空下因升华作用而逐渐干燥，最后在真空状态下对玻璃容器严密封口。

2. 高温

高温对微生物具有明显的杀灭作用，因此最常用于消毒和灭菌。微生物对高温的抵抗力视其种类、发育阶段、温度高低与作用时间而异。

（1）高温杀菌的原理。用高温处理微生物时，可对菌体蛋白质、核酸、酶系统等产生直接破坏作用，热力可使蛋白质中的氢键破坏使之变性或凝固，使双股 DNA 分开为单股，受热而活化的核酸酶使单股的 DNA 断裂，导致菌体死亡。

（2）影响高温杀菌作用的因素。

①微生物的类型：不同类型的微生物对高温的抵抗力不同。根据微生物的生物学、物理、化学特性，微生物对高温杀菌作用的抵抗力强弱顺序为：芽孢、孢子＞无芽孢细菌、繁殖体、嗜热菌＞嗜温菌＞嗜冷菌。

②菌龄及发育时的温度：老龄菌对高温的抵抗力要高于对数期菌；最适温度下形成的芽孢大于最低或高温下产生的芽孢，如肉毒梭菌 37℃ 形成的芽孢比 41℃ 所形成的芽孢抵抗力强。

③加热的温度和时间：无芽孢杆菌（伤寒、结核杆菌）62～63℃，20～30 min 可杀灭；一般细菌 60～70℃，30 min 或 100℃ 几分钟可杀灭。

④细菌的浓度：细菌浓度大，所需的杀灭时间长。

⑤介质：在一定范围内，水分越多，杀灭细菌所需的温度越低，芽孢含水少则耐热。油增加细菌的团聚，从而增加细菌的抵抗力。杀灭气体中的细菌所需温度高，时间长。

（二）辐射

辐射对细菌的影响，随其性质、强度、波长、作用的距离、时间而不同，但必须被细菌吸收才能影响细菌的代谢。

（1）可见光线。可见光线对微生物一般无多大影响，但长时间作用也能妨碍微生物的新陈代谢与繁殖，故培养细菌和保存菌种，均应置于阴暗之处。

（2）阳光。直射日光有强烈的杀菌作用，是天然的杀菌因素。许多微生物在直射日光的照射下，半小时到数小时即可死亡。芽孢对日光照射的抵抗力比繁殖体大得多，往往需经 20 h 才死亡。

（3）紫外线。紫外线中波长 200～300 nm 部分具有杀菌作用，其中以 265～266 nm 段的杀菌力最强，这与 DNA 的吸收光谱范围一致。实验室通常使用的紫外线杀菌灯，其紫外线波长为 253.7 nm，杀菌力强而稳定。其杀菌机理是干扰 DNA 的复制与转录。紫外线穿透力较弱。常用于微生物实验室、无菌室、手术室、传染病房、种蛋室等的空气消毒，或用于不能用高温或化学药品消毒物品的表面消毒。

（4）电离辐射。电离辐射是高能电磁波。主要包括 α-射线、β-射线、γ-射线、χ-射线以及高能质子和中子等。这些射线可将照射物质原子核周围的电子击出，引起电离，故称为电离辐射。它们共同特点是波长短、穿透力强。当使用合适辐射计量照射时，可破坏细菌细胞的 DNA 结构，导致细菌细胞结构破坏或死亡。

（三）干燥

水分是微生物代谢必需的基本物质，微生物的营养吸收和各种代谢活动均需在水环境中进行。在干燥的环境中，可造成微生物细胞脱水、酶失去活性，从而使微生物的代谢活动受到抑制，使其生长繁殖受阻，甚至死亡。因此多数微生物在干燥环境中不能生长繁殖（但微生物可存活一定时间），甚至可导致死亡。

不同微生物对干燥的抵抗力差异很大，如巴氏杆菌在干燥环境中仅存活几天，而结核分枝杆菌在干燥的病料中可存活 90 d 以上，炭疽杆菌和破伤风梭菌的芽孢抗干燥能力极强，在污染的干燥环境中可存活几十年，仍然保持其致病性。霉菌孢子抗干燥能力也很强。因为微生物不能在干燥的环境中生长繁殖，所以在生产实践中，常用晒干、风干、烘干等方法保存食品、饲料、果蔬及药材等物品。

（四）渗透压

微生物周围环境的渗透压对其代谢活动影响很大，当微生物所处环境的渗透压与菌体细胞相适应时，有利于微生物的生长繁殖。当环境的渗透压发生一定改变时，微生物可通过自身调节作用适应渗透压的变化。渗透压过高或过低均会影响微生物生命活动，抑制其生长繁殖。在高渗溶液（浓盐水、浓糖水等）中，微生物细胞质内的水分向外渗出，细胞质因高度脱水浓缩与细胞壁分离，即"质壁分离"现象，导致微生物生长抑制，甚至死亡。不同微生物对高渗的耐受性不同，霉菌、酵母对高渗环境有高的抵抗能力。在低渗环境（蒸馏水等）中，大量水分渗入微生物细胞，细胞显著膨胀，甚至导致细胞壁破裂，即"胞膜破裂"现象。

在生产中常用盐腌、糖渍、蜜炙等高渗方法保存食品。实验室常用等渗溶液（生理盐水、PBS 等）配制细胞悬液及培养微生物，防止因"胞膜破裂"导致的细胞自溶。

（五）声波与超声波

频率振动超过 9 kHz/s 的声波称为超声波。超声波是一种物理性机械作用因素，常用超声波发生器的频率为 10～100 kHz/s。超声波引起细胞死亡的主要原因是由于超声波的高频震动,细胞周围形成局部真空,引起压力的巨大变化和高频声波振动产生的热效应,而使细胞膜破裂、生物大分子解聚、蛋白质变性、DNA 断裂、细胞及细胞成分破碎,从而导致细胞死亡。

不同的微生物对超声波的抵抗能力不同,通常细菌的芽孢对超声波的抵抗力比繁殖体强,球菌比杆菌抵抗力强,体积小的比体积大的细菌抵抗力强。多数细菌和酵母菌对超声波敏感,其中以革兰氏阴性菌最敏感,葡萄球菌抵抗力最强。

超声波虽然可使细菌死亡,但往往有许多残留菌体。因此,超声波在消毒灭菌方面无实用价值。超声波在实验室中主要用于裂解细胞、分离提取细胞成分、酶活性研究、微生物抗原成分制备等。根据不同的目的,选择使用频率与时间。高频超声波对人有害,要防止泄漏。

(六)微波

微波是一种波长短而频率高的电磁波。微波对微生物的杀灭作用,主要是在微波电磁场的作用下,被消毒物的极性分子吸收微波能量而快速运动产生的热效应。微波能使微生物分子加速运动,使细胞内部分子结构被破坏,导致细胞死亡。微波炉广泛用于食品加工,在实验室,微波也用于冷冻物品的快速解冻。

(七)滤过

滤过除菌是通过机械阻挡的作用将介质(液体或空气等)中的细菌等微生物除去的方法。滤过除菌不能除去病毒、支原体及 L 型细菌等。常用于不耐热的液体及空气的滤过除菌。

二、常见病原微生物对物理因素的抵抗力

(一)葡萄球菌

葡萄球菌抵抗力较强,在干燥的脓汁或血液中可存活 2～3 个月,加热 80℃ 30 min 才能死亡,但在 100℃ 沸水中易死亡。

(二)猪链球菌

猪链球菌抵抗力不强,对热较敏感,60℃ 只存活 10 min,50℃ 可存活 2 h,在 4℃ 的动物尸体中可存活 42 d,0℃ 飞尘中可存活 1 个月,在粪中可活 3 个月,25℃ 时在飞尘和粪便中分别存活 24 h 和 8 d。

(三)大肠杆菌

大肠杆菌对热的抵抗力较其他肠道杆菌强,加热 60℃,15 min 仍有部分细菌存活。在自然界生存力较强,土壤、水中可存活数周至数月。

(四)沙门氏菌

本菌的抵抗力中等,与大肠杆菌相似。

(五)多杀性巴氏杆菌

多杀性巴氏杆菌抵抗力不强。在阳光中暴晒 10 min,或在 56℃ 15 min 或 60℃ 10 min 均可杀死,在无菌蒸馏水和生理盐水中容易死亡,在干燥的空气中 2～3 d 可死亡。但在厩肥中可存活 1 个月。

(六)产气荚膜梭菌

本菌在含糖的厌氧肉肝汤中,因产酸于几周内即可死亡,而在无糖厌氧肉肝汤中能生存数月。芽孢在 90℃ 30 min 或 100℃ 5 min 死亡,而食物中毒型菌株的芽孢可耐煮沸 1～3 h。

(七)支气管败血波氏菌

本菌抵抗力不强。在液体中,经 58℃ 15 min 可将其杀灭。

(八)布氏杆菌

本菌对外界的抵抗力较强,在污染的土壤和水中可存活 1～4 个月,皮毛上 2～4 个月,鲜乳中 8 d,粪便中 120 d,流产胎儿中至少 75 d,子宫渗出物中 200 d。在直射阳光下可存活 4 h。但对湿热的抵抗力不强,煮沸立即死亡。

(九)鸭疫里氏杆菌

本菌对外界环境抵抗力不强。37℃ 或室温条件下,大多数 RA 菌株在固体培养基中 3～4 d 全部死亡。肉汤培养基中于 4℃ 可存活 2～3 周。鲜血琼脂培养物置 4℃ 冰箱保存容易死亡,通常 4～5 d 应继代一次,毒力会因此逐渐减弱。55℃ 作用 12～16 h,细菌全部失活。在自来水和火鸡垫料中可分别存活 13 d 和 27 d。

(十)猪胸膜肺炎放线杆菌

本菌抵抗力不强,60℃ 20 min 即可杀死。对结晶紫和杆菌肽有一定抵抗力,从污染病料分离本菌时,可在培养基中添加上述物质。

(十一)猪瘟病毒

猪粪便中的猪瘟病毒 20℃ 可存活 2 周,4℃ 可存活 6 周以上。血液中的猪瘟病毒在 37℃ 下可存活 7 d,50℃ 存活 3 d,60℃ 加热经 16～24 h 死亡,72～76℃ 需 1 h 才能致死病毒,−5～−12℃ 可存活 3 个月,冷冻猪肉中存活 6 个月,−70℃ 可生存几年,冷冻干燥下保存 6 年。病毒在污染的干草、饲料、土壤中可存活 2 周。本病毒对紫外线有较强的抵抗力。

(十二)口蹄疫病毒

口蹄疫病毒对高温十分敏感,经巴氏消毒即失去感染能力,病毒在 65℃ 15 min、70℃ 10 min、80℃ 1 min 被灭活。病毒的裸露 RNA 对热稳定。低温下病毒较为稳定,在冰冻情况下,骨髓中的病毒可存活 70 d,血中的病毒可保持毒力 4～5 个月,肉中可保持毒力 30～40 d,

保存于 50% 甘油中的水疱皮中的病毒,在 4℃ 可保持毒力 360~370 d,-20℃ 或液氮中可长期保毒。

口蹄疫病毒的抗干燥能力较强,上皮细胞中的病毒较游离的病毒的抵抗力强,在土壤或干草中病毒可存活 30 d,在上皮细胞中病毒可存活 21~350 d。

(十三)猪水疱病病毒

猪水疱病病毒在自然环境中的抵抗力较强,在污染的猪舍内可存活 8 周以上,在 12~17℃ 粪便中污染的病毒可存活 138 d,腌肉中存活三个月,带毒的皮肤、肌肉和脏器在 20℃ 保存 11 个月仍可检出病毒。病毒对高温抵抗力不强,60℃ 30 min、70℃ 10 min、80℃ 1 min 可将水疱皮内病毒完全灭活。阳光和紫外线照射对病毒有一定的杀灭作用。

(十四)猪传染性胃肠炎病毒

本病毒不耐热,56℃ 加热 45 min、65℃ 加热 10 min 死亡。对光线敏感,在阳光下暴晒 6 h 即被灭活。紫外线能使病毒迅速灭活。

(十五)猪繁殖障碍呼吸道综合征病毒

猪繁殖障碍呼吸道综合征病毒(PRRSV)的热稳定性差,25℃ 72 h 后 93% 的病毒被灭活,37℃ 48 h 或 56℃ 45 min 即可杀死该病毒。低温下保存的 PRRSV 具有较好的稳定性,病毒于 4℃ 或 -20℃ 72 h 后则仍然完全存活。PRRSV 于 -70~-20℃ 可保存数年。但 PRRSV 在干燥的条件下病毒迅速失去感染性。

(十六)猪细小病毒

猪细小病毒(PPV)具有较强的热抵抗力,56℃ 30 min 加热处理对病毒的传染性和红细胞凝聚能力无影响;70℃ 2 h 感染力下降但不丧失;80℃ 5 min 可被灭活。

(十七)日本乙型脑炎病毒

日本乙型脑炎病毒对外界抵抗力不强,在 56℃ 30 min 灭活,在 -70℃ 或冻干可存活数年,在 -20℃ 下可保存一年,但毒力降低。在 50% 甘油生理盐水中与 4℃ 保存可存活 6 个月以上。

(十八)伪狂犬病病毒

伪狂犬病病毒(PRV)抵抗力强,耐热,60℃ 加热 30~50 min 才能使病毒失活,80℃ 经 3 min 灭活。在畜舍内干草上的病毒,夏季可存活 30 d,冬季可达 46 d。病毒在 pH 为 4~9 稳定存在。在腐败条件下,病料中的病毒 11 d 后就可失去感染力。

(十九)圆环病毒

圆环病毒(PCV)对外界环境的抵抗力很强。在高温环境(72℃)也能存活 15 min,70℃ 可存活 1 h,56℃ 不能将其杀死。

(二十)新城疫病毒

新城疫病毒(NDV)对外界环境的抵抗力较强,55℃ 作用 45 min 和直射阳光下作用 30 min 才被灭活。病毒在 4℃ 中存放几周,在 −20℃ 中存放几个月或在 −70℃ 中存放几年,其感染力均不受影响。在新城疫暴发后 8 周之内,仍可在鸡舍、蛋壳和羽毛中分离到病毒。

(二十一)禽流感病毒

禽流感病毒(AIV)对外界环境的抵抗力不强,对高温、紫外线、各种消毒剂敏感。在直射日光下 40～48 h,65℃ 数分钟可全部失活。但存在于粪便、鼻液、泪水、唾液、尸体中的病毒不易被消毒剂灭活。病毒在低温和潮湿的条件下可存活很长时间,如粪便中和鼻腔分泌物中的病毒,其传染性在 4℃ 可存活 30～35 d,20℃ 可存活 7 d。

(二十二)传染性法氏囊病毒

传染性法氏囊病毒(IBDV)对热的耐受性很高,加热至 56℃ 可存活 5 h,60℃ 可存活 90 min。

(二十三)马立克病毒

马立克病毒(MDV)在感染鸡的污染垫草和羽毛,在室温下 4～8 个月和 4℃ 至少 10 年仍有感染性。污染禽舍的灰尘中含有与羽毛或皮屑结合的病毒,在 20～25℃ 下至少几个月还具有感染性。在 −20℃ 保存时易丧失感染性。

(二十四)传染性支气管炎病毒

传染性支气管炎病毒(IBV)不同的毒株对热的敏感性不同,如新分离的毒株在 56℃ 中作用 15～30 min 即被灭活,而适应鸡胚生长的毒株在此温度下则可存活 3 h。置于水中的病毒,在室温下可存活 24 h。在鸡胚尿囊液和细胞培养物中的病毒,于 −60～−30℃ 中可存活几个月。干燥密封的病毒,在低温冰冻条件下均可存活 24 年。

(二十五)传染性喉头气管炎病毒

传染性喉头气管炎病毒(ILTV)热敏感。在 55℃ 经 10～15 min 即破坏;生理盐水中的病毒于室温下经 90 min 灭活;在甘油盐水中病毒的存活期较长;37℃ 存活 7～14 d,22℃ 存活 14～21 d,4℃ 存活 100～200 d;气管黏液内的病毒在直射日光下经 6～8 h 灭活,但在黑暗的房舍内可存活 110 d。病死鸡体内的病毒,直到腐败之前一直保持活力。在冻干或 −60～−20℃ 条件下能长期存活。

(二十六)鸡传染性贫血病毒

鸡传染性贫血病毒(CIAV)对物理因素的抵抗力较强。加热 56℃ 或 70℃ 1 h,80℃ 热处理 15 min 致病性不变,80℃ 处理 30 min 可使部分病毒失活。100℃ 加热 15 min 才能杀死全部病毒。

(二十七)鸭瘟病毒

鸭瘟病毒(DRV)对外界环境具有较强的抵抗力,有报道称将含病毒肝脏保存于 $-20\sim-10℃$ 条件下,一年左右后仍具有致病性,室温下 30 d 后病毒丧失感染力。病毒对热的抵抗力也较强,50℃ 2 h、56℃ 30 min、60℃ 15 min 才可破坏病毒的感染性。

(二十八)鸭肝炎病毒

鸭肝炎病毒(DPV)对热有较强抵抗力,56℃ 加热 1 h,仍有部分病毒存活,62℃ 30 min 使其全部灭活。感染鸡胚液中的病毒于 4℃ 可以活存半年,置 $-20℃$ 则可保持活力达 9 年之久。

(二十九)小鹅瘟病毒

小鹅瘟病毒(GPV)对外界因素具有很强的抵抗力,56℃ 加热 1 h,仍能使鹅胚死亡,不过死亡时间较不处理的延长 $96\sim120$ h。

(三十)朊病毒

朊病毒(PrP^{sc})对物理因素具有非常强的抵抗力,高压蒸气消毒 $134\sim138℃$ 18 min 不能使之完全灭活;对紫外线(波长 254 nm)照射的抵抗力比常规病毒高 $40\sim200$ 倍,比马铃薯纺锤形块茎类病毒大 10 倍,对 250 nm 和 280 nm 紫外线的抵抗力比对 237 nm 紫外线强;对离子辐射和超声抵抗力也很强。但 136℃ 高压蒸气消毒 1 h 可使 PrP^{sc}完全失活。

三、常用的物理消毒灭菌方法

高温对微生物有明显的致死作用。热力灭菌是应用最早、最普遍、灭菌效果最可靠的一种方法。热力灭菌包括干热灭菌法和湿热灭菌法。另外,还有电离辐射灭菌法与过滤除菌法。

(一)干热灭菌法

通过使用火焰或干热空气杀灭微生物的方法叫干热灭菌。其灭菌原理是加热可破坏微生物的蛋白质和核酸中的氢键,导致蛋白质变性或凝固,酶失去活性,核酸破坏,微生物因此而死亡。

1.焚烧法

直接点燃或在焚尸炉内进行的一种灭菌方法,是最彻底的灭菌方法之一。常用于耐热器皿、动物尸体及各种污染废弃物的灭菌。

2.烧灼法

它是将需要灭菌的物品直接用火焰灼烧的一种灭菌方法。适用于生物学实验中接种环、试管口、玻璃管口等的灭菌。一些外科金属器械也可用此方法灭菌,但应注意将器械擦拭干净。其缺点是易对器械造成损坏。

3.烘烤法

利用干热空气进行灭菌。常使用电烤箱,160℃ 维持 2 h,以杀死全部的细菌及芽孢。由于空气是一种不良的传热物质,其穿透力弱,且不太均匀,所需的灭菌温度较高,时间较长(细菌繁殖体 100℃ 1.5 h,芽孢 140℃ 3 h 才能杀死)。此方法适用于在高温下不损坏、不变质、不蒸发物品的灭菌,常用于玻璃器皿、陶瓷器皿、金属制品的灭菌。

(二)湿热灭菌法

常用的湿热灭菌方法有以下几种。

1.煮沸消毒法

将被消毒物品放在水中煮沸,100℃ 15～20 min,可杀死绝大多数病原性微生物及多数细菌的繁殖体,细菌的芽孢对煮沸的抵抗力很强,1～2 h 可杀死多数细菌的芽孢,炭疽杆菌及肉毒梭菌的芽孢可耐受数小时的煮沸。若在水中加入 1‰ 碳酸钠或 2‰～5‰ 石炭酸,可增强杀菌力、加速芽孢的死亡和防止金属器械生锈。此方法常用于饮水、外科手术器械(刀、剪子、止血钳等)、针头、注射器等的消毒。

2.流通蒸汽灭菌法

用流通蒸汽灭菌器或蒸笼灭菌。通常将被消毒物体 100℃,处理 15～30 min,可杀死绝大多数的病原微生物及细菌的繁殖体。但细菌的芽孢及霉菌的孢子不一定能够杀死。常采用反复多次的流通蒸汽灭菌,已达到灭菌的目的。此方法叫间歇灭菌法。间歇灭菌法是将被消毒物体 100℃ 处理 15～30 min,随后放入 37℃ 温箱过夜,使芽孢萌发形成繁殖体。再 100℃ 15～30 min 处理,如此处理 3 次,即可达到杀灭细菌芽孢的目的。此法常用于易被高压灭菌破坏的物品的灭菌,如糖培养基、牛乳培养基 、鸡蛋培养基等。

3.巴氏消毒法

由巴斯德首创。具体方法分为三类:低温维持巴氏消毒法(63～65℃ 30 min)、高温瞬时巴氏消毒法(71～72℃ 15 s)和超高温巴氏消毒法(132℃ 1～2 s)。这几种方法加热处理后,都要迅速降温到 10℃ 以下,这样可以杀死全部病原菌和 90% 以上的细菌,而又不破坏食品的营养成分和风味。此法常用于啤酒、葡萄酒、牛奶、果汁等液体食品的消毒。

4.高压蒸汽灭菌法

它是利用密闭的高压蒸汽锅灭菌的方法。在密闭的高压蒸汽锅中,因为压力愈大,水的沸点愈高,温度随着压力的上升而上升。通常高压锅内压力达到 $1.05 kg/cm^2$(103.4 kPa),温度可达到 121.3℃,维持 15～20 min,可杀死所有的微生物和芽孢。此法适用于耐高温物品,不怕潮湿的物品,如各种普通培养基、溶液、玻璃器皿、手术器械、工作服、纱布、敷料等的灭菌。

在使用高压蒸汽灭菌时,要注意排除灭菌器内的冷空气,以免影响灭菌效果。如冷空气排不净,压力尽管达到了设定的数字,但高压锅内部的温度却没达到实际设定的温度,从而影响灭菌的效果。

(三)电离辐射灭菌法

近年来,电离辐射灭菌工艺逐渐成熟,已达到工业化水平。常用的 ^{60}Co 照射装置和电子加速器照射装置。适用于不耐热物品的消毒,如塑料注射器、吸管、试管、生物制品和中草药制剂;农副产品的水果、蔬菜及食品的消毒灭菌。辐射灭菌设备的一次性投资较大,专业技术要求高,需要有专业技术人员进行管理,适合于工业规模化生产使用。

(四)过滤除菌法

过滤除菌法主要用于不耐热的血清、毒素、抗生素、抗毒素、维生素、氨基酸、特殊培养基等的除菌。目前,常用可更换滤膜的滤器或一次性滤器,滤膜孔径常用的滤膜 $0.22~\mu m$ 或 $0.45~\mu m$ 两种,有的孔径可小至 $0.2~\mu m$ 以下,只允许气体和液体通过,细菌不能通过,通过滤过而获得无菌滤液。滤过除菌可用于病毒的分离培养。也可用于超净工作台、无菌隔离器、无菌操作间及实验动物室和疫苗、药品及食品等生产中洁净产房的空气过滤除菌。

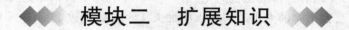

模块二 扩展知识

一、微生物的变异现象

(一)细菌的主要变异现象

细菌和其他微生物一样也可发生突变,细菌的突变也分为自发突变和人工诱变两种。自发突变是在未经人工改变的条件下自然发生的,发生概率小,为 $10^{-9}\sim10^{-6}$。人工突变是应用诱变因素的影响而发生的突变,其突变率远远高于自然突变。许多物理、化学因素如 X 射线、紫外光、亚硝酸、吖啶橙类染料、烷化剂、碱基类似物等均可作诱变剂,提高突变率。

1. 形态与结构的变异

(1)形态的变异。细菌在异常条件下发育时,可以发生形态的改变。例如,从炭疽病猪咽喉分离到的炭疽杆菌,多不呈现典型的竹节状排列,而是呈细长丝状。正常的猪丹毒杆菌是细而直的杆状,而慢性猪丹毒病、猪心内膜炎的疣状物中的猪丹毒杆菌却是长丝状。在实验室保存的菌种,如果没有定期移植和通过易感动物时,其形态变异更为常见。

(2)结构与抗原性变异。

①荚膜变异:有荚膜的细菌经变异后可失去荚膜。禽源巴氏杆菌在鸡只体内或含血清的培养基中能产生荚膜。如改变环境即移到普通培养基上培养即失去荚膜。这种特性一般是可以恢复的。也有些细菌当其失去荚膜之后不能再恢复,如有荚膜的Ⅲ型肺炎球菌。荚膜是一种抗原物质,所以荚膜的丧失,必然伴随着毒力和抗原性的改变。

②芽孢变异:能形成芽孢的细菌,发生变异后可丧失形成芽孢的能力。例如,巴斯德将强毒能形成芽孢的炭疽杆菌培养在 43℃ 环境中,经 10～20 d 后,该菌失去形成芽孢的能力,其毒力也相应降低,进而育成了弱毒无芽孢炭疽杆菌株。

③鞭毛变异(H→O 变异):有鞭毛的细菌在某种环境中可失去鞭毛。例如,将有鞭毛的变形杆菌培养于含 $0.075\%\sim0.1\%$ 石炭酸琼脂培养基上,鞭毛可失去。

2.菌落的变异

细菌的菌落分为光滑型(S型)和粗糙型(R型)两种。光滑型菌落表面光滑、湿润、边缘整齐;粗糙型菌落则表面粗糙,枯干而有皱纹,边缘不整齐。细菌处在不适宜的条件下,光滑型可变成粗糙型(S→R),同时伴随着毒力的丧失和抗原构造的改变。某些致病菌如炭疽杆菌强毒菌株为R型(表4-2)。

表4-2　细菌光滑型(S)与粗糙型(R)菌落性状比较

特　性	光　滑　型(S)	粗　糙　型(R)
菌落性状	光滑、湿润、边缘整齐	粗糙、干皱、边缘不整齐
菌落形态	正常、一致	异常,不一致
表面抗原	含有特异性多糖	失去表面特异性多糖抗原
毒力	强	弱,失去全部或部分毒力
生化反应性	强	弱
对噬菌体的敏感性	敏感	不敏感
生理盐水中的稳定性	稳定	不稳定,易由电解质引起絮状沉淀
肉汤中的培养特性	均匀浑浊	颗粒状沉淀
正常血清的作用	不易被杀死	易被杀死
荚膜细菌的荚膜形成	可形成荚膜	不形成荚膜

3.营养缺陷型变异

某些细菌已经丧失合成某种营养物质的能力(通常是氨基酸),就称为营养缺陷型。相对于缺陷型的野生型菌株,叫做原养型。营养缺陷型菌株按它们所缺的不能合成的物质来命名,取前面3个字母右上角写上负号"一",或正号"＋"号,负号代表缺陷型或突变型,正号代表野生型或原养型。例如,大肠杆菌野生型可以在基础培养基上生长,而有些大肠杆菌在基础培养基上却不能生长,需加有甲硫氨酸才能生长。即大肠杆菌甲硫氨酸缺陷型可以写作大肠杆菌met$^-$,而与它们相对的能合成这种物质的野生型写成大肠杆菌met$^+$。

营养缺陷型的筛选及其应用。营养缺陷型菌株的筛选一般通过四个环节:即诱变、淘汰野生型、检出和鉴定营养缺陷型。营养缺陷型菌株不论在生产实践还是科学实验中都是很重要的。在生产中它既可直接用作发酵生产核苷酸、氨基酸等中间代谢产物的生产菌株,也可以作为菌种杂交育种中所不可少的亲本菌株。在科学实验中,它们既可作为氨基酸、维生素等物质生物测定的实验菌种,也是研究代谢途径和杂交、转化、转导等遗传规律所必不可少的遗传标记菌种。

4.抗药性变异

原来对某种药物敏感的细菌,可以发生变异而形成抗该药物的抗药菌,有时甚至形成必须有该药物方能生长的赖药菌。引起抗药性产生的原因多种多样:有的属于遗传变异,它与该药的存在无关,自然界中本来就存在极少的抗药菌株;有的则属于非遗传性变异的诱导酶产生,例如,大肠杆菌、金黄色葡萄球菌培养于含少量青霉素G的培养基中时,可诱导这些细菌产生青霉素酶以破坏青霉素;有的则是敏感细菌通过抗药性质粒(R因子)的转移而获得抗药性。

5.抗噬菌体变异

噬菌体的宿主范围局限性较为明显,一种噬菌体通常只侵染一种细菌的个别品系,故常用已知的噬菌体来鉴定未知菌种或细菌的分型。但是自然界中许多细菌对相应噬菌体发生了变异,具有抗性。

6.毒力的变异

将微生物长期培养于不适宜的环境中,例如,培养于含化学物质的培养基中或高温下,或反复通过非敏感动物时,可促使其降低毒力。毒力减弱了的微生物,如再反复通过易感动物,可能逐渐增强或恢复其毒力。但如致弱微生物毒力已经稳定不变,即使反复通过易感动物也不"返祖",而且保持着良好的免疫原性,则可用以制备疫苗。例如卡介苗、炭疽芽孢苗、禽霍乱弱毒苗等,就是借助由于微生物的毒力可以变异这一科学规律而培养育成的。

(二)病毒的变异现象

病毒的变异现象有宿主范围突变、对理化因素的抵抗力变异、病毒培养性状的变异、毒力变异及抗原性变异等。这些变异并不是孤立地发生,而是互相联系、互相影响。

1.宿主范围突变

某些病毒在复制过程中发生基因突变,从而使其对宿主的依赖性发生改变。如禽流感病毒 H5N1 原来只存在水禽体内,而发生突变后,感染宿主的范围扩大了,除了感染水禽,还可感染鸡、鸟、人等宿主。

2.对理化因素的抵抗力变异

病毒对理化因素的抵抗力变异包括以下三点。

①对温度的感受性变异:应用适当加热的处理方法,由原病毒株中分离获得耐热毒株,如用加热方法从不耐热的新城疫病毒中分离到耐热株。用低温培育的方法,将已接种病毒的鸡胚或组织培养细胞放置低温下培养(30～33℃ 或 25℃)则可以获得低温适应毒株。目前已在流感病毒、痘病毒等通过低温培养方法获得了低温变异株。

②抗药性变异:某些病毒对某种抗病毒的化学药物可产生抗药性,如将盐酸胍、羟苯并咪唑(HBB)、5-溴脱氧尿核苷或盐酸金刚烷胺等病毒灭活剂或诱变剂,添加于已经接种病毒的细胞培养物内,多次反复传代,可获得抵抗甚至依赖这些药剂的变异毒株。

③营养变异:是病毒对某种营养物质反应的变异性。营养变异株和耐药性变异株的存在,说明在突变和外界条件因素的选择性作用以外,病毒可能还有真正的适应性变异。

3.病毒培养性状的变异

病毒的培养性状是病毒在组织培养细胞或鸡胚绒毛尿囊膜上形成的蚀斑或病斑的形态和性质,是病毒所引起的细胞病变的性状。

各种病毒在组织培养细胞上产生的蚀斑性状,可因病毒和培养细胞的种类而不同。其培养条件,例如,培养液和琼脂成分和浓度、pH、二氧化碳以及培养的温度和时间,甚至培养容器的种类等,也对蚀斑的产生和性状呈现明显的影响。

蚀斑的大小决定于病毒的弥散和吸附率以及病毒在细胞内生长、成熟、释放的速度及在细胞内外的死亡状况等,但亦常随培养条件和培养时间而不同。

蚀斑的大小似乎与病毒的毒力呈现一定的平行关系。一般来说,同一种病毒的小型蚀斑株的毒力低于大型蚀斑株。如口蹄疫病毒、水疱性口炎病毒、马脑炎病毒、乙型脑炎病毒等,其小型蚀斑株对原宿主动物、实验动物和鸡胚的毒力较低。

但是,某些病毒在组织培养细胞上连续传代后,由于对这种组织培养细胞的适应,蚀斑也有逐渐增大的趋势。因此,蚀斑大小与病毒毒力之间的平行关系,只是相对比较而言。蚀斑的形状,同一种病毒于相同的条件下通常产生性状一致的蚀斑。因此,蚀斑形状的改变,常认为是病毒变异的一个重要标志。用蚀斑选种是挑选病毒变异株的一个重要方法。

4. 毒力变异

病毒的毒力变异是由于病毒基因组核酸序列发生突变或重组而形成的,常和其他性状变异并存。主要表现为所能感染的动物、组织和细胞范围及其引起的临床症状、病变程度和死亡率。从自然界(感染动物、媒介昆虫或被污染物等)分离获得的病毒株,其毒力往往不同。有的很强,经过培育称为超强毒,如鸡法氏囊炎的超强毒株。有的毒株很弱,可以作为疫苗弱毒株,如鸡新城疫、鸡传染性喉气管炎和乙型脑炎等病毒的自然弱毒株都曾成功地用作疫苗制备。

另外,动物病毒的许多毒力变异株是经人工培育出来的。在自然条件下,通过不感染或不易感染的异种动物或异种细胞的适应性变异,可获得的弱毒株并研制成弱毒疫苗。如猪瘟兔化弱毒疫苗、口蹄疫鼠化和兔化弱毒疫苗、狂犬病鸡胚化弱毒疫苗等。

近年来,应用组织培养细胞作为减毒手段,如乙型脑炎病毒经仓鼠肾细胞、鸡胚成纤维细胞培育的弱毒株;犬肝炎病毒通过猪肾细胞培养、牛瘟病毒通过牛肾细胞培养,都获得了弱毒株。但是,某些病毒的感染范围窄,即使采用多代次"强迫"感染方法,仍难适应在异种动物或细胞培养物中增殖。

在用诱变因素的突变型中,也常可发现弱毒株。如用紫外线处理乙型脑炎病毒,经过蚀斑纯化选育一株弱毒株。

5. 抗原性变异

病毒的"型"实质就是病毒抗原性差别的表现。这种差别是病毒抗原性变异的结果,可以用补体结合实验、沉淀实验、红细胞凝集抑制实验和中和实验等血清学方法进行鉴别。有许多"型"的病毒易于变异,如流感病毒、口蹄疫病毒,但也有些病毒至今尚未发现有明显的抗原性变异,如牛瘟病毒、猪瘟病毒等。病毒血凝能力的改变,也是抗原性变异的表现。

二、微生物的变异机理

微生物变异包括非遗传性变异和遗传性变异,非遗传性变异是由于外界环境影响而表现的变异,其基因并未改变。遗传性变异是由于微生物的基因发生了改变而引起其相应性状的改变,并且这种改变可以遗传给子代。

(一)细菌的变异机理

1. 基因突变

基因突变简称突变,是遗传性变异的一种,指生物细胞的遗传物质DNA分子结构突然发生了稳定的可遗传的变化,是生物进化的一个重要因素。

细菌与一般生物细胞一样可发生突变,其突变可按发生改变的范围大小分为染色体畸变和点突变。染色体畸变是指染色体的一大段发生了变化,它包括染色体结构上的缺失、重复、插入、易位和倒置。点突变是相应基因上的DNA链中一个或少数几个碱基对的改变,包括碱基对的置换,进一步还可分为转换与颠换以及因缺失或插入而造成的移码。

2.基因的转移与重组

细菌为单细胞生物,以二分裂方式进行无性繁殖,子代只有从一个亲代获得遗传物质,在某种情况下,将一个不同性状个体细胞内的遗传基因转移到另一个个体细胞内并使之发生遗传变异的过程,称为基因的转移与重组。细菌的基因转移和重组的主要形式有转化、转导、接合、原生质体融合和转染(图 4-1)。

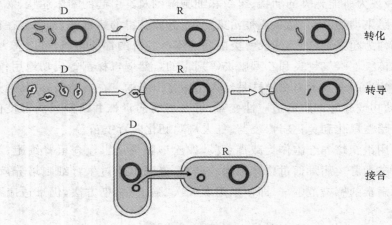

图 4-1 细菌间基因交换的三种形式

(1)转化。供体菌游离的 DNA 片段直接进入受体菌中,使受体菌获得新的性状,称为转化。转化的发生过程首先是供体的 DNA 片段吸附于受体细胞的细胞膜上,细胞膜上的双链 DNA 分解成单链,与一种特异的蛋白结合,穿入受体菌细胞内,与 DNA 发生整合,取代一部分原来的 DNA,受体菌由于获得外源的 DNA 而改变了遗传性状。

转化现象在革兰氏阳性菌和革兰氏阴性菌中均有发生,但不是所有的细菌都有转化现象。大多数细菌不能接受外源性 DNA,不能将它整合到染色体中;另外,细菌产生的内切酶能识别并破坏进入细胞的外源性 DNA。是否发生转化与菌株在进化过程中的亲缘关系有密切的关系。同时受体必须处于感受态才能转化。

(2)转导。以温和噬菌体为媒介,把供体菌的 DNA 小片段携带入受体菌中,通过交换与整合,使受体菌获得供体菌的部分遗传性状,称为转导。获得新遗传性状的受体菌细胞,称为转导子。细菌转导可分为普遍性转导和局限性转导。普遍性转导与温和噬菌体的裂解有关,局限性转导与温和噬菌体的溶原期有关。

(3)接合。接合是两个完整的细菌细胞通过性菌毛直接接触,由供体菌将质粒 DNA 转移给受体菌的过程称为接合。能通过接合方式转移的质粒称为接合性质粒,接合性质粒有 F 质粒、R 质粒、Col 质粒和毒力质粒等。接合现象常见于细菌和放线菌,其中以大肠杆菌、沙门杆菌、志贺杆菌等最为常见。

F 质粒通过性菌毛从雄性菌(F^+)转移给雌性菌(F^-)的过程,称为 F 质粒的接合。当 F^+ 菌与 F^- 接触时,F^+ 菌的性菌毛末端可与 F^- 菌表面上的受体结合,结合后性菌毛逐渐缩短,使两个菌紧靠在一起,F^+ 菌中的 F 质粒的一股 DNA 链断开,逐渐由细胞连接处伸入 F^- 菌,然后以滚环模式进行复制。受体菌获得 F 质粒时,供体菌并未失去 F 质粒。受体菌在获得 F 质

粒后变为 F^+ 菌,也长出性菌毛。通过接合而转移 F 质粒的频率可达 70%。

另外,有的细菌的 F 质粒可插入到受体菌染色体上,与染色体一起复制。整合后的细菌能以高效率转移染色体上的基因,称为高频重组菌,它与 F^- 菌接合的重组频率要高出几百倍。

细菌耐药性的产生主要是由于 R 质粒在菌株间迅速转移和快速生长繁殖导致的。R 质粒由耐药性转移因子和耐药性因子组成,这两种组成成分均能独立复制,只有当两者同时存在时,供体菌才能将耐药性转移给受体菌。R 质粒的接合方式与 F 质粒相似,先由耐药性转移因子控制,耐药菌(R^+)长出菌毛,与敏感菌(R^-)相接触,R^+ 菌中耐药性因子转移给 R^- 菌,R^- 菌则变为 R^+ 菌。R 质粒是一种稳定的质粒,不能整合到宿主染色体上。

细菌接合可发生于同种属细菌之间,也可发生于不同种属菌之间,如大肠杆菌还能与沙门杆菌、变形杆菌、克雷伯氏杆菌等发生接合。亲缘关系愈近的菌,重组频率愈高,而且得到的重组子愈稳定。

(二)病毒的变异机理

病毒的变异的物质基础是病毒的基因组即 DNA 或 RNA。病毒的变异机理主要是基因突变、基因重组导致而成的。

1. 基因突变

基因突变是指病毒在复制过程中,其基因组核苷酸序列和组成发生错误,包括碱基的置换、增加、缺失及倒位等。病毒基因组可以发生一个碱基的置换即点突变,也可发生多个碱基的置换即多点突变,还可发生 1 个或多个碱基的增加、缺失及倒位,造成核酸序列的位移即移码突变。病毒基因组发生点突变,不一定能造成所表达的氨基酸改变,但发生多点突变或移码突变,常会造成所编码病毒蛋白质的氨基酸发生改变,从而导致病毒的基因型、抗原性及血清型发生改变。

2. 基因重组

基因重组指两种不同但相关的病毒感染同一宿主细胞,在病毒的复制过程中发生两种病毒核酸片段的互换,导致病毒发生变异。基因重组有两种方式:一是分子内基因重组,即在基因组不分节段的病毒间,两种病毒的核酸片段发生交叉连接,重新组合并产生新的变异毒株;二是分子间基因重组,即在基因组分节段的 RNA 病毒(如正黏病毒和呼肠孤病毒等)间,当同科属的两种或两种以上的病毒感染同一宿主细胞时,在病毒基因组复制过程中,其同源性的基因节段发生了随机性互换,从而产生基因重排后的变异毒株。如甲流病毒 H1N1 就是猪流感病毒、禽流感病毒和人流感病毒三种病毒发生分子间基因重组后的出现的新的毒株。

 # 模块三　技能训练

一、用干热灭菌法灭菌玻璃器材

【学习目标】

(1)知道干热灭菌法的实验原理。

(2)会干热灭菌法——烘烤法的实验操作。

【仪器材料】

平皿、吸管、三角瓶、金属平皿筒、棉花、牛皮纸等。

【方法步骤】

(1)将平皿放入金属平皿筒中或用牛皮纸进行包扎。

(2)用针或小镊子将棉花轻轻拥入吸管口,再用牛皮纸斜着从吸管尖开始包扎,逐步向上卷,头端的纸卷捏扁并拧成结扣。

(3)将三角瓶瓶口用牛皮纸进行包扎。

(4)将包扎好的平皿、吸管、三角瓶按顺序放入干燥烘箱内。放置好后将烘箱的电源打开,将温度设置 160℃,至温度达到 160℃时,恒温 2 h。

(5)待温度降至 60～70℃时打开箱门,取出物品。

【注意事项】

(1)注意不要摆放太密,以免妨碍空气流通,不要使器皿与烘箱的内层底板直接接触。

(2)温度高于 70℃时不要开箱取灭菌后的玻璃器皿,否则玻璃器皿会因为骤冷而破裂。

(3)玻璃器皿不能用油纸、蜡纸包扎。

二、用巴氏消毒法消毒牛奶

【学习目标】

(1)知道巴氏消毒法的适用范围。

(2)会巴氏消毒法的实验操作。

【仪器材料】

新鲜牛奶、不锈钢缸、水浴锅或巴氏消毒机、S.S琼脂、平皿、玻棒、搪瓷缸、电炉、接种环、酒精灯、托盘天平等。

【方法步骤】

1. 巴氏消毒

(1)使用水浴锅加热消毒。

①将采集的新鲜牛奶平均分成 3 份,分别倒入灭菌的不锈钢缸中。

②将水浴锅的温度设置成 63℃、72℃ 和 132℃ 3 个不同的温度并使温度上升到预设的温度。

③将分好的不锈钢缸分别放入 3 个不同温度的水浴锅中,分别放置 30 min、15 s 和 2 s。

④分别取出灭菌好的牛奶,迅速放入 8℃ 冰箱中冷却即可。

(2)使用巴氏消毒机消毒。手动将新鲜牛奶倒入巴氏消毒机中,根据使用说明进行加热消毒(分别进行 63℃ 30 min、72℃ 15 s 和 132℃ 2 s 3 个温度和时间进行消毒)、搅拌、快速制冷及冷藏参数的设定,后按启动进入智能化运行。

2. 检测消毒后效果

(1)培养基的制备。按 S.S 琼脂使用说明称取所需用量倒入搪瓷缸中,加入双蒸水,用电炉进行加热煮沸,同时加热过程用玻棒搅拌,煮沸后维持 3 min。

(2)倒板。将煮沸好的 S.S 琼脂无菌倒入灭菌的平皿中,厚度为 4 mm,冷却凝固待用。

(3)划线分离。用接种环分别蘸取 3 种不同温度和时间灭菌的牛奶进行分区划线,倒置放入 37℃ 恒温培养箱中培养过夜。

(4)结果观察。观察 S.S 平板中细菌生长情况。

【注意事项】

(1)消毒时间应从水温达到要求的温度后开始计算。

(2)加入的牛奶不宜过多,一般应少于容器的 3/4,不锈钢缸应密闭浸入水中

三、用高压蒸汽灭菌法灭菌培养基

【学习目标】

(1)会高压蒸汽灭菌法操作方法。

(2)知道高压蒸汽灭菌锅的类型。

【仪器材料】

半自动高压蒸汽灭菌锅、营养琼脂、托盘天平、三角瓶、玻璃棒等。

【方法步骤】

1.培养基的制备

按营养琼脂使用说明称取所需用量倒三角瓶中,加入适量的双蒸水,用玻棒进行搅拌至无干粉后包扎。

2.高压灭菌

(1)将配制好的营养琼脂放入高压灭菌锅中,各三角瓶间留有空隙,有利于蒸汽的穿透。拧紧高压锅器盖。

(2)打开高压锅电源开关,检测高水位的指示灯亮,表示高压锅内不缺水,如果是低水位或缺水的指示灯亮,则表示需要添加蒸馏水。

(3)关闭放气阀和安全阀,设置高压灭菌参数。按一下确认键,进入温度设定状态,按上下键可以调节温度值,设定灭菌温度为 121.3℃;再次按下确认键,进入时间设定状态,按左键或上下键设置需要的时间,设定灭菌时间为 20 min,再次按动确认键,设定完成,仪器进入工作状态,开始加热升温,待温度升到 108℃ 时打开放气阀,将冷空气全部放尽,压力降为 0 时关闭放气阀,继续加热高压至结束。

(4)灭菌结束后,关闭电源,待压力表指针回落零位后,开启安全阀或排汽排水总阀,放净灭菌室内余气。

(5)打开高压锅盖,取出灭菌的培养基备用。

【注意事项】

(1)放置灭菌培养基时应注意安全阀放气孔位置,必须留出空气,保证其畅通,否则易造成高压锅爆炸。

(2)高压锅内最好用蒸馏水,以防产生水垢。

(3)高压时一定将冷空气放尽,否则会影响灭菌效果。

(4)压力表指针归零,锅内蒸汽放净后才能打开锅盖。

复习思考题

    1.影响微生物生长繁殖的物理因素有哪些？

    2.简述高压蒸汽灭菌和干热灭菌的实践应用,在操作过程中应注意哪些要领？

    3.试述低温对微生物的影响及其实际应用。

    4.简述干热灭菌有哪些类型及其应用范围。

    5.湿热灭菌为什么比干热灭菌效果好？

    6.简述细菌主要变异的类型及机理。

    7.试述病毒变异的主要现象。

任务二

化学消毒灭菌

❋ 知识点

　　化学因素对微生物的影响、常用的化学消毒灭菌剂的种类、常用的化学消毒灭菌剂的作用原理、常用的化学消毒灭菌剂的使用注意事项、常见病原微生物对化学因素的抵抗力、影响化学消毒灭菌的因素。

❋ 技能点

　　甲醛消毒灭菌鸡新城疫病毒、苯酚消毒灭菌大肠杆菌

◆◆◆ 模块一　基本知识 ◆◆◆

一、化学因素对微生物的影响

　　许多化学药物能够抑制或杀死微生物,故广泛用于消毒、防腐和治疗疾病。用于杀灭病原微生物的化学药物称为消毒剂;用于抑制微生物生长繁殖的化学药物称为防腐剂或抑菌剂。实际上,消毒剂与防腐剂之间并没有严格的界限,消毒剂在低浓度是只能抑菌,而防腐剂在高浓度时也能杀菌,故统称为防腐消毒剂。消毒剂的种类不同,其杀菌作用的机理也不尽相同,具体有如下几种。

　　1.使细菌蛋白质变性、凝固及水解

　　重金属盐类对细菌都有毒性,因重金属离子带正电荷,容易和带负电荷的细菌蛋白质结合,使其变性或沉淀。酸和碱可水解蛋白,中和蛋白的电荷,破坏其胶体稳定性而致沉淀。乙醇能使细菌蛋白质变性或凝固,以 75% 乙醇的效果最好,浓度过高可使蛋白质表面凝固,反而妨碍乙醇渗入细菌细胞内,影响杀菌效力。醛类能与细菌蛋白质的氨基结合,使蛋白质变性,杀菌作用大于醇类。染料如龙胆紫可嵌入菌细胞双股 DNA 的邻近碱基对中,改变 DNA 分子

结构,使细菌生长繁殖受到抑制或死亡。

2.破坏细菌的酶系统

如高锰酸钾、过氧化氢、碘酊、漂白粉等氧化剂及重金属离子(汞、银)可与菌体酶蛋白中的
一SH基作用,氧化成为二硫键。从而使酶失去活性,导致细菌代谢机能发生障碍而死亡。

3.改变细菌细胞壁或胞浆膜的通透性

新洁尔灭等表面活性剂能损伤细菌的胞壁及胞膜,破坏其表面结构,使细菌细胞浆内成分
漏出细胞外,以致细菌死亡。又如石炭酸、来苏儿等酚类化合物,低浓度时能破坏细胞浆膜的
通透性,导致细菌细胞内物质外渗,呈现抑菌或杀菌作用。高浓度时,则使菌体蛋白凝固,而导
致细菌死亡。

4.改变核酸的功能

如染料、烷化剂等。

二、常见病原微生物对化学因素的抵抗力

(一)常见病原细菌对化学因素的抵抗力

1.葡萄球菌

消毒剂中 3%～5% 石炭酸、70% 酒精、1%～3% 龙胆紫对此菌都有良好的消毒效果,
0.05% 洗必泰、消毒净、新洁尔灭、0.01% 杜米芬均可在 5 min 内杀死本菌。葡萄球菌对磺胺
类药物、青霉素、金霉素、红霉素、新霉素等敏感,但易产生耐药性。某些菌株能产生青霉素酶
或携带抗四环素、红霉素等基因,从而对这些抗生素产生耐药性。

2.链球菌

常用消毒药都能杀死该菌。本菌对磺胺类药物、青霉素、红霉素及广谱抗生素均敏感。青
霉素是治疗链球菌病的首选药物。

3.大肠杆菌

胆盐、煌绿等对大肠杆菌有抑制作用。对磺胺类、链霉素、氯霉素等敏感,但易耐药。

4.沙门氏菌

抵抗力与大肠杆菌相似,不同的是亚硒酸盐、煌绿等染料对本菌的抑制作用小于大肠杆
菌,故常用其制备选择培养基,有利于分离粪便中的沙门杆菌。

5.炭疽杆菌

繁殖体抵抗力不强,常用消毒剂均能于短时间内将其杀死。如 1∶2 500 碘液、0.5% 过氧
乙酸 10 min 即可将其杀死。对青霉素、链霉素、红霉素、氯霉素等多种抗生素及磺胺类药物高
度敏感,可用于临床治疗。

芽孢抵抗力强,常用的消毒剂是新配的 20% 石灰乳或 20% 漂白粉,作用 48 h;0.1% 升
汞,作用 40 min 或 4% 高锰酸钾,作用 15 min。炭疽芽孢对碘特别敏感,0.04% 碘液 10 min 即
将其破坏,但有机物的存在对其作用有很大影响。此外,过氧乙酸、环氧乙烷、次氯酸钠等都有
较好的效果。

6.破伤风梭菌

5% 石炭酸、0.1% 汞作用杀死芽孢。对青霉素敏感,磺胺类药物对本菌有抑制作用。

7. 肉毒梭菌

肉毒毒素的抵抗力较强，尤其是对酸，在 pH 为 3~6 范围内毒性不减弱；但对碱敏感，在 pH 为 8.5 以上即被破坏。此外，0.1% 高锰酸钾 80℃ 加热 30 min 或 100℃ 加热 10 min 均能破坏毒素。

8. 气肿疽梭菌

0.2% 升汞溶液 10 min 或 3% 福尔马林 15 min 内能将芽孢杀死，但芽孢对 NaOH 有极强的抵抗力。

9. 腐败梭菌

一般消毒药物短期难以奏效，但 20% 漂白粉、3%~5% 硫酸石炭酸合剂、3%~5% 氢氧化钠等强力消毒药可于较短时间内杀灭。对磺胺类及青霉素敏感。

10. 多杀性巴氏杆菌

3% 石炭酸、3% 福尔马林、10% 石灰乳、2% 来苏儿、0.5%~1% 氢氧化钠等几分钟即可杀死本菌。对青霉素、链霉素、四环素、土霉素、磺胺类药物及许多新的抗菌药物敏感。

11. 布氏杆菌

对消毒剂的抵抗力也不强，2% 石炭酸、来苏儿、烧碱溶液或 0.1% 的升汞，可于 1 h 内杀死本菌；5% 新鲜石灰乳 2 h 或 1%~2% 福尔马林 3 h 可将其杀死；0.5% 洗必泰或 0.01% 度米芬、消毒净或新洁尔灭，5 min 内即可杀死本菌。在 pH 为 3.5 或更低情况下迅速死亡。链霉素、土霉素、庆大霉素、氯霉素和金霉素对本菌均有抑制作用，青霉素无效，对磺胺类药物有一定的敏感性。

12. 猪丹毒杆菌

对常用消毒剂抵抗力不强，0.5% 甲醛几十分钟可杀死。用 10% 生石灰乳或 0.1% 过氧乙酸涂刷墙壁和喷洒猪圈是目前较好的消毒方法。本菌可耐 0.2% 苯酚，对青霉素、磺胺类药物敏感。

(二)常见病原病毒对化学因素的抵抗力

1. 减蛋综合征病毒

对乙醚、氯仿不敏感，能抵抗较宽的 pH 范围。0.3% 甲醛处理 24 h 可完全灭活。

2. 痘病毒

0.5% 福尔马林、3% 石炭酸、0.01% 碘溶液、3% 硫酸、3% 盐酸可于数分钟内使其丧失感染力。常用的碱溶液或酒精 10 min 也可以使其灭活。

3. 鸭瘟病毒

在 pH 为 7~9 的环境中稳定，但 pH 为 3 或 pH 为 11 可迅速灭活病毒。70% 酒精 5~30 min、0.5% 漂白粉和 5% 石灰水 30 min 即被杀死。病毒对乙醚、氯仿和胰酶敏感。

4. 口蹄疫病毒

1% NaOH 1 min 即被灭活，在 pH 为 3 的环境中可失去感染性。最常用的消毒液有 2% 氢氧化钠溶液、过氧乙酸和高锰酸钾等。

5. 猪瘟病毒

1%~2% NaOH 或 10%~20% 石灰水 15~60 min 能杀灭病毒。猪瘟病料加等量含

0.5%石炭酸的50%甘油生理盐水,在室温下能保存数周,可用于送检材料的防腐。猪瘟病毒在pH 5~10条件下稳定,对乙醚、氯仿敏感,能被迅速灭活。

6. 鸡新城疫病毒

常用消毒剂有2%氢氧化钠、3%~5%来苏儿、10%碘酊、70%酒精等,30 min内即可将病毒杀灭。

7. 禽流感病毒

禽流感病毒是囊膜病毒,对脂溶剂比较敏感,抵抗力不强。常用消毒剂很容易将其杀死,如福尔马林、氧化剂、含氯消毒剂、碱类制剂、稀酸、去氧胆酸钠、羟胺、十二烷基硫酸钠和铵离子等都能将其杀死。

在野外条件下,禽流感病毒常从感染禽的鼻腔分泌物和粪便中排出,病毒受到这些有机物的保护,就极大地增加了抗灭活的抵抗力,要灭活环境中的病毒,首先应扑杀掉全部发病鸡只,然后对整个圈舍喷洒有效的消毒剂,将有机物包括粪便清除,再用洗涤剂清洗表面,之后再用次氯酸钠溶液消毒、福尔马林熏蒸等方法消毒,以杀灭房舍内污染的流感病毒。

8. 传染性法氏囊病病毒

在pH为2环境中60 min不灭活,对乙醚、氯仿、吐温和胰蛋白酶有一定抵抗力,在3%来苏儿、3%石炭酸和0.1%升汞液中经30 min可以灭活。

9. 狂犬病病毒

本病毒能抵抗自溶及腐烂,在自溶的脑组织中可保持活力7~10 d。蛋白酶、酸、胆盐、乙醚、升汞、70%酒精、季铵盐类消毒剂等处理都可迅速降低病毒活力。

10. 犬瘟热病毒

1%来苏儿溶液中数小时不灭活,2%氢氧化钠30 min失去活性,3%氢氧化钠中立即死亡;在3%甲醛和5%石炭酸溶液中均死亡。最适pH为7~8,在pH为4.4~10.4条件下可存活24 h。

三、常用的化学消毒灭菌剂

(一)醛类消毒剂

1. 甲醛

特点:在常温常压下为无色可燃气体、有刺激性臭味、能与水和乙醇按任意比例混合、理化性能活泼、易聚合。

实用剂型:甲醛水溶液(福尔马林)、甲醛-醇溶液、多聚甲醛、多聚甲醛烟雾剂(氯或酸)、低温甲醛蒸汽。

2. 戊二醛

特点:灭菌效果可靠,对金属腐蚀性低,对其他物品损坏作用小,适宜于多种材料。挥发的气体刺激呼吸道、有异味,对分枝杆菌较差,对血液和组织有固定作用,过敏和炎症反应较常见。

使用注意事项:消毒或灭菌处理后的器械或用品不得用生理盐水等含盐的水冲洗,以免产生腐蚀现象。气体可致全身性毒性反应,不能用喷洒或气溶胶喷雾进行空气消毒。用于皮肤消毒时,使用浓度不能超过 0.1%。

3.邻苯二甲醛

特点:杀灭微生物速度快、效果好,对耐戊二醛与过氧乙酸的分枝杆菌杀灭效果良好。杀灭微生物作用和稳定性受 pH 影响。对人毒性低,无刺激性气味,对物品无损坏作用。适宜多种材料,用于医疗器械的消毒。

(二)含氯消毒剂

含氯消毒剂:是指溶于水产生具有杀微生物活性的次氯酸的消毒剂,其杀微生物有效成分常以有效氯表示。次氯酸分子质量小,易扩散到细菌表面并穿透细胞膜进入菌体内,使菌体蛋白氧化导致细菌死亡。含氯消毒剂可杀灭各种微生物,包括细菌繁殖体、病毒、真菌、结核杆菌和抵抗力最强的细菌芽孢。这类消毒剂包括无机氯化合物(如次氯酸钠、次氯酸钙、氯化磷酸三钠)、有机氯化合物(如二氯异氰尿酸钠、三氯异氰尿酸、氯铵 T 等)。无机氯性质不稳定,易受光、热和潮湿的影响,丧失其有效成分,有机氯则相对稳定,但是溶于水之后均不稳定。

(三)过氧化物类消毒剂

过氧化物类消毒剂:具有强氧化能力,各种微生物对其十分敏感,可将所有微生物杀灭。这类消毒剂包括过氧化氢、过氧乙酸、二氧化氯和臭氧等。它们的优点是消毒后在物品上不留残余毒性。

(四)含碘消毒剂

碘和碘伏类消毒剂是一类高效、广谱消毒剂,能杀灭细菌、芽孢、病毒、噬菌体、分枝杆菌、原虫、真菌等病原体。

消毒作用机制:碘是一种活动性很强的元素,具有一般消毒剂所没有的良好的渗透性,所以成为一种极好的杀灭微生物药剂。碘类消毒剂中起杀菌作用的主要是游离碘和次碘酸。游离碘能迅速穿透细胞壁,次碘酸具有很强的氧化作用,对不同的病原体它们的杀灭力不尽相同。对细胞和芽孢,游离碘的灭活效果分别高于次碘酸 2~3 倍和 6 倍,而对病毒的灭活效果次碘酸要高于碘 5 倍。初步的研究推测,碘通过多种途径与病原体发生反应。碘通过与羟基、氨基、烃基、巯基结合导致蛋白质变性沉淀使微生物灭活。

1.对细菌繁殖体的灭杀作用

当无有机物存在时,用常用浓度作用 1~2 min,可杀灭细菌;用含有效碘 50 mg/L 的碘液作用 10 min,可杀灭一般的细菌繁殖体;用含有效碘 10 mg/L 的碘液作用 30 s,可杀灭金黄色葡萄球菌。碘伏对各种细菌繁殖体的杀菌活性取决于游离碘的浓度。一般细菌对碘类消毒剂均不易产生耐药性。但也有报告认为假单胞产碱杆菌和粪产碱杆菌对碘有较强的抗性,所以,在游泳池的碘化水中存在大量这种菌群。

2.对细菌芽孢和结核分枝杆菌的杀灭作用

通常,含有效碘 60 mg/L 的碘溶液作用 30 min,或用含有效碘 300 mg/L 的碘溶液作用 5 min,可杀灭细菌芽孢。2% 的碘水溶液或乙醇溶液在 pH 为 4.6 条件下,能有效杀灭炭疽杆菌、枯草杆菌、巨大杆菌、肠系膜杆菌和破伤风杆菌芽孢。碘伏对细菌芽孢的杀灭作用较弱,一般

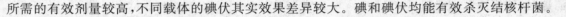

所需的有效剂量较高,不同载体的碘伏其实效果差异较大。碘和碘伏均能有效杀灭结核杆菌。

3.对真菌孢子的杀灭作用

碘对真菌有较强的杀灭和抑制作用,但碘对藻类无效,不适合用于消除游泳池中的藻类。碘伏对真菌的作用比较弱,类似于细胞芽孢。

4.对病毒的杀灭作用

碘是一种很好的病毒灭活剂,它能灭活脊髓灰质炎病毒、流感病毒、疱疹病毒、牛痘病毒、狂犬病毒和烟草花叶病毒。碘伏对肝炎病毒、艾滋病病毒等也有灭活作用,含有效碘 35 mg/L 的碘溶液作用 2 min,30 mg/L 的碘溶液作用 10 min,可完全灭活艾滋病病毒。

(五)季铵盐类消毒剂

季铵盐类消毒剂是一种阳离子表面活性剂,如苯扎溴铵,又名新洁尔灭。阴离子表面活性剂,如肥皂、吐温 80、卵磷脂,金属离子如钙、镁、铁等,对其杀菌作用有拮抗作用,影响杀效果。现在国内外生产的双链季铵盐,特别是第四代季铵盐,杀菌作用增强,受水硬度影响小,对金属无腐蚀性、对皮肤无刺激、毒性低,在很多领域得以应用,是交通工具消毒的首选消毒剂。

(六)酚类消毒剂

酚类消毒剂有来苏儿、煤酚皂溶液、复合酚等。复合酚的消毒力强于前两种,完全可以取代前两种。此类消毒剂的优点是性质较稳定、生产工艺简单,对物品腐蚀性轻微,可用于畜禽舍的环境消毒,对各种细菌和有囊膜病毒的杀灭能力较强。缺点是对结核杆菌和芽孢的作用不确切,对非囊膜病毒的效果较差;易受碱性物质和有机物的影响;有特殊臭味,有一定的刺激性,活畜禽消毒使用很受限制。酚能造成环境污染,其使用逐步受到限制。

(七)胍类消毒剂

胍类是近年来应用较多的一类消毒杀菌剂,已被广泛应用于医药消毒,食品和其他日常生活用品的消毒剂等。一系列苯甲基类化合物,如 1-壬基-3-(3,4-二氯苯甲基)胍盐酸盐对革兰氏阳性和阴性细菌有很高的活性。芳基-、芳氧基-和芳硫基-亚烷基类化合物对一些寄生于人类和羊身上的寄生物杀灭效果很好。洗必泰包括醋酸洗必泰和葡萄糖酸洗必泰。醋酸洗必泰,又称醋酸氯己定,白色晶体,无气味,刺激小,杀菌范围广,性能稳定,可用于皮肤、黏膜消毒,已被广泛用作杀菌剂并用作典型的防腐剂长达 30 多年。不仅对金黄色葡萄糖菌等革兰氏阳性菌和大肠杆菌等革兰氏阳性菌及霉菌具有很好的抑制作用,而且对病毒尤其是乙肝病毒有良好的抑制作用。适用于医疗卫生用品,塑料橡胶制品和食品等的抗菌防霉。但由于其溶解度较低,杀菌作用较弱,在某些方面的应用也得到了限制。

(八)醇类消毒剂

最常用的是乙醇和异丙醇,它可凝固蛋白质,导致微生物死亡,属于中效消毒剂,可杀灭细菌繁殖体,破坏多数亲脂性病毒,如单纯疱疹病毒、乙型肝炎病毒、人类免疫缺陷病毒等。醇类杀微生物作用亦可受有机物影响,而且由于易挥发,应采用浸泡消毒或反复擦拭以保证其作用时间。醇类常作为某些消毒剂的溶剂,而且有增效作用,常用浓度为 75%。据国外报道,80%

乙醇对病毒具有良好的灭活作用。近年来,国内外有许多复合醇消毒剂,这些产品多用于手部皮肤消毒。醇类消毒剂杀灭微生物依靠三种作用:①破坏蛋白质的肽键,使之变性;②侵入菌体细胞,解脱蛋白质表面的水膜,使之失去活性,引起微生物新陈代谢障碍;③溶菌作用。

60%～70%乙醇作用 5 min 可杀灭细菌繁殖体(包括结核杆菌);对病毒,因多包于蛋白质之中,需时较长(3～10 min),对乙型肝炎病毒效果尚有争论;对真菌孢子则需作用 30 min 之久。乙醇浓度低于 30% 时,对细菌繁殖体的杀灭亦需延长到数小时以至 1 d 以上。异丙醇可杀灭细菌繁殖体、部分病毒与真菌孢子等,不能杀灭细菌芽孢。

(九)重金属类消毒剂

比重大于 5 的金属即是重金属,这些金属只要微量溶于水中即有杀菌作用。例如,银离子在 1 L 水含 0.001～0.000 001 mg 即有杀菌力。各金属杀菌力之强弱顺序为 $Hg^{2+} Ag^+ > Cu^{2+} > Au^{3+} > Pb^{2+} > Fe^{3+}$,但其中只有汞及银用来作消毒剂。

1. 汞化合物

作用原理为汞离子与细胞内含—SH基之活性蛋白结合而使细菌机能丧失。汞化物杀菌作用慢但低浓度亦有效。

升汞($HgCl_2$):被用作消毒剂已有百年历史(1881 年 Koch 首先发现其杀菌效力),杀菌力强,对霉菌也有效,但刺激性,腐蚀性大,毒性也大(误饮 0.1 g 中毒,0.5 g 死亡),对细菌的渗透性小,遇有机物效果降低,为改善这些缺点而有许多有机汞化合物出现,如红药水,为汞离子与色素结合而成,因不能与结合的蛋白分离而无法渗入组织,仅在表面有消毒防腐的作用。不可与碘剂同时使用,否则因互相结合而失效。

2. 银化合物

主要杀菌原理为凝固菌体蛋白质。

硝酸银($AgNO_3$):浓溶液有强腐蚀性,用于疣、痣、丘疹之破坏;稀溶液有收敛、杀菌作用,0.002%～2% 用于咽喉、尿道、腔及新生儿淋病性眼脓漏之杀菌,消毒剂与防腐剂的种类、特性和用途见表 4-3。

表 4-3　消毒剂与防腐剂的种类、特性和用途

类别	名称	主要特性	用法	用途
重金盐类	升汞	杀菌力极强	0.05%～0.1%	对黏附芽孢菌的非金属品消毒
	硫柳汞	杀菌力弱、抑菌力强	0.01%	生物制品防腐、制霉效果好
	硝酸苯汞	同上,但难溶于水	0.002%	生物制品防腐、制霉效果好
氧化剂	锰酸钾	强氧化剂,稳定	0.10%	小动物青饲及工具消毒
	过氧乙酸	对金属有强腐蚀	0.2%～0.5%	塑料品、胶管、玻璃器皿消毒
卤素及化合物	氯仿	气味特殊,麻醉剂	0.50%	各种抗毒素血清防腐剂
	漂白粉	腐蚀金属,易受潮	10%～20%	实验动物室周围及排泄物消毒
	氯胺	杀菌力弱,但持久	0.2%～0.5%	动物室、猪圈、马厩墙壁喷雾消毒
	碘酒	不能与红汞同时用	2.5%～5%	动物皮肤消毒
醛	甲醛	刺激鼻眼,挥发慢	0.1%～0.5%	各种菌苗、类毒素杀、脱毒,防腐剂蒸熏,无菌室内空气消毒
	戊二醛	在碱性中杀菌力极强	3%	浸泡新购胶管、工具、仪器等

续表 4-3

类别	名称	主要特性	用法	用途
酚类	石炭酸	杀菌力强,遇冷凝固	0.2%～0.5% 2.50%	生物制品杀菌防腐剂 无菌室内空气喷雾消毒
	来苏儿	杀菌力强,有臭味	2%～5%	动物室必备消毒剂
烷类	环氧乙烷	穿透力强,能杀芽孢,但有毒性	50 mg/1 000 mL	各种皮毛消毒
	洗必泰	白色结晶,略溶于水	0.02%～0.05%	无菌操作洗手,擦洗实验台等
季铵盐类	新洁而灭	遇碱则弱,芽孢无效	0.05%～0.1%	无菌操作洗手,器具浸泡消毒
	杜灭芬	同上,但稳定	0.05%～0.1%	浸泡实验台布、胶管、金属器械消毒
酸碱类	乳酸	杀菌力弱但能持久	10%～20%	蒸熏无菌室,细胞分离间空气消毒病毒性污
	烧碱	杀菌力弱,杀病毒特强	2%～5%	染鸡场、猪场和出入口 消毒池
	生石灰	杀菌力强	1:5乳剂	动物室周围、出入口地面消毒

四、影响化学消毒灭菌的因素

1.消毒剂的性质、浓度与作用时间

各种消毒剂的理化性质不同,对微生物的作用大小也差异。例如,表面活性剂对革兰氏阳性菌的灭菌效果比对革兰氏阴性菌好,龙胆紫对葡萄球菌的效果特别强。同一种消毒剂的浓度不同,其消毒效果也不一样。大多数消毒剂在高浓度时起杀菌作用,低浓度时则只有抑菌作用。在一定浓度下,消毒剂对某种细菌的作用时间越长,其效果也越强。若温度升高,则化学物质的活化分子增多,分子运动速度增加使化学反应加速,消毒所需要的时间可以缩短。

2.微生物的污染程度

微生物污染程度越严重,消毒就越困难,因为微生物彼此重叠,加强了机械保护作用。所以在处理污染严重的物品时,必须加大消毒剂浓度,或延长消毒作用的时间。

3.微生物的种类和生活状态

细菌种类不同对消毒剂的抵抗力不同,细菌芽孢的抵抗力最强,幼龄菌比老龄菌敏感。病毒对某些消毒剂不敏感。

4.细菌所处的介质

当细菌和有机物特别是蛋白质混在一起时,某些消毒剂的杀菌效果可受到明显影响。因此在消毒皮肤及器械前应先清洁再消毒。

5.温度、湿度、酸碱度

消毒速度一般随温度的升高而加快,所以温度越高消毒效果越好。湿度对许多气体消毒剂有影响。酸碱度的变化可影响剂杀灭微生物的作用。例如,季铵盐类化合物的戊二醛药物在碱性环境中杀灭微生物效果较好;酚类和次氯酸盐药剂则在酸性条件下杀灭微生物的作用较强。

6.化学拮抗物

阴离子表面活性剂可降低季铵盐类和洗必泰的消毒作用,因此不能将新洁尔灭等消毒剂与肥皂、阴离子洗涤剂合用。次氯酸盐和过氧乙酸会被硫代硫酸钠中和,金属离子的存在对消毒效果也有一定影响,可降低或增加消毒作用。

模块二 扩展知识

一、细菌的亚致死性损伤和恢复的意义

受各种理化因素的作用,往往致使细菌细胞未完全死亡,而处于一种介于正常和死亡之间的状态,即濒死状态。这些细胞在适宜的条件下,能够自我修复并恢复正常的特性,该损伤称之为亚致死性损伤;这种在生理上存在缺陷但仍然活着的细菌细胞称为亚致死性损伤细胞。

细菌的亚致死性损伤现象早在 1917 年就被发现,但直到 20 世纪 70 年代才逐渐被人们所重视,且大多侧重于食品微生物学领域。一方面,用以提高杀菌效果,来延长食品保存时间;另一方面,在于提高食品中细菌检验方法的敏感性,以更好地判定食品的安全性。在医学和兽医微生物学领域,重点则在于提高消毒剂杀灭病原微生物的效果方面。因此,研究微生物的亚致死性损伤及其恢复,对消毒理论研究、传染病预防以及公共卫生学实践方面,均具有重要意义。

二、细菌损伤和恢复的一般特征

亚致死性损伤后细菌的一般表现有失去在同种正常细菌能很好生长的条件下生长的能力;在对同种正常细菌无明显抑制作用的选择性培养基中,不能生长繁殖;繁殖适应期延长;发生某些生理生化特性的改变。

细菌受亚致死性损伤后的表现并不是基因的改变,当其又重新培养在适当的培养基和适宜的温度下能很快得到恢复,并重新获得正常生理生化特性,而且受损伤细菌细胞一经修复,不再表现出任何受伤的特征。但也有某种损伤的个别变化不能完全恢复到和过去一样的现象。

三、细菌损伤的表现和修复

各种理化因素处理均能使细菌细胞遭受损伤,不同的因素可导致细菌细胞不同部位的损伤。现已观察到的损伤有细胞壁的损伤、细胞膜的损伤、核酸的损伤以及机能的损伤等。其修复机制还不太清楚,一般认为受伤细菌修复需要营养丰富的培养基,但也有实验表明受伤菌在简单的最低营养需要的培养基中比在复杂的营养丰富的培养基中更容易修复。另外,受伤菌修复不仅要靠复杂的营养,热损伤细菌的恢复还与接触空气的程度有关,冷冻损伤菌的恢复对 pH 的变化更为敏感。

四、细菌芽孢的损伤和恢复

细菌芽孢损伤和恢复的研究主要集中于加热的影响。从研究结果看,其损伤和修复的主

要表现有非营养性发芽激活物的作用,如溶菌酶可增加热损伤芽孢的恢复;芽孢计数最适培养温度发生改变,即降低或变窄;对营养和其他因素的需要变得苛刻;对抑制剂的敏感性增加;芽孢构造发生改变。

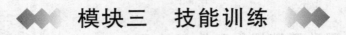

模块三　技能训练

用甲醛消毒灭活鸡新城疫病毒

【学习目标】

会甲醛消毒灭活鸡新城疫病毒的操作方法。

【仪器材料】

甲醛溶液,鸡新城疫病毒液,无菌注射用水,中性瓶,试管,10 mL 与 1 mL 吸管,化学安全防护眼镜,透气型防毒服,防化学品手套。

【方法步骤】

(1)10% 甲醛溶液配制:称取无菌注射用水 3 mL 放入试管中,再加入 1 mL 甲醛溶液混合均匀。

(2)称取病毒液 200 mL 于中性瓶中,加入 10% 甲醛溶液 0.8 mL,使病毒液中含甲醛溶液 0.1%(40%→10% 是四倍关系,200 mL 病毒液中含甲醛溶液 0.2 mL,0.2×4=0.8 mL)。

(3)放入 37℃ 条件下灭活 16 h,期间定期振荡,使其受热均匀。

(4)灭活检验:取 10 日龄无新城疫病毒抗体的鸡胚 6 个,每个接种灭活病毒液 0.2 mL,每日照蛋 2 次,观察 5 d,鸡胚非特异死亡不应超过 1 个,对所有胚液分别测定血凝价,应均不出现血凝,认为灭活完全。

【注意事项】

(1)必须使用 10% 的甲醛溶液。

(2)边加边振荡,使其混合均匀。

(3)灭活时间以灭活液达到 37℃ 时算起。

(4)加完灭活剂摇匀后再移入另一容器中。

复习思考题

1.消毒剂杀菌作用机理是什么?

2.常用的消毒防腐剂种类是什么?

3.常用的消毒防腐剂的用途是什么?

4.影响消毒防腐剂灭菌的因素有哪些?

5.用甲醛灭活鸡新城疫病毒的步骤和注意事项是什么?

任务三

生物消毒灭菌

 知识点

　　生物因素对微生物的影响、抗生素的应用、植物杀菌素的应用、细菌素的应用。

 技能点

　　细菌的药物敏感实验。

 模块一　基本知识

一、生物因素对微生物的影响

　　生物消毒是利用动物、植物、微生物及其代谢产物杀灭或去除外环境中的病原微生物。主要用于水、土壤和生物体表面消毒生物处理。目前,可用作消毒的生物有以下几种:

　　1.抗菌生物

　　植物为了保护自身免受外界的侵袭,特别是微生物的侵袭,产生了抗菌物质。并且随着植物的进化,这些抗菌物质就愈来愈局限在植物的个别器官或器官的个别部位。能抵制或杀灭微生物的植物叫抗菌植物药。目前,实验已证实具有抗菌作用的植物有130多种,抗真菌的有50多种,抗病毒的有20多种。有的既有抗细菌作用,又有抗真菌和抗病毒作用。中草药消毒剂大多是采用多种中草药提取物,主要用于空气消毒、皮肤黏膜消毒等。

　　2.细菌

　　当前用于消毒的细菌主要是噬菌蛭弧菌。它可裂解多种细菌,如霍乱弧菌、大肠杆菌、沙门氏菌等,用于水的消毒处理。此外,梭状芽孢菌、类杆菌属中某些细菌,可用于污水、污泥的净化处理。

3.噬菌体和质粒

一些广谱噬菌体,可裂解多种细菌,但一种噬菌体只能感染一个种属的细菌,对大多数细菌不具有专业性吸附能力,这使噬菌体在消毒方面的应用受到很大限制。细菌质粒中有一类能产生细菌素,细菌素是一类具有杀菌作用的蛋白质,大多为单纯蛋白,有些含有蛋白质和碳水化合物,对微生物有杀灭作用。

4.微生物代谢等产物

一些真菌和细菌的代谢产物如毒素,具有抗菌或抗病毒作用,亦可用作消毒或防腐。

5.生物酶

生物酶来源于动植物组织提取物或其分泌物,微生物体自溶物及其代谢产物中的酶活性物质。生物酶在消毒中的应用研究源于20世纪70年代,我国在这方面的研究走在世界前列。20世纪80年代起,复旦大学生命科学院就研制出用溶葡萄球菌酶来消毒杀菌技术。90年代,中国高科集团上海高科生物公司从复旦大学独家转让这一技术,并经过10年应用开发,先后解决了酶的稳定性、提高纯度和降低成本等工艺难题,开拓了生物酶用于日常消毒领域的广阔前景。这种用复合酶来消毒杀菌的生物消毒技术,已在上海实现了产业化。近年来,对酶的杀菌应用取得了突破,可用于杀菌的酶主要有:细菌胞壁溶解酶、酵母胞壁溶解酶、霉菌胞壁溶解酶、溶葡萄球菌酶等,可用来消毒污染物品。此外,出现了溶菌酶、化学修饰溶菌酶及人工合成肽抗菌剂。

二、常用的生物消毒灭菌剂的应用

(一)抗生素的应用

抗生素是由微生物(包括细菌、真菌、放线菌属)或高等动植物在生活过程中所产生的具有抗病原体或其他活性物质的一类次级代谢产物,能干扰其他生活细胞发育功能的化学物质。现临床常用的抗生素有从微生物培养液中提取物以及用化学方法合成或半合成的化合物。目前已知天然抗生素不下万种。

1.作用机理

抗生素等抗菌剂的抑菌或杀菌作用,主要是针对"细菌有而人(或其他高等动植物)没有"的机制进行杀伤,有5大类作用机理。

(1)阻碍细菌细胞壁的合成,导致细菌在低渗透压环境下膨胀破裂死亡,以这种方式作用的抗生素主要是 β -内酰胺类抗生素。哺乳动物的细胞没有细胞壁,不受这类药物的影响。

(2)与细菌细胞膜相互作用,增强细菌细胞膜的通透性,打开膜上的离子通道,让细菌内部的有用物质漏出菌体或电解质平衡失调而死。以这种方式作用的抗生素有多黏菌素和短杆菌肽等。

(3)与细菌核糖体或其反应底物(如 tRNA、mRNA)相互所用,抑制蛋白质的合成,这意味着细胞存活所必需的结构蛋白和酶不能被合成。以这种方式作用的抗生素包括四环素类抗生素、大环内酯类抗生素、氨基糖苷类抗生素、氯霉素等。

(4)阻碍细菌 DNA 的复制和转录,阻碍 DNA 复制将导致细菌细胞分裂繁殖受阻,阻碍

DNA 转录成 mRNA 则导致后续的 mRNA 翻译合成蛋白的过程受阻。以这种方式作用的主要是人工合成的抗菌剂喹诺酮类(如氧氟沙星)。

(5)影响叶酸代谢,抑制细菌叶酸代谢过程中的二氢叶酸合成酶和二氢叶酸还原酶,妨碍叶酸代谢。因为叶酸是合成核酸的前体物质,叶酸缺乏导致核酸合成受阻,从而抑制细菌生长繁殖,主要是磺胺类和甲氧苄啶。

2.抗生素的种类

由细菌、霉菌或其他微生物在生活过程中所产生的具有抗病原体不同的抗生素药物或其他活性的一类物质。自 1943 年以来,青霉素应用于临床,现抗生素的种类已达几千种。在临床上常用的亦有几百种。其主要是从微生物的培养液中提取的或者用合成、半合成方法制造。其分类有以下几种。

(1)β-内酰胺类。青霉素类和头孢菌素类的分子结构中含有 β-内酰胺环。近年来又有较大发展,如硫霉素类、单内酰环类,β-内酰酶抑制剂、甲氧青霉素类等。

(2)氨基糖苷类。包括链霉素、庆大霉素、卡那霉素、妥布霉素、丁胺卡那霉素、新霉素、核糖霉素、小诺霉素、阿斯霉素等。

(3)喹诺酮类。诺氟沙星、氧氟沙星、培氟沙星、依诺沙星、环丙沙星等。

(4)氯霉素类。包括氯霉素、甲砜霉素等。

(5)大环内酯类。临床常用的有红霉素、白霉素、无味红霉素、乙酰螺旋霉素、麦迪霉素、交沙霉素、阿奇霉素等。

(6)糖肽类抗生素。万古霉素、去甲万古霉素、替考拉宁,后者在抗菌活性、药代特性及安全性方面均优于前两者。

(7)作用于 G⁻ 菌的其他抗生素。如多黏菌素、磷霉素、卷霉素、环丝氨酸、利福平等

(8)作用于 G⁺ 细菌的其他抗生素。如林可霉素、克林霉素、杆菌肽等。

(9)抗真菌抗生素。分为棘白菌素类、多烯类、嘧啶类、作用于真菌细胞膜上麦角甾醇的抗真菌药物、烯丙胺类、氮唑类。

(10)抗肿瘤抗生素。如丝裂霉素、放线菌素 D、博莱霉素、阿霉素等。

(11)抗结核菌类。利福平、异烟肼、吡嗪酰胺等。

(12)具有免疫抑制作用的抗生素。如环孢霉素。

(13)四环素类。包括四环素、土霉素、金霉素及强力霉素等。

(二)植物杀菌素的应用

植物杀菌素是高等植物体内含有的对病菌有杀害作用的化学物质。有的作物对某些病害具有抗病性,是由于其体内含有植物杀菌素,通过人工提炼合成,可制成植物性杀菌剂。

1.细菌性疾病的治疗

抗菌中草药是直接作用于细菌结构和干扰其代谢而达到抑菌效果的,如小檗碱(黄连的有效成分)的作用机理就是抑制细菌的呼吸、糖代谢及糖代谢中间产物的氧化和脱氢过程,以及蛋白质、核酸的合成。许多研究结果发现,板蓝根、连翘、野菊花、蒲公英、金银花、鱼腥草等均对畜禽的一些病原体有直接抑制和杀灭作用。在临床上,用石榴皮、黄芩、苦参中药煎液针对禽大肠杆菌的病鸭进行了治疗及预防保护实验,都取得了良好的效果。黄连、板蓝根、连翘等

组成的复方制剂可抑制病原菌的繁殖、拮抗外毒素的毒性作用,对仔猪红痢的治疗有一定的疗效。李双亮等用茜草、苦参等 13 味中药组方对人工感染大肠杆菌引起的腹泻均有较好的治疗作用,其治愈率达 90%。

2.病毒性疾病的治疗

中药抗病毒的主要途径可以分为对病毒的直接抑制和损伤作用,以及通过调节机体免疫系统功能(如提高细胞免疫、体液免疫或增强巨噬细胞的吞噬作用)而起到抗病毒作用两种。有研究表明,板蓝根具有直接抗病毒活性的作用,板蓝根的提取物对流感病毒有一定的抑制作用,板蓝根的水提物体外对猪蓝耳病病毒具有明显的阻断和抑制作用。鸡的传染性法氏囊病(IBD)用大青叶、板蓝根等加病毒灵(盐酸吗啉呱)制成的复方中草药煎剂以饮服方法治疗取得了较好的效果。中药的免疫调节作用表现为促进机体细胞免疫和体液免疫功能的作用,如牛膝多糖在适宜的浓度下能促进鸡淋巴细胞的体外增殖。

3.真菌性疾病的治疗

近几年来,各种真菌引起的疾病呈上升趋势,真菌感染和条件致病菌感染逐渐增多,首先是各种皮类真菌病,其次还有因免疫缺陷或抑制所致的真菌病等,由于真菌属于真核生物,寻找一种药物仅对病原真菌起抑制或杀灭作用而不累及宿主细胞是比较困难的,目前临床上用的抗真菌药主要是唑类抗生素,但是唑类抗生素容易出现耐药性,所以,寻找开发低毒高效、不易产生耐药性的药物是抗真菌药物的研发方向,而中草药就具有天然的优势。如大蒜的抑菌作用为大蒜辣素分子中的氧原子与细菌生长繁殖所必需的半胱氨酸分子中的巯基结合,竞争性或非竞争性地抑制某些酶而影响真菌的代谢,从而抑制真菌的生长繁殖而达到抑制真菌的目的。

(三)细菌素的应用

1.概念

细菌素由细菌产生的有杀菌或抑菌作用的物质。主要含有具生物活性的蛋白质部分,对同种近缘菌株呈现狭窄的活性抑制谱,附着在敏感细胞特异性受点上。

细菌素的产生和寄主细胞对细菌素的免疫性都由质粒控制。细菌产生细菌素是细胞的致死过程。致死物质按其性质可分为两类,一类是低分子量的蛋白质或肽,很难在电子显微镜下观察到这类物质的结构,对胰蛋白酶多不稳定;另一类是具有复杂结构的蛋白质颗粒,有噬菌体部分形态结构,易于在电子显微镜下观察,对胰蛋白酶稳定。

2.细菌素抑菌范围

细菌素通常由革兰氏阳性菌产生并可以抑制其他的革兰氏阳性菌,如乳球菌、葡萄杆菌、利斯特氏杆菌等,对大多数的革兰氏阴性菌、真菌等均没有抑制作用。细菌素可以抑制许多革兰氏阳性菌,如抑制葡萄球菌属、链球菌属、小球菌属和乳杆菌属的某些菌种,抑制大部分梭菌属和芽孢杆菌属的孢子;嗜酸乳杆菌和发酵乳杆菌产生的细菌素对乳杆菌、片球菌、明串球菌、乳球菌和嗜热链球菌有抑制作用。

3.细菌素的应用

部分细菌素已广泛地应用于肉类工业、奶制品工业、酿酒和粮食加工等领域。目前,在食品应用中研究得最透彻的细菌素是乳链菌素,美国已将此用于食品添加剂。硝酸盐被广泛地应用在肉类食品中,以防止使食品很容易变质的梭菌存在,对人体产生有害物质,甚至危及生命。使用乳链菌素可以抑制梭菌的生长,以减少硝酸盐含量。在西方国家,细菌素已用于奶制食品中,已成为巴氏灭菌精制奶和糊状食品最有效的防腐剂。添加乳链菌素可防止牛乳及乳制品的腐败,延长其货架期。由于乳链菌素在偏酸性下较稳定且易溶解,所以比较适宜在酸性罐头食品中添加,同时还可降低罐头的灭菌强度,提高内在品质。乳链菌素在酒精饮料中应用也比较广泛,由于乳链菌素对酵母菌没有抑制作用,所以对发酵没有任何影响,并还可以很好地抑制革兰氏阳性菌,保证产品质量。目前乳链菌素在全世界范围内的各种食品中得到普遍应用。现在许多研究证明,产生细菌素的发酵剂在发酵过程中可以防止或抑制不良菌的污染,因而将产细菌素的乳酸菌加入到食品中比直接加细菌素更好。但细菌素抗菌谱有一定的范围,为扩大其抑菌范围,可将几种细菌素或将其他来自于动植物(如抗菌肽)等天然食品防腐剂配合使用,利用它们的协同作用,增强抑菌范围及强度,或与部分化学防腐剂络合使用,既可增加抑菌范围又可减少化学防腐剂的使用。

 ## 模块二　扩展知识

一、微生物与饲料

　　微生物饲料是原料经微生物及其代谢产物转化而成的新型饲料,其生产环境很少受到污染,是动物的"绿色食品"。用于生产饲料的微生物主要有细菌、酵母菌、霉菌、放线菌、单细胞藻类等。

　　微生物在饲料生产中的作用主要有三个方面:一是将各种原料转化为菌体蛋白而制成单细胞蛋白饲料,如酵母饲料和藻体饲料;二是改变原料的理化性状,提高其营养价值和适口性,如青贮饲料和发酵饲料;三是分解原料中的有害成分,如饼粕类发酵脱毒饲料。

　　1.单细胞蛋白质饲料

　　单细胞蛋白质是指通过大量培养酵母菌、白地霉、藻类及部分细菌、放线菌等微生物而获得的菌体蛋白质。由单细胞微生物或藻类生产的高蛋白质饲料称为单细胞蛋白质饲料。其蛋白质含量一般占菌体干物质的40%～60%。还富含多种维生素等其他营养成分,营养价值很高。单细胞蛋白质不仅用于饲料生产,而且对开发新型食品有重要意义。因此,利用工业废水、废气、天然气、石油烷烃类、农副加工产品以及有机垃圾等资源来生产单细胞蛋白质饲料,是解决饲料蛋白质资源严重不足的一条重要途径。

　　单细胞蛋白质饲料营养价值高,且生产条件要求不高,在我国已有批量生产,显示出了很好的生产和应用前景。单细胞蛋白质饲料包括酵母饲料、白地霉饲料、石油蛋白质饲料和藻体饲料等。

　　(1)酵母饲料。用工农业废弃物及农副产品下脚料繁殖酵母菌制成的饲料称为酵母饲料,是单细胞蛋白质的主要产品。酵母饲料营养齐全,风干制品中粗蛋白质含量为50%～60%,

并含有多种必需氨基酸、多种维生素,是近似于鱼粉的优质蛋白质饲料,常作为畜禽蛋白质及维生素的添加饲料。

一般认为,酵母饲料除了可以向动物提供动物性蛋白质以外,还可以向动物提供一些生物活性物质,促进动物消化道内有益微生物菌群的生长繁殖,进而提高动物对饲料的消化率,减少疾病的发生。

常用于生产酵母饲料的酵母菌有产朊假丝酵母、热带假丝酵母、啤酒酵母等。它们对营养要求不高,除利用己糖外,也可利用植物组织中的戊糖作为碳源,并且能利用各种廉价的铵盐作氮源。因此,生产酵母饲料的原料广泛,如亚硫酸盐纸浆废液、废糖蜜、粉浆水等。如用农作物秸秆、玉米芯、糠壳、棉籽壳、锯末、畜禽粪便时,需预先水解为糖。上述各种原料中以利用亚硫酸盐纸浆废液最为经济。

(2)白地霉饲料。白地霉饲料是用在工农业副产品培养白地霉形成的单细胞蛋白饲料。白地霉又称乳卵孢霉,属于霉菌。菌丝为分枝状,为有隔菌丝。节孢子呈筒状、方形或椭圆形。白地霉为需氧菌,适合在28~30℃及pH为5.5~6.0的条件下生长。在麦芽汁中生长可形成菌膜,在麦芽汁琼脂上生长形成菌落,菌膜和菌落都为白色绒毛状或粉状。白地霉能利用简单的糖类作为碳源,可以利用尿素、硫酸铵等无机氮化物作为氮源,生产原料来源十分广泛,可采用通气深层液体培养基或浅层培养。生产过程大致与酵母菌饲料相当。

(3)石油蛋白饲料。以石油或天然气为碳源生产的单细胞蛋白质饲料称为石油蛋白饲料,又称烃蛋白质饲料。能利用石油和天然气的微生物种类很多,包括酵母菌、细菌、放线菌和霉菌,生产上以酵母菌和细菌较常用。以石油或石蜡为原料时主要接种解脂假丝酵母、热带假丝酵母等酵母菌;以天然气为原料时接种嗜甲基微生物。以石油为原料时,所接种的酵母菌能利用其中的石蜡组分(十一碳以上的烷烃),在加入无机氮肥及无机盐,pH为5和30℃左右的条件下通气培养,就能得到石油蛋白质。将其从油中分离出来干燥,就得到了石油蛋白。

以石蜡为原料时,生产条件基本相同,但原料几乎全部能被酵母菌所分解。形成的石油蛋白质也不混杂油类,只需要经过水洗、干燥,就能得到高纯度石油蛋白质。

用天然气生产的石油蛋白为第二代石油蛋白质。嗜甲基微生物能利用的碳源范围很广,包括甲烷、甲醇及其氧化物,如甲醛、甲酸;还包括含两个以上甲基但不含C—C键的物质,如三甲基胺等。在适宜条件下,嗜甲基微生物经过通气培养,就能将这些物质和含氮物转化成菌体蛋白质。

(4)藻体饲料。藻类是生活在水域或湿地,以天然无机物为培养基,以二氧化碳为碳源,氨等为氮源,通过光合作用进行繁殖的一类单细胞或多细胞生物。胞体多带有色素。藻类细胞中蛋白质占干重的50%~70%,营养比其他任何未浓缩的植物蛋白都高。生产藻体饲料的藻类主要有小球藻、盐藻和大螺旋藻。生产螺旋藻饲料与普通微生物培养不同,一般在阳光及二氧化碳充足的露天水池中进行,温度30℃左右,pH为8~10,通入二氧化碳则产量更高。得到的螺旋藻经过简单过滤、洗涤、干燥和粉碎,即可成为藻体饲料。藻体饲料可提高动物的生长速度,提高饲料转化率,并减少疾病。水池养殖藻类既充分利用了淡水资源,又能美化了环境。

2.发酵饲料

粗饲料经过微生物发酵而制成的饲料称为发酵饲料。粗饲料富含纤维素、半纤维素、果胶物质、木质素等粗纤维和蛋白质,但难以被动物直接消化吸收。经过微生物发酵分解后,使饲料变得软熟香甜、略带酒味,还可分解其中部分难以消化的物质,从而提高了粗饲料的适口性和利用效率。发酵饲料包括米曲霉发酵饲料、纤维素酶解饲料、瘤胃液发酵饲料、担子菌发酵饲料等。

(1)米曲霉发酵饲料。粗饲料经米曲霉发酵处理而制成的饲料称为米曲霉饲料。米曲霉属于需氧性真菌,在温度为8～10℃,pH为6～6.5的条件下生长快,菌落为绒毛状,初期为白色,以后变为绿色。菌丝细长,孢子梗为瓶状,呈单层排列,分生孢子近球形,表面有突起。米曲霉能利用无机氮和蔗糖、淀粉、玉米粉等作为碳源,具有极高的淀粉酶活力,能将较难消化的动物蛋白,如鲜血、血粉、羽毛等降解为可消化的氨基酸,形成自身蛋白。米曲霉在畜禽新鲜血液与米糠、麦麸的混合物中繁殖后,形成的发酵饲料含粗蛋白质达干重的30%以上。目前,玉米、高粱等秸秆粉发酵饲料已广泛应用于牛、羊等草食动物的日粮中,并取得了显著的经济效益。

(2)纤维素酶解饲料。富含纤维素的原料在微生物纤维素酶的催化下制成的饲料称为纤维素酶解饲料。细菌、真菌和担子菌是生产纤维素酶解饲料的主要微生物。秸秆粉或富含纤维素的工业废渣,如玉米芯粉、蔗渣、麸皮、稻草、鸡粪等,都可作为生产的原料。

(3)瘤胃液发酵饲料。瘤胃液发酵饲料是粗饲料经瘤胃液发酵而成的一种饲料。牛、羊瘤胃液中含有细菌和纤毛虫,它们能分泌纤维素酶,将纤维素降解。向秸秆粉中加入适量水、无机盐和氮素(硫酸铵),再接种瘤胃液,在密闭缸内保温发酵后,就可得到瘤胃液发酵饲料。

(4)担子菌发酵饲料。将担子菌接种于由粗饲料粉、水、铵盐组成的混合物中,担子菌就能使其中的木质素分解,形成粗蛋白质含量较高的担子菌发酵饲料。

3.青贮饲料

青饲料是把青绿或半干饲料装入青贮窖内,在厌氧条件下靠微生物发酵制成的能长期保存的饲料。其颜色黄绿、气味酸香、柔软多汁、适口性好,是一种易加工、耐贮藏、营养价值高的饲料。

(1)与青贮饲料有关的微生物。青贮过程中参与活动和作用的微生物很多,主要有乳酸菌、真菌、丁酸菌、腐败菌及肠道杆菌等,它们在青贮原料中相互制约、巧妙配合,在密闭的条件下才能调制成青贮饲料。

乳酸菌是驱动青贮饲料进行乳酸发酵的菌类,在青贮过程中起决定作用。主要包括乳酸链球菌、胚芽乳酸杆菌、棒状乳酸杆菌等。它们能分解青贮原料而产生乳酸,能迅速降低pH,从而抑制其他微生物的生长繁殖,有利于饲料的保存。乳酸菌不含蛋白水解酶,但能利用饲料中的氨基酸。

酵母菌在有氧或无氧环境中,酵母菌都能迅速繁殖,分解糖类产生乙醇,与乳酸一起形成青贮饲料独特的酸香气味。随着乳酸的增多,pH逐渐降低,其生长繁殖受到抑制,酵母菌的活动很快停止。

丁酸菌又称酪酸菌,是一类革兰氏阳性、严格厌氧的梭状芽孢杆菌,有游动性。在厌氧的状态下生长,能分解糖类产生丁酸和气体;将蛋白质分解成胺类及有臭味的物质;还可破坏叶绿素,使青贮饲料上出现黄斑,严重影响其营养价值和适口性。在青贮过程中避免大量土壤污染,丁酸菌数量就会减少,而且其严格厌氧,只要在青贮初期保证严格的厌氧条件,乳酸菌有足量的积累,pH迅速下降,丁酸菌就不能大量繁殖,青贮饲料的质量就可以得到保障。

凡能强烈分解蛋白质的细菌统称为腐败菌,包括枯草杆菌、马铃薯杆菌、腐败梭状芽孢杆菌、变形杆菌等。大多数能强烈地分解蛋白质和糖类,并产生臭味和苦味,严重降低青贮饲料的营养价值和适口性。

肠道杆菌是一类革兰氏阴性、无芽孢的兼性厌氧菌,以大肠杆菌和产气杆菌为主。分解糖类虽然能产生乳酸,但也产生大量气体,还能使蛋白质腐败分解,从而降低青贮饲料的营养价值。

(2)青贮各阶段微生物的活动。青贮发酵过程按微生物的活动规律,大致可以分为3个阶段。

预备发酵阶段:当青贮料装填压紧并密封在青贮窖或塔内之后,附着在原料上的微生物即开始生长,由于铡断的青鲜饲料内可溶性营养成分的外渗,以及青贮饲料间或多或少的空气,各种需氧菌和兼性厌氧菌都能旺盛地进行繁殖,包括腐败菌、酵母菌、肠道细菌和霉菌等,而以大肠杆菌和产气杆菌群占优势。随着青贮料的植物细胞的继续呼吸作用和微生物的生物氧化作用,饲料间残留的氧气很快耗尽,形成厌氧环境;同时,由于各种微生物的代谢活动,产生乳酸、醋酸、琥珀酸等,使青贮料变为酸性,逐渐造成了有利于乳酸菌生长繁殖的环境。此时,乳酸链球菌占优势,其后是更耐酸的乳酸杆菌占优势,当青贮料pH在5以下时,绝大多数微生物的活动便被抑制,霉菌也因厌氧环境而不能活动。

酸化成熟阶段:酸化成熟阶段起主要作用的是乳酸杆菌。由于乳酸杆菌的大量繁殖,乳酸进一步积累,pH进一步下降,使饲料进一步酸化成熟,其他一些剩余的细菌就全部被抑制,无芽孢的细菌逐渐死亡,有芽孢的细菌则以芽孢的形式保存休眠下来,青贮料进入最后一个阶段。

完成保存阶段:当乳酸菌产生的乳酸积累到一定程度,pH为4.0～4.2时,乳酸菌本身也受到了抑制,并开始逐渐地死亡,青贮料在厌氧和酸性的环境中成熟,并长时间地保存下来。

二、微生态制剂

(一)微生态制剂的概念

微生态制剂是利用对宿主有益无害的益生菌或益生菌的促生长物质,经特殊工艺加工而成的活菌制剂。在美国称为直接饲用微生物,欧盟委员会将其称为微生物制剂。微生态制剂可直接饲喂动物,并能有效促进动物体调节肠道微生态平衡,具有无副作用、无残留、无污染以及不产生抗药性等特点。目前,微生态制剂已被公认为有希望取代抗生素的饲料添加剂。

(二)微生态制剂的种类

根据不同的分类依据可有不同的划分方法,但常根据微生态制剂的物质组成划分为益生素、益生元、合生元3类。

1. 益生素

它指改善宿主微生态平衡而发挥有益作用,达到提高宿主健康水平和健康状态的活菌制剂及其代谢产物,包括乳酸菌制剂、芽孢杆菌制剂、真菌及活酵母制剂等。

2. 益生元

它又称化学益生素,是一种不能被宿主消化吸收,也不能被肠道有害菌利用,只能被有益微生物选择性吸收利用或能促进有益菌活性的一类化学物质。能选择性地促进肠内有益菌群的活性或生长繁殖,起到增进宿主健康和促进生长的作用。最早发现的益生元是双歧因子,后来又发现多种不能被消化的功能性寡糖,如果寡糖、低聚木糖、甘露寡糖、乳寡糖、寡葡萄糖、半乳寡糖和寡乳糖,有机酸及其盐类、某些中药等。

3. 合生元

它又称合生素,是益生菌和益生元按一定比例结合的生物制剂,或再加入维生素、微量元素等。其既可发挥益生菌的生理性细菌活性,又可选择性地增加这种菌的数量,使益生作用更显著、更持久,如低聚糖合生元、中草药合生元等。

(三)生产菌种

用于微生态制剂生产的菌种,首先应该是公认的安全菌,如乳杆菌、某些双歧杆菌和肠球菌。只要有任何安全性疑问,在用作生产用菌种前,就有必要作短期的或长期的毒理学实验。

国外使用微生态制剂的历史悠久,如日本已形成了使用双歧杆菌制剂的传统。美国食品与药物管理局审批的、可在饲料中安全使用的菌种包括:黑曲霉、米曲霉、4种芽孢杆菌、4种拟杆菌、5种链球菌、6种双歧杆菌、12种乳杆菌、2种小球菌以及肠系膜明串珠菌和酵母菌等。英国除了使用以上菌种外,还使用伪长双歧杆菌、尿链球菌(我国称为屎链球菌)、枯草杆菌变异株等。

2003年我国农业部公布了可直接用于生产动物饲料添加剂的菌种15个,包括干酪乳杆菌、植物乳杆菌、嗜酸乳杆菌、两歧双歧杆菌、粪肠球菌、屎肠球菌、乳酸肠球菌、枯草芽孢杆菌、地衣芽孢杆菌、乳酸片球菌、戊糖片球菌、乳酸乳杆菌、啤酒酵母、产朊假丝酵母和沼泽红假单胞菌。

(四)微生态制剂的作用

1. 拮抗病原菌并维持肠道微生态平衡

在正常情况下,动物肠道微生物种群及其数量处于一个动态的微生态平衡状态,当机体受到某些应激因素的影响,这种平衡可能被破坏,导致体内菌群比例失调,需氧菌如大肠杆菌增加,并使蛋白质分解产生胺、氨等有害物质,动物表现出下痢等病理状态,生产性能下降。在动物饲料中添加微生态制剂不仅可以保持微生态环境的相对稳定,而且可以有效抑制病原体附集到胃肠道黏膜上,起到屏蔽作用,阻止致病菌的定植与入侵,以保护动物体不受感染。

2. 产生多种酶类

益生素在动物体内还能产生各种消化酶,提高饲料转化率。如芽孢杆菌有很强的蛋白酶、脂肪酶、淀粉酶活力,还能降解植物性饲料中较复杂的碳水化合物。乳酸菌能合成多种维生素供动物吸收,并产生有机酸加强肠蠕动,促进吸收。某些酵母菌有富集微量元素的作用,使之由无机态形式变成动物易消化的有机态形式。益生素能够维持动物小肠绒毛的结构并加强其功能,从而促进营养物质的吸收利用。

3. 营养和促生长作用

益生素在动物肠道内生长繁殖,能产生多种营养物质如维生素、氨基酸、促生长因子等,参与机体的新陈代谢。此外,一些益生素还产生一些重要的营养因子,从而促进矿物质元素利用,减少应激反应。

4. 增强机体免疫功能

益生素能提高抗体的数量和巨噬细胞的活力。乳酸菌可诱导机体产生干扰素、白细胞介素等细胞因子,通过淋巴循环活化全身的免疫防御系统,提高机体抑制癌细胞增殖的能力。霉菌分泌的一些代谢产物,可以增强机体免疫力。双歧杆菌细胞壁中的完整肽聚糖可使小鼠腹腔巨噬细胞 IL-1、IL-6 等细胞因子的 mRNA 的表达增多,从而在调节机体免疫应答反应中起作用。

5. 提高反刍动物对纤维素的消化率

益生素尤其是酵母和霉菌,具有促进瘤胃微生物繁殖和活性的能力,稳定瘤胃内环境,促进瘤胃菌体蛋白质合成,改变十二指肠内氨基酸构成比,促进厌氧菌特别是乳酸菌生长繁殖,进一步提高瘤胃中纤维素成分的早期消化,使纤维素成分消化速度加快,加强对瘤胃内氮的利用和蛋白质的合成,提高磷的消化利用率。

(五)微生态制剂使用注意事项

1. 选用合适的菌株

理想的微生态制剂应对人畜无毒害作用,能耐受强酸和胆汁环境,有较高的生产性能,体内外易于繁殖,室温下有较高的稳定性,对所用动物应该是特异性的。

2. 考虑用药程序

要考虑到饲料中应用的抗生素种类、浓度对微生态制剂效果的影响。使用微生态制剂前后应停止使用抗生素,以免降低效果或失效。

3. 正确使用

确保已经加入饲料或饮水中的制剂充分混匀,并有足够的活菌量。微生态制剂是活菌制剂,应保存于阴凉避光处,以确保微生物的活性。存时间不宜过长,以防失效。

 # 模块三 技能训练

细菌的药物敏感实验

【学习目标】

掌握细菌药物敏感性实验的操作方法,能够利用本实验方法选择敏感药物治疗兽医临床常见的细菌性传染病。

【仪器材料】

恒温箱、天平、打孔机、滤纸、无菌试管及吸管、试管架、镊子、接种环、酒精灯、蒸馏水、金黄色葡萄球菌及大肠杆菌的固体培养物、普通琼脂平板、肉汤培养基、链霉素、金霉素、新霉素、红霉素、磺胺类、多黏菌素等抗菌药物等。

【方法步骤】

(一)含药纸片的制备

1. 直径 6 mm 滤纸片的制备

最好选用新华 1 号定性滤纸,用打孔机打成直径 6 mm 的滤纸片,放在小瓶中或平皿中,121.3℃ 灭菌 15 min,再置 100℃ 干燥箱内烘干备用。

2. 药液的配制

用无菌蒸馏水将各药稀释成以下浓度:磺胺类 100 mg/mL、青霉素 100 IU/mL,链霉素、金霉素、新霉素、红霉素、多黏菌素 2 mg/mL。

对于目前生产实践中常用的复方药物,多含两种或两种以上的抗菌成分,稀释时可根据其治疗浓度或按一定的比例缩小后用蒸馏水或适当稀释液进行稀释。

3 含药纸片的制备

将灭菌的滤纸片用无菌镊子摊布于灭菌平皿中,按每张滤纸片饱和吸水量为 0.01 mL 计算,50 张滤纸片加入药液 0.5 mL。要不时翻动,使纸片充分吸收药液,浸泡 1～2 h 后于 37℃ 温箱中烘干备用。对青霉素、金霉素纸片的干燥宜采用低温真空干燥法,干燥后立即放入瓶中加塞,放干燥器内或置－20℃冰箱中保存。纸片的有效期一般为 4～6 个月。

(二)硫酸钡标准管制备

取 1‰～1.5‰ 氯化钡 0.5 mL,加 1‰ 硫酸溶液 99.5 mL,充分混匀即成,用前充分振荡。

(三)测验方法

(1)钩取金黄色葡萄球菌和大肠杆菌菌落各 4～5 个,分别接种于肉汤培养基中,37℃ 培养 4～6 h。

(2)用灭菌生理盐水稀释培养菌液,使其浊度相当于硫酸钡标准管。装有以上两种成分的试管需相同,硫酸钡用前需充分振动。

(3)用无菌棉拭子蘸取上述肉汤培养液,在试管壁上挤压除去多余的液体,在琼脂培养基表面均匀涂抹,盖好平皿,在室温下干燥 5 min。每种细菌分别接种 1～2 个琼脂平板。

(4)用玻璃铅笔在平皿底部标记药物名称。一个直径 90 mm 的平皿最多只能贴 7 张纸片,6 张均匀地贴在距平皿边缘 15 mm 处,一张位于中心。

(5)用灭菌镊子夹取干燥含药纸片,按标记位置轻贴在已接种细菌的琼脂培养基表面,一次放好,不得移动。

(6)将平皿置 37℃ 温箱中培养 18～24 h,观察、记录并分析结果。根据抑菌环直径的大小按表 4-4 的标准判定各种药物的敏感度。

表 4-4　细菌对不同抗菌药物敏感度标准

药物名称	抑菌环直径/mm	敏感度
青霉素	<10	不敏感
	11~20	中度敏感
	>20	高度敏感
土霉素、链霉素、四环素、新霉素、磺胺	<10	不敏感
	11~14	中度敏感
	>14	高度敏感
庆大霉素、卡那霉素	<12	不敏感
	13~14	中度敏感
	>14	高度敏感
氯霉素、红霉素	<10	不敏感
	11~17	中度敏感
	>17	高度敏感
其他	<10	不敏感
	11~15	中度敏感
	>15	高度敏感

【注意事项】

(1)接种菌液的浓度必须标准化,一般以细菌在琼脂平板上生长一定时间后呈融合状态为标准。如菌液浓度过大,会使抑菌环减小;浓度过小,会使抑菌环增大。

(2)接种后应及时贴上含药纸片并放入 37℃ 温箱中培养。

(3)培养时间一般为 18~24 h,结果判定不宜过早,但培养过久,细菌可能恢复生长,使抑菌环缩小。

(4)实训过程中要防止污染抗生素,否则可发生抑菌环缩小或无抑菌环现象。

(5)因蛋白胨可使磺胺失去作用,故磺胺类药物应采用无胨琼脂

附:无胨琼脂的配制方法

牛肉膏或酵母浸膏 5.0 g,氯化钠 5.0 g,琼脂 25 g,水 1 000 mL。

将牛肉膏或酵母浸膏、氯化钠和水混合后加热溶解,测定并矫正 pH 为 7.2~7.4,过滤后加入琼脂,煮沸使琼脂充分溶化,121.3℃ 高压蒸汽灭菌 15 min,分装平皿,静置冷却即成琼脂平板。

复习思考题

1.可用作消毒的生物有哪些?

2.抗生素的作用机理是什么?

3.植物杀菌素有哪些应用?

4.单细胞蛋白质饲料种类有哪些?

5.青贮饲料的发酵过程是什么?

6.用药敏纸片进行细菌的药物敏感实验的步骤有哪些?

项目五　动物免疫

任务一

非特异性免疫

◆ 知识点

　　非特异性免疫的概念、非特异性免疫的特点、非特异性免疫的构成、非特异性免疫的影响因素、病原微生物的致病性、病原微生物的致病性毒力、传染的发生。

◆ 技能点

　　补体的应用、溶菌酶应用、干扰素应用、抗菌肽应用、血浆蛋白应用、半数致死量的测定、半数感染量的测定。

 模块一　基本知识

一、非特异性免疫的概念及特点

　　机体的免疫应答包括非特异性免疫应答和特异性免疫应答。非特异性免疫，又叫先天性免疫或自然免疫，是动物在长期进化过程中所形成的阻挡病原微生物侵入及杀灭、吞噬病原微生物的一系列防御机制。是先天性的，可遗传的相对稳定、无特殊针对性的对付病原体的天然抵抗力。非特异性免疫具有以下特点：①先天的，具遗传性；②免疫力较巩固；③发挥作用快，作用范围广；④特异性免疫的基础，起着第一道防御线的作用；⑤对抗原异物无特异性识别作用，只有较初级的识别功能。

二、非特异性免疫的构成

　　构成机体非特异性免疫的因素很多，其中主要是屏障结构、正常体液中的抗微生物物质、炎症反应及组织的不感受性。对人和高等动物来说，非特异性免疫主要由宿主的屏障结构、吞噬细胞的吞噬功能、正常组织和体液中的抗菌物质以及有保护性的炎症反应等 4 方面组成。此外,机体的生理因素和种的差异、年龄以及应激反应状态等均与非特异性免疫有关。应注意的是,非特异性免疫与特异性免疫只是为了学习方便而区分的,事实上它们之间密切联系,有时还是密不可分的。

(一)防御屏障

防御屏障是正常机体普遍存在的组织结构,包括皮肤和黏膜等构成的外部屏障和多种重要器官组成的内部屏障。结构和功能完整的内、外部屏障结构可以杜绝病原微生物侵入动物机体,有效控制其在动物机体内的扩散。

1. 皮肤及黏膜屏障

皮肤是动物机体防御外界异物的第一道防线或机械防线。健康完整的皮肤对外界异物侵入起着机械的阻挡作用,皮肤上的汗腺分泌物中的乳酸及不饱和脂肪酸,有一定的杀菌作用。当皮肤损伤时,细菌则乘虚而入,引起感染。黏膜除了机械阻挡外,腺体分泌液中含有溶菌酶及杀菌物质,对黏膜表面起着化学屏障作用。眼泪和唾液冲洗及其中溶菌酶的杀菌作用,有助于清除病原体。气管、支气管上皮细胞纤毛有节律地颤动,能阻止异物的侵入及将异物排除。消化道的胃酸和胆汁均具有杀菌作用,亦可阻止病原体的侵入。

2. 内部屏障

动物机体有多种内部屏障,具有特定的组织结构,能够保护机体主要器官或组织免受病原异物感染或侵入。

血脑屏障主要由脑、脑膜的毛细血管壁和由神经细胞形成的胶原膜构成的血脑屏障,能阻止病原体由血液进入脑组织和脑脊髓中。血脑屏障是个体发育过程中逐步形成的,幼畜、婴儿血脑屏障未发育完善而易发生中枢神经系统疾病的感染,如仔猪易发生的伪狂犬病,婴儿易发生流行性脑炎等(图 5-1)。

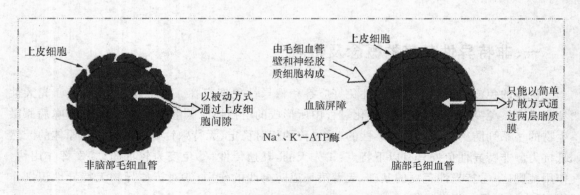

图 5-1　血脑屏障示意图

血胎屏障则是由母体子宫内膜及血管和胎儿绒毛膜及血管所形成的胎盘构成,是妊娠期动物母-胎界面的一种保护胎儿免受感染的防御机构,可以阻止母体内的大多数病原微生物通过胎盘侵入感染胎儿。

除上述防御屏障外,还有血管屏障,肺脏中的气血屏障能防止病原微生物经肺泡壁进入血液,睾丸中的血睾屏障能防止病原微生物进入曲精细管。

(二)吞噬作用

当病原微生物一旦突破第一道防线即表皮及屏障结构后,就会遇到宿主非特异性防御系统中的第二道防线的抵抗——吞噬细胞的吞噬作用。吞噬作用是动物机体在长期进化过程中建立起来的一种原始而有效的防御反应机制。病原及其他异物突破防御屏障进入机体后,将会遭到吞噬细胞的吞噬作用而被破坏。

1. 吞噬细胞

吞噬细胞是一类存在于血液、体液或组织中,能进行变形运动,并能吞噬、杀死和消化病原微生物等异常抗原的白细胞。动物体内最重要的吞噬细胞有两大类。其一为多形核白细胞中的嗜中性粒细胞,具有高度移行性和非特异性吞噬功能,形状较小(直径 $10\sim15\ \mu m$),运动力强($40\ \mu m/min$),属于小吞噬细胞。在骨髓中形成,寿命短(半衰期为 $6\sim7$ h),存在于血流和骨髓中,在其溶酶体中含有杀菌物质和酶类,诸如过氧化氢酶、溶菌酶、蛋白酶、磷酸酶、核酸酶和脂肪酶等。该细胞能吞噬并破坏异物,还能吸引其他吞噬细胞向异物移动,增强吞噬效果。其二为以巨噬细胞为代表的各种单核巨噬细胞。其分布广泛,细胞形体较大($10\sim20\ \mu m$),为大吞噬细胞,寿命长达数月至数年,可作变形运动,并有吞噬和胞饮功能。能黏附于玻璃和塑料表面,故又称黏附细胞。它们属于单核巨噬细胞系统,包括血液中的单核细胞,以及由单核细胞移行于各组织器官而形成的多种巨噬细胞。如肺脏中的尘细胞、肝脏中的枯否氏细胞、皮肤和结缔组织中的组织细胞、骨组织中的破骨细胞、神经组织中的小胶质细胞等。

2. 吞噬的过程

吞噬细胞在趋化因子作用下与病原微生物或其他异物接触后,能伸出伪足将病原微生物包围,并吞入细胞浆内形成由部分细胞膜包绕的吞噬体。接着细胞内溶酶体逐渐向吞噬体靠近,并相互融合形成吞噬溶酶体。在吞噬溶酶体内,溶菌酶、过氧化物酶、乳铁蛋白、杀菌素、碱性磷酸酶等可杀死病原微生物,蛋白酶、多糖酶、脂酶、核酸酶等,可将病原微生物分解、消化,最后将不能消化的病原残渣排出胞外(图5-2)。

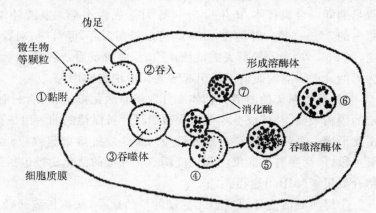

图 5-2　多形核白细胞的吞噬作用

3. 吞噬的结果

由于机体的抵抗力、病原微生物的种类和致病力不同,吞噬发生后可能表现为完全吞噬和不完全吞噬两种结果。动物整体抵抗力和吞噬细胞的功能较强时,病原微生物在吞噬溶酶体中被杀灭、消化后连同溶酶体内容物一起以残渣的形式排出细胞外,这种吞噬称为完全吞噬。相反,当某些细胞内寄生的细菌如结核分枝杆菌、布氏杆菌,以及部分病毒被吞噬后,不能被吞噬细胞破坏并排到细胞外,称为不完全吞噬。不完全吞噬有利于细胞内病原逃避体内杀菌物质及药物的作用,甚至在吞噬细胞内生长、繁殖,或随吞噬细胞的游走而扩散,引起更大范围的感染。吞噬细胞的吞噬作用是机体非特异性抗感染的重要因素,而在特异性免疫中,吞噬细胞会发挥更强大的清除异物的作用,因为吞噬细胞内不仅含有大量的溶酶体,表面还具有多种受体,其中包括 IgG Fc 受体和补体 C3b 受体,能分别与特异性抗体、补体 C3b 相结合,从而通过调理作用等促进病原体的清除。

(三)正常体液或组织中的抗微生物物质

在正常体液或组织中含有多种抗菌物质,如补体、溶菌酶、乙型溶素、干扰素、抗菌肽、血浆蛋白、吞噬细胞杀菌素、组蛋白、白细胞素、血小板素、正铁血红素、精素、精胺碱和乳铁蛋白等,它们一般不能直接杀灭病原体,而是配合免疫细胞、抗体或其他防御因子使之发挥较强的免疫功能。

1. 补体

补体是存在于人和脊椎动物血清和组织液中的一组经活化后具有酶活性的蛋白质。早期研究发现这种因子是抗体发挥溶血作用的必要补充条件而得名补体。后来发现,补体并非单一成分,而是由 30 余种可溶性蛋白和膜结合蛋白组成,故被称为补体系统。

(1)补体系统的组成及性质。构成补体系统的 30 余种成分按其功能不同可分为三类:①补体系统的固有成分:包括参与经典活化途径的 C1、C2、C3、C4、C5~C9 及参与旁路途径的 B 因子、D 因子、P 因子等;②补体激活的调节蛋白:包括 C1 抑制物、C4 结合蛋白、C8 结合蛋白、I 因子、H 因子、S 蛋白等;③补体受体:包括多种补体片段的受体,如 C3aR,CSaR 等。

补体由体内多种细胞合成,其中肝细胞和巨噬细胞是产生补体的主要细胞。人类胚胎发育早期即可合成补体,出生后 3~6 个月达成人水平。血清补体蛋白总量相对稳定,占血清总蛋白的 5%~6%。补体在 -20℃ 可以长期保存,但对热、剧烈震荡、酸碱环境、蛋白酶等不稳定,经 56℃ 30 min 即可失去活性。因而,血清及血清制品必须经过 56℃ 30 min 加热处理,称为灭活。灭活后的血清不易引起溶血和溶细胞作用。

(2)补体系统的激活。补体成分常以非活化形式存在,只有在某些物质的作用下,或在特定的固相表面,补体成分才能依次被激活。被激活的前一组成分具有裂解后一组成分的特性,由此形成一系列级联反应(连锁反应),最终发挥溶细胞效应。补体在激活过程中产生多种裂解片段,广泛参与炎症反应和免疫调节。补体的活化途径包括经典途径、旁路途径和甘露聚糖结合凝集素(MBL)途径。

①经典激活途径:是经 C1 启动的激活途径,又称传统途径。参与经典激活途径的补体成分为 C1~C9,整个激活过程可分为识别阶段、活化阶段和膜攻击阶段。a. 识别阶段:抗原与相应抗体结合后,抗体发生构象改变,暴露出其补体结合位点,被 C1q 识别,并与之结合。进而 C1q 变构,在 Ca^{2+} 参与下,相继激活 C1r,C1s,活化的 C1s 即为 C1 酯酶。b. 活化阶段:具有酶活性的 C1s 在 Mg^{2+} 的作用下,依次分别裂解 C4、C2 为 a 片段和 b 片段。C4a 和 C2a 释放入液相,C4b 和 C2b 结合在已与抗体结合的靶细胞膜上,形成 C4b2b,即经典途径 C3 转化酶。C4b2b 裂解 C3 为 C3a 和 C3b,C3a 释放入液相,C3b 与 C4b2b 结合,形成 C4b2b3b,即经典途径 C5 转化酶。这一过程中产生的 C4a、C2a,C3a 释放到液相中发挥各自的生物学效应。c.

膜攻击阶段:C5 转化酶裂解 C5 形成 C5a、C5b,C5a 进入液相,C5b 结合于靶细胞表面,依次与 C6、C7、C8 结合成 C5b678 复合物,该复合物插入靶细胞膜脂质双层,牢固地附着于细胞表面,与 12~15 个 C9 分子结合,形成 C5b6789 复合物,即攻膜复合体(MAC)。MAC 形成贯穿靶细胞膜,内径约为 11 nm 的跨膜通道,致使水和无机盐自由进出,导致靶细胞溶解死亡。

②MBL 激活途径:MBL 途径是由细菌的甘露糖残基与机体急性期蛋白 MBL 结合后启动的激活过程。在病原微生物感染的早期,体内巨噬细胞可产生 TNF-α,IL-1 和 IL-6 等细胞因子,从而导致机体发生急性期炎症反应,并诱导肝细胞合成与分泌急性期蛋白,其中参与补体活化的有甘露聚糖结合凝集素(MBL)和 C 反应蛋白。MBL 是一种钙依赖性糖结合蛋白,正常血清中 MBL 水平极低,急性炎症反应时,其水平明显升高。MBL 首先与细菌的甘露糖残基结合,然后与丝氨酸蛋白酶结合,形成 MBL 相关丝氨酸蛋白酶(MASP),MASP 具有与 C1s 相同的酶活性,可裂解 C4 和 C2 分子,继而形成 C3 转化酶,其后的反应过程与经典途径相同。

③旁路激活途径:旁路途径又称替代途径或 C3 途径,主要激活物是细菌脂多糖、酵母多糖、凝聚的 IgA 和 IgG,等。参与的补体成分有 C3、C5~C9、B 因子、D 因子、P 因子。由于该途径的激活不依赖于特异性抗体,因而在感染早期抗体未形成之前即可发挥防御功能。在生理条件下,血清中的 C3 受蛋白酶作用可缓慢而持久的降解并产生 C3b,称为 C3 慢速运转。C3b 可与 B 因子结合形成 C3bB,血清中 D 因子将结合状态的 B 因子裂解成 Ba 和 Bb。Ba 释放入液相,Bb 仍附着于 C3b,即 C3bBb 复合物,该复合物即是旁路途径的 C3 转化酶。C3bBb 极不稳定,可被迅速降解。但血清中的备解素(P 因子)能稳定 C3bBb 的活性,使 C3 水解生成 C3a 和 C3b,C3b 沉积在颗粒表面并与 C3bBb 结合形成 C3bBb 的活性,使 C3 水解为 C3a 和 C3b,C3b 沉积在颗粒表面并与 C3bBb 结合形成 C3bBb3b(或 C3bnBb),此复合物即为旁路途径的 C5 转化酶,能裂解 C5,引起与前两条途径相同的末端效应。

机体在发挥抗感染作用的过程中,最先发挥作用的依次是不依赖抗体的旁路途径和 MBL 途径,之后才是依赖抗体的经典途径。

(3)补体的生物学作用。三条补体激活途径的共同终末效应是导致细胞溶解。补体在激活过程中产生的多种裂解片段也可表现多种生物学效应。

①溶菌、溶细胞和抗病毒作用:补体激活形成的 MAC 插入靶细胞膜的脂质双层内,使细胞膜表面形成许多跨膜小孔,最终导致靶细胞溶解。补体溶细胞作用是机体抗感染的重要防御机制。但在病理情况下若体内产生针对自身组织细胞的抗体,则可导致自身细胞的溶解。抗体与相应病毒结合后,在补体参与下,可以中和病毒的致病力。此外,补体系统激活后可溶解有囊膜的病毒。

②调理作用:促进吞噬细胞的吞噬作用称调理作用,具有调理作用的物质称为调理素。补体激活过程中产生的 C3b 和 C4b 是重要的调理素。其一端与细菌、病毒及其他颗粒物质结合,另一端与吞噬细胞表面的受体结合,在两者之间起桥梁作用,促进吞噬细胞吞噬、杀伤功能,因此调理作用也是机体抗感染的重要防御机制。

③清除免疫复合物:可溶性免疫复合物激活补体产生的 C3b 结合于复合物上,一方面可被循环中的吞噬细胞吞噬清除,另一方面复合物通过 C3b 与具有 C3b 受体的红细胞、血小板黏附,被运送至肝脏、脾脏,被吞噬细胞吞噬清除,此为免疫黏附。由于表达 C3b 受体的红细

胞众多,因此红细胞是清除循环免疫复合物的主要参与者。

④引起炎症反应:C3a、C4a、C5a 具有过敏毒素作用,被称为过敏毒素。过敏毒素与肥大细胞、嗜碱性粒细胞等表面的相应受体结合,激发细胞脱颗粒,释放组胺等血管活性介质,导致血管扩张,血管通透性增加,有利于吞噬细胞和血浆成分进入组织,加重局部炎症。C3a、C5a 具有趋化作用,能吸引大量吞噬细胞向炎症部位游走聚集,发挥吞噬作用,增强炎症反应。

此外,补体还参与特异性免疫应答的调节,发挥广泛的生物学作用。

2. 干扰素

干扰素是高等动物机体细胞,在病毒或其他干扰素诱生剂的刺激下,所产生的一种具有高活性、广谱抗病毒等功能的低分子量的特异性糖蛋白。相对分子质量较小(约 2.0×10^4)。当这种物质进入其他未感染细胞时,可诱导细胞产生能抑制病毒复制的抗病毒蛋白质。

在脊椎动物,几乎所有类型的细胞,如成纤维细胞、白细胞、巨噬细胞等,均可产生干扰素,但不同类型的细胞产生干扰素的能力差异很大,一般以白细胞产生能力最强。干扰素不仅具有广谱的抗病毒作用,而且能抑制一些细胞内感染细菌、真菌,并有抗肿瘤的作用。干扰素还有调节机体免疫的功能(包括增强巨噬细胞的吞噬作用、增强 NK 细胞和 T 细胞的活力)。

干扰素的诱导过程和作用机制(图 5-3)。总的过程为:病毒侵染人或动物细胞后,在其中复制并产生 dsRNA,由它再诱导产生 IFN-RNA,进一步转译出 IFN。这时,宿主细胞死亡。所产生的 IFN 对同种细胞上的相应受体有极高的亲和力,两者结合后,可刺激该细胞合成抗病毒蛋白 AVP。这种 AVP 与侵染病毒的 dsRNA 发生复合后,活化了 AVP,由活化的 AVP 降解病毒的 mRNA。其结果阻止了病毒衣壳蛋白的转译,于是抑制了病毒的正常增殖。

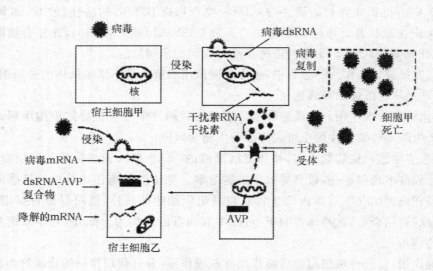

图 5-3 干扰素的诱生及其作用示意图

3. 溶菌酶

溶菌酶属不耐热碱性蛋白质,主要来源于吞噬细胞,广泛分布于各种体液中,如血清、唾液、泪液以及乳汁、胃肠、呼吸道分泌液和吞噬细胞的溶酶体颗粒中等。溶菌酶能水解细菌细胞壁的肽聚糖从而使细菌溶解。由于 G^+ 菌细胞壁几乎全部由肽聚糖组成,而 G^- 菌细胞壁肽聚糖含量较少,因此溶菌酶只能破坏 G^+ 菌的细胞壁,对 G^- 菌作用不大,但在有补体和 Mg^{2+}

存在时,溶菌酶能使 G⁻ 菌的脂多糖和脂蛋白受到破坏,从而破坏 G⁻ 菌细胞。由于溶菌酶是一种无毒、无副作用的蛋白质,又具有一定的溶菌作用,因此溶菌酶已被广泛用于水产品、肉食品、蛋糕及饮料的防腐,国际上也已生产出医用溶菌酶。

4.急性期蛋白

急性期蛋白是机体受感染时肝细胞合成的一类血浆蛋白,具有抗微生物感染和限制因创伤、感染、肿瘤等所致的组织损伤的作用。急性期蛋白包括 C 反应蛋白、淀粉样蛋白 A 和甘露糖结合凝集素等,它们具有激活补体和调理促进吞噬的作用。

5.抗菌肽

抗菌肽是具有抗菌活性短肽的总称,现已从多种动、植物中发现数百种抗菌肽。在人体内,抗菌肽主要分布于吞噬细胞、多种上皮细胞以及体液中,具有广谱的抗菌活性,并有抗病毒和抗肿瘤作用。其作用机制因肽的种类而异。例如,防御素可在病原体细胞膜的脂质双层形成离子通道,对细菌、真菌和有包膜病毒具有广谱的直接杀伤活性。

(四)炎症反应

炎症是动物机体对病原体的侵入或其他损伤的一种保护性反应。在防御、消灭病原微生物的非特异性反应中相应部位常出现红、肿、热、痛和功能障碍,是炎症的五大特征。炎症反应广泛存在于人类和高等动物体内组织中的巨噬细胞、红细胞、血小板、单核细胞、多形核粒细胞等在发炎早期有着重要的作用。炎症反应既是一种病理过程,又是一种防御病原体入侵的积极的免疫反应,其原因是:①可动员大量吞噬细胞、淋巴细胞和抗菌物质聚集在炎症部位;②感染部位的微血管迅速扩张,血流量增加使血液中的抗菌因子和抗体发生局部浓缩;③死亡的宿主细胞堆集可释放一部分抗菌物质;④炎症反应部位氧浓度的下降和乳酸浓度的提高,可抑制多种病原体的生长;⑤炎症反应部位的高温和体温的升高可降低某些病原体的繁殖速度。

三、非特异性免疫的影响因素

对初次侵入机体的任何病原微生物,非特异性免疫反应常表现出杀灭及清除的反应。但非特异性免疫的杀伤效果在不同的种类、年龄的动物,对不同的病原微生物作用往往不同。影响非特异性免疫的因素简述如下。

1.遗传因素

不同种属或不同品种的动物,对病原微生物的易感性和免疫反应性有差异,这些差异决定于动物的遗传因素。例如,在正常情况下,草食动物对炭疽杆菌十分易感,而家禽却无感受性。一种动物对大多数微生物具有先天性免疫力,只对少数病原体易感,在同一种动物不同品系之间或个体间也有差异,是由于一些动物机体对某些入侵的病原微生物生长繁殖缺乏适宜条件,或存在抑制因素,使病原微生物在机体中不能繁殖足够的数量,不能破坏机体生理机能,造成传染。免疫的这种种间、品系间或个体的差异,是由遗传基因所控制的。如家禽的体温高达 41℃ 以上,不适宜炭疽杆菌的生长,故不能致病。某些机体缺乏相应的受体,如流感病毒囊膜上的血凝素,须与细胞上的受体结合才能吸附与细胞上,如无受体则不能发病。又如致病性 K88 大肠杆菌能否侵入猪小肠上皮细胞,导致黄痢病,则决定于上皮细胞中有无 K88 受体。

2. 年龄因素

不同年龄的动物对病原微生物的易感性和免疫反应性也不同。在自然条件下,不少病原微生物只侵害幼龄动物,例如,小鹅瘟病毒、致病性大肠杆菌和引起犊牛下痢的轮状病毒等。另一些则发生在一定年龄,如猪丹毒发生 3 月龄以上的猪,布氏杆菌病主要侵害性成熟的动物,老龄动物的器官组织功能及机体的防御能力趋于下降,因此容易发生肿瘤或反复感染。

3. 环境因素

自然环境因素,如气候、温度、湿度等的剧烈变化对机体免疫力有一定的影响。如寒冷能使呼吸道黏膜的抵抗力下降。营养极度不良,缺乏维生素等,可导致机体抵抗力及吞噬细胞的吞噬能力下降,免疫功能失调而发生感染。因此,加强管理和改善营养状况,可以提高机体的非特异性免疫力。

4. 应激反应

应激反应是指机体受到强烈刺激时,如剧痛、创伤、烧伤、过冷、过热、饥饿、疲劳、缺氧、电离辐射等,而出现以交感神经兴奋和垂体-肾上腺皮质分泌增加为主的一系列引起机体机能和代谢的改变的防御反应,表现为淋巴细胞转化率和吞噬能力下降,因而易发生感染。

四、非特异性免疫的增强剂

自从肿瘤免疫被广泛重视以来,对非特异性免疫的重要性有了新的认识。在对肿瘤、自身免疫病及免疫缺陷的防治上,近年来广泛应用了增强非特异性免疫的措施——免疫增强剂。免疫增强剂是指一类能调节、增强和恢复动物机体免疫功能的制剂,其作用表现为对正常的免疫功能无影响,而对异常的免疫功能具有双向调节作用,即在一定浓度范围内,对过低的免疫应答起促进作用,对过高的免疫应答起抑制作用,因此又称为免疫调节剂。免疫增强剂分为以下类型。

1. 微生物疫苗制剂

卡介苗是减毒的结核分枝杆菌活疫苗,可活化巨噬细胞,增强细胞免疫(NK 细胞、T 细胞)功能,对于肿瘤治疗有辅助作用,对感冒及流感有一定的预防作用,因而广泛应用于基础免疫及疫苗的增强剂(如弗氏完全佐剂中卡介苗)。

革兰氏阳性厌氧短小棒状杆菌是一种非特异性的激活剂,能诱导淋巴系统组织的高度增生,增强巨噬细胞的吞噬活力、黏附力,使溶酶体的酶活性增强,从而导致肝、脾和肺的体积增大,增强动物机体对各种抗原的免疫反应,促进抗体合成以及抗体抗原的结合力。局部注射治疗黑色素瘤等有一定的临床疗效。除细菌外,真菌多糖(如香菇、茯苓等)均能增强非特异性免疫,目前主要用于肿瘤治疗。

2. 生物制剂类增强剂

胸腺素能诱导淋巴细胞转化,促进淋巴细胞分裂与再生,加强细胞免疫。可应用胸腺素制剂治疗胸腺功能不全及各种肿瘤疾病。转移因子(TF),用脾脏提取用做细胞免疫增强剂。根据治疗对象的不同,选择相应的动物做供体,如治疗结核病,则选择结核菌素强阳性反应动物制备转移因子。在免疫功能低下的动物和人,使用相应动物和人的 γ-球蛋白和干扰素,均能增强非特异性免疫。生物制剂类增强剂主要应用于病毒感染性疾病、免疫缺陷病、自身免疫疾病和肿瘤的免疫治疗。

3.化学免疫增强剂

一些化学合成药物具有明显的免疫刺激作用,能通过不同方式增强动物机体的免疫功能,如一种合成的驱虫药--左旋咪唑,该药物能激活吞噬细胞、增强细胞免疫的功能,能使受抑制的吞噬细胞和淋巴细胞功能恢复正常,从而增强对细菌、病毒、原虫或肿瘤的抗御作用。聚肌胞是人工合成的人工诱生剂,它不仅能强有力的诱导干扰素的产生,同时也是一种强有力的免疫增强剂,且对癌细胞有毒性反应,故可应用于某些病毒性疾病和肿瘤的治疗。

4.中草药免疫增强剂

多数补益类(滋阴、补气、补血)中草药及其提取成分一般都有免疫增强或免疫调节作用,提高机体抵抗各种微生物感染的能力。黄芪 、党参、灵芝等能提高单核-吞噬细胞系统,有类似卡介苗的作用;当归、白术、黄芩、红花等有一定的刺激机体增强免疫功能的作用;薏米、黄精能提高淋巴细胞的转化率。这些药物均为非特异性免疫增强剂。

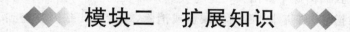

模块二 扩展知识

一、微生物的致病性

自然界中微生物种类多样,分布广泛,根据其与人类、动植物的关系可分为下列几种类型。绝大多数微生物对人类和动植物无害,甚至有益,称为非病原微生物。如双歧杆菌、乳酸链球菌、保加利亚乳杆菌等。少数能引起人类和动植物发生病害的微生物称为病原微生物。如猪瘟病毒、猪丹毒杆菌、犬细小病毒等。从进化关系来看,病原微生物是由非病原微生物演变而来,它们之间没有绝对的界限。就病原微生物的生活方式而言,绝大多数病原微生物是寄生性的,又可分为专性寄生和兼性寄生两大类。另有一些是寄居性的,在正常情况下对寄主不呈现致病作用,如动物肠道的大肠杆菌、皮肤上的化脓性链球菌等,当动物机体抵抗力降低时可致病,称为条件性病原微生物或机会性病原微生物。还有少数是腐生性的,是在死物上生长繁殖产生毒素,毒素以食物等为媒介进入人和动物体而致病,如肉毒中毒等毒素性食物中毒等,称其为腐生性病原微生物。

(一)病原微生物的致病性与毒力

病原微生物能否引起宿主疾病取决于它们的致病性和毒力。

1.致病性与毒力的概念

(1)致病性。一定种类的病原微生物,在一定的条件下能在特殊的宿主体内引起特定疾病的能力称为致病性。病原微生物的致病性是针对宿主而言,有的仅对人致病,有的则仅对某些动物致病,而有的则兼而有之。不同的病原微生物对宿主可引起不同的疾病,表现为不同的临床症状和病理变化,也就是说某种病原微生物只能引起一定的疾病。如猪瘟病毒引起猪瘟,结核分枝杆菌则引起人和动物结核病。因此,致病性是病原微生物种的特征,是质的概念。

(2)毒力。病原菌致病力的强弱程度称为毒力,毒力是病原微生物的个性特征,是量的概念。表示病原微生物病原性的程度,可以通过测定加以量化。同一种微生物的不同菌毒株有强毒、弱毒(减毒)与无毒菌株之分。

2.致病性的确定

(1)经典柯赫法则。著名的柯赫法则是确定某种细菌是否具有致病性的主要依据,其要点是,第一,特殊的病原菌应在同一疾病中查见,在健康者不存在;第二,此病原菌能被分离培养而得到纯种;第三,此纯培养物接种易感动物,能导致同样病症;第四,自实验感染的动物体内能重新获得该病原菌的纯培养。柯赫法则随在确定一种新的病原体时非常重要,但其有一定的局限性,某些情况并不符合该法则。如健康带菌或隐性感染,有些病原菌迄今仍无法在体外人工培养,有的则没有可用的易感动物。另外,该法则只强调了病原微生物一方面,忽略了它与宿主的相互作用,是不足之处。

(2)基因水平的柯赫法则。随着分子生物学的发展,"基因水平的柯赫法则"应运而生。其要点是:第一,应在致病菌株中检出某些毒力或其产物,而无毒力菌株中则无;第二,如有毒力菌株的某个基因被损坏,则菌株的毒力应减弱或消除,或者将此基因克隆到无毒菌株内,后者成为有毒力菌株;第三,将细菌接种动物时,这个基因应在感染的过程中表达;第四,在接种动物检测到这个基因产物的抗体,或产生免疫保护。该法则也适用于细菌以外的微生物,如病毒。

3.毒力的测定

在疫苗研制、血清效价测定、药物筛选等实际工作中,毒力的测定显得尤为重要,必须先测得病原微生物的毒力。毒力的表示方法很多,最具实用的是半数致死量和半数感染量。

(1)半数致死量(LD_{50})。它是指能使接种的实验动物在感染后一定时限内死亡一半所需的微生物量或毒素量。测定 LD_{50} 应选取品种、年龄、体重乃至性别等各方面都相同的易感动物,分成若干组,每组数量相同,以递减剂量的微生物或毒素分别接种各组动物,在一定时限内观察记录结果,最后以生物统计学方法计算出 LD_{50}。由于半数致死量采用了生物统计学方法对数据进行处理,因而避免了动物个体差异造成的误差。

(2)半数感染量(ID_{50})。它是指感染实验动物、鸡胚或细胞后在一定时限内使一半感染发病所需的微生物量。因某些病原微生物只能感染实验动物、鸡胚或细胞,但不引致死亡,只能用 ID_{50} 来表示其毒力。测定的方法与测定 LD_{50} 类似,只不过在统计结果时以感染者代替死亡者。

(3)最小致死量(MLD)。它指能使特定实验动物于感染后一定时间内死亡所需的最小的活微生物量或毒素量。

(4)最小感染量(MID)。它指能引起实验对象(动物、鸡胚或细胞)发生感染的最小病原微生物的量。

4.改变毒力的方法

(1)增强毒力的方法。在自然条件下,回归易感动物是增强微生物毒力的最佳方法。易感动物可以是本动物亦可以为实验动物,如多杀性巴氏杆菌通过小鼠、猪丹毒杆菌通过鸽子等都可增强其毒力。有的细菌与其他微生物共生或被温和噬菌体感染也可增强其毒力,如产生荚膜梭菌与八叠球菌共生时毒力增强,白喉杆菌只有被温和噬菌体感染时才能产生毒素而成为有毒细菌。

（2）减弱毒力的方法。病原微生物的毒力可自发地或人为地减弱。人工减弱病原微生物的毒力，在疫苗生产上有重要意义。常用的方法有：长时间在体外连续培养传代；在高于最适生长温度条件下培养，如炭疽疫苗是将炭疽杆菌强毒株在 $42\sim43{}^{\circ}\!C$ 培养传代选育而成；在含有特殊化学物质的培养基中培养，如卡介苗是将牛型结核分枝杆菌在含有胆汁的马铃薯培养基上每 15 d 传一代，连续传代 13 年后培育而成；在特殊气体条件下培养，如无荚膜炭疽疫苗是在含 50% CO_2 的条件下选育的；通过非易感动物；通过基因工程方法，如去除毒力基因或用点突变的方法使毒力基因失活，可获得无毒力的菌株或弱毒菌株。此外，在含有抗血清、特异噬菌体或抗生素的培养基中培养，也都能使病原微生物的毒力减弱。

（二）细菌的致病作用

构成细菌毒力的物质称为毒力因子，主要有侵袭力和毒素，此外有些毒力因子尚不明确。近年来的研究发现，细菌的许多重要毒力因子的分泌与细菌的分泌系统有关。

1. 侵袭力

病原菌突破机体的防御屏障（皮肤、黏膜等），进入机体内定居、繁殖和扩散的能力称为侵袭力。侵袭力主要取决于涉及病原微生物的表面结构和释放的蛋白或酶类。

（1）黏附与定殖。黏附是病原微生物附着在宿主敏感细胞表面，以有利于其进一步在细胞内定殖。在黏附的基础上，病原微生物才可获得进一步的侵入与扩散。凡具有黏附作用的细菌结构成分统称为黏附素，通常是细菌表面的一些大分子结构成分，主要是革兰氏阴性菌的菌毛，其次是非菌毛黏附素，如某些外膜蛋白（OMP）以及革兰氏阳性菌的脂磷壁酸（LTA）等。黏附是感染的第一步，病原微生物主要黏附在宿主的消化道、呼吸道、生殖道、尿道及眼结膜等处，易于抵抗免疫细胞、免疫分子及药物的攻击，包括吞噬、抗体、补体以及抗生素的杀灭作用，以免被肠蠕动、黏液分泌、呼吸道纤毛运动等作用所清除。

细胞或组织表面与黏附素相互作用的成分称为受体，多为细胞表面糖蛋白，其中的糖残基往往是黏附素直接结合部位，如大肠杆菌 i 型菌毛结合 D-甘露糖、霍乱弧菌的 iv 型菌毛结合岩藻糖及甘露糖、大肠杆菌的 F5（K99）菌毛结合唾液酸和半乳糖。部分黏附素受体为蛋白质，最有代表性的是细胞外基质（ECM），ECM 的成员有 i 型及 iv 型胶原蛋白、层粘连蛋白、纤粘蛋白等，如金黄色葡萄球菌的黏附素原结合的蛋白受体为胶原蛋白。

（2）干扰或逃避宿主的防御机制。病原微生物黏附于宿主细胞或组织表面后，必须克服机体局部的防御机制，特别是要干扰或逃避局部的吞噬作用及分泌抗体介导的体液免疫作用，才能成功建立感染。

①抗吞噬作用机制：包括以下几个方面，第一，不与吞噬细胞接触，可通过胞外酶（如链球菌溶血素等）破坏细胞骨架以抑制吞噬细胞的作用。第二，抑制吞噬细胞的摄取，如多糖荚膜、微荚膜、链球菌的 M 蛋白和菌毛等。第三，在吞噬细胞内生存，如李氏杆菌被吞噬后，很快从吞噬小体中逸出，直接进入细胞质。而金黄色葡萄球菌则产生大量的过氧化氢酶，能中和吞噬细胞中的氧自由基。第四，杀死或损伤吞噬细胞，某些细菌通过分泌外毒素或蛋白酶来破坏吞噬细胞的细胞膜，或诱导细胞凋亡，或直接杀死吞噬细胞。

②抗体液免疫机制：细菌逃避体液免疫主要通过：第一，抗原伪装或抗原变异，前者主要是在细菌表面结合机体组织成分，如金黄色葡萄球菌通过细胞结合性凝固酶结合血纤维蛋白，或

通过 SPA 结合免疫球蛋白形成抗原伪装。第二,分泌蛋白酶降解免疫球蛋白,嗜血杆菌等可分泌 IgA 蛋白酶,破坏黏膜表面的 IgA。第三,通过脂磷壁酸(LTA)、外膜蛋白(OMP)、荚膜及 S 层等的作用,逃避补体,抑制抗体的产生。

③侵入(内化作用):是指某些侵袭力或毒力较强的病原微生物黏附于细胞表面进而侵入吞噬细胞或非吞噬细胞内部的过程。宿主细胞为进入其内的细菌提供了一个增殖的小环境和庇护所,使细菌逃避宿主免疫机制的杀灭。如结核分枝杆菌、李氏杆菌、衣原体等严格的胞内寄生菌及大肠杆菌、沙门氏菌等胞外寄生菌的感染都离不开侵入作用。

④繁殖:病原微生物在宿主体内增殖是感染的核心问题,增殖速度对致病性极其重要,如果病原微生物在宿主体内增殖速度较慢,则易被动物机体所清除。此外不同病原微生物引起疾病的数量也有很大差异,如鼠疫杆菌只要 7 个细菌就可使某些宿主患上鼠疫。宿主不同器官对病原微生物的敏感性也存在较大差异,如赤藓醇能刺激布氏杆菌在体内的生长。雄性及妊娠母畜生殖系统中有赤藓醇存在,因此布氏杆菌可在其中大量增殖,其感染局限于生殖系统。

⑤扩散:病原微生物在新陈代谢过程中能分泌多种侵袭性胞外酶,它们具有多种致病作用,例如,激活外毒素、灭活血清中的补体等,有的蛋白酶本身就是外毒素。此外,最主要的作用是作用于组织基质或细胞膜,造成它们的损伤,增加其通透,有利于细菌在体内的扩散性。此类常见的有:a. 透明质酸酶,旧称扩散因子,分解结缔组织的透明质酸,增强组织通透性,易于病原体及毒素在组织中扩散,导致全身性感染,如葡萄球菌、链球菌、魏氏梭菌等;b. 胶原酶,主要分解 ECM 中的胶原蛋白,使肌肉组织软化、坏死,易于病原体的侵入,如梭菌及产气单胞菌;c. 神经氨酸酶,主要分解肠黏膜上皮细胞的细胞间质,如霍乱弧菌及志贺菌等;d. 磷脂酶(α毒素),可水解细胞膜的磷脂,如产气荚膜菌;e. 卵磷脂酶,分解细胞膜的卵磷脂,使组织细胞坏死、红细胞溶解,如产气荚膜菌;f. 激酶,能将血纤维蛋白溶酶原激活为血纤维蛋白溶酶,以分解血纤维蛋白,防止形成血凝块,如链球菌产生的链激酶等;g. 凝固酶,细菌在体内的扩散也可通过内化作用完成。特别是细胞结合性凝固酶,可为细菌提供抗原伪装外,使之不被吞噬或机体免疫机制所识别,如致病性金黄色葡萄球菌。

2. 毒素

毒素是指病原微生物在生长代谢过程中产生和释放的具有损害宿主组织、器官并引起生理功能紊乱的毒性成分。细菌毒素按其来源、性质和作用等的不同,可分为外毒素和内毒素两大类。在大多数情况下,外毒素一般简称毒素。两者之间主要区别(表 5-1)。

表 5-1　外毒素和内毒素的基本特性比较

特性	外毒素	内毒素
化学性质	蛋白质	脂多糖
产生	由某些革兰氏阳性菌或阴性菌分泌	由革兰氏阴性菌菌体裂解产生
耐热	通常不耐热	极为耐热
毒性作用	特异性。为细胞毒素、肠毒素或神经毒素,对特定的细胞或组织发挥特定作用	全身性。致发热、腹泻、呕吐
毒性程度	高,往往致死	弱,很少致死
致热性	对宿主不致热	致热性,常致宿主发热
免疫原性	强,刺激机体产生中和抗体(抗毒素)	较弱,免疫应答不足以中和毒性
能否产生类毒素	能,用甲醛处理	不能

(1)外毒素。某些病原菌在生长繁殖过程中所产生的对宿主细胞有毒性的可溶性蛋白质。大多数外毒素在菌体内合成后必须分泌于胞外,故名"外毒素",如革兰氏阳性菌:破伤风梭菌、肉毒梭菌、产气荚膜梭菌、炭疽杆菌、链球菌、金黄色葡萄球菌等;革兰氏阴性菌:霍乱弧菌、多杀性巴氏杆菌等。但也有少数外毒素存在于菌体细胞的周质间隙,只有当菌体细胞裂解后才释放至胞外,如大肠杆菌产生的外毒素。

①特性:外毒素的毒性作用极强,1 mg 纯化的肉毒毒素能杀死 2 000 万只小鼠。破伤风毒素对小鼠的致死剂量,是马钱子碱的 106 倍,白喉毒素对豚鼠的半致死剂量为 3～10 mg。不同细菌产生的外毒素,对机体的组织器官具有一定的亲嗜性,引起特征性的病症。如破伤风毒素作用于脊髓前角运动神经细胞,引起肌肉的强直性痉挛;肉毒毒素作用于眼神经和咽神经,引起眼肌和咽肌麻痹;但霍乱弧菌、大肠杆菌、金黄色葡萄球菌、气单胞菌等许多细菌均可产生作用类似的肠毒素。

一般来说外毒素的本质是蛋白质,对热较敏感。多数外毒素一般在 60～80℃ 经 10～80 min 即可失去毒性;但也有少数例外,如葡萄球菌肠毒素及大肠杆菌热稳定肠毒素(ST)能耐 100℃ 30 min。外毒素易被热、酸及蛋白水解酶灭活,许多外毒素具有酶的催化作用,有很高的生物学活性和特异性。外毒素具有较好的免疫原性,可刺激机体产生特异性的抗体,而使机体具有免疫保护作用。这种抗体称为抗毒素,可用于紧急治疗和预防。外毒素在 0.4% 甲醛溶液于 37℃ 作用下,经过一段时间使其毒性丧失,但仍保留原有抗原性,称之为类毒素。类毒素仍可刺激机体产生抗毒素,可作为疫苗进行免疫接种。

②组成:大多数外毒素由 A、B 两种亚单位组成,有多种合成和排列形式。A 亚单位为毒素的活性中心,称活性亚单位,决定毒素的毒性效应。B 亚单位称结合单位,能使毒素分子特异性地结合在宿主易感组织的细胞膜受体上,并协助 A 亚单位穿过细胞膜。A、B 亚单位单独均无毒性,A 亚单位必须在 B 亚单位的协助下,结合至受体释放到细胞内,才能发挥毒性作用,因此毒素结构的完整性是其致病的必备条件。B 亚单位可单独与细胞膜受体结合,并阻断完整毒素的结合,B 亚单位可刺激机体产生相应的抗体,从而阻断完整毒素结合细胞,可作为良好的亚单位疫苗。

(2)内毒素。内毒素是指革兰氏阴性菌外膜中的脂多糖(LPS)成分,细菌在死亡后破裂或用人工方法裂解菌体后才释放,故称为内毒素。大多数革兰氏阴性菌都可产生内毒素,此外,螺旋体、衣原体、立克次体亦含有 LPS。

①组成:LPS 由特异多糖侧链、非特异核心多糖和类脂 A 三个部分组成。具有毒性的部分是类脂 A,由一个磷酸化的 N-乙酰葡萄糖胺(NAG)双体和 6～7 个饱和脂肪酸组成,它将LPS 固定在革兰氏阴性菌的外膜上。类脂 A 高度保守,肠杆菌科细菌的类脂 A 结构完全一样,因此,所有革兰氏阴性菌内毒素的毒性作用都大致相同,引起发热、血循环中白细胞骤减、弥散性血管内凝血、休克等,严重时亦可致死。

②特性:内毒素耐热,加热 100℃ 经 1 h 仍不被破坏,必须加热 160℃ 经 2～4 h,或用强酸、强碱或强氧化剂煮沸 30 min 才失活。不能被甲醛脱毒成类毒素。内毒素的抗原性较弱,将内毒素注入机体可产生针对其中多糖抗原的相应抗体,但此抗体并无中和内毒素毒性的作用。

③毒性:内毒素对组织细胞作用的选择性不强,不同革兰氏阴性细菌内毒素的毒性作用大致相同,主要包括以下四个方面。a. 发热反应:少量的内毒素($0.001 \mu g$)注入人体,即可引起

发热。内毒素能直接作用于体温调节中枢,使体温调节功能紊乱,引起发热;也可作用于中性粒细胞及巨噬细胞等,使之释放一种内源性致热原,作用于体温调节中枢,间接引起发热反应。b. 弥漫性血管内凝血:内毒素能活化凝血系统的Ⅻ因子,当凝血作用开始后,使纤维蛋白原转变为纤维蛋白,造成弥漫性血管内凝血,之后由于血小板与纤维蛋白原大量消耗,以及内毒素活化胞浆素原为胞浆素,分解纤维蛋白,进而产生出血倾向。c. 内毒素血症与内毒素休克:当病灶或血流中革兰氏阴性病原菌大量死亡,释放出来的大量内毒素进入血液时,可发生内毒素血症。内毒素激活了血管活性物质(5-羟色胺、激肽释放酶与激肽)的释放,这些物质作用于小血管造成其功能紊乱而导致微循环障碍,临床表现为微循环衰竭、低血压、缺氧、酸中毒病理性反应等,最终导致内毒素休克。d. 对白细胞的作用:内毒素进入血液数小时后,由于内毒素刺激骨髓,使大量白细胞进入循环血液,导致外周血液的白细胞总数显著增多。此外,部分不成熟的中性粒细胞也可进入循环血液。最终导致被革兰氏阴性菌感染动物的血液中白细胞总数大量增加。

(三)病毒的致病作用

由于病毒是严格细胞内寄生,致使病毒的致病作用比较复杂,其致病机制与细菌差异较大。主要包括对宿主细胞的致病作用和对宿主整个机体的致病作用两个方面。病毒进入易感宿主体内后,可以通过其特定化学成分的直接毒性作用而致病。病毒也可通过干扰宿主细胞的营养和代谢,引起宿主细胞水平和分子水平的病变,导致机体组织器官的损伤和功能改变,造成机体持续性感染。病毒感染免疫细胞导致免疫系统损伤,造成免疫抑制及免疫病理也是重要的致病机制之一。

1. 病毒感染对宿主细胞的直接作用

(1)杀细胞效应。杀细胞效应是指病毒在宿主细胞内复制完成后,在短时间内一次释放大量子代病毒粒子,导致细胞被裂解死亡。这种情况主要见于无囊膜、杀伤性强的病毒,如脊髓灰质炎病毒、腺病毒等。此类病毒大多数能在被感染的细胞内产生由病毒核酸编码的早期蛋白,这种蛋白能阻断宿主细胞 RNA 和蛋白质的合成,继而影响 DNA 合成,使细胞的正常代谢功能紊乱,最终死亡。有的病毒还可破坏宿主细胞的溶酶体,由溶酶体释放的酶引起细胞自溶。某些病毒的衣壳蛋白具有直接杀伤宿主细胞的作用,在病毒的大量复制过程中,细胞核、细胞膜、内质网、线粒体均被损伤,导致细胞裂解死亡。病毒的杀细胞效应如发生在重要组织器官,如中枢神经系统,当达到一定程度可引起严重后果,甚至危及生命或造成严重后遗症。

(2)稳定状态感染。稳定状态感染是指某些病毒在宿主细胞内增殖过程中,对细胞代谢、溶酶体膜影响不大,以出芽方式释放病毒,过程缓慢,病变较轻、细胞暂时也不会出现溶解和死亡,不具有杀细胞效应的感染。多见于有囊膜病毒,如流感病毒、麻疹病毒、某些披膜病毒等。稳定状态感染后可引起宿主细胞发生多种变化,其中主要有细胞融合及细胞表面产生新抗原两种感染方式。

①细胞融合:细胞融合是病毒扩散的方式之一。病毒通过细胞融合可使被感染的细胞的细胞膜发生改变,在被感染细胞所释放的溶酶体酶的作用下,导致感染细胞与邻近未感染细胞发生融合。病毒借助于细胞融合,扩散到未受感染的细胞内。细胞融合的结果是形成多核巨细胞或合胞体等主要病理特征。如麻疹病毒和副流感病毒等的感染。

②细胞表面出现病毒基因编码的抗原:病毒感染细胞后,在复制的过程中,细胞膜上常出现由病毒基因编码的新抗原。如流感病毒感染时,细胞膜上出现病毒血凝素和神经氨酸酶,就使感染细胞成为免疫攻击的靶细胞。有的病毒导致细胞癌变后,因病毒核酸整合到细胞染色体上,细胞表面也表达病毒基因编码的特异性新抗原,如副黏病毒等的感染。

(3)包涵体形成。包涵体是指某些病毒在细胞内增殖后,在细胞内形成的可用普通光学显微镜看到的、与正常细胞结构和着色不同的圆形或椭圆形斑块。病毒不同,所形成包涵体的形状、大小、数量、染色性(嗜酸性或嗜碱性)及存在哪种感染细胞和在细胞中的位置等均不相同,可作为诊断某些病毒病的依据。如狂犬病病毒在神经细胞浆内形成嗜酸性包涵体。其本质是,①有些病毒的包涵体就是病毒颗粒的聚集体,如狂犬病病毒产生的内基氏小体,是堆积的核衣壳。②有些是病毒增殖留下的痕迹,如痘病毒的病毒胞浆或称病毒工厂。③有些是病毒感染引起的细胞反应物,如疱疹病毒感染所产生的"猫头鹰眼",是感染细胞中心染色质浓缩形成的一个圈。根据病毒包涵体的形态、染色特性及存在部位,对某些病毒病有一定的诊断价值。如从可疑为狂犬病的脑组织切片或涂片中发现胞浆内有嗜酸性包涵体,即内基氏小体,就可诊断为狂犬病。

(4)细胞凋亡。细胞凋亡是指由宿主细胞基因控制的程序性细胞死亡,为一种正常的生物学现象。当细胞受到诱导因子作用激发并将信号传导入细胞内部,细胞的凋亡基因即被激活;启动凋亡基因后,便会出现细胞膜鼓泡、核浓缩、染色体 DNA 降解等凋亡特征。有些病毒感染细胞后,病毒可直接或由病毒编码蛋白间接作为诱导因子诱发细胞凋亡。已经证实,人类免疫缺陷病毒、腺病毒等可以直接由感染病毒本身引发细胞凋亡,也可以由病毒编码蛋白作为诱导因子间接地引发宿主细胞凋亡。

(5)基因整合与细胞转化。基因整合是指某些病毒的全部或部分核酸结合到宿主细胞染色体上。见于某些 DNA 病毒和反转录病毒,反转录 RNA 病毒是先以 RNA 为模板反转录合成 cDNA,再以 cDNA 为模板合成双链 DNA,然后将此双链 DNA 全部整合于细胞染色体 DNA 中的;DNA 病毒在复制中,偶尔将部分 DNA 片段随机整合于细胞染色体 DNA 中。整合后的病毒核酸随宿主细胞的分裂而传给子代,一般不复制出病毒颗粒,宿主细胞也不被破坏,但可造成染色体整合处基因失活、附近基因激活等现象。

细胞转化是指基因整合使细胞的遗传性发生改变的现象。细胞转化除由基因整合引起,还可由病毒蛋白诱导发生。主要表现为转化细胞的生长、分裂失控,在体外培养时失去单层细胞相互间的接触抑制,形成细胞间重叠生长,并在细胞表面出现新抗原等。基因整合或其他机制引起的细胞转化与肿瘤形成密切相关。如与人类恶性肿瘤密切相关的病毒有:人乳头瘤病毒——宫颈癌,乙型肝炎病毒——肝细胞癌,EB 病毒(爱泼斯坦-巴尔病毒)——鼻咽癌、恶性淋巴瘤,人 T 细胞白血病病毒 I 型(HILV-I)——白血病等。但转化能力不等于致癌作用,即一个转化了的细胞并不一定是恶性细胞。例如,腺病毒 C 组只能在体外转化地鼠细胞而在体内却不具有诱发肿瘤能力。

2.病毒感染的免疫病理作用

病毒在感染宿主的过程中,通过与免疫系统相互作用,诱发免疫反应,导致组织器官损伤是重要的致病机制之一。特别是持续性病毒感染及主要与病毒感染有关的自身免疫性疾病。免疫损伤机制可包括特异性体液免疫和特异性细胞免疫。一种病毒感染可能诱发一种发病机制,也可能两种机制并存,还可能存在非特异性免疫机制引起的损伤。其原因可能有以下几个方面:①病毒改变宿主细胞的膜抗原,②病毒抗原和宿主细胞的交叉反应,③淋巴细胞识别功能的改变,④抑制性 T 淋巴细胞过度减弱等。

(1)抗体介导的免疫病理作用。由于病毒感染,细胞表面出现了新抗原,与特异性抗体结合后,在补体参与下引起细胞破坏。在病毒感染中,有少数病毒的抗原可出现于宿主细胞表面,与抗体结合后,可激活补体,破坏宿主细胞,发生 II 型变态反应。还有些病毒抗原与相应抗体结合形成免疫复合物,可长期存于血液中。当这种免疫复合物沉积在某些器官组织的膜表面时,激活补体可引起 III 型变态反应,造成局部损伤和炎症。若免疫复合物沉积于肾小球基底膜,可引起蛋白尿、血尿等症状。沉积于关节滑膜则引起关节炎。若发生在肺部,引起细支气管炎和肺炎,如婴儿呼吸道合胞病毒感染。若沉积于血管壁,可激活补体引起血管通透性增高,导致出血和休克,如登革热病毒感染等。

(2)细胞介导的免疫病理作用。特异性细胞免疫是宿主机体清除细胞内病毒的重要机制,细胞毒性 T 淋巴细胞(CTL)对靶细胞膜病毒抗原识别后引起的杀伤,能终止细胞内病毒复制,对感染的恢复起关键作用。但细胞免疫也能损伤宿主细胞,造成宿主功能紊乱,是病毒致病机制中的一个重要方面。如特异性细胞毒性 T 细胞对感染细胞造成损伤,易发生 IV 型变态反应。慢性病毒性肝炎、麻疹病毒和腮腺炎病毒感染后脑炎等疾病的发病机制可能与针对自身抗原的细胞免疫有关。

(3)免疫抑制作用。某些病毒能损伤特定的免疫细胞,导致免疫抑制。如人类免疫缺陷综合征(AIDS)病毒(HIV1 和 HIV2)、猴免疫缺陷病毒(SIV)、牛免疫缺陷病毒(BIV)和猫免疫缺陷病毒(FIV)等。人类免疫缺陷综合征(AIDS)病毒感染时,AIDS 病人因免疫功能缺陷,最终因多种微生物或寄生虫的机会感染而死亡。传染性囊病毒感染鸡的法氏囊时,导致囊萎缩和严重的 B 淋巴细胞缺失,易发生马立克病毒、新城疫病毒、传染性支气管炎病毒的双重感染或多重感染。许多病毒感染可引起机体免疫应答降低或暂时性免疫抑制。如流感病毒、猪瘟病毒、牛病毒性腹泻病毒、犬瘟热病毒、猫和犬细小病毒感染都能暂时抑制宿主体液及细胞免疫应答。麻疹病毒感染能使病人结核菌素阳性转为阴性反应,持续 1~2 个月,以后逐渐恢复。病毒感染所致的免疫抑制反过来可激活体内潜伏的病毒复制或促进某些肿瘤生长,致使疾病复杂化,成为病毒持续性感染的原因之一。

二、传染的发生

(一)传染的概念

病原微生物突破动物机体的防御屏障,侵入动物机体,在一定部位定居、生长繁殖,并引起不同程度的病理反应的过程称传染或感染。在传染过程中,一方面是病原微生物的侵入、生长繁殖、产生有毒有害物质,破坏机体生理平衡;另一方面是动物机体为了保护自身生理平衡,对病原微生物发生一系列的防卫反应。因此,传染是病原微生物的致病作用与动物机体抗感染作用之间相互作用、相互斗争的一种复杂的生物学过程。而能否使机体发生病变,主要取决于病原体的致病性,其表现有临床症状的称为传染性疾病。

(二)传染的来源

它按病原体来源不同,传染可分为外源性传染和内源性传染。

1. 外源性传染

它指病原体来自宿主体外,常见的类型有病人、带菌者或带菌动物等。

2. 内源性传染

它是指病原体来自宿主自身体表和体内的正常菌群,当机体长期大量使用广谱抗生素或免疫抑制剂,使机体免疫功能降低时,这些条件致病菌及少数隐伏的病原菌得以迅速繁殖而发生传染。目前内源性传染有增多的趋势。

(三)传染的途径

(1)经黏膜感。如呼吸道、消化道、泌尿生殖道感染等。

(2)经皮肤感染。如接触、节肢动物叮咬、动物咬伤;医疗操作,如针刺、输血、注射等。

(3)多途径感染。经皮肤黏膜任何形式而感染,如结核分枝杆菌、人动物共患病原菌。

(四)传染发生的必要条件

传染的方式需要一定的条件,病原微生物的存在是其首要条件。此外,动物的易感性和外界环境条件也是传染发生的必要条件。

1. 病原微生物的毒力、数量与侵入门户

毒力是病原微生物菌株或毒株致病能力的反映,人们常把病原微生物分为强毒株、中等毒力株、弱毒株、无毒株等。病原微生物的毒力不同,与机体相互作用的结果也不同。病原微生物须有较强的毒力才能突破机体的防御屏障引起传染。此外,侵入机体内的病原微生物还要达到一定数量才能致病。一般病原微生物的毒力越强,引起感染所需的数量越少。例如,毒力较强的鼠疫杆菌在动物机体免疫力较弱的情况下,数个菌体就可引起感染;而毒力较弱的沙门氏菌需要几亿个才能引起食物中毒,导致急性胃肠炎。具有较强毒力和足够数量的病原微生物,还需经过适当的侵入途径才能引起感染。如破伤风梭菌侵入深部创伤才有能引起破伤风;伤寒沙门氏菌必须经由口进入动物机体,先在小肠淋巴结中生长繁殖,而后进入血液循环而发病;乙型脑炎病毒由蚊子为媒介叮咬皮肤后经血液传染等。

2. 易感动物

易感动物是指对病原微生物具有感受性的动物。是动物长期进化过程中,病原微生物寄生与机体免疫系统抗寄生相互作用、相互适应的结果。动物对病原微生物的感受性是动物"种"的特性,因此动物的种属特性决定了它对某种病原微生物的传染具有天然的免疫力或感受性。动物的种类不同对病原微生物的感受性不同,如猪是猪瘟病毒的易感动物,而牛、羊则是非易感动物;炭疽杆菌对人、草食动物易感,而鸡则不易感。同种动物对病原微生物的感受性也有差异,如肉鸡对马立克氏病毒的易感性大于蛋鸡。也有多种动物,甚至人、畜和多种野生动物均对同一病原微生物均有易感性,如结核分枝杆菌、口蹄疫病毒等。另外,动物的易感性还受年龄、性别、营养状况等因素的影响。

3. 外界环境因素

外界环境因素包括气候、温度、湿度、地理环境、生物因素(如传播媒介、贮存宿主)、饲养管

理及使役情况等,它们对于传染的发生是不可忽视的条件,是传染发生相当重要的诱因。环境因素改变时,一方面可以影响病原微生物的生长、繁殖和传播;另一方面可使动物机体抵抗力、易感性发生变化。如夏季气温高,病原微生物易于生长繁殖,因此易发生消化道传染病;而寒冷的冬季能降低易感动物呼吸道黏膜抵抗力,易发生呼吸道传染病。另外,某些特定环境条件下,存在着一些传染病的传播媒介,影响传染病的发生和传播。如有些传染病以昆虫为媒介,故在昆虫盛繁夏季和秋季容易发生和传播,如乙型脑炎多发生于夏季,与蚊虫滋生、叮咬密切相关。

(五)传染的类型

病原微生物侵入动物机体后,按病原微生物、宿主与环境等方面的力量对比或影响大小决定着传染的结局,主要由以下三种。

1. 隐性传染

如果宿主的免疫力很强,而病原菌的毒力相对较弱,数量又较少,传染后只引起宿主的轻微损害,且很快就将病原体彻底消灭,因而基本上不出现临床症状者,称为隐性传染。隐性感染后,机体一般可获得足够的特异免疫力,能够防御同种病原体的再次感染。

2. 带菌状态

如果病原菌与宿主双方都有一定的优势,但病原体仅被限制于某一局部且无法大量繁殖,两者长期处于相持的状态,称为带菌状态。这种长期处于带菌状态的宿主,称为带菌者。在隐性传染或传染病痊愈后,宿主常会成为带菌者,如不注意,就成为该传染病的传染源,十分危险。这种情况在伤寒、白喉等传染病中时有发生。"伤寒玛丽"的历史必须引以为戒。1906年,美国一女厨师 Mary Mallon 是沙门氏菌的健康带菌者,她在 3 周内将菌传染给 6 人,最后证实美国 7 个地区 1 500 个伤寒患者都是由她传染的。

3. 显性传染

如果宿主的免疫力较低,或入侵病原菌的毒力较强、数量较多,病原菌很快在体内繁殖并产生大量有毒产物,使宿主的细胞和组织受到严重损害,生理功能异常,出现了一系列临床症状,称为显性传染或传染病。

按发病时间的长短,显性传染可分为急性传染和慢性传染。急性传染一般发病突然,病程仅数日至数周,如流行性脑膜炎和霍乱等;慢性传染:一般发病缓慢,病程往往长达数月至数年,如结核病和麻风病等。按发病部位的不同,显性传染可分为局部感染和全身传染。局部感染是指病原体侵入机体后,仅局限于机体某一具体部位生长繁殖,引起局部病变。如化脓性球菌引起的疖、痈等。全身感染是指感染发生后,病原体及其毒性代谢产物向全身扩散,引起全身性症状的感染。按性质和严重程度的不同,显性传染可分为毒血症、菌血症、败血症、脓毒血症。

(1)毒血症。病原菌限制在局部病灶,只有其所产的毒素进入全身血流而引起的全身性症状,称为毒血症。如常见的有白喉、破伤风等症。

(2)菌血症。病原菌由局部的原发病灶侵入血液后传播至远处组织,但未在血液中繁殖的传染病,称为菌血症。如伤寒症的早期,就出现菌血症期。

(3)败血症。病原菌侵入血液,并在其中大量繁殖,造成宿主严重损伤和全身性中毒症状者,称为败血症。如铜绿假单胞菌(旧称绿脓杆菌)等引起的败血症等。

(4)脓毒血症。一些化脓性细菌在引起宿主的败血症的同时,又在其许多脏器(肺、肝、脑、肾、皮下组织等)中引起化脓性病灶者,称为脓毒血症。如金黄色葡萄球菌就可引起脓毒血症。

三、常见病原微生物的致病性特点

(一)常见病原细菌致病性特点

1.葡萄球菌

葡萄球菌能产生多种酶和毒素,引起畜禽各种化脓性疾病。如马的创伤感染、脓肿和蜂窝织炎,牛及羊的乳房炎,鸡关节炎,猪、羊皮炎等;也可引起人的食物中毒。实验动物以家兔最敏感。细菌致病力的大小常与这些毒素和酶有一定的关系。致病性葡萄球菌产生的毒素和酶主要有以下几种。

(1)溶血毒素。多数致病性葡萄球菌能产生此种毒素,溶血毒素对多种哺乳动物红细胞有溶血作用;对白细胞、血小板及多种细胞有毒性作用;还可引起平滑肌、骨骼肌痉挛;注入动物皮内能引起皮肤坏死;若给家兔静脉注射可使其死亡。

(2)血浆凝固酶。多数致病菌株能产生血浆凝固酶,可使血浆纤维蛋白与菌体交联,引起菌体凝集。此酶有助于致病菌株抵御宿主体内吞噬细胞和杀菌物质的作用,同时也使感染局限化。检测葡萄球菌的血浆凝固酶是鉴别菌株的重要指标,致病菌株多数为凝固酶阳性,非致病菌株则为阴性。

(3)耐热核酸酶。由葡萄球菌的致病菌株产生,感染部位的组织细胞和白细胞崩解时释放出核酸,使渗出液黏性增加,此酶能迅速分解核酸,利于病原菌扩散。目前也将该酶的检测作为鉴定致病菌的重要指标之一。此外,葡萄球菌还可产生溶纤维蛋白酶、透明质酸酶、磷酸酶、卵磷脂酶、脂酶等,这些酶的作用多是有利于细菌在体内的扩散。

(4)肠毒素。引起人类食物中毒,刺激呕吐中枢,出现呕吐、腹泻。但动物中,除猫崽及幼猴外,大多数对此毒素有很强的抵抗力。

2.链球菌

链球菌可产生多种毒素和酶,如溶血素、红疹毒素、杀白细胞素、透明质酸酶、链激酶等,可引起动物和人类的多种疾患。可致猪、牛、羊、马、犬、猫、鸡及实验动物和野生动物的化脓性炎症、败血症和脓毒血症等。人类感染链球菌可引起猩红热、风湿热、急性肾小球肾炎等疾病。

(1)化脓性炎症。由皮肤伤口侵入,引起皮肤及皮下组织化脓性炎症,如疖痈、蜂窝组织炎、乳房炎等;沿淋巴管扩张,引起淋巴管炎,淋巴腺炎,败血症等;经呼吸道侵入,常有急性扁桃腺炎、咽峡炎,并蔓延周围引起脓肿、中耳炎、乳突炎、气管炎、肺炎等;不卫生接生,经产道感染,造成"产褥热"。

(2)败血症。目前最为常见的是猪链球菌病。在世界各国均常见,且危害严重。自1998年我国暴发猪链球菌病后,再次引起关注。猪链球菌病的病原至少有三种,马链球菌兽疫亚种、猪链球菌2型、猪链球菌1型。可致猪败血症、肺炎、脑膜炎、关节炎及心内膜炎等。

(3)猩红热。由产生致热外毒素的A群链球菌所致的急性呼吸道传染病,临床特征为发热、咽峡炎、全身弥漫性皮疹和疹退后的明显脱屑。

（4）其他疾病。B群链球菌又称无乳链球菌。当机体免疫功能低下时，可引起皮肤感染、心内膜炎、产后感染、新生儿败血症和新生儿脑膜炎。

3. 大肠杆菌

大肠杆菌在人和动物的肠道内，大多数于正常条件下是不致病的共栖菌，在特定条件下，如移位侵入肠外组织或器官可致大肠杆菌病。但少数大肠杆菌与人和动物的大肠杆菌病密切相关，它们是病原性大肠杆菌，正常情况下极少存在于健康机体内。根据毒力因子与发病机制的不同，可将与动物疾病有关的病原性大肠杆菌分为五类：产肠毒素大肠杆菌（ETEC），产类志贺毒素大肠杆菌（SLTEC），肠致病性大肠杆菌（EPEC），败血性大肠杆菌（SEPEC）及尿道致病性大肠杆菌（UPEC），其中研究最清楚的是前两类。

（1）产肠毒素大肠杆菌。它是一类致人和幼畜（初生仔猪、犊牛、羔羊及断奶仔猪）腹泻最常见的病原性大肠杆菌，其致病因素主要由黏附素性菌毛和肠毒素两类毒力因子构成，二者密切相关且缺一不可。初生幼畜被 ETEC 感染后常因剧烈水样腹泻和迅速脱水死亡，发病率和死亡率均很高。

黏附素性菌毛是 ETEC 的一类特有菌毛，它能黏附于宿主的小肠上皮细胞，故又称其为黏附素或定居因子，对其抗原亦相应称作黏附素抗原或定居因子抗原。目前，在动物 ETEC 中已发现的黏附素主要有 F4（K88）、F5（K99）、F6（987P）和 F41，其次为 F42 和 F17。黏附素虽然不是导致宿主腹泻的直接致病因子，但它是构成 ETEC 感染的首要毒力因子。ETEC 必须首先黏附于宿主的小肠上皮细胞，才能避免肠蠕动和肠液分泌的清除作用，并得以在肠内定居和繁殖，进而发挥致病作用。

肠毒素是 ETEC 在体内或体外生长时产生并分泌到胞外的一种蛋白质性毒素，按其对热的耐受性不同可分为不耐热肠毒素（LT）和耐热肠毒素（ST）两种。在动物 ETEC 中，只有猪源 $F4^+$ 菌株能同时产生 LT 和 ST，其他菌株仅产 ST。LT 对热敏感，65℃加热 30 min 即被灭活。硫酸铵能使其沉淀，福尔马林可将其变为类毒素。作用于宿主小肠和兔回肠可引起肠液积蓄，对此菌可应用家兔肠祥实验做测定。ST 通常无免疫原性，100℃加热 30 min 不失活，可透析，能抵抗脂酶、糖化酶和多种蛋白酶作用。对人和猪、牛、羊均有肠毒性，可引起肠腔积液而导致腹泻。

（2）产类志贺毒素大肠杆菌。它是一类在体内或体外生长时可产生类志贺毒素（SLT）的病原性大肠杆菌。引起婴、幼儿腹泻的 EPEC 以及引起人出血性结肠炎和溶血性尿毒综合征的肠出血性大肠杆菌都产生这类毒素。在动物 SLTEC 可致猪的水肿病，以头部、肠系膜和胃壁浆液性水肿为特征，常伴有共济失调、麻痹或惊厥等神经症状，发病率较低但致死率很高。近年来，发现 SLTEC 与犊牛出血性结肠炎有密切关系，在致幼兔腹泻的大肠杆菌菌株中也查到 SLT。

引起猪水肿病的 SLTEC。有两类毒力因子。黏附性菌毛在 1990 年首次报道，从致猪水肿病的大肠杆菌分离，将此菌毛命名为 F18。F18 菌毛是猪水肿病的 SLTEC 菌株的一个重要的毒力因子，它有助于细菌在猪肠黏膜上皮细胞定居和繁殖。致水肿病 2 型类志贺毒素是引起猪水肿病的 SLTEC 菌株所产生的一种蛋白质性细胞毒素，被肠道吸收后，可在不同组织器官内引起血管内皮细胞损伤，改变血管的通透性，导致病猪出现水肿和典型的神经症状，而神经症状是由脑水肿所致。

除上述一些主要毒力因子外，与大肠杆菌致病性有关的其他毒力因子，如内毒素、具有抗吞噬作用的 K 抗原、溶血素、大肠菌素 V、血清抵抗因子、铁载体等，在不同动物大肠杆菌病的发生中可能起到不同的致病作用。

4. 沙门氏菌

本属菌均有致病性，并有极其广泛的动物宿主，是一种重要的人畜共患病的病原。本菌最常侵害幼龄动物，引发败血症、胃肠炎及其他组织局部炎症，对成年动物则往往引起散发性或局限性沙门菌病，发生败血症的怀孕母畜可表现流产，在一定条件下也能引起急性流行性暴发。在一个发病的畜禽群中，会有一定比例的个体是隐性感染或康复带菌者，并间歇排菌，成为主要传染源。许多带菌的野鸟和啮齿动物以及蜱和某些昆虫也能成为畜禽的一种传染来源。沙门氏菌很容易在动物与动物、动物与人、人与人之间通过直接或间接的途径传播，不需要中间宿主，主要传染途径是消化道。许多环境条件，如卫生不良、过度拥挤、气候恶劣、内服皮质类激素、分娩、长途运输以及发生其他病毒或寄生虫感染，均可导致易感动物发生沙门氏菌病。

根据沙门菌致病类型的不同，可将其分为三群。第一群是具有高度适应性或专嗜性的沙门氏菌，它们只引发人或某种动物产生特定的疾病，属于这一群的不多。如鸡白痢和鸡伤寒沙门氏菌仅使鸡和火鸡发病；马流产、牛流产和羊流产等沙门氏菌分别致马、牛、羊的流产等；猪伤寒沙门氏菌仅侵害猪。第二群是在一定程度上适应于特定动物的偏嗜性沙门氏菌，仅为个别血清型。如猪霍乱和都柏林沙门氏菌，分别是猪和牛羊的强适应性菌型，多在各自宿主中致病，但也能感染其他动物。第三群是非适应性或泛嗜性沙门氏菌，它们具有广泛感染的宿主谱，能引起人和各种动物的沙门氏菌病，具有重要的公共卫生意义。这群血清型占本属的大多数，鼠伤寒和肠炎沙门氏菌是其中的突出代表。经常危害人和动物的泛嗜性沙门氏菌约 20种，加上专嗜性和偏嗜性菌在内不过 30 余种。除鸡和雏鸡沙门氏菌外，绝大部分沙门氏菌培养物经口、腹腔或静脉接种小鼠，能使其发病死亡。但致死剂量随接种途径和菌种毒力不同而异。豚鼠和家兔对本菌易感性不及小鼠。

沙门氏菌的毒力因子有多种，其中主要的有脂多糖、肠毒素、细胞毒素及毒力基因等。脂多糖是沙门氏菌外胞壁的基本成分，构成细胞的 O 抗原和内毒素；它是本菌的一个重要的毒力因子，在防止宿主吞噬细胞的吞噬和杀伤作用上起着重要作用；可引起宿主发热、黏膜出血、白细胞减少、弥散性血管内凝血、循环衰竭等中毒症状以及休克死亡。有些沙门氏菌血清型可产生类似大肠杆菌的肠毒素。细胞毒素则能引起肠上皮细胞的损伤。毒力基因是指在沙门氏菌的质粒和染色体上具有的能编码有助于病原体在宿主体内定居和造成机体损伤的产物的基因。

5. 炭疽杆菌

本病原菌引起的炭疽病几乎遍及世界各地，四季均可发生。它能致各种家畜、野兽和人类的炭疽，其中牛、绵羊、鹿等易感性最强，马、骆驼、猪、山羊等次之，犬、猫、食肉兽等则有相当大的抵抗力，禽类一般不感染。此菌主要通过消化道传染，也可以经呼吸道、皮肤创伤或吸血昆虫传播。食草动物炭疽常表现为急性败血症，菌体通常要在死前数小时才出现于血液。猪炭疽多表现为慢性的咽部局限感染，犬、猫和食肉兽则多表现为肠炭疽。

人类对炭疽杆菌的易感性介于食草动物与猪之间，一般通过接触病畜尸体材料或污染的畜产品，经消化道、呼吸道或皮肤创伤感染而发生肠炭疽、皮肤炭疽、肺炭疽或纵隔炭疽，它们均可并发败血症和炭疽性脑膜炎。实验动物中小鼠、豚鼠、家兔和仓鼠均极易感,大鼠则有抵抗力。

此菌的毒力主要与荚膜和毒素有关。荚膜能增强细菌抗吞噬能力,使其易于扩散。毒素包括水肿毒素及致死毒素两种,但不能单独发挥生物学活性作用,都必须与保护性抗原组合才具有毒性作用;它们主要是损伤微血管的内皮细胞,增强微血管的通透性,损害肾脏功能,干扰糖代谢,血液呈高凝状态,易形成感染性休克和弥漫性血管内凝血,最后导致动物死亡。

6.破伤风梭菌

此菌芽孢随土壤、污物通过适宜的皮肤黏膜伤口侵入机体时,即可在其中发育繁殖,产生强烈毒素,引发破伤风。此病在健康组织中,于有氧环境下,生长受抑制,而且易被吞噬细胞消灭。如在深而窄的创口,同时创伤内发生组织坏死时,坏死组织能吸收游离氧而形成良好的厌氧环境;或伴有其他需氧菌的混合感染,有利于形成良好的厌氧环境,芽孢转变成细菌,在局部大量繁殖而致病。

在自然情况下,本菌可感染很多动物。除人易感外,马属动物的易感性最高,其次是牛、羊、猪,犬、猫偶有发病,禽类和冷血动物不敏感,幼龄动物比成年动物更敏感。实验动物中,家兔、小鼠、大鼠、豚鼠和猴对破伤风痉挛毒素易感。

此菌产生两种毒素。一种为破伤风痉挛毒素,毒力非常强,可引起神经兴奋性的异常增高和骨骼肌痉挛。另一种为破伤风溶血素,不耐热,对氧敏感,可溶解马及家兔的红细胞,其作用可被相应抗血清中和,与破伤风梭菌的致病性无关。

7.产气荚膜梭菌

本菌致病作用主要在于它所产生的毒素。A 型菌主要是引起人气性坏疽和食物中毒的病原,也引起动物的气性坏疽,还可引起牛、羔羊、新生羊驼、野山羊、驯鹿、仔猪、家兔等的肠毒血症;B 型菌主要引起羔羊痢疾,还可引起驹、犊牛、羔羊、绵羊和山羊的肠毒血症或坏死性肠炎;C 型菌主要是绵羊猝狙的病原,也能引起羔羊、犊牛、仔猪、绵羊的肠毒血症和坏死性肠炎以及人的坏死性肠炎;D 型菌引起羔羊、绵羊、山羊、牛以及灰鼠的肠毒血症;E 型菌可致犊牛、羔羊肠毒血症,但很少发生。

实验动物以豚鼠、小鼠、鸽和幼猫最易感,家兔次之。用液体培养物 0.1~1.0 mL 肌内注射或皮下注射豚鼠,或胸肌注射鸽,常于 12~24 h 引起死亡。喂服羔羊或幼兔,可引起出血性肠炎并导致死亡。

8.肉毒梭菌

所有动物对肉毒毒素均有感受性,在家畜中以马最为易感,猪最迟钝。在自然情况下,A、B 型毒素引起马、牛、水貂等动物饲料中毒和鸡软颈病;C 型毒素是各种禽类、马、牛、羊以及水貂肉毒中毒症的主要病因;D 型毒素的致病性还不十分清楚。鼠、兔、鸡、鸽等各种实验动物对肉毒毒素都敏感,但易感程度在各动物种属之间、在毒素型别之间都有一定的差异。

9.气肿疽梭菌

6 月龄至 2 岁的牛最易感,小于 6 个月的犊牛有抵抗力,成年牛较少发病。绵羊对此菌的抵抗力比牛强,绵羊源菌株的毒力比牛源菌株更强。水牛、鹿、猪等也可感染,犬、猫、兔及禽类等动物和人自然情况下均不感染。实验动物以豚鼠易感性最强,小鼠次之,一般剂量不能感染家兔,鸽子对此菌无感受性。

此菌在适宜培养基中,可产生毒素。毒素静脉注射小鼠或豚鼠时,可引起呼吸困难和死亡,皮下注射可产生局部出血水肿但不能致死。家兔可明显抵抗毒素的致死作用。抗毒素是特异的,只能抗气肿疽梭菌感染,对腐败梭菌的感染无保护作用。

10. 腐败梭菌

本菌广泛分布于土壤,也存在于某些草食动物消化道、婴儿和成年人粪便中。经创伤感染可致人的气性坏疽和马、牛、羊、猪等家畜的恶性水肿,鸡感染为气性水肿。本菌在一定条件下通过消化道感染,还能引起羊快疫。实验动物中豚鼠与小鼠最为易感,兔、鸽也可感染。

此菌可产生 4 种毒素。这些毒素可增进毛细血管的通透性,引起肌肉坏死并使感染沿肌肉的筋膜面扩散。毒素以及组织崩解产物的全身作用能在 2～3 d 内导致致死性毒血症。

11. 多杀性巴氏杆菌

本菌对鸡、鸭、鹅、野禽、猪、牛、羊、马、兔等都有致病性,急性型表现为出血性败血症并迅速死亡;亚急性型于黏膜关节等部位出现出血性炎症等;慢性型则呈现萎缩性鼻炎(猪、羊)、关节炎及局部化脓性炎症等。实验动物中小鼠和家兔最易感。

12. 布氏杆菌

本菌不产生外毒素,但有毒性较强的内毒素。病菌通过皮肤、消化道、呼吸道等途径侵入机体后,被吞噬细胞吞噬成为胞内寄生菌,并在淋巴结生长繁殖形成感染灶。一旦侵入血流,则出现菌血症。

不同种别的布氏杆菌各有一定的宿主动物,例如,我国流行的三种布氏杆菌中,马尔他布氏杆菌的自然宿主是绵羊和山羊,也能感染牛、猪、人及其他动物;流产布氏杆菌的自然宿主是牛,也能感染骆驼、绵羊、鹿等动物和人,马和犬是此菌的主要贮存宿主;猪布氏杆菌生物型 1、2 和 3 的自然宿主是猪,生物型 4 的自然宿主是驯鹿,生物型 2 可自然感染野兔;除生物型 2 外,其余生物型亦可感染人和犬、马、啮齿类等动物。布氏杆菌可引起豚鼠、小鼠和家兔等实验动物感染,豚鼠最为易感。

各种动物感染后,一般无明显临床症状,多属隐性感染,病变多局限于生殖器官,主要表现为流产、睾丸炎、附睾炎、乳腺炎、子宫炎、关节炎、后肢麻痹、跛行或鬐甲瘘等。

13. 猪丹毒杆菌

在自然条件下,可通过呼吸道或损伤皮肤、黏膜感染,引发 3～12 月龄猪发生猪丹毒;3～4 周龄的羔羊发生慢性多发性关节炎;禽类也可感染,鸡呈衰弱和下痢症状,鸭呈败血症经过。实验动物以小鼠和鸽子最易感。人可经外伤感染,发生皮肤病变,称"类丹毒"。

(二)常见病原病毒致病性特点

1. 马立克病毒(MDV)

MDV 主要侵害雏鸡和火鸡,野鸡、鹌鹑和鹧鸪也可感染,但不发病。1 周龄内的雏鸡最易感,随着鸡日龄增长,对 MDV 的抵抗力也随之增强。发病后不仅引起大量死亡,耐过的鸡也会生长不良,还对鸡体产生免疫抑制,这是疫苗免疫失败的重要因素之一。成鸡感染 MDV,带毒而不发病,但会成为重要的传染源。MDV 以水平方式传播。马立克病根据临床症状可分为四种类型,内脏型(急性型)、神经型(古典型)、眼型和皮肤型。致病的严重程度与病毒毒株的毒力、鸡的日龄和品种、免疫状况、性别等有很大关系。

2. 减蛋综合征病毒

本病毒的自然宿主主要是鸭和鹅,但发病一般仅见于产蛋鸡。各种日龄和品系的鸡均可感染,产褐壳蛋鸡尤为易感。在性成熟前病毒潜伏于感染鸡的输卵管、卵巢、咽喉等部位,感染鸡无临床症状且很难查到抗体;开产后,病毒被激活,并在生殖系统大量增殖。本病可水平传播,也可垂直传播。

3.痘病毒

绵羊痘病毒是羊痘病毒属的病毒。病毒可通过空气传播,吸入感染,也可通过伤口和厩蝇等吸血昆虫叮咬感染。在自然条件下,只有绵羊发生感染,出现全身性痘疱,肺经常出现特征性干酪样结节,感染细胞的胞浆中出现包涵体。各种绵羊的易感性不同,死亡率在 5%～50%。有些毒株可感染牛和山羊,产生局部病变。鸡痘病毒是禽痘病毒属的代表种,在自然情况下,各种年龄的鸡都易感,但多见于 5～12 月龄的鸡;有皮肤型和白喉型两种病型。皮肤型是皮肤有增生型病变并结痂,白喉型则在消化道和呼吸道黏膜表面形成白色不透明结节甚至奶酪样坏死的伪膜。康复动物能获得坚强的终生免疫力。

4.小鹅瘟病毒

在自然条件下,小鹅瘟病毒只能感染雏鹅和雏番鸭。发病率和死亡率与雏鹅日龄有密切关系,随日龄增加,其发病率和死亡率逐渐降低,症状减轻,病程延长。7～10 日龄发病率和死亡率最高,可达 90%～100%;11～15 日龄死亡率为 50%～70%。16～20 日龄为 30%～50%,21～30 日龄为 10%～30%,1 月龄以上为 10%。

5.鸭瘟病毒

在自然情况下,鸭瘟病毒主要侵害家鸭。各种年龄和品种的鸭均可感染,但以番鸭、麻鸭和绵鸭易感性最高,北京鸭次之。自然流行中,成年鸭和产蛋母鸭发病和死亡较高,1 月龄以下的雏鸭发病较少。但人工感染时,雏鸭较成年鸭易感,而且死亡率也高。传染源主要是病鸭、潜伏期的感染鸭、病愈不久的带毒鸭及污染的环境,通过接触传染。耐过鸭可获得坚强的免疫力,对强毒攻击呈现完全保护。

6.犬细小病毒

犬细小病毒主要感染犬,尤其 2～4 月龄幼犬多发。健康犬直接接触病犬或污染物而遭受传染。本病在临床上主要有心肌炎型和肠炎型两种类型。组织学检查可见局灶性心肌坏死,心肌细胞内形成核内嗜碱性包涵体。患犬白细胞减少,病程稍长的犬可见小肠和回肠增厚,浆膜表面具有颗粒样物,呈现胸腺萎缩、脾及淋巴结淋巴滤泡稀疏以及腺上皮细胞坏死。

7.口蹄疫病毒

在自然条件下,牛、猪、山羊和绵羊等偶蹄动物对口蹄疫病毒易感,水牛、骆驼、鹿等偶蹄动物也能感染,马和禽类不感染。实验动物中豚鼠最易感,但大部分可耐过,因此常常用其做病毒的定型实验。乳鼠对本病毒易感,可用以检出组织中的微量病毒,皮下注射 7～10 日龄乳鼠,数日后出现后肢痉挛性麻痹,最后死亡;其敏感性比豚鼠足掌注射高 10～100 倍,甚至比牛舌下接种更敏感。其他动物如猫、犬、仓鼠、野鼠、大鼠、小鼠和家兔等均可人工感染。小鼠化和兔化的口蹄疫病毒对牛毒力显著减弱,可用于制备弱毒疫苗。人类偶能感染,且多为亚临床感染,也可出现发热、食欲差及口、手、脚产生水疱等。

8.猪瘟病毒

猪瘟病毒除对猪有致病性外,对其他动物均无致病性。能一过性地在牛、羊、兔、豚鼠和小鼠体内增殖,但不致病。人工感染于兔体后毒力减弱,如我国的猪瘟兔化弱毒株,已用其作为制造疫苗的毒种。病猪或隐性感染猪是主要的传染来源,健康猪接触污染的饲料和饮水,通过消化道感染发病。此外,各种用具如车辆、猪场人员的衣着等都是传播媒介。

9.猪传染性胃肠炎病毒

猪传染性胃肠炎病毒仅引起猪发病。病猪或恢复后的带毒猪,可通过饲料、垫草及乳头散布病毒,引起本病流行。各种年龄猪均可感染发病,5日龄以下仔猪的病死率可达100%;随年龄增长,病死率逐渐降低,16日龄以上仔猪的病死率降至10%以下。该病的病变仅限于胃肠道,包括胃肿胀及小肠肿胀,内含未吸收的凝乳块。由于绒毛损坏,肠壁变薄。

10.猪呼吸与繁殖综合征病毒

此病毒仅感染猪,不同年龄、性别和品种的猪均可感染,但易感性有一定差异。母猪和仔猪较易感,发病时症状较为严重。可造成母猪怀孕后期流产、死胎和木乃伊胎;仔猪呼吸困难,易继发感染,死亡率高;公猪精液品质下降。病理损伤主要在肺,常见局限性间质性肺炎。病毒可由空气经呼吸道感染,也可垂直传播。病猪和带毒猪是本病的传染源,耐过猪可长期带毒排毒。病毒在猪群中传播极快,2～3个月内一个猪群的血清学阳性率可达85%～95%,并可持续数月。

11.鸡新城疫病毒

本病毒对不同宿主的致病力差异很大。鸡、火鸡、珍珠鸡、鹌鹑和野鸡对本病毒都有易感性,其中鸡对本病毒的易感性最高。而水禽如鸭、鹅可感染带毒,但不发病。对鸡的致病作用主要由病毒株的毒力决定,鸡的年龄和环境条件也有影响。一般鸡越小,发病越急。本病一年四季均可发生,病鸡和带毒鸡是主要传染源。病鸡与健康鸡直接接触,经眼结膜、呼吸道、消化道、皮肤外伤及交配而发生感染。

12.禽流感病毒

禽流感宿主广泛,各种家禽和野禽均可以感染,但以鸡和火鸡最为易感。本病一年四季均发,受感染禽是最重要的传染源,病毒可通过粪便排出,并可在环境中长期存活。病毒可通过野禽传播,特别是野鸭。除候鸟和水禽外,笼养鸟也可带毒造成鸡群禽流感的流行。也可能通过蛋传播。该病以急性败血症死亡到无症状带毒等多种病征为特征。高致病力毒株引起的高致病性禽流感,其感染后的发病率和病死率都很高,对养鸡业威胁很大。

13.传染性法氏囊病病毒

本病毒的天然宿主只限于鸡。2～15周龄鸡较易感,尤其是3～5周龄鸡最易感。法氏囊已退化的成年鸡呈现隐性感染。鸭、鹅和鸽不易感,鹌鹑和麻雀偶尔也感染发病,火鸡只发生亚临床感染。病鸡是主要的传染源,粪便中含有大量的病毒,可污染饲料、饮水、垫料、用具、人员等,通过直接和间接接触传染。昆虫亦可作为机械传播的媒介,带毒鸡胚可垂直传播。本病毒可导致免疫抑制,诱发其他病原体的潜在感染或导致疫苗的免疫失败。目前认为该病毒可以降低鸡新城疫、鸡传染性鼻炎、鸡传染性支气管炎、鸡马立克病和鸡传染性喉气管炎等各种疫苗的免疫效果,使鸡对这些病的敏感性增加。据报道,鸡早期传染性法氏囊病,能降低鸡新城疫疫苗免疫效果40%以上,降低马立克病疫苗效果20%以上。

14.禽传染性支气管炎病毒

本病毒主要感染鸡,1～4周龄的鸡最易感。该病毒传染力极强,特别容易通过空气在鸡群中迅速传播,数日内可传遍全群。雏鸡患病后死亡率较高,蛋鸡产蛋量减少和蛋质下降。

15.狂犬病病毒

各种哺乳动物对狂犬病病毒都有易感性。实验动物中,家兔、小鼠、大鼠均可用人工接种而感染,人也易感,鸽及鹅对狂犬病有天然免疫性。易感动物常因被疯犬、健康带毒犬或其他狂犬病患畜咬伤而发病。病毒通过伤口侵入机体,在伤口附近的肌细胞内复制,而后通过感觉或运动神经末梢及神经轴索上行至中枢神经系统,在脑的边缘系统大量复制,导致脑损伤,出现行为失控、兴奋继而麻痹的神经症状。本病的病死率100%。

16.犬瘟热病毒

本病毒主要侵害幼犬,但狼、狐、豺、獾、鼬鼠、熊猫、浣熊、山犬、野狗、狸和水貂等动物也易感。患畜在感染后第5天于临床症状出现之前,所有的分泌物及排泄物均排毒,有时可持续数周。传播方式主要是直接接触及气雾。青年犬比老年犬易感,4~6月龄的幼犬因不再有母源抗体的保护,最易感。雪貂对犬瘟热病毒特别敏感,自然发病的死亡率高达100%,故常用雪貂作为本病的实验动物。人和其他家畜无易感性。

17.兔出血症病毒

引进的纯种兔和杂交兔比我国本地兔对该病毒易感,毛用兔比肉用兔易感。在自然条件下,感染年龄较大的家兔;病毒主要通过直接接触传播,也可通过病毒污染物经消化道、呼吸道、损伤的皮肤黏膜等途径感染;大多为急性和亚急性型,发病率和死亡率都较高。2月龄以下的仔兔自然感染时一般不发病。其他动物均无易感性。

(三)常见其他病原微生物的致病性特点

1.牛放线菌

牛、猪、马、羊易感染,主要侵害牛和猪,奶牛发病率较高。牛感染放线菌后主要侵害颌骨、唇、舌、咽、齿龈、头颈部皮肤及肺,尤以颌骨缓慢肿大为多见。猪表现为乳房炎,马表现为鬐甲瘘。该菌免疫原性不强。豚鼠可产生实验感染。

2.猪肺炎霉形体

自然感染仅见于猪,可使不同年龄、性别、品种的猪感染,引起地方流行性肺炎,其中以哺乳仔猪和幼猪最为易感。本菌经呼吸道传播,将培养物滴鼻接种2~3月龄健康仔猪,能引起典型病变。环境因素的影响或猪鼻霉形体及巴氏杆菌等继发感染时,常使猪的病情加剧乃至死亡。

3.禽败血霉形体

本菌主要感染鸡和火鸡,引起呼吸道疾病,对鸡胚有致病性。亦可感染珍珠鸡、鸽、鹧鸪、鹌鹑及野鸡等。病原体存在于病鸡和带菌鸡的呼吸道、卵巢、输卵管和精液中,可垂直传播。火鸡被感染发生鼻窦炎、气囊炎及腱鞘炎。并发细菌或病毒感染时,致病力增强。

4.牛羊致病霉形体

本菌引起的传染性胸膜肺炎主要发生于黄牛、水牛、牦牛和奶牛。通过飞沫传染,绵羊、山羊和骆驼在自然条件下多不感染。正常情况下实验动物不感染。

5.伯氏疏螺旋体

伯氏疏螺旋体能致人、犬、牛和马的关节炎。病人会出现皮肤红斑性丘疹,但犬未发现有疹块,表现为游走性关节炎,临床可见跛行、关节肿胀,急性发作时伴有嗜睡、厌食,有时发热及淋巴结肿大。通常可持续数天,2~4周后往往复发,有的犬会发生肾功能紊乱。硬蜱在吸吮感染动物的血液之后,可在数年内都具有传染性。啮齿动物是伯氏疏螺旋体的天然宿主。

6.鹅疏螺旋体

本菌可感染鸡、鸭、鹅、火鸡及多种鸟类,而鸽、小鼠、大鼠、家兔及其他哺乳动物均不易感。

感染禽发病突然,以高温、拒食、沉郁、腹泻和贫血为特征,发病率不一,但死亡率相当高。蜱是重要的传播媒介和储存宿主。鸡的各种羽虱也能传播该螺旋体。

7. 猪痢疾短螺旋体

猪痢疾短螺旋体常引发8～14周龄幼猪发病。临床表现为不同程度的黏膜出血性下痢和体重减轻。特征病变为大肠黏膜发生卡他性、出血性和坏死性炎症。自然发病猪康复后,可产生相应的抗体,但对其能否保护机体抵抗再感染说法不一,一般认为具有一定的保护力。以本菌的弱毒株口服或注射免疫抗体,只能产生微弱的保护力,如反复静脉注射则可产生对同菌株攻击的保护力。猪痢疾短螺旋体用琼脂扩散实验可区分为8个血清型。

8. 细螺旋体属(致病性钩端螺旋体)

致病性钩端螺旋体能引起人和多种动物的钩端螺旋体病,是一种人畜共患传染病。由于人的感染总是间接或直接来源于家畜和野生动物,因此,本病在医学上又称其为动物源性疾病。与钩端螺旋体致病力有关的毒力因子主要有吸附物质、溶血素、内毒素样物质和细胞毒性因子。

致病性钩端螺旋体可感染大部分哺乳动物和人类,鼠类和猪是钩端螺旋体的主要储存宿主和传染来源,带菌率高,排菌期长。钩端螺旋体在家畜大多数呈隐性带菌感染而不显症状,但它可在肾脏内长期繁殖,并随尿不断排出,污染土壤和水源等环境。人和家畜则通过直接或间接地接触这些污染源而被感染。在家畜中以牛和羊的易感性最高,其次是马、猪、犬、水牛和驴等,家禽的易感性较低。许多野生动物,特别是鼠类易感。钩端螺旋体病的临床表现可因不同血清型而有所差异,但基本大同小异。急性病例的主要症状为发热、贫血、出血、黄疸、血红素尿及黏膜和皮肤的坏死;亚急性病例可表现为肾炎、肝炎、脑膜炎及产后泌乳缺乏症;慢性病例则可表现为虹膜睫状体炎、流产、死产及不育或不孕。

复习思考题

一、名词解释

1. 非特异性免疫;2. 补体;3. 干扰素;4. 致病性;5. 毒力;6. 半数致死量;7. 半数感染量;8. 侵袭力;9. 毒素;10. 外毒素;11. 内毒素;12. 类毒素;13. 传染;14. 隐性传染;15. 带菌状态;16. 显性传染;17. 毒血症;18. 菌血症;19. 败血症;20. 脓毒血症

二、简答题

1. 传染的发生需要具备哪些条件?

2. 细菌内、外毒素有哪些主要区别?

3. 细菌的侵袭力包括哪些方面?

4. 病毒感染对宿主细胞有哪些直接损伤作用?

5. 病原微生物毒力的大小常用哪4个指标表示?分别说明其含义。

6. 补体可通过哪些途径被激活?补体激活后表现哪些生物学活性?

7. 影响非特异性免疫的因素有哪些?

8. 试述传染的三种可能结局。

任务二

特异性免疫

🍁 知识点

　　免疫器官、免疫细胞、抗原的概念与特性、抗原的性质、抗原的分类、重要的微生物抗原、免疫应答、免疫应答效应物质及作用、特异性免疫的获得途径、免疫的功能、免疫的类型、免疫的基本特性、传染与免疫的关系、常见病原微生物免疫特点。

🍁 技能点

　　免疫器官识别、抗体测定。

◆◆◆ 模块一　基本知识 ◆◆◆

一、免疫系统

　　免疫系统是动物在种系发生和个体发育过程中逐渐进化和完善起来的,是动物机体执行免疫功能的组织机构,是产生免疫应答的物质基础。免疫系统由免疫器官、免疫细胞和免疫分子组成。

(一)免疫器官

　　机体执行免疫功能的组织结构称为免疫器官。根据发生和作用的不同,免疫器官分为两大类:一类为中枢免疫器官,又称初级免疫器官,是淋巴细胞形成、分化及成熟的场所(图 5-4 和图 5-5)。中枢免疫器官在胚胎早期出现,为淋巴样上皮结构,是形成、诱导、分化淋巴细胞的器官。中枢免疫器官中的淋巴细胞免疫增殖不受抗原刺激的影响,向周围免疫器官输送 T 细胞与 B 细胞,包括骨髓、胸腺、法氏囊。另一类为外周免疫器官,又称次级免疫器官,是淋巴细胞定居、增殖以及对抗原的刺激产生免疫应答的场所。包括脾脏、淋巴结、哈德尔氏腺和黏膜相关淋巴组织。在机体中发育较迟,含有大量淋巴细胞,包括分化后迁来的 T 细胞和 B 细胞,往往要靠抗原刺激而增殖,继而执行免疫功能。

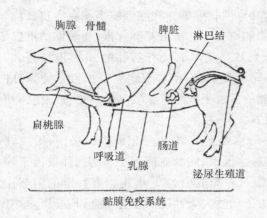

图 5-4 猪免疫器官示意图

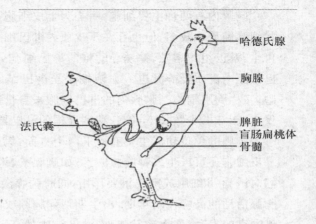

图 5-5 鸡免疫器官示意图

1. 中枢免疫器官

(1)骨髓。骨髓是重要的免疫器官,是由网状结缔组织构成支架,在网眼中含有机体血液中所有的血细胞及前体。具有造血和免疫双重功能,出生后一切血细胞均源于骨髓,是免疫细胞发生和分化的场所,是哺乳动物的 B 细胞分化和成熟的场所,也是发生再次免疫应答的主要部位。骨髓中的多能干细胞,首先分化成髓样干细胞和淋巴干细胞。前者是进一步分化成红细胞系、单核细胞系、粒细胞系和巨噬细胞;后者则发育成各种淋巴细胞的前体细胞(如 T、B 细胞前体细胞)。当骨髓功能缺陷时,不仅严重损害造血功能也将导致免疫缺陷症发生,造血及免疫功能下降,导致免疫丧失。输入同种骨髓,使其被破坏的淋巴组织重建,可恢复起免疫功能,保护动物免于死亡。

(2)胸腺。胸腺是人、哺乳动物及鸟类最重要的中枢淋巴细胞增殖最活跃的场所,它不仅诱导 T 淋巴细胞(胸腺依赖淋巴细胞)的发育成熟,而且对机体的免疫系统的总体控制起着重要作用。胸腺是一种淋巴样器官,但其结构和功能与其他淋巴器官显著不同。胸腺外包被有结缔组织的被膜,被膜深入实质,形成许多小叶,小叶的外缘密集着许多淋巴细胞,为皮质,小叶内部为髓质。髓质内存在环状结构的小体,称胸腺小体(哈塞尔氏小体)(图 5-6)。

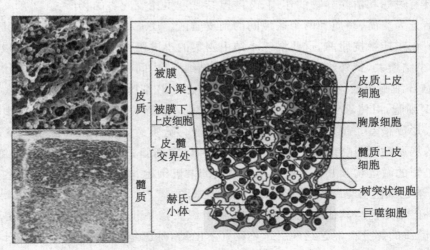

图 5-6 胸腺的结构

胸腺内有两种主要细胞：一类为上皮细胞，又称网状细胞。胸腺细胞多积存于皮质内。网状细胞髓质中较多，但也存在于皮质内淋巴细胞的周围。它能分泌胸腺素，使萎缩的淋巴组织再生，淋巴组织增殖，并诱导幼稚的淋巴细胞分化成熟为具有免疫活性的 T 淋巴细胞。T 淋巴细胞由髓质经静脉进入血液输送至淋巴结、脾脏及全身，参与细胞免疫。另一类为淋巴细胞，又称胸腺细胞。胸腺内的淋巴细胞来自骨髓的多能干细胞。绝大多数淋巴细胞生命期短，仅有 2～3 d，少数长寿，能迁移到周围的淋巴器官。

胸腺的免疫功能主要有以下两个方面：第一，胸腺是 T 细胞分化成熟的场所，第二，胸腺上皮细胞还可产生多种胸腺激素，如胸腺素、胸腺生成素、胸腺血清因子和胸腺体液因子等，它们对诱导 T 细胞成熟起重要作用，同时胸腺激素对外周成熟的 T 细胞也有一定的调节作用。胸腺活动的高峰在幼年期，出生期切除胸腺或由于动物先天性胸腺发育不全，均会影响周围淋巴器官的发育，使血液及脾脏、淋巴结中的 T 淋巴细胞显著减少，细胞免疫功能衰退，但对机体抗体的形成不会造成影响。在成年期切除胸腺，对细胞免疫功能影响较小。

（3）法氏囊。法氏囊亦称腔上囊，是鸟类所特有的淋巴器官。位于幼禽的泄殖腔背侧的盲肠，并以短管与其相连。鸡的法氏囊为球形，鸭、鹅呈长椭圆形。法氏囊在孵育后期开始形成，小鸡性成熟前期法氏囊达到最大，以后逐渐萎缩直至完全消失。

法氏囊是控制体液免疫的中枢淋巴器官。来自骨髓的多功能干细胞，在法氏囊激素诱导下分化为具有免疫活性的 B 细胞（称为法氏囊依赖淋巴细胞），经淋巴液和血液循环转移到周围淋巴器官淋巴结和脾脏。将胚胎后期或初孵出的雏禽的法氏囊切除，或用睾丸酮或考地松抑制法氏囊发育，其结果是外周血液中和淋巴结、脾脏内的 B 细胞减少或消失。切除法氏囊的幼禽在接受抗原刺激后不能产生抗体，但细胞免疫功能仍保持正常。

2.外周免疫器官

它又称次级免疫器官，它是 T、B 细胞定居、增殖及在抗原刺激时进行免疫应答的场所，包括脾脏、淋巴结、哈德尔氏腺及黏膜淋巴相关组织。

（1）淋巴结。它遍布于全身淋巴循环径路的各个部位。淋巴结由网状组织构成支架，外层有结缔组织包膜，其内充满淋巴细胞、巨噬细胞、树突状细胞。淋巴结具有两方面的免疫功能：①淋巴结具有过滤和清除异物的作用；②淋巴结是产生免疫应答的场所。

淋巴结分为皮质、髓质和两个区域间的副皮质区。皮质部在被膜下为皮质浅区，其中含有淋巴小结。在未接触抗原前，这些淋巴小结由密集的小淋巴细胞组成，无明显界限。当接触抗原刺激后，小结增大，其外缘为浓染密集的小淋巴细胞，中间有一个淡染区，由网状组织和不同发育阶段的 B 细胞组成，称为生发中心。生发中心是 B 细胞的集中区，其内部除 B 细胞外还有少量的 T 细胞，对体液免疫应答起着重要的作用。在新生动物中未发现生发中心。无菌动物生发中心形成很差。副皮质区主要聚居 T 细胞。髓质又分为髓索和髓窦。髓索为 B 淋巴细胞分布的场所，并可见许多 B 细胞、网状细胞和巨噬细胞。髓质中有许多吞噬细胞，可以消除经过淋巴窦的微生物和其他异物。淋巴结内的淋巴细胞，有些是新生成的，有些是再循环来的，其中 T 淋巴细胞占全部淋巴细胞的 70% 左右（图 5-7）。

猪的淋巴结结构与其他哺乳动物不同，其组织图像呈相反形式，淋巴小结在淋巴结的中央，相当于髓质的部分在淋巴结外层。鸡没有淋巴结，淋巴组织广泛分布于体内，有的为弥散性，有的为小结状。水禽（鸭、鹅）只有颈、胸和腰有两对淋巴结。

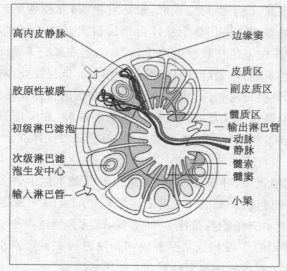
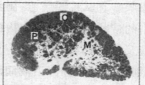

淋巴结切面
　C　皮质区
　P　副皮质区
　M　髓质

图 5-7　淋巴结的结构

（2）脾脏。它具有造血贮血和免疫双重功能。脾脏具有很多类似淋巴结的特征，分为白髓和红髓两部分。白髓主要由致密的淋巴组织构成，沿着动脉分布，呈球形或索状。球形的白髓为脾小体（淋巴小结），其中有生发中心，内含 B 淋巴细胞，受抗原刺激而增强。纵行白髓的小动脉称中央动脉，在中央动脉周围为淋巴组织，主要是 T 淋巴细胞集中区。红髓分为髓索及髓窦两部分。髓索为彼此吻合成网状的淋巴组织索，其中除网状细胞和 B 细胞外，还有巨噬细胞、浆细胞和各种血细胞。髓窦即血窦，其内主要为血细胞。脾脏中的淋巴细胞，35％～50％为 T 淋巴细胞，50％～65％为 B 淋巴细胞。脾脏的免疫功能主要表现在四个方面：第一，脾脏具有滤过血液的作用；第二，脾脏具有滞留淋巴细胞的作用；第三，脾脏是免疫应答的重要场所；第四，脾脏能产生吞噬细胞增强激素（图 5-8）。

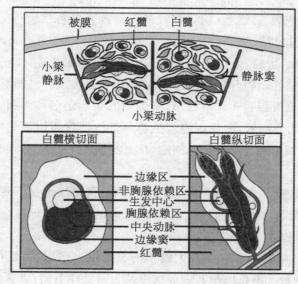

图 5-8　脾脏的结构

（3）哈德腺。它又称瞬膜腺、副泪腺，位于眼窝中腹部，眼球后中央，在视神经区呈喙状延伸，呈不规则的带状，是禽类眼窝内的腺体之一。整个腺体由结缔组织分割成许多小叶，小叶由腺泡、腺管及排泄管组成。腺泡上皮由一层柱状腺上皮排列而成，上皮基膜下是大量浆细胞和部分淋巴细胞。它能分泌泪液润滑瞬膜，对眼睛具有机械保护作用。能接受抗原刺激，分泌特异性抗体，通过泪液带入上呼吸道黏膜分泌物内，成为口腔、上呼吸道的抗体来源之一，故在上呼吸道免疫方面起着重要作用。哈德腺不仅可在局部形成坚实的屏障，它又能激发全身免疫系统，协调体液免役。在雏鸡免疫时，它对疫苗发生应答反应，不受母源抗体的干扰，对免疫效果的提高，起着非常重要的作用。

（4）黏膜相关淋巴组织。通常把消化道、呼吸道、泌尿生殖道等黏膜下层的许多淋巴小结和弥散淋巴组织，统称为黏膜相关淋巴组织。黏膜相关淋巴组织均含丰富的 T 细胞和 B 细胞及巨噬细胞等。黏膜下层的淋巴组织中 B 细胞数量比 T 细胞多，而且多是能产生分泌型 IgA 的 B 细胞，T 细胞则多是具有抗菌作用的 T 细胞。虽然黏膜相关淋巴组织在形态学方面不具备完整的淋巴结结构，但它们却构成了动物机体重要的黏膜免疫系统。

（二）免疫细胞

凡参与免疫应答或与免疫应答相关的细胞统称为免疫细胞。它们的种类繁多，功能各异，但相互作用，相互依存。根据它们在免疫应答中的功能及作用机理，可分为免疫活性细胞和免疫辅佐细胞两大类。此外还有一些其他细胞，如 K 细胞、NK 细胞、粒细胞、红细胞等。

1. 免疫活性细胞

它是指在受到抗原刺激下，能特异性的识别抗原决定簇并发生免疫反应的一类细胞，包括 T 淋巴细胞和 B 淋巴细胞等。在免疫应答过程中起核心作用。

（1）T、B 细胞的来源、分布及生态特点。T、B 细胞均来源骨髓多能干细胞，多能干细胞中淋巴细胞分为前 T 细胞和前 B 细胞。

前 T 细胞进入胸腺发育成为成熟 T 细胞（胸腺依赖淋巴细胞），简称 T 细胞。成熟的 T 细胞经血流到外周免疫器官——淋巴结、脾、胸腺依赖区定居和增殖，再经血液及淋巴液分布到全身。T 细胞受抗原刺激后活化、增殖、分化成为效应 T 细胞，参与细胞免疫。

前 B 细胞在鸟类的腔上囊或哺乳动物骨髓中发育为成熟的 B 细胞又称骨髓淋巴细胞，简称 B 细胞。B 细胞经血流到外周免疫器官——淋巴结、脾的生发中心定居和增殖。B 细胞接受抗原刺激后，活化、增殖和分化为浆细胞，由浆细胞产生特异性抗体参与体液免疫功能。浆细胞一般只能存活 2 d，一部分 B 细胞成为免疫记忆细胞，在血液循环中可存活 100 d 以上，参与淋巴细胞的再循环。

T 细胞和 B 细胞均为小淋巴细胞，在光镜下形态难以区别。在扫描电镜下观察，多数 T 细胞表面光滑，有较少绒毛突起，而 B 细胞表面较为粗糙，有较多绒毛突起，但这一区别，尚不能作为 T 细胞和 B 细胞特性标志和进一步鉴定其不同亚群。

（2）T、B 细胞表面物质。T、B 细胞表面存在着大量不同类的蛋白质，表面蛋白质为淋巴细胞的表面抗原和表面受体，不同种类淋巴细胞其表面抗原及表面受体不同，以鉴别各种淋巴细胞以及其亚群。

①T 细胞表面标志：

a. T 细胞抗原受体：所有 T 细胞表面具有识别和结合特异性抗原分子结构,称 T 细胞抗原受体(TCR),每个成熟的 T 细胞克隆各个细胞具有相同的 TCR,能识别同种特异性抗原同一个体内,可能有数百万种 T 细胞克隆及特异性 TCR;故能识别多种抗原。由于 TCR 与细胞膜上的 CD3 抗原通常紧密结合在一起形成复合物称 TCR-CD3 复合体。TCR 识别和结合抗原是有条件的,只有当抗原片段与抗原递呈细胞上 MHC 分子结合在一起时,T 细胞的 TCR 才能识别或结合 MHC——抗原片段复合物中的抗原部分,而 TCR 不能识别和结合单独存在抗原片段或决定簇。

b. CD2：称为红细胞受体(E),一些动物和人的 T 细胞在体外与绵羊(或其他动物)红细胞结合,形成红细胞花环,用以测定 T 细胞数目。T 细胞表面 E 受体,现命名 CD2。不同动物 T 细胞 CD2 性质有差异,所以花环实验时所要求指导细胞不完全相同。鸡的 E 花环实验较为困难。

c. CD3：仅存在 T 细胞的表面,与 TCR 结合形成 TCR-CD3 复合体。CD3 分子功能是把 TCR 与外来结合的抗原信息传递到细胞内,启动细胞内的活化过程,在 T 细胞被抗原激活的早期过程起到重要作用,CD3 也常用于检测外周血 T 细胞总数。

d. CD4 和 CD8：分别称为 MHC Ⅱ类分子和 Ⅰ类分子的受体。CD4 和 CD8 分别出现在不同亚群的 T 细胞表面,同一种 T 细胞表面只表达其中一种,因此,T 细胞分为 $CD4^+$ 的 T 细胞和 $CD8^+$ 的 T 细胞两大样。$CD4^+$ 与 $CD8^+$ 比值是重要评估机体免疫状态,机体正常情况的比值是 2:1。

此外,在 T 细胞表面还有丝裂原受体,MHC Ⅰ类分子,IgG 的 FC 受体、白细胞介素受体以及各种激素和介质的受体,如组织胺的受体是 B 细胞的表面标志。

②B 细胞表面标志：

a. B 细胞抗原受体：B 细胞表面的抗原受体是细胞表面的免疫球蛋白(SmIg)。这种 SmIg 的分子结构与血清中 Ig 相同,其 Fc 段的几个氨基酸镶嵌在胞膜脂质双层中,Fab 段则伸向细胞外侧,以便与抗原结合,SmIg 主要为单体的 IgM 和 IgD。每个 B 细胞表面有 $104\sim105$ 个 SmIg。SmIg 是鉴别 B 细胞的主要特征。

b. Fc 受体：Fc 受体(FcR)与免疫球蛋白 Fc 片段结合,大多数 B 细胞有 IgG 的 Fc 受体,能与 IgG 的 Fc 片段结合,这种结合有利于 B 细胞对抗原捕获和结合及 B 细胞的激活和抗体产生。检测带有 Fc 受体,可用抗鸡(牛)红细胞抗体与鸡红细胞作 EA 花环实验。

c. 补体受体(CR)：大多数 B 细胞表面存在 C3b 和 C3d 结合受体,CR 有利于 B 细胞捕捉与补体结合的抗原抗体复合物,结合后可促使 B 细胞活化。B 细胞的补体受体常用 EAC 花环实验。

此外,B 细胞表面还有丝裂原受体,CD79(类似 CD3),白细胞介素受体及 CD9、CD10、CD19、CD20 等。

(3)T、B 细胞亚群及功能。

①T 细胞亚群及功能：T 细胞为不均一的细胞群体,根据其表面标志或功能,可分为不同的 T 细胞亚群。根据是否表达 CD4 分子或 CD8 分子,可分为 $CD4^+$ 和 $CD8^+$ 两个亚群;根据

免疫功能状态,可分为辅助性 T 细胞、细胞毒 T 细胞和调节性 T 细胞;根据 T 细胞的活化阶段,可分为初始 T 细胞、效应 T 细胞和记忆 T 细胞。

a. CD4$^+$ T 细胞:CD4$^+$ T 细胞为 CD4 分子表达阳性而 CD8 表达阴性的 T 细胞。这类细胞约占外周血 T 细胞总数的 65%,识别抗原为抗原肽-MHC Ⅱ 复合物,因此其抗原识别受 MHCII 类分子限制。CD4$^+$ T 细胞主要通过分泌细胞因子来辅佐其他细胞发挥作用,因此多为辅助性 T 细胞(Th)。

b. CD8$^+$ T 细胞:CD8$^+$ T 细胞为 CD8 分子表达阳性而 CD4 表达阴性的 T 细胞。这类细胞约占外周血 T 细胞总数的 35%,识别抗原为抗原肽-MHCI 复合物,因此其抗原识别受 MHCI 类分子限制。多为细胞毒 T 细胞(CTL 或 Tc),能直接杀伤靶细胞。

c. 辅助性 T 细胞(Th):辅助性 T 细胞通过分泌细胞因子,发挥不同免疫效应。多为 CD4$^+$ T 细胞,包括 Th1 细胞(主要分泌 IL-2、IFN 等,参与细胞免疫及迟发型超敏反应)和 Th2 细胞(主要分泌 IL-4、IL-5、IL-13 等,参与体液免疫)等。

d. 细胞毒 T 细胞(CTL 或 Tc):细胞毒 T 细胞能直接特异性杀伤靶细胞,具有 MHC 限制性,多为 CD8$^+$ T 细胞。

e. 调节性 T 细胞(Treg):调节性 T 细胞表达 CD25 分子和 Foxp3 转录因子,主要通过细胞接触和表达 TGF 等来抑制免疫应答,在免疫应答的负调节和免疫耐受中起重要作用。

②B 细胞亚群及功能:根据细胞表面是否表达 CD5 分子,B 细胞可分为 B1 细胞和 B2 细胞两个亚群,B1 细胞表达 CD5,占 B 细胞总数的 5%～10%,在机体内出现较早,其发生不依赖于骨髓,具有自我更新能力,存在于腹腔、肠道固有层等;B1 细胞主要识别多糖等抗原,参与固有免疫。B2 细胞不表达 CD5 分子,在哺乳动物的骨髓或鸟类法氏囊中发育成熟,是机体特异性体液免疫的主要细胞,为通常所称的 B 细胞。

B 细胞除通过分泌特异性抗体介导体液免疫应答外,还是机体三大职业性抗原递呈细胞之一,递呈可溶性外源性抗原给 T 细胞。

2. 辅佐细胞

对抗原进行捕捉、加工和处理的巨噬细胞、树突状细胞等称为免疫辅佐细胞,简称 A 细胞。由于辅佐细胞在免疫应答中能将抗原递呈给免疫活性细胞,因此称为抗原递呈细胞(APC)。

(1)单核巨噬细胞系统。包括血液中的单核细胞、结缔组织中组织细胞、肺泡中的尘细胞、肝脏中的枯否氏细胞、骨组织中的破骨细胞、神经组织中的小胶质细胞、各处表皮部位的朗罕氏细胞,在淋巴结和脾脏中的巨噬细胞。单核巨噬细胞系统的免疫功能主要表现在以下三个方面。

①吞噬和杀伤作用:组织中的巨噬细胞可吞噬和杀灭多种病原微生物,并处理机体自身凋亡损伤的细胞,是机体非特异性免疫的重要因素。特别是结合有抗体(IgG)和补体(C3b)的抗原性物质更易被巨噬细胞吞噬。巨噬细胞可在抗体存在下发挥 ADCC 作用。巨噬细胞也是细胞免疫的效应细胞,经细胞因子如 IFN-γ 激活的巨噬细胞更能有效地杀伤细胞内寄生菌和肿瘤细胞。

②递呈抗原作用:在免疫应答中,巨噬细胞是重要的抗原递呈细胞,外源性抗原物质经巨

噬细胞通过吞噬、胞饮等方式摄取,经过胞内酶的降解处理,形成许多具有抗原决定簇的抗原肽,随后这些抗原肽与 MHCⅡ类分子结合形成抗原肽-MHCⅡ类分子复合物,并呈送到细胞表面,供免疫活性细胞识别。因此,巨噬细胞是免疫应答中不可缺少的免疫细胞。

③合成和分泌各种活性因子:活化的巨噬细胞能合成和分泌 50 余种生物活性物质,如许多酶类(中性蛋白酶、酸性水解酶、溶菌酶);白细胞介素Ⅰ、干扰素和前列腺素;血浆蛋白和补体成分等。这些活性物质的产生具有调节免疫反应的功能。

(2)树突状细胞。简称 D 细胞,来源于骨髓和脾脏的红髓,成熟后主要分布脾脏和淋巴结中,结缔组织中也广泛存在。树突状细胞表面伸出许多树突状突起,胞内线粒体丰富,高尔基体发达,但无溶酶体和吞噬体,故无吞噬能力。大多数树突状细胞有较多的 MHCⅠ类分子和MHCⅡ类分子,少数 D 细胞表面有 Fc 受体和 C3b 受体,不能吞噬抗原,主要功能是处理与递呈不需细胞处理的抗原,尤其是可溶性抗原,能将病毒抗原、细菌内毒素抗原等递呈给免疫活性细胞。此外,B 细胞、红细胞、朗罕氏细胞也具有抗原递呈作用。

3. 其他免疫细胞

(1)杀伤细胞。简称 K 细胞,又称抗体依赖性淋巴细胞毒细胞。是一种直接来源于骨髓的淋巴细胞,人的 K 细胞占淋巴细胞总数的 5%～15%。主要存在于腹腔渗出液、血液和脾脏中,淋巴结中很少,在骨髓、胸腺和胸导管中含量极微。K 细胞的主要特点是表面具有 IgG 的Fc 受体。当靶细胞和相应的 IgG 结合,K 细胞可与结合在靶细胞上的 IgG 的 Fc 片段结合,从而使自身活化,释放细胞毒,裂解靶细胞,这种作用称为抗体依赖性细胞介导的细胞毒作用(ADCC)。K 细胞杀伤的靶细胞包括病毒感染的宿主细胞、恶性肿瘤细胞、移植物中的异体细胞及某些较大的病原体(如寄生虫)等。因此,K 细胞在抗肿瘤免疫、抗感染免疫和移植物排斥反应、清除自身的衰老细胞等方面有一定的意义。

(2)自然杀伤细胞。简称 NK 细胞,又叫自然杀伤淋巴细胞或无标志细胞。是一群既不依赖抗体,也不需要抗原刺激和致敏就能杀伤靶细胞的淋巴细胞,动物出生后 2～3 周由骨髓干细胞发育而来。因而称为自然杀伤细胞。该细胞表面存在着识别靶细胞表面分子的受体结构,通过此受体与靶细胞结合而发挥杀伤作用。NK 细胞来源于骨髓,主要存在于外周血和脾脏中,淋巴结和骨髓中很少,胸腺中不存在。NK 细胞的主要生物学功能为非特异性地杀伤各种靶细胞如组织细胞、肿瘤细胞,抵抗多种微生物感染及排斥骨髓细胞的移植,同时通过释放多种细胞因子如 IL1、IL-2、干扰素等发挥免疫调节作用。多数 NK 细胞具有 IgG Fc 受体,也具有 ADCC 作用。NK 细胞主要以自身产生的淋巴毒而破坏或杀伤靶细胞,其杀伤作用较 T、K 弱。

(3)粒细胞。胞浆中含有颗粒的白细胞统称为粒细胞,包括嗜中性、嗜碱性和嗜酸性粒细胞。粒细胞是血液中的主要吞噬细胞,具有高度的移动性和吞噬功能。细胞膜上有 Fc 及补体C3b 受体。它在防御感染中起重要作用,并可分泌炎症介质,促进炎症反应,还可处理颗粒性抗原提供给巨噬细胞。嗜酸性粒细胞胞浆内有许多嗜酸性颗粒,颗粒中含有多种酶,尤其富含过氧化物酶。该细胞具有吞噬杀菌能力,并具有抗寄生虫的作用,寄生虫感染时往往嗜酸性粒细胞增多。嗜碱性粒细胞内含有大小不等的嗜碱性颗粒,颗粒内含有组织胺、白三烯、肝素等参与Ⅰ型变态反应的介质,细胞表面有 IgE 的 Fc 受体,能与 IgE 结合,带 IgE 的嗜碱性粒细胞与特异性抗原结合后,立即引起细胞脱粒,释放组织胺等介质,引起过敏反应。

(4)红细胞。研究表明红细胞和白细胞一样具有重要的免疫功能,它具有识别抗原、清除体内免疫复合物、增强吞噬细胞的吞噬功能、递呈抗原信息及免疫调节等功能。

二、抗原

(一)抗原的概念与特性

1.抗原(Ag)

凡能刺激机体产生抗体和致敏淋巴细胞,并能与相应的抗体和致敏淋巴细胞发生特异性反应的物质,称抗原或叫免疫原,即具有抗原性的物质叫抗原。

2.抗原特性

抗原具有双重特性,包括免疫原性和反应原性。①免疫原性,指抗原能刺激机体产生抗体和致敏感淋巴细胞的特性,即产生免疫应答的特性。②反应原性,指抗原能与相应的抗体和致敏淋巴细胞(即能与相应的免疫反应产物)发生特异性结合反应的特性。抗原的免疫原性和反应原性统称为抗原的抗原性。具有免疫原性又具有反应原性的物质称完全抗原;只有反应原性没有免疫原性的物质称不完全抗原又称半抗原。完全抗原是免疫原,而半抗原不是免疫原。

(二)抗原的性质

对于免疫的机体来说,抗原属于非我,但并非任何非我的异物都是抗原。抗原必须具备以下四个性质(条件),才能具抗原性。

1.异物性

它又称异源性。一般认为,抗原首先是非自身的或称非己的高分子物质。这是由于免疫系统在个体发育过程中,对自身抗原产生耐受不能识别,而对非己抗原能够识别所致。在免疫机能正常情况下,只有异种或同种异体物质(不存在于机体内),或有少数可隐藏在体内,但并不与免疫系统相接触的成分,才能诱导宿主的正常免疫应答。然而有的外来物质,如一些非生物性高分子聚合物,仅能发生细胞的吞噬反应,而不能引起免疫应答,则不属于抗原。抗原的异物性有以下三种情况。

(1)异种物质。绝大多数抗原都属于异种物质,如病原微生物及其代谢产物、异种动物血清等都是良好的抗原,但通常是种族亲缘愈远,组织结构的差异愈大,免疫原性愈好。例如,鸭血清蛋白对鸡的免疫原性较弱,而对兔则是良好的免疫原。

(2)同种异体物质。同种不同个体之间,同一类型的组织细胞,在抗原结构上是有差异的。例如,人的红细胞表面有 ABO 型的抗原及 Rh 型抗原;机体对移植异体组织的识别力,比异种物质更为敏感,而发生排斥反应。只有同卵双生的机体才不会发生排斥反应。

(3)自身抗原。一般自身的组织细胞对机体的免疫系统不能引起免疫应答,这是胚胎时期就形成的。但在特定的条件下,自身组织细胞也有可能形成自身抗原,刺激机体产生自身抗体,从而发生自身免疫病。自身抗原主要包括以下三种:①组织蛋白的结构发生改变,如机体组织遭受烧伤、感染及电离辐射等作用,使原有的结构发生改变而具有抗原性;②机体的免疫识别功能紊乱,将自身组织视为异物,可导致自身免疫病;③某些组织成分,如眼球晶体状蛋白、精子蛋白、甲状腺球蛋白等因外伤或感染而侵入血液循环系统,机体视之为异物引起免疫反应。

2.分子的大小与结构的复杂性

抗原的免疫原性与分子大小密切相关。具有免疫原性的物质其分子量都比较大,通常在10 000以上。在一定条件下,相对分子质量越大,免疫原性越强。抗原必须是高分子物质的原因是:分子量越大,颗粒就越大,其表面的抗原决定簇就越多,化学结构也较稳定。大分子物质,尤其是胶体态的大分子物质,能在体内长期停留,不易被机体的免疫系统破坏或清除,可持续刺激机体产生免疫球蛋白。在有机物中,以蛋白质的分子质量最大故抗原性最强。某些结构复杂的多糖也有抗原性。

抗原物质除了要求具有一定的相对分子量以外,还要求具有一定的化学组成和结构,如明胶是蛋白质,分子量也较大,但由于肽链分子只有直链氨基酸,缺少苯环结构,进入机体极易被酶水解成小分子物质,所以其抗原性很弱,若在明胶分子上连接10%酪氨酸后,就能增强其抗原性。某些小分子的多肽(如胰岛素相对分子质量为5 743,升糖激素相对分子质量为3 800),由于它们具有必要的化学结构,所以,也有一定的抗原性。

3.特异性

抗原的特异性是指某一抗原只能与由它本身所诱发的免疫物质(Ig或致敏淋巴细胞)相结合的特性。抗原的这类特异性是由抗原决定簇所决定的。抗原分子表面具有特殊立体构型和免疫活性的化学基团,叫抗原决定簇。抗原决定簇主要是指末端氨基酸(—COOH)转角处的氨酸、砷酸基(—AsO$_3$H$_2$)、磺酸基(—SO$_3$H)等。各种抗原,其决定簇的性质、数目、构型是不同的,而决定了各种抗原的特异性。如蛋白质抗原的每一个决定簇所含氨基酸数目均为5个,其中若是一个氨基酸不同,即可构成不同抗原。某些抗原性很弱或没有抗原性的物质,如青霉素、磺胺、甲醛等小分子物质进入机体后,与蛋白质结合后而具有抗原性,但这是由于小分子物质本身所决定的(而不是由蛋白质),又如,连接了10%酪氨酸的明胶,其抗原决定簇是由酪氨酸体现的。

每个抗原分子上决定簇的数目,称抗原结合价(又叫抗原价)。绝大多数天然抗原分子表面含有多个抗原决定簇,称多价抗原。简单抗原只有一个抗原决定簇,称单价抗原。前者可刺激机体产生多种类型的抗体,后者免疫机体的血清中只出现一种特异性抗体。只有一种抗原决定簇的抗原称为单特异性抗原,含有多种抗原决定簇的抗原称为多特异性抗原。天然抗原一般是多价和多特异性的,如牛血清蛋白就有18个决定簇,但暴露在外的只有6个决定簇;甲状腺蛋白有40种决定簇。

4.完整性

带有抗原决定簇的大分子胶体只有完整地进入免疫活性细胞所在场所,如脾脏、淋巴结和血流等处,才能刺激机体产生抗体。若在未在进入这些场所之前,于消化道内被酶分解为小分子的氨基酸或短肽链时,由于氨基酸的结构在各种生物体内皆相同,则失去异物性,而没有免疫原性。因此,疫苗一般都采用注射接种,如需口服,则一般为弱毒活苗。

(三)抗原的分类

抗原物质种类繁多,目前主要有以下几种抗原分类方法。

1. 根据抗原性质分类

(1)完全抗原。既具有免疫原性,又具有反应原性的物质称为完全抗原。如大多数蛋白质、细胞、病毒、立克次氏体等微生物是良好的完全抗原。

(2)半抗原。只具有反应原性而没有免疫原性的物质称为半抗原,亦称不完全抗原。半抗原又有简单半抗原和复合半抗原之分,前者与特异性抗体发生不可见反应,但能阻断抗体与抗原结合能力,后者与特异性抗体发生可见反应。细菌的荚膜多糖、类脂质、脂多糖为复合半抗原,抗生素、酒石酸、苯甲酸等低分子化合物为简单半抗原。半抗原物质是小分子物质,不能诱导机体产生免疫反应,但如果与大分子物质如蛋白质结合后则成为完全抗原,便可刺激机体产生抗体。与半抗原结合的大分子物质称为载体。任何一个完全抗原都可以看作是半抗原与载体的复合物,载体在免疫反应过程中起很重要的作用。

2. 根据对胸腺的依赖性分类

随着免疫学研究的深入,发现抗原物质在激发免疫系统的应答反应过程中,某些抗原物质需要 T 细胞的辅助作用才能活化 B 细胞产生抗体,也有一些抗原无需 T 细胞的辅助,因而可将抗原区分为 TI 抗原和 TD 抗原。

(1)胸腺依赖性抗原(TD 抗原)。这类抗原在刺激机体 B 细胞分化和产生抗体的过程中,需要巨噬细胞等抗原递呈细胞和辅助性 T 细胞的协助。绝大多数抗原属此类,如异种红细胞、异种组织、异种蛋白质、微生物及人工复合抗原等。此种抗原刺激机体产生的抗体主要是 IgG,易引起细胞免疫和免疫记忆。

(2)非胸腺依赖性抗原(TI 抗原)。这类抗原在刺激机体产生免疫反应过程中不需要辅助性 T 细胞的协助,直接刺激 B 细胞产生抗体。仅少数抗原物质属 TI 抗原,如大肠杆菌脂多糖、肺炎球菌荚膜多糖、聚合鞭毛素和聚乙烯吡咯烷酮等。此种抗原的特点是由同一构成单位重复排列而成,刺激机体时仅产生 IgM 抗体,不易产生细胞免疫,也不引起回忆应答。

3. 其他分类

根据抗原产生的方式不同,可将抗原分为天然抗原和人工抗原;根据其物理性状的不同,可将其分为颗粒性抗原和可溶性抗原;根据抗原的化学性质不同,可将其分为蛋白质抗原、多糖抗原及多肽抗原等;根据抗原诱导的免疫应答,可将其分为移植抗原、肿瘤抗原、变应原及耐受原等。

(四)重要的微生物抗原

1. 细菌抗原

细菌的各种结构都有多种抗原成分,其抗原结构比较复杂,因此细菌具有较强的抗原性。细菌抗原主要有以下几种类型。

(1)菌体抗原(O 抗原)。主要指革兰氏阴性菌细胞壁抗原,位于细胞壁上,其成分是脂多糖(LPS),耐热,性质较稳定。

（2）鞭毛抗原（H抗原）。主要指鞭毛蛋白的抗原性。细菌鞭毛抗原，其主要成分是蛋白质。

（3）菌毛抗原（F抗原）。为许多革兰氏阴性菌和少数革兰氏阳性菌具有，菌毛是由菌毛素组成，有很强的抗原性。

（4）荚膜抗原（K抗原）。也叫表面抗原，主要是指荚膜多糖或荚膜多肽的抗原性。包围在细菌细胞壁外周的抗原，如大肠杆菌的K抗原，伤寒杆菌的Vi抗原。

2. 毒素抗原

很多细菌（例如，破伤风梭菌、内毒梭菌）产生外毒素，其成分为糖蛋白或蛋白质，具有很强抗原性，能刺激机体产生抗体。外毒素经甲醛处理，其毒力减弱或完全丧失，但仍保留很强的免疫原性，称为类毒素，能刺激机体产生抗毒素抗体（抗毒素）。类毒素对预防白喉、破伤风等细菌外毒素引起的疾病有重要作用，并能防治毒蛇咬伤。

3. 病毒抗原

各种病毒都有相应的抗原结构。病毒很小，结构简单，有囊膜病毒的抗原特异性由囊膜上的纤突所决定，将病毒表面的囊膜抗原称为V抗原。如流感病毒在其囊膜上有两种表现V抗原即血凝素HA和神经氨酸酶NA，HA和NA均属于糖蛋白，受病毒基因所控制，流感病毒血清型改变，主要HA的变异，V抗原具有型和亚型的特异性。没有囊膜的病毒，在衣壳上是蛋白质成分，有些病毒与核酸相连蛋白质（核蛋白）称为P抗原。例如，口蹄疫病毒在核衣壳上三种抗原VP1、VP2、VP3。VP1是病毒保护性抗原（VP1美国命名VP3）。另外在活的口蹄疫病毒产生VIA抗原，而用灭活疫苗时，机体不产生VIA抗体。另外，还有S抗原（可溶性抗原）、NP抗原（核蛋白抗原）。

4. 真菌和寄生虫抗原

真菌、寄生虫及其虫卵都有特异性抗原，由于寄生虫属于真核生物，其组织结构复杂，因而寄生虫抗原的结构也很复杂。但免疫原性较弱，特异性也不强，交叉反应较多，一般很少用于进行分类鉴定。寄生虫抗原包括：可溶性抗原，它是从活的寄生虫或寄生虫培养细胞内释放的抗原，即寄生虫分泌/排泄出的抗原（ES抗原）。

在病原微生物的多种成分中，能使动物机体产生保护性免疫力的只是其中一小部分，其他成分不能刺激机体免疫系统产生有效的保护作用，有时还可能引起不良反应。因此在制备微生物疫苗时，应选择保护性抗原。

三、免疫应答

（一）免疫应答的概念

免疫应答是动物机体免疫系统受抗原刺激后，免疫细胞对抗原分子的识别并产生一系列复杂的免疫连锁反应和表现出特定的生物学效应的过程。机体通过有效的免疫应答，来保持内环境的平衡和稳定。这一过程主要包括抗原递呈细胞对抗原的处理、加工和递呈，T、B淋巴细胞对抗原的识别、活化、增殖和分化，最后产生效应性分子抗体与细胞因子以及免疫效应细胞(细胞毒性 T 细胞和迟发型变态反应性 T 细胞),并最终将抗原物质和对再次进入机体的抗原物质产生清除效应。根据免疫应答的特点、获得的形式及效应机制,免疫应答分为固有免疫应答和适应性免疫应答。固有免疫应答又称非特异性免疫应答,是生物在长期进化过程中形成,是机体抵御病原体入侵的第一道防线。参与固有免疫应答的主要成分有:皮肤、黏膜及其分泌的杀菌或抑菌物质;体内多种非特异性免疫细胞和免疫分子等。本节主要介绍适应性免疫应答(特异性免疫应答或获得性免疫应答)。

(二)免疫应答的种类

适应性免疫应答的类型与抗原的性质、数量以及动物机体的免疫功能状态有关。

1. 根据免疫应答产生的效应分类

(1)正免疫应答。正免疫应答是指 T 细胞或 B 细胞接受抗原刺激后,活化、增殖、分化为效应细胞及记忆细胞,产生效应分子,完成清除破坏抗原的免疫效应的过程。典型的例子是机体对病原微生物的抗感染免疫。

(2)负免疫应答。负免疫应答是指受到抗原刺激的 T 细胞或 B 细胞被清除或停止在活化的某一阶段,不发生增殖、分化,不产生效应细胞或效应分子的过程,也成为外周耐受。典型的例子是机体正常生理状态下对自身成分的耐受。

无论是正应答还是负应答,都是维持机体内环境稳定的重要保护机制。在异常情况下,机体可产生过强的或不适宜的免疫应答,导致组织损伤而引发超敏反应,或破坏自身免疫耐受而导致自身免疫性疾病;亦可出现免疫应答低下。

2. 根据免疫应答对机体的影响分类

(1)生理性免疫应答。它又称为正常免疫应答,是指免疫系统接受抗原刺激后,对非己抗原进行清除和排斥,对自己成分产生耐受的过程,生理性免疫应答通常强度适中,对机体的影响以保护作用为主,不产生严重的病理性损伤。

(2)病理性免疫应答。它又称为异常免疫应答,是指机体免疫应答过强、过弱或对自身成分产生正应答。病理性免疫应答往往不能对机体起有效的保护作用,甚至会对机体产生严重的病理性损伤。如对某些微生物抗原应答过强,可导致超敏反应;过弱可导致严重或持续的感染。而对自身成分的异常正应答可导致自身免疫病的发生。

3. 根据参与的免疫细胞及效应成分的不同分类

(1)细胞免疫。即 T 淋巴细胞介导的免疫应答,是指 T 细胞接受抗原刺激后,经过活化、增殖与分化,最终产生效应性 T 淋巴细胞,清除和破坏抗原成分。

(2)体液免疫。即 B 细胞介导的免疫应答,是指 B 细胞接受抗原刺激后活化、增殖分化为浆细胞。浆细胞合成分泌特异性抗体分子,并由抗体分子结合、清除和破坏抗原。由于抗体分子存在于体液之中,故 B 细胞介导的免疫应答又称为体液免疫应答。

(三)免疫应答的特点

机体通过自身的免疫系统,完成免疫防御、免疫自稳和免疫监视三大功能。固有免疫是个体出生时就具备的、并非针对某一特定抗原的防御机制,是机体抵抗病原体侵袭、清除体内抗原异物的第一道防线。而适应性免疫则是机体接受抗原刺激后，获得的针对此抗原的特异性的防御机制。适应性免疫具有特异性、记忆性和可转移性等特点。

1.特异性

特异性是指免疫应答的效应物质只针对引起应答的特定抗原发挥作用，这种高度的选择性或针对性即为适应性免疫的特异性。这种特异性是通过 T、B 淋巴细胞表面的抗原识别受体(TCR、BCR)来实现的。抗原进入机体后，通过与 TCR 或 BCR 特异性识别与结合，选择相应的 T、B 细胞克隆并使之活化、增殖、分化，最终产生特异的效应性细胞或效应分子。

2.记忆性

免疫记忆是指免疫系统在初次接触某种抗原后，活化的 T、B 细胞除可分化为效应细胞外，其中部分细胞还可分化为记忆细胞，在体内长期存活。记忆细胞再次与相同的抗原作用时可诱导产生更快速、更强烈、更高效的免疫应答，从而更加快捷、有效地清除和破坏抗原性异物。免疫记忆现象是人类对某些病原体感染引起的疾病具有较长时期甚至终生的免疫力的根本原因，也是我们制备疫苗用于预防某些疾病的理论基础。

3.可转移性

适应性免疫可以通过转输免疫活性细胞即 T、B 淋巴细胞或抗体，在不同的个体中转移。将已致敏的免疫活性细胞或抗体输入无免疫力的个体，可使这些个体获得对特异性抗原的免疫力。特异性免疫的这种特点已被广泛的应用于临床多种疾病的预防与治疗。

(四)免疫应答的参与细胞、表现形式及发生场所

参与机体免疫应答的核心细胞是 T 细胞和 B 细胞，巨噬细胞等是免疫应答的辅佐细胞，也是免疫应答不可缺少的细胞。免疫应答的表现形式为体液免疫和细胞免疫，分别由 B、T 细胞介导。

淋巴结、脾脏等外周免疫器官是发生免疫应答的主要场所。抗原进入机体后一般先通过淋巴循环进入淋巴结，进入血液的抗原则滞留于脾脏和全身各淋巴组织，随后被淋巴结和脾脏中的抗原递呈细胞捕获、加工和处理，而后表达于抗原递呈细胞表面。与此同时，血液循环中成熟的 T 细胞和 B 细胞，经淋巴组织中的毛细血管后静脉进入淋巴器官，与表达于抗原递呈细胞表面的抗原接触而被活化、增殖和分化为效应细胞，并滞留于该淋巴器官内。由于正常淋巴细胞的滞留，特异性增殖，以及因血管扩张所致体液成分增加等因素，引起淋巴器官的迅速增长，导致感染部位附近的淋巴结肿大。待免疫应答减退后才逐渐恢复到原来的大小。

(五)免疫应答抗原的引入途径

抗原的引入包括皮内、皮下、肌肉和静脉注射等多种途径，皮内注射可为抗原提供进入淋巴循环的快速入口；皮下注射为一种简便的途径，抗原一般局限于局部淋巴结中，可被缓慢吸收；肌肉注射可使抗原快速进入血液和淋巴循环；而静脉注射进入的抗原局限在骨髓、肝脏和脾脏，可很快地接触到淋巴细胞。抗原物质无论以何种途径进入机体，均由淋巴管和血管迅速运至全身，其中大部分被吞噬细胞降解清除，只有少部分滞留于淋巴组织中诱导免疫应答。

(六)免疫应答的基本过程

免疫应答是一个十分复杂连续不可分割的生物学过程,但可人为地划分三个阶段:致敏阶段、反应阶段和效应阶段(图 5-9)。

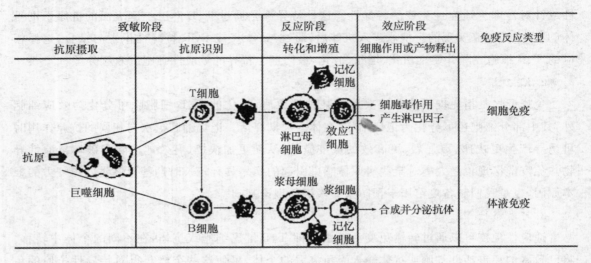

致敏阶段		反应阶段	效应阶段	免疫反应类型
抗原摄取	抗原识别	转化和增殖	细胞作用或产物释出	

图 5-9　免疫应答基本过程示意图

1. 致敏阶段

它又称感应阶段,是抗原物质进入体内,抗原递呈细胞对其摄取、识别、捕获、加工处理和递呈以及 T 细胞和 B 细胞对抗原的识别阶段。

当抗原物质进入机体后,大多数颗粒性抗原首先被巨噬细胞吞噬,并通过巨噬细胞内溶酶体的作用,把抗原消化降解,保留其具有免疫原性的抗原部分。这部分抗原多浓集与巨噬细胞,通过细胞面直接接触方式将抗原信息传递给 T 细胞引起细胞免疫;或者再经 T 细胞将抗原信息传递给 B 细胞引起体液免疫,这类由巨噬细胞及 T 细胞与 B 细胞相互协作引起体液免疫的抗原称为胸腺依赖性抗原(TD 抗原)。少数抗原(如荚膜多糖、脂多糖)不需要巨噬细胞和 T 细胞的辅助,可直接刺激 B 细胞引起体液免疫,这类抗原称为非胸腺依赖性抗原(TI 抗原)。另外,可能一些可溶性抗原会直接被 T 细胞吞饮。

2. 反应阶段

它又称增殖分化阶段,反应阶段是 T 细胞或 B 细胞受抗原刺激后,进行活化、增殖与分化,以及产生效应性淋巴细胞和效应分子的过程。诱导产生细胞免疫时,上述活化的 TH 细胞分化、增殖为淋巴母细胞,而后再转化为致敏 T 细胞。诱导产生体液免疫时,抗原则刺激 B 细胞分化、增殖为浆母细胞,而后成为产生抗体的浆细胞。T、B 细胞在分化过程中均有少数细胞中途停止分化而转变为长寿的记忆细胞(T 记忆细胞及 B 记忆细胞)。记忆细胞贮存着抗原的信息,在体内可活数月、数年或更长的时间,以后再次接触同样抗原时,便能迅速大量增殖成致敏淋巴细胞或浆细胞。

3. 效应阶段

主要体现在活化的效应性细胞(细胞毒性 T 细胞与迟发型变态反应性 T 细胞)和效应分

子(细胞因子和抗体)发挥细胞免疫效应和体液免疫效应的阶段。这些效应细胞与效应分子共同作用清除抗原物质。当致敏 T 细胞再次遇到同样抗原时,即通过 TD 细胞释放一系列可溶性活性介质(淋巴因子)或通过 TC 细胞与靶细胞特异性结合,最后使靶细胞溶解破坏(细胞毒效应)而发挥细胞免疫作用;浆细胞则通过合成分泌抗体,发挥体液免疫作用。

(七)细胞免疫应答

由 T 细胞介导的免疫应答称为细胞免疫。主要是指 T 细胞在抗原的刺激下,增殖分化为效应性 T 淋巴细胞并产生细胞因子,从而发挥免疫效应的过程。一般细胞免疫 T 细胞只能结合肽类抗原,对于其他异物和细胞性抗原须经抗原递呈细胞的吞噬,将其消化降解成抗原肽,再与 MHC 分子结合成复合物,提呈于抗原递呈细胞表面,供 T 细胞识别。T 细胞识别后开始活化即母细胞化,表现为胞体变大,胞浆增多,核仁明显,大分子物质合成与分泌增加,随后增殖,分化出大量的具有不同功能的效应 T 细胞,同时产生多种细胞因子,共同清除抗原,实现细胞免疫。其中一部分 T 细胞在分化初期就形成记忆 T 细胞而暂时停止分化,受到同种抗原的再次刺激时,便迅速活化增殖,产生再次应答。

(八)体液免疫应答

由 B 细胞介导的免疫应答称为体液免疫应答。而体液免疫效应是由 B 细胞通过对抗原的识别、活化、增殖,最后分化为浆细胞并合成分泌抗体来实现的,因此,抗体是介导体液免疫效应的效应分子。B 细胞是体液免疫应答的核心细胞,一个 B 细胞表面有 $10^4 \sim 10^5$ 个抗原受体,可以和大量的抗原分子相结合而被选择性地激活。

B 细胞对抗原的识别视抗原不同而异。由 TI 抗原引起的体液免疫不需要抗原递呈细胞和 TH 细胞的协助,抗原能直接与 B 细胞表面的抗原受体特异性结合,引起 B 细胞活化。而由 TD 抗原引起的体液免疫,抗原必须经过抗原递呈细胞的捕捉、吞噬、处理,然后把含有抗原决定簇的片段呈送到抗原递呈细胞表面。只有 TH 细胞识别带有抗原决定簇的抗原递呈细胞后,B 细胞才能与抗原结合被激活。由 TD 抗原激活的 B 细胞,一小部分在分化过程中停留下来不再继续分化,成为记忆性 B 细胞。当记忆性 B 细胞再次遇到同种抗原时,可迅速分裂,形成众多的浆细胞,表现快速免疫应答。而由 TI 抗原活化的 B 细胞,不能形成记忆细胞,并且只产生 IgM 抗体,不产生 IgG。

四、免疫应答效应物质及作用

(一)体液免疫的效应物质——抗体

1. 抗体的概念及特点

抗体(Ab)是机体免疫活性细胞(B 淋巴细胞)受抗原刺激后,在血清和体液中出现的一种能与相应抗原发生特异性反应的免疫球蛋白(Ig)。抗体的化学本质是免疫球蛋白,含免疫球蛋白的血清常称为免疫血清或抗血清。从人、小白鼠等血清中先后获得五种类型的免疫球蛋白。1968 年世界卫生组织统一命名为免疫球蛋白 G、A、M、D 和 E,简称 IgG、IgA、IgM、IgD

和 IgE。家畜主要以前四种为主。机体产生的抗体主要存在于血液(血清)、淋巴液、组织液和其他外分泌液中,因此,将抗体介导的免疫称为体液免疫。人们往往把抗体与免疫球蛋白视为同义词,有时称"抗体",有时称免疫球蛋白。

抗体具有 5 个特点:①仅由鱼类以上脊椎动物的浆细胞产生;②必须有相应的抗原物质刺激免疫细胞后才能产生;③能与相应的抗原发生特异性、非共价和可逆性结合;④其化学本质是一类具有体液免疫功能的可溶性球蛋白;⑤因抗体是蛋白质,故既具有抗体功能,也可作抗原去刺激异种生物产生相应的抗体,称为抗抗体。

2.免疫球蛋白的基本结构

(1)Ig 分子的基本单位。各类免疫球蛋白的基本结构都由一至几个单体组成,IgG、血清型 IgA、IgE、IgD 均是以单体分子形式存在的,IgM 是以五个单体分子构成的五聚体,分泌型的 IgA 是以两个单体分子构成的二聚体。每个单体 Ig 分子均是由四条多肽链组成,其中两条较大的相同分子质量的肽链称为重链(H 链),两条较小的相同分子质量的肽链称为轻链(L 链),两条 H 链之间有双硫键和非共价键相连,L 链分别以二硫键连接在相应的 H 链上,从而构成对称的 T 形或 Y 形分子。轻链由 213～214 个氨基酸组成,相对分子质量约 22 500,重链含 420～440 个氨基酸,为轻链的 2 倍,相对分子质量 55 000～75 000。

每条重链或轻链又分为两个部分:多肽链氨基端(N 端),轻链的 1/2 与重链的 1/4,这个区约有 118 个氨基酸,其氨基酸排列顺序随抗体种类不同而变化,称为可变区(简称 V 区),V 区是与抗原特异性结合的部位;多肽链羟基端(C 端),轻链的 1/2,重链的 3/4,这个区的氨基酸排列顺序比较稳定称为稳定区(简称 C 区)。轻链的稳定区(CL)约有 110 个氨基酸,重链的稳定区约 330 个氨基酸,两条 H 链之间、两条 L 链与 H 链之间借二硫键相互连接,故 Ig 是对称的高分子物质(图 5-10)。

(2)Ig 分子的功能区。Ig 的多肽链分子可折叠形成几个由链内二硫键连接,形成环状球形结构,称为免疫球蛋白

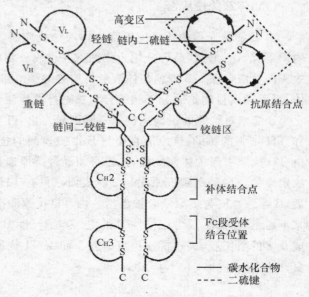

图 5-10　Ig 的基本结构示意图

的功能区。IgG、IgA、IgD 的重链有四个功能区,分别称 VH、CH1、CH2、CH3,IgM、IgE 有五个功能区,多了一个 CH4。轻链有两个功能区,即 VL、CL。在重链 CH1 和 CH2 之间有一个铰链区,能使 Ig 分子活动自如,呈"T"或"Y"字形。当 Ig 分子与抗原决定簇发生结合时,可由"T"字形变成"Y"字形,暴露了 Ig 分子上的补体结合点,由此结合并激活补体,从而发挥多种生物学效应。一个 Ig 单体分子具有 2 个抗原结合位点,分泌型 IgA 是 Ig 单体分子的二聚体,具有 4 个抗原结合位点,IgM 是 Ig 单体分子的五聚体,有 10 个抗原结合位点。

(3)Ig 分子的水解片段。用木瓜蛋白酶消化免疫球蛋白酶,可将 IgG 重链间二硫键近氨

基端切断,水解后得两个游离的 Fab 段(抗原结合片断)和一个 Fc 段(结晶片段)。每一 Fab 段含有一条完整的轻链和部分的重链。Fc 段含有两条重链的剩余部分。Fab 段具有抗体活性,其与抗原的特异结合点位于该段 VL 及 VH 的可变区。Fc 段无抗体活性。Ig 的特异性抗原多数存在于 Fc 段上。用胃蛋白酶水解,可将 IgG 重链间二硫键近羧基端切断,得到一个具有双价抗体活性的 F(ab)2 片段。F(ab)2 片段的特性与 Fab 段完全相同。至于切断后剩余的小片段类似于 Fc 段,称为 pFc′片段,pFc′片段可继续被胃蛋白酶水解成更小的低分子片段,不呈现任何生物活性(图 5-11)。

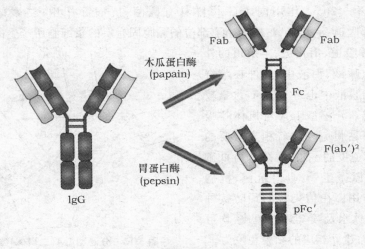

图 5-11   免疫球蛋白的水解片段示意图

3.免疫球蛋白的种类及特性

人类的各类 Ig 中,IgG、IgD、IgE 及血清型 IgA 都是由四肽链构成的单体,分泌型 IgA 为二聚体,IgM 为五聚体。

(1)IgG。它是人和动物血清中主要免疫球蛋白,存在血清、淋巴液及体液中,以血清含量最高,约占血清中 Ig 总量的 75%,以单体形式存在,相对分子质量为 160 000,IgG 主要由脾、淋巴结及扁桃体的浆细胞产生,大部分存在于血浆中,是动物机体抗感染免疫的主力,也是血清学诊断和疫苗免疫后监测的主要抗体。IgG 在动物体内不仅含量高,而且持续时间长,可发挥抗菌、抗病毒、抗毒素以及抗肿瘤等作用,也能调理、凝集和沉淀抗原,并可协助 K 细胞,巨噬细胞杀伤靶细胞。IgG 是唯一能通过人(和兔)胎盘的抗体,因此在新生儿的抗感染中起着十分重要的作用。此外,IgG 还参与Ⅱ、Ⅲ型变态反应。

(2)IgM。它是动物机体初次体液免疫应答最早产生的免疫球蛋白,IgM 是由五个单体分子构成的五聚体(图 5-12),是所有免

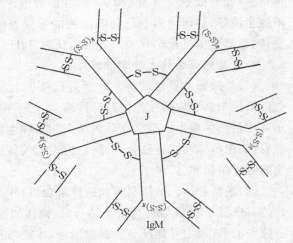

图 5-12   IgM(五聚体)结构示意图

疫球蛋白中相对分子质量最大的(900 000,19 S),因此又称巨球蛋白,是一种高效能抗体。半衰期为 5 d,机体受抗原刺激后,IgM 在体内产生最早,但持续时间短,因此不是机体抗感染免疫的主力,但在抗感染免疫早期起着十分重要的作用,也可通过检测 IgM 抗体进行疫病的血清学早期诊断。IgM 具有抗菌、抗病毒,中和毒素等免疫活性,由于其分子上含有多个抗原结合位点,所以 IgM 是一种高效能的抗体,其杀菌、溶菌、溶血、调理及凝集作用均比 IgG 高,在抗感染中起着"先锋"作用。IgM 也有抗肿瘤作用。此外,IgM 也参与Ⅱ、Ⅲ型变态反应。

(3)IgA。它以单体和二聚体两种形式存在,单体 IgA 存在于血清中,称为血清型 IgA,占血清 Ig 总量 15%～20%,作用同 IgG 一样具有抗菌、抗病毒作用;二聚体为分泌型 IgA (图 5-13),是由呼吸道、消化道、泌尿生殖道部位的黏膜固有层的浆细胞所产生的,因此分泌型的 IgA 主要存在于呼吸道、消化道、生殖道的外分泌液以及初乳、唾液、泪液中,此外在脑脊液、羊水、腹水、胸膜液中也含有 IgA,含量较血清中高 6～8 倍。分泌型 IgA 对机体呼吸道、消化道等局部黏膜免疫起着相当重要的作用,是机体黏膜免疫的一道"屏障",可抵御经黏膜感染的病原微生物,具有抗菌、抗病毒、中和毒素的作用。在传染病的预防接种中,经滴鼻、点眼、饮水及喷雾途径免疫,均可产生分泌型 IgA 而建立相应的黏膜免疫力。

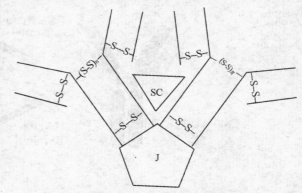

图 5-13　分泌型 IgA(二聚体)结构示意图

(4)IgE。它又称皮肤至敏性抗体或亲细胞抗体,基本结构有一个单体结构,相对分子质量为 200 000,IgE 的产生部位与分泌型 IgA 的相似,是由呼吸道、消化道黏膜固有层中的浆细胞所产生的,在血清中的含量甚微,占免疫球蛋白的 0.002%。IgE 是一种亲细胞性抗体,易与皮肤组织、肥大细胞、血液中的嗜碱性粒细胞和血管内皮细胞结合,介导Ⅰ型过敏反应。此外,IgE 在抗寄生虫及某些真菌感染中也起重要作用。

(5)IgD。它是近年来一类仅在人体内发现的一种抗体,基本结构与 IgG 相似,有一个单体结构,相对分子质量为 170 000。在血清中含量极低,不稳定,易被降解。迄今 IgD 的功能尚不完全清楚,目前认为 IgD 是 B 细胞的重要表面标志,是作为成熟 B 细胞膜上的抗原特异性受体,而且与免疫记忆有关。有报道认为,IgD 与某些过敏反应有关。

4.免疫球蛋白的生物学活性

(1)与抗原特异性结合。Ig 通过超变区与相应抗原的抗原决定簇发生特异性结合,一种抗体只能与其相应的抗原呈特异性结合,与不相应抗原不能结合,这就是免疫球蛋白与血清中正常球蛋白的根本区别。在体内可介导多种生物学效应。如抗毒素与毒素结合,可中和其毒性;抗病毒抗体与病毒结合,可阻止病毒侵入易感细胞;抗体与病原体结合,有利于促进吞噬细胞的吞噬功能等。

(2)激活补体。抗体只有和抗原结合后,才具有激活补体的作用。研究发现,未与抗原结合的 IgG 分子呈"T"形,与抗原结合后,抗体的铰链区发生转动,变为"Y"形。构形变化使原来被掩盖的 Fc 段上补体结合点暴露出来,才能与补体结合,可通过经典激活途径激活补体系统,激活补体引起了靶细胞的一系列反应,导致细胞溶解或死亡。

（3）结合具有 Fc 受体的细胞。免疫球蛋白可通过其 Fc 段与具有相应 Fc 受体的细胞结合，发挥不同的生物学效应。

①调理作用：IgG、IgM 与细菌等颗粒性抗原结合后，可通过其 Fc 段与单核细胞、巨噬细胞及中性粒细胞表面的 Fc 受体结合，传递刺激吞噬细胞活化的信号，增强吞噬细胞的吞噬功能，这种作用称为调理作用。

②ADCC 作用：当 IgG 与带有相应抗原的靶细胞结合后，其 Fc 段与 NK 细胞、巨噬细胞或中性粒细胞表面相应的 Fc 受体结合，促使细胞毒颗粒释放，导致靶细胞的溶解，称为抗体依赖性细胞介导的细胞毒作用（ADCC）。

③介导超敏反应：IgE 可通过 Fc 段与肥大细胞和嗜碱性粒细胞上 Fc 受体结合，当特异抗原再次进入机体后，结合在肥大细胞的 IgE 与抗原形成复合物，促使肥大细胞脱颗粒，释放组织胺等生物活性物质，引起Ⅰ型变态反应。

（4）穿过胎盘和黏膜。人类 IgG 能借助 Fc 段选择性地与胎盘的微血管壁发生可逆性结合，主动转运穿过胎盘屏障进入胎儿血循环中，形成婴儿的自然被动免疫。故新生儿体内 IgG 含量与母体一样，这对于新生儿抗感染具有重要意义。此外，分泌型 IgA 可通过消化道和呼吸道黏膜，是局部抗感染免疫的重要因素。

（5）具有免疫原性。Ig 是具有抗体活性的蛋白质，但它本身也是一种抗原物质，在异种、同种异体和自体中均能激发抗 Ig 的抗体产生，Ig 的不同结构各有其特异的免疫原性。

5.抗体产生的一般规律

抗原初次进入机体所引发的体液免疫应答，称为初次应答。当机体再次受相同抗原刺激时，记忆性淋巴细胞可迅速、高效、特异地产生体液免疫应答，称为再次应答或称回忆应答（图 5-14）。

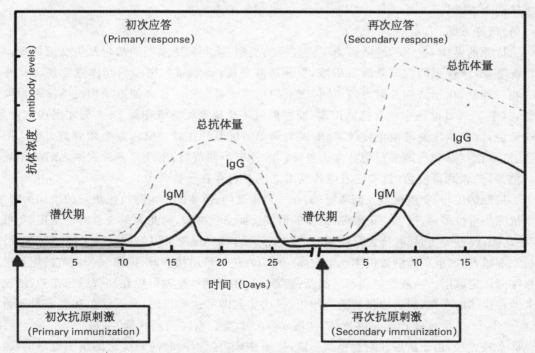

图 5-14　初次及再次免疫应答抗体产生的一般规律

（1）初次应答。动物机体初次接触抗原，也就是某种抗原首次进入体内引起的抗体产生的过程，称为初次应答。抗原初次进入动物机体后，在一定时期内体内查不到抗体或抗体产生很少，称这一时期为潜伏期。潜伏期的长短视抗原的种类而异，如初次注射的是细菌苗，需经5～7 d血液中有抗体出现；若初次注射的是类毒素，则需经2～3周才出现抗体；若初次注射的是病毒苗，则需经3～4 d才出现抗体。初次应答最早产生的抗体是IgM，抗体的亲和力相对较低。接着才产生IgG，IgA常在IgG出现后2周至1～2个月才能在血液中查出，而且含量少。初次应答产生的抗体总量较低，维持时间也较短。其中，IgM的维持时间最短，IgG可在较长时间内维持较高水平，其含量也比IgM高。

（2）再次应答。动物机体第二次接触相同的抗原物质引起的抗体产生的过程，称为再次应答。初次应答产生抗体量为下降期时，再次用相同抗原免疫，引起的再次应答可直接活化记忆B细胞，反应性高、增殖快，与初次应答相比其潜伏期短、抗体滴度高、持续时间长、抗体亲和力高，以产生IgG为主。如细菌抗原仅2～3 d，起初原有抗体量略显下降，随后抗体量迅速升高，多达几倍至几十倍，维持时间较长，产生的抗体大部分为IgG，再次应答的发生是由于上次应答时形成了记忆T细胞和记忆B细胞。免疫应答的这一规律在医学实践中具有重要意义。根据抗体产生的规律指导预防接种，制订最佳免疫方案，以产生高滴度、高亲和力的抗体，获得良好的免疫效果。在免疫应答中，根据IgM产生早、消失快的特点，可通过检测特异性IgM类抗体作为传染病的早期诊断指标之一。此外，也可根据抗体含量的动态变化了解患者的病程及评估疾病转归。

6. 影响抗体产生的因素

抗体是动物机体免疫系统受抗原的刺激后产生的，因此，影响抗体产生的因素就在于抗原和机体两个方面。

（1）抗原方面。

①抗原的性质：抗原的性质影响免疫应答的类型、速度和免疫期的长短及免疫记忆等。一般情况下，异源性强的抗原激活B细胞，引起体液免疫；病原微生物多引起体液免疫。此外抗原的物理性状、化学结构及毒力的不同，产生的免疫效果也不一样。如给动物机体注射颗粒性抗原，只需2～5 d血液中就有抗体出现，而注射可溶性抗原类毒素则需2～3周才出现抗毒素；一般地说，活菌苗比死菌苗免疫效果好，因为活菌苗抗原性比较完整。制造死菌苗必须选用毒力强、抗原性良好和当地流行菌株作为种毒。此外应用联苗时，要注意各种抗原之间的相互影响。例如，二联病毒疫苗，就要注意两种病毒之间是否存在干扰现象。

②抗原的用量、免疫次数及间隔时间：在一定限度内，抗体的产生随抗原用量的增加而增加，但当抗原用量过多，超过了一定限度，抗体的形成反而受到抑制，称此为免疫麻痹。呈现"免疫麻痹"的动物，经过一定时间，待大量抗原被分解清除后，麻痹现象可以解除。和上述情况相反，如果抗原剂量太少，也不能刺激机体产生抗体。所以在进行预防接种时，细菌（病毒）苗的用量必须严格按照规定取用。一般注射弱毒活细菌（病毒）苗，由于活微生物可以在局部适当繁殖，能比较长久地在机体内存在，起到加强刺激的作用，一次注射即可达到目的；而灭活苗和类毒素用量较大，应免疫2～3次才能产生足够抗体，间隔7～10 d，类毒素需间隔6周左右。

③免疫途径：由于抗原注射途径的不同，抗原在体内停留的时间和接触的组织也不同，因而产生不同的结果。免疫途径的选择以刺激机体产生良好的免疫反应为原则，因为大多数抗原易

被消化酶降解而失去免疫原性,所以多数疫苗采用非经口途径免疫,如皮内、皮下、肌肉等注射途径以及滴鼻、点眼、气雾免疫等,只有少数弱毒疫苗,如传染性法氏囊病疫苗可经饮水免疫。

(2)机体方面。动物的年龄、品种、营养状况、某些内分泌激素及疾病等均可影响抗体的产生。如初生或出生不久的动物,免疫应答能力较差。其原因主要是免疫系统发育尚未健全,其次是受母源抗体的影响。母源抗体是指动物机体通过胎盘、初乳、卵黄等途径从母体获得的抗体。母源抗体可保护幼畜禽免于感染,还能抑制或中和相应抗原。因此,给幼畜禽初次免疫时必须考虑到母源抗体的影响。此外,老龄动物的免疫功能逐渐下降,或者动物处于严重的感染期,免疫器官和免疫细胞遭受损伤,都会影响抗体的形成。

(二)细胞免疫的效应性物质——效应细胞及细胞因子

在细胞免疫应答中最终发挥免疫效应的是效应性 T 细胞和细胞因子。效应 T 细胞主要包括细胞毒性 T 细胞和迟发型变态反应性 T 细胞,细胞因子是细胞免疫的效应因子,它们对细胞性抗原的清除作用较抗体明显。

1.效应细胞

(1)细胞毒性 T 细胞(Tc)与细胞毒作用。细胞毒性 T 细胞在动物机体内以非活化的前体形式存在,当 Tc 与抗原结合并在活化的 Th 产生的白细胞介素的作用下,Tc 前体细胞活化、增殖/分化为具有杀伤能力的效应 Tc。效应 Tc 与靶细胞(病毒感染细胞、肿瘤细胞、胞内感染细菌的细胞)能特异性结合,直接杀伤靶细胞。Tc 细胞对靶细胞的杀伤作用是抗原特异性的,只杀伤相应靶细胞而对其他细胞无损伤作用。Tc 细胞必须与靶细胞直接接触才有杀伤作用。当靶细胞被溶解时,Tc 细胞本身不受损伤并与之解离,因此,一个 Tc 细胞可连续杀伤多个靶细胞,其杀伤机制可能是其分泌的多种细胞毒素所致。

(2)迟发型变态反应性 T 细胞(Td)与炎症反应。迟发型变态反应 T 细胞称为 Td 细胞,属于 CD4+ 细胞亚群,在体内也是以非活化前体形式存在。其表面抗原受体与靶细胞的特异性抗原结合,并在活化的 TH 细胞释放的 IL-1、IL-4、IL-5、IL-6、IL-9 等细胞因子的作用下,活化、增殖、分化成具有免疫效应的 Td 细胞。其免疫效应是通过释放多种可溶性淋巴细胞因子如趋向因子、移动抑制因子、皮肤反应因子而发挥作用,主要引起局部单核细胞的浸润为主的炎症反应。

2.细胞因子

细胞因子是指由免疫细胞(如单核巨噬细胞、T 细胞、B 细胞、NK 细胞等)和某些非免疫细胞合成和分泌的一类高活性多功能的蛋白质多肽分子。能够产生细胞因子的细胞很多,概括起来主要有三类:第一类是活化的免疫细胞;第二类是基质细胞类,包括血管内皮细胞、上皮细胞、成纤维细胞等;第三类是某些肿瘤细胞。抗原刺激、感染、炎症等许多因素都可以刺激细胞因子的产生。细胞因子的种类繁多,功能各异。目前比较常用的方法是根据细胞因子的主要生物学功能及学科习惯,将其分为六类,即白细胞介素、干扰素、肿瘤坏死因子、集落刺激因子、生长因子和趋化性细胞因子。这些细胞因子在介导机体多种免疫反应如肿瘤免疫、感染免疫、移植免疫、自身免疫过程中起着重要的作用。

(1)白细胞介素(IL)。把免疫系统分泌的主要在白细胞间起免疫调节作用的蛋白质称为白细胞介素,并根据发现的先后顺序命名为 IL-1,IL-2,IL-3……,至今已报道的 IL 有 23 种。

主要由 B 细胞、T 细胞和单核巨噬细胞产生,具有增强细胞免疫的功能、促进体液免疫以及促进骨髓造血干细胞增殖和分化的作用。目前 IL-2,IL-3 和 IL-12 已经用于治疗肿瘤和造血功能低下症。

(2)干扰素(IFN)。它是最先被发现的细胞因子,因具有干扰病毒复制的功能而得名。根据其理化性质及结构不同,分为 α、β 和 γ 三种类型。其中 IFN-α 和 IFN-β 主要由白细胞、成纤维细胞和病毒感染细胞产生,以抗病毒、抗肿瘤作用为主,也称为 I 型干扰素。IFN-γ 主要由活化的 T 淋巴细胞和 NK 细胞产生,以免疫调节作用为主,也称为 II 型干扰素。

(3)肿瘤坏死因子(TNF)。肿瘤坏死因子是一类直接造成肿瘤细胞死亡的细胞因子,主要由活化的单核-巨噬细胞产生,也可由抗原刺激的 T 细胞、活化的 NK 细胞和肥大细胞产生。可引起肉瘤出血、坏死,具有免疫调节作用。

(4)集落刺激因子(CSF)。它是一类可选择性刺激不同的造血细胞系或不同分化阶段细胞在半固体培养基中形成细胞集落的细胞因子。可对不同发育阶段的造血干细胞起到促进增殖分化的作用,是血细胞发育、分化必不可少的刺激因子。

(5)生长因子(GF)。指一类可促进相应细胞生长和分化的细胞因子。其种类较多,常见的有转化生长因子(TGF-p)、血小板衍生生长因子(PDGF)、内皮细胞生长因子(EGF)、表皮生长因子(EGF)、成纤维细胞生长因子(FGF)、神经生长因子(NGF)和胰岛素生长因子(IGF-B)等。

(6)趋化性细胞因子。也称趋化因子,是一类对不同靶细胞具有趋化作用的细胞因子家族,已发现 50 多个成员。

五、特异性免疫的获得途径

机体对病原微生物的免疫力分为先天性和特异性免疫两种,前者是动物体在种族进化进程中获得天然防御能力,后者是动物体在个体发育过程中受到病原体及其产物刺激而产生的免疫性免疫力,又分为主动免疫和被动免疫两种。用疫苗对动物进行免疫接种经主动免疫方式使动物获得免疫力,是预防和控制动物传染病的重要手段和中心工作。

(一)主动免疫

动物自身在抗原刺激下主动产生特异性免疫保护力的过程称为主动免疫。

1. 天然主动免疫

动物在感染某种病原微生物耐过后产生的对该病原体再次侵入的抵抗力称为天然主动免疫。某些天然主动免疫一旦建立,往往持续数年或终生存在。自然环境中的病原微生物可通过呼吸道、消化道、皮肤或黏膜侵入,在动物机体内不断增殖同时刺激机体的免疫系统产生免疫应答,如果机体的免疫系统能将病原体清除,即动物可耐过发病过程而康复,耐过的动物对该病原体的再次侵入具有坚强的特异性抵抗力。

2. 人工主动免疫

它是人工给机体接种抗原物质(如各种疫苗、类毒素等),刺激机体免疫系统发生免疫应答所产生的特异性免疫,称为人工主动免疫。人工主动免疫产生的免疫力持续时间长,免疫期可达数月甚至数年,而且有回忆反应,某些疫苗免疫后,可产生终生免疫。生产中人工主动免疫是预防和控制传染病的行之有效的措施之一。由于人工主动免疫不能立即产生免疫力,需要一定的诱导期,所以在免疫防治中应着重考虑到这一特点。

(二)被动免疫

并非动物自身产生,而是被动接受其他动物形成的抗体或免疫活性物质而获得的特异性免疫力的过程称为被动免疫。

1.天然被动免疫

新生动物通过母体胎盘、初乳或卵黄从母体获得母源抗体从而获得对某种病原体的免疫力称为天然被动免疫。天然被动免疫持续时间较短,只有数周至几个月,但对保护胎儿和幼龄动物免于感染,特别是对于预防某些幼龄动物特有的传染病具有重要的意义。如动物的初乳中的 IgG、IgM 可抵抗败血性感染,IgA 可抵抗肠道病原体的感染等。

2.人工被动免疫

给机体注射免疫血清、康复动物血清或高免卵黄抗体而获得的对某种病原体的免疫力称为人工被动免疫。其免疫维持时间短,根据半衰期的长短,一般维持 1～4 周,多用于治疗和紧急预防。如抗犬瘟热病毒血清可防治犬瘟热,精制的破伤风抗毒素可防治破伤风,尤其是患病毒性传染病的珍贵动物,用抗血清防治更有意义。

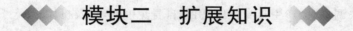

模块二　扩展知识

一、免疫的概念

免疫学是人们在与传染病长期做斗争中发展起来的一门古老而又年轻的科学。免疫一词来源于拉丁语"Immunis",亦是免除税役或免除奴役的意思,将之引用于医学上,以示免除瘟疫或免除感染,既是机体对病原微生物及其产物具有不同程度的抵抗力。免疫学的研究范围,以往一直被局限于传染病的特异性预防、诊断和治疗。随着免疫学理论和实践的发展,现已证实,有很多免疫现象与微生物有关,如动物的血型、同种异体器官移植反应、过敏反应、自身免疫及肿瘤免疫等。可见免疫的概念实际上已大大超过了抵抗感染的范围。现代免疫学认为,免疫是机体对自身与非自身物质的识别,并清除非自身的大分子物质,从而维持机体内外环境平衡的生理学反应。免疫是一种复杂的生物学过程,也是动物正常的生理功能。免疫是动物在长期进化过程中形成的防御功能。

近年来,随着科学技术的发展,免疫学的知识被广泛地应用与生物科学的各个领域,免疫学已成为一门独立的学科。随着免疫技术的广泛应用和免疫理论体系的建立,又派分出很多学科,如基础免疫学、医学免疫学、兽医免疫学、免疫病理学、免疫血清学、免疫化学、肿瘤免疫学、移植免疫学、临床免疫学以及分子免疫学等。其中,兽医免疫学的侧重点在于免疫血清学和抗感染免疫,尤其应重视免疫学诊断、预防和治疗。

二、免疫的基本功能

动物机体内存在一个行使免疫功能的完整系统,这个系统有着自身的运行机制,并可与其他系统相互配合、相互制约,共同维持机体在生命过程中总的生理平衡。免疫的基本功能主要表现在以下三个方面。

1. 免疫防御(抵抗感染)

它指动物机体排斥外源性抗原异物的功能。这种能力包括两个方面:一是抗感染作用,即抗御外界病原微生物对机体的侵害。由于机体无时无刻不生活在各式各样的微生物包围之中,时时刻刻都有成千上万的微生物从消化道、呼吸道、皮肤和黏膜进入动物体内,其中也包括侵入机体的病原微生物,清除这些病原微生物是机体抵抗感染的具体表现。二是免疫排斥作用,即排斥异种或同种异体的细胞及器官,这是器官移植需要克服的主要障碍。如果机体抗感染功能失调,免疫功能低下或者免疫缺陷,就会引起反复感染;相反,如免疫异常亢进时,就会导致机体发生变态反应。

2. 自身稳定

它又称免疫稳定。机体在正常条件下每天都有大量的细胞衰老和死亡,这些细胞如果积累在机体内,就会毒害细胞的正常的生理功能。而机体免疫系统的另一个重要功能,就是能不断的清除损伤的、衰老的、死亡的细胞,维护机体正常的生理平衡,这种功能称为自身稳定。如果自身稳定功能失调,就会产生自身抗体,引起自身免疫病,危及机体。

3. 免疫监视

免疫监视就是严格监视机体突变细胞的出现,机体正常细胞由于在化学的、物理的、病毒等致病因素的诱导下变成异常的细胞,也可自然产生异常细胞。这些细胞一旦出现,机体的免疫系统予以识别将其歼灭,这种功能即为机体的免疫监视。但是当机体免疫功能低下时,异常细胞大量增殖,从而出现肿瘤。

免疫的功能见表5-2。

表 5-2　免疫的三大功能

功能	抗原的来源	作用	功能	
			反应过高	反应低下
免疫防御	外源性	抵御病原体侵袭及清除其代谢产物的有害物质	变态反应	反复感染
自身稳定	内源性	清除衰老、死亡、破坏的细胞	自身免疫病	—
免疫监视	内源性	清除突变细胞	—	肿瘤发生

三、免疫的类型

机体抗感染免疫,包括机体防止微生物的侵袭和扩散,清除病原微生物及其产物的有害作用,恢复一系列生理功能。免疫可概括为两大类:一类是天然非特异性免疫,即先天性免疫;另一类为后天获得特异性免疫,即为获得性免疫。依照免疫的生理机制,可将免疫分为以下类型。

1. 非特异性免疫

非特异性免疫是动物在长期进化过程中形成的天然防御功能，是一种可以遗传的生物学特性，又称先天性免疫、固有免疫。非特异性免疫对外来异物起着第一道防线的防御作用，是机体实现特异性免疫的基础和条件。非特异性免疫的作用范围相当广泛，对各种病原微生物都有防御作用。但它只能识别自身和非自身，对异物缺乏特异性区别作用，缺乏针对性。因此要特异性清除病原体，需在非特异性免疫的基础上，发挥特异性免疫的作用。

2. 特异性免疫

特异性免疫又称获得性免疫、适应性免疫。是动物在出生后获得的对某种病原微生物及其有毒产物的不感受性。它是由于机体在受病原微生物及其产物的刺激作用后，各个免疫系统发生改变而形成的。在抗微生物感染中起关键作用，其效应比先天性免疫强，主要包括体液免疫和细胞免疫两种。以 T 细胞介导的免疫反应是细胞免疫应答，以 B 细胞介导的免疫反应是体液免疫应答。在具体的感染中，以何种免疫为主，因不同的病原而异，由于抗体难以进入细胞之内对细胞内寄生的微生物发挥作用，故体液免疫主要对细胞外病原起作用，而对细胞内寄生的病原则主要靠细胞免疫发挥作用。特异性免疫具有严格的特异性和针对性，如猪患猪瘟痊愈后或接种猪瘟疫苗后，只能使该猪具有对猪瘟的免疫，而对其他的病原微生物仍有感受性。此外，特异性免疫还具有免疫记忆的特点。

四、免疫的基本特性

1. 识别自身与非自身

对自身和非自身的大分子物质进行识别是免疫应答的基础。机体能识别各种抗原物质表位即抗原决定簇，这种识别是很精细的，以识别异种动物之间、同种不同个体之间、组织细胞的差异。只有基因型完全相同的个体，如纯系动物或 MHC 相同的兄弟姐妹间才能进行异体组织或器官的移植，而不被排斥。识别功能对保证机体的健康是十分必要的，识别功能的降低就会延缓免疫应答的启动，从而降低或丧失对传染或肿瘤的防御能力。识别功能的紊乱，更易招致严重的生理失调，如把自身的蛋白质或细胞误认作"非己"，就会造成自身免疫病。

2. 特异性

机体的免疫系统不仅能识别自身与非自身，还能识别非自身物质间的微小差异，甚至某些同分异构体，如氨基苯磺酸的磺酸基位置（邻位、对位、间位），酒石酸的旋光性（左旋、右旋、消旋）等均能予以识别。

3. 免疫记忆

抗原进入动物机体内以后，经过一段时间的潜伏期，血液中出现抗体，逐渐增加并达到顶峰，随之逐渐下降以致消失。当抗体消失后，用同源抗原加强免疫时，能迅速产生比初次接触抗原时更多抗体，这一现象表面机体具有免疫记忆能力。某些传染病康复后或用某些疫苗免疫后可获得长期的免疫力。

五、传染与免疫的关系

从抵抗传染这一角度来看，免疫是对传染而言，没有传染就无所谓免疫。传染是由病原体的入侵引起,免疫则是机体针对入侵的病原体而形成的防卫机能。当非特异性免疫不足以抵抗或消灭入侵的病原体时,针对该病原体的特异性免疫即逐渐形成,并发挥主力军的作用,所以特异性免疫是机体最重要的抗传染的力量。它的形成大大加强了机体抗传染的能力,从而使传染与免疫的发生、发展朝着有利于机体的方向转化,直至传染终止。在多数情况下,由传染激发免疫,又由免疫终止传染。但是,有时传染可以抑制免疫,导致继发性传染的发生;有时免疫不是终止传染,而是造成自身组织的损伤,发生自身免疫病。如系统性红斑狼疮(SLE)、类风湿性关节炎及自身免疫性甲状腺病等。

六、常见病原微生物免疫特点

(一)常见病原细菌免疫特点

1.葡萄球菌

葡萄球菌细胞壁上的抗原构造比较复杂,含有多糖及蛋白质两类抗原。多糖抗原具有型特异性。金黄色葡萄球菌的多糖抗原为 A 型,化学组成为磷壁酸中的核糖醇残基。表皮葡萄球菌的为 B 型,化学成分为甘油残基。所有人源菌株都含有葡萄球菌蛋白质 A,来自动物源的则很少。

人和动物对致病性葡萄球菌有一定的天然免疫力。只有当皮肤黏膜受创伤后,或机体免疫力降低时,才易引起感染。

2.链球菌

链球菌的抗原构造较复杂,可分三种。

(1)属特异性抗原。它又称 P 抗原,为核蛋白抗原。各种链球菌的 P 抗原都是一致的,且和肺炎球菌、葡萄球菌的核蛋白有交叉反应,所以链球菌的 P 抗原没有种、属、群、型的特异性。

(2)群特异性抗原。它又称 C 抗原,是存在于链球菌细胞壁中的多糖成分。抗原有群特异性,根据含多糖抗原的不同,可将链球菌分为 20 个血清群,分别用大写英文字母 A、B、C、D、E 等表示。

(3)型特异性抗原。它又称表面抗原,是链球菌细胞壁的蛋白质抗原,位于 C 抗原的外层。其中分为 M、T、R、S 四种不同性质的抗原成分,M 抗原与致病性及免疫原性有关,主要见于 A 群链球菌。根据 M 抗原的不同,可将 A 群链球菌分为 60 多个血清型。非 A 群链球菌有的具有类 M 蛋白结构。

A 群链球菌感染后,可产生特异免疫,主要是 M 蛋白的抗体。M 蛋白有多种抗原型,各型间缺乏有效的交叉保护。

3.大肠杆菌

大肠杆菌抗原主要有 O、K 和 H 三种,它们是本菌血清型鉴定的物质基础。目前已确定的大肠杆菌 O 抗原有 173 种,K 抗原有 80 种,H 抗原有 56 种。因此,有人认为自然界中可能存在的大肠杆菌血清型可高达数万种,但致病性大肠杆菌血清型数量是有限的。

O 抗原是 S 型菌的一种耐热菌体抗原,120℃加热 2 h 不破坏其抗原性。其成分是细胞壁中脂多糖上的侧链多糖,当 S 型菌体丢失这部分结构变成 R 型菌时,O 抗原也随之丢失,这种菌株无法作分型鉴定。每个菌株只含有一种 O 抗原,其种类以阿拉伯数字表示,可用单因子抗 O 血清做玻片或试管凝集实验进行鉴定。

K 抗原是菌体表面的一种热不稳定抗原,多存在于被膜或荚膜中,个别位于菌毛中。具有 K 抗原的菌株不会被其相应的抗 O 血清凝集,称为 O 不凝集性。根据耐热性不同,K 抗原又分成 L、A 和 B 三型。一个菌落可含 1～2 种不同 K 抗原,也有无 K 抗原的菌株。在 80 种 K 抗原中,除 K88 和 K99 是两种蛋白质 K 抗原外,其余均属多糖 K 抗原。

H 抗原是一类不耐热的鞭毛蛋白抗原,加热至 80℃ 或经乙醇处理后即可破坏其抗原性。有鞭毛的菌株一般只有一种 H 抗原,无鞭毛菌株或丢失鞭毛的变种则不含 H 抗原。H 抗原能刺激机体产生高效价凝集抗体。

大肠杆菌的血清型按 O：K：H 排列形式表示。如 O111：K58(B)：H12,表示该菌具有 O 抗原 111,B 型 K 抗原 58,H 抗原 12。

母源抗体能保护初生幼畜抵抗致病性大肠杆菌。相应血清型的灭活疫苗、亚单位苗具有免疫预防效果。

4. 沙门氏菌

沙门氏菌具有 O、H、K 和菌毛四种抗原。O 和 H 抗原是其主要抗原,构成绝大部分沙门氏菌血清型鉴定的物质基础,其中 O 抗原又是每个菌株必有的成分。

(1)O 抗原。它是沙门氏菌细胞壁表面的耐热多糖抗原,100℃ 2.5 h 不被破坏,它的特异性依赖于细胞壁脂多糖侧链多糖的组成。一个菌体可有几种 O 抗原成分,以小写阿拉伯数字表示。将具有共同 O 抗原(群因子)的各个血清型菌归入一群,以大写英文字母表示,例如 A、B、C1、C2、C3、C4 等。目前已发现的沙门氏菌共计 51 个 O 群,包括 58 种 O 抗原。由人及哺乳动物分离到的沙门氏菌绝大多数属于 A～E 群。O 抗原可刺激机体产生 IgM 型抗体。沙门氏菌经酒精处理破坏鞭毛抗原后的菌液,即为血清反应用的 O 抗原,与 O 血清做凝集反应时,经过较长时间,可以出现颗粒状不易分散的凝集现象。

(2)H 抗原。它是蛋白质性鞭毛抗原,共有 63 种,60℃ 30～60 min 及酒精作用均可破坏其抗原性,但能抵抗甲醛。H 抗原可分为第 1 相和第 2 相两种。第 1 相抗原以小写英文字母表示,其特异性高,仅为少数沙门氏菌株所具有,故曾称为特异相。第 2 相抗原用阿拉伯数字表示,但少数是用小写英文字母表示的,其特异性低,常为许多沙门氏菌所共有,曾称为非特异相。多数沙门氏菌具有第 1 和第 2 两相 H 抗原,称作双相菌,并常发生位相变异。少数沙门氏菌只有其中一相 H 抗原,称为单相菌。同一 O 群的沙门氏菌又根据它们的 H 抗原的不同再细分成许多不同的血清型菌。H 抗原可刺激机体产生 IgG 型抗体。

运动活泼的沙门氏菌新培养物经甲醛处理后,即为血清学上所使用的抗原,此时鞭毛已被固定,而且能将 O 抗原全部遮盖,故不能被 O 抗体凝集。此抗原若与 H 血清相遇,则在 2 h 之内出现疏松、易于摇散的絮状凝集。

(3)K 抗原。它是伤寒、丙型副伤寒和部分都柏林沙门氏菌表面包膜抗原,它包在 O 抗原的外面,属于 K 抗原的范畴,但一般认为它与菌株的毒力有关,故称为 Vi 抗原。Vi 抗原是一种 N-乙酰-D-半乳糖胺糖醛酸聚合物,60℃ 1 h 即破坏其凝集性和免疫原性。有 Vi 抗原的菌株不被相应的抗 O 血清凝集,称为 O 不凝集性,将 Vi 抗原加热破坏后则能被凝集。在普通培养基上多次传代后易丢失此抗原。Vi抗原的抗原性弱,刺激机体产生较低效价的抗体。

沙门氏菌的抗原有时可发生变异,除H-O和S-R变异外,在菌型鉴定中最常见的是H抗原的位相变异。将一个双相沙门氏菌的菌株在琼脂平板上划线分离,所得的菌落中,有的有第1相H抗原,有的则有第2相H抗原。若任意挑取一个菌落在培养基上多次传代,其后代又可出现部分是第1相而另一部分是第2相的菌落。这种两个相的H抗原可以交相产生的现象称为位相变异。所以双相菌初次分离时,单个菌落的纯培养往往只有一个相H抗原,鉴别时常只能检出一个相,而测不出另一相。此时,可用已知相血清诱导的位相变异实验来获得未知的另一个相H抗原。

体液免疫和细胞免疫在抗沙门氏菌感染中都很重要。动物接触环境中沙门氏菌或在注射疫苗后,其体液免疫应答主要是IgM抗体;在疾病康复或口服弱毒苗感染的动物肠道中,可出现特异性分泌型IgA;沙门氏菌免疫母牛的初乳和奶中含有特异性抗体。细胞免疫反应与大剂量沙门氏菌攻击动物的保护性通常呈现很好的相关性,细胞免疫在抗沙门氏菌感染中具有重要作用。

5. 炭疽杆菌

已知本菌有荚膜抗原、菌体抗原、保护性抗原和芽孢抗原4种主要抗原。①荚膜抗原仅见于有毒菌株,与毒力有关,其抗原刺激产生的抗体无保护作用,但其反应性较特异,故依此建立了各种血清学鉴定方法,如荚膜肿胀实验及免疫荧光抗体法等,均呈较强的特异性。②菌体抗原是存在于本菌细胞壁及菌体内的半抗原,此抗原与细菌毒力无关,但性质稳定,即使在腐败的尸体中经过较长时间,或经过加热煮沸甚至高压蒸汽处理,抗原性不被破坏。③保护性抗原是一种胞外蛋白质抗原成分,在人工培养条件下也可产生,为炭疽毒素的组成成分之一,具有免疫原性,能使机体产生抗本菌感染的保护力。④芽孢抗原是芽孢的外膜、中层、皮质层一起组成的炭疽芽孢的特异性抗原,它具有免疫原性和血清学诊断价值。

6. 破伤风梭菌

本菌具有不耐热的鞭毛抗原,用凝集实验可分为10个血清型,其中第Ⅵ型为无鞭毛不运动的菌株,我国最常见的是第Ⅴ型。各型细菌都具有一个共同的耐热性菌体抗原,而Ⅱ、Ⅳ、Ⅴ和Ⅸ型还有共同的第二菌体抗原。各型细菌均产生抗原性相同的外毒素,并能被任何一个型的抗毒素所中和。破伤风梭菌毒素具有良好的免疫原性,用它制成类毒素,可产生坚强的免疫,能非常有效地预防本病的发生。

7. 产气荚膜梭菌

以菌体抗原进行血清型分类意义不大,而且菌体抗原与以毒素分型之间没有明显关系。毒素用小写希腊字母表示,有12种,依据主要致死型毒素与其抗毒素的中和实验可将此菌分为A、B、C、D、E 5个型。

8. 肉毒梭菌

根据毒素抗原性的差异,可将该菌分为A、B、C、D、E、F、G 7个型,用各型毒素或类毒素免疫动物,只能获得中和相应型毒素的特异性抗毒素。另外,各型菌虽产生其型特异性毒素,但各型间尚存在交叉现象,如E型菌与F型菌能相互产生少量对方的毒素成分。

肉毒毒素是一类锌结合蛋白质,具蛋白酶活性,性质稳定,是毒性最强的神经麻痹毒素之一,其毒性比氰化钾大1万倍。例如,A型菌在食品中自然产生的A型毒素,每克食品可致死十几万至几十万只小鼠。纯化结晶的肉毒毒素 1 mg 可杀死 2 亿只小鼠,对人的致死量约为 0.1 μg。一般来说,经口投服致死量要比腹腔注射致死量大数万倍乃至数十万倍。

9.气肿疽梭菌

此菌各菌株都具有一个共同的 O 抗原,而按 H 抗原又分成两个型。多数菌株具有相同的芽孢、菌体及鞭毛抗原。与腐败梭菌有一个共同的芽孢抗原。此菌菌体具有良好的免疫原性,毒素也具有免疫原性,全菌死菌苗可诱导抗菌和抗毒素免疫。

10.腐败梭菌

用凝集实验可将本菌分成不同的型,按 O 抗原可分为 4 个型,再按 H 抗原又可分为 5 个亚型,但没有毒素型的区分。此菌与气肿疽梭菌有许多相同的抗原成分,芽孢抗原彼此相同,但二者毒素的抗原性是特异的,没有抗毒素交叉保护作用。

11.多杀性巴氏杆菌

本菌主要以其荚膜抗原(K 抗原)和菌体抗原(O 抗原)区分血清型,前者有 6 个型,后者分为 16 个型。以阿拉伯数字表示菌体抗原型,大写英文字母表示荚膜抗原型,我国分离的禽多杀性巴杆氏菌以 5:A 为多,其次为 8:A;猪的以 5:A 和 6:B 为主,8:A 与 2:D 其次;羊的以 6:B 为多;家兔的以 7:A 为主,其次是 5:A。

健康带菌动物具有一定程度的免疫力。动物患病痊愈后,可获得较强的免疫。国内外已研制出多种灭活菌苗、弱毒菌苗以及荚膜亚单位疫苗。该菌的高免多价血清具有良好的紧急预防和治疗作用。

12.布氏杆菌

本菌抗原结构复杂,主要有 M 抗原(羊布氏杆菌菌体抗原)和 A 抗原(牛布氏杆菌菌体抗原)两种,两种抗原在各型菌株中含量各有不同。根据其生物学特性,可将本菌分为 6 个种 20 个生物型,即羊布氏杆菌又称马尔他布氏杆菌生物型 1~3、牛布氏杆菌又称流产布氏杆菌生物型 1~9、猪布氏杆菌生物型 1~5、绵羊布氏杆菌、沙林鼠布氏杆菌和犬布氏杆菌。绵羊种和犬种布氏杆菌菌落是天然的 R 型,其他种为 S 型。布氏杆菌还会出现 S→R 变异,此种变异很少发生回变。在变异过程中,还会出现中间过渡型和中间型,以及黏液型。

13.猪丹毒杆菌

本菌抗原结构复杂,具有耐热抗原和不耐热抗原。根据其对热、酸的稳定性,又可分为型特异性抗原和种特异性抗原。用阿拉伯数字表示型,用英文小写字母表示亚型,可分为 25 个血清型和 1a、1b 及 2a、2b 亚型。大多数菌株为 1 型和 2 型,从急性败血症分离的菌株多为 1a 型,从亚急性及慢性病例分离的多为 2 型。

(二)常见病原病毒免疫特点

1.马立克病病毒

此病毒各血清型之间具有很多共同的抗原成分,所以无毒力的自然分离株和火鸡疱疹病毒接种鸡后,均有抵抗致病性 MDV 感染的效力。疫苗接种后,常发现疫苗毒株和自然毒株在免疫鸡体内共存的现象,即免疫过的鸡群仍可感染自然毒株,但并不发病死亡。若疫苗进入鸡体内的时间晚于自然毒株,则不产生保护力,所以应在雏鸡 1 日龄进行接种。在 MDV 感染后 1~2 周,有免疫力的鸡体内可检测到沉淀抗体和病毒中和抗体。

2.小鹅瘟病毒

康复后的雏鹅或经隐性感染的成年鹅可获得坚强的免疫力,并能将抗体通过卵黄传给后代,使雏鹅被动的获得抵抗感染的能力。

3.犬细小病毒

犬感染 3～5 d 后即可检出中和抗体,并达很高的滴度,免疫期较长。由母体初乳传给幼犬的免疫力可持续 4～5 周。

4.口蹄疫病毒

本病康复后获得坚强的免疫力,能抵抗同型强毒的攻击,免疫期至少 1 年,但可被异型病毒感染。

5.猪瘟病毒

近年来,已经证实猪瘟病毒与牛病毒性腹泻病病毒有共同的可溶性抗原,二者既有血清学交叉,又有交叉保护作用。

6.猪传染性胃肠炎病毒

多个国家的研究证明,机体对猪传染性胃肠炎病毒以局部的体液免疫和全身的细胞免疫发挥抗感染作用。只有通过黏膜免疫即消化道和口鼻才能产生具有抗感染意义的分泌型 IgA,其他免疫途径产生的 IgG 为循环抗体,仅有诊断意义,抗感染能力较弱。因此,口服或鼻内接种是该病的最佳免疫途径。仔猪可通过乳汁获得母源抗体,产生被动免疫。

7.猪呼吸与繁殖综合征病毒

感染猪于若干周内在抗体存在的同时出现病毒血症,平均持续 4 周以上;并且已经证实抗体可增强病毒的感染性。

8.鸡新城疫病毒

抗体产生迅速,血凝抑制抗体在感染后 4～6 d 即可检出,并可持续至少 2 年。血凝抑制抗体的水平是衡量鸡群免疫力的指标。雏鸡的母源抗体保护可达 3～4 周。血液中 IgG 不能预防呼吸道感染,但可阻断病毒血症;分泌性 IgA 在呼吸道及肠道的保护方面具有重大作用。

9.禽流感病毒

感染鸡在发病后的 3～7 d 可检出中和抗体,在第 2 周时达到高峰,可持续 18 个月以上。

10.传染性法氏囊病病毒

该病毒可导致免疫抑制,诱发其他病原体的潜在感染或导致疫苗的免疫失败。目前认为该病毒可以降低鸡新城疫、鸡传染性鼻炎、鸡传染性支气管炎、鸡马立克病和鸡传染性喉气管炎等各种疫苗的免疫效果,使鸡对这些病的敏感性增加。据报道,鸡早期传染性法氏囊病,能降低鸡新城疫疫苗免疫效果 40% 以上,降低马立克病疫苗效果 20% 以上。

11.禽传染性支气管炎病毒

此病毒感染后第 3 周产生大量中和抗体,康复鸡可获得约一年的免疫力。雏鸡可从免疫的母体获得母源抗体,这种抗体可保持 14 d 以后逐渐消失。

12.犬瘟热病毒

耐过犬瘟热的动物可以获得坚强的甚至终生的免疫力。犬瘟热病毒与麻疹病毒、牛瘟病毒之间存在共同抗原,能被麻疹病毒或牛瘟病毒的抗体所中和。

复习思考题

一、名词解释

1. Ig；2. APC；3. K 细胞；4. NK 细胞；5. ADCC；6. Ag；7. Ab；8. 抗原结合价；9. 免疫应答；10. 细胞免疫；11. 体液免疫；12. 免疫；13. 免疫原性；14. 反应原性；15. TCR。

二、简答题

1. 以 IgG 为例，绘图并简述 Ig 的基本结构和功能区。

2. 根据化学结构的不同，免疫球蛋白可分为哪几类？各有何功能？

3. 简述免疫应答的基本过程。

4. 什么是免疫？免疫有哪些基本功能？

5. 抗体具有哪些特点？

6. 免疫球蛋白具有哪些生物学活性？

7. 谈谈影响抗体产生的因素有哪些。

8. 初次应答和再次应答抗体产生有何特点和临床意义？

9. 生产中进行预防接种，为什么常进行两次或两次以上的接种？

任务三

变态反应

🍁 知识点

　　变态反应的概念、变态反应的类型、各型变态反应的发生过程、各型变态反应特点、各型变态反应常见疾病、变态反应的防治原则。

🍁 技能点

　　根据各型变态反应的发生过程和特点分析判定各型变态反应。

◆◆◆ 模块一　基本知识 ◆◆◆

一、变态反应的概念

　　变态反应是机体对某种抗原的再次刺激所产生的一种异常强烈的、对机体有害的免疫病理反应,也称超敏反应。变态反应常伴随不同程度的组织损伤和机能紊乱,表现出各种特征性的免疫病理损伤过程。

(一)变应原

　　引起变态反应的物质称为变应原或过敏源。变应原可以是完全抗原,如微生物(细菌、真菌、病毒)、寄生虫(原虫和蠕虫)、异种动物血清或蛋白、异体组织细胞、植物花粉、生物提取物(如胰岛素和肝素)、疫苗、昆虫毒液以及某些食物如蘑菇、虾贝类、牛奶、鸡蛋和饲料等;也可以是半抗原,如药物(青霉素、磺胺类、碘等)、油漆、染料等小分子物质,这些半抗原只有与蛋白质(常与自体蛋白结合)结合,才表现变应原性。变应原可通过呼吸道、消化道、皮肤、肌肉或黏膜等多种途径进入机体,先使机体处于致敏状态,当再次接触同种变应原时出现变态反应。除了来自体外的抗原物质,机体自身发生改变的组织细胞成分也可以成为变应原。

(二)变态反应的一般过程

变态反应的发生可分为致敏阶段和发生阶段。

1.致敏阶段

当机体初次接触变应原后,产生相应的抗体(主要是IgI,其次是IgG、IgM)或致敏淋巴细胞(T细胞分化形成)及淋巴因子,动物进入致敏状态,这个过程需10~21 d。

2.发生阶段

处于致敏状态的机体再次接触同一种变应原时,机体被激发产生变态反应,此期时间较短,约几分钟至2~3 d。

二、变态反应的类型

根据变态反应原理和临床特点,将变态反应分为四个类型:Ⅰ型变态反应,又称为过敏反应型变态反应;Ⅱ型变态反应,又称为细胞溶解反应或细胞毒型变态反应;Ⅲ型变态反应,又称为免疫复合型或血管类型变态反应;Ⅳ型变态反应,为迟发型变态反应,又称为细胞免疫型变态反应(表5-3)。

表5-3 各型变态反应发生的特点

类型	参与成分		反应时间	发生机理	对机体的影响
	效应细胞	效应分子			
Ⅰ型变态反应	肥大细胞 嗜碱性粒细胞 嗜酸性粒细胞 血小板	IgE 细胞因子	数分钟内开始,1/4~1/2 h达到反应高峰	变应原与肥大细胞或嗜碱性粒细胞上的IgE结合,释放活性物质	作用于皮肤、呼吸道、消化道及全身,引起哮喘、荨麻疹、腹泻、腹痛、过敏性休克等
Ⅱ型变态反应	单核吞噬细胞 嗜中性粒细胞 K细胞 NK细胞	IgG IgM 补体	数小时内	IgM或IgG与血细胞上的抗原结合而凝集,在补体作用下细胞溶解、损伤或被吞噬	作用于红细胞、白细胞、血小板等,引起溶血性贫血、白细胞减少、出血性紫癜
Ⅲ型变态反应	嗜中性粒细胞 嗜碱性粒细胞 单核吞噬细胞 血小板	IgG IgM IgA 补体	数小时内开始,18 h左右达到反应高峰	IgM、IgG与过量抗原结合,形成不溶性复合物,沉积于血管基底膜、肾小球基底膜等处,激活补体,引起组织损伤	引起血管炎,肾小球肾炎关节炎
Ⅳ型变态反应	T淋巴细胞 单核吞噬细胞 粒细胞 NK细胞	淋巴因子 细胞因子	慢,12~24 h开始,48~72 h达到反应高峰	抗原与致敏淋巴细胞作用,释放多种淋巴因子,产生生物学效应	引起接触性皮炎、移植排斥反应、各种自身免疫疾病、传染性变态反应等疾病

(一)Ⅰ型变态反应(过敏反应)

Ⅰ型变态反应在四型变态反应中发生速度最快,一般在第二次接触抗原后数分钟内出现反应,故称速发型超敏反应或过敏反应型变态反应。1921年Prausnitz将其好友Kustner对鱼过敏的血清注入自己前臂皮内,一定时间后将鱼提取液注入相同位置,结果注射局部很快出现红晕和风团反应,他们将引起此反应的血清中的因子称为反应素。这就是著名的 P-K 实验,动物皮肤过敏实验其原理就是 P-K 实验。目前临床上用于诊断变态反应的皮肤实验也由此衍生而来。

1. Ⅰ型变态反应的基本过程

(1)致敏阶段。过敏源第一次进入机体后,刺激机体产生一种亲细胞性抗体 IgE,该抗体吸附在皮肤、消化道及呼吸道黏膜内毛细血管周围组织中的肥大细胞和血液中的嗜碱性粒细胞、血小板等表面,使机体处于致敏状态。

(2)反应阶段。当致敏的机体再次接触同种过敏源时,过敏源即与吸附在细胞表面的 IgE 抗体结合,导致细胞膜的稳定性改变,细胞在短时间内破坏;细胞质中的颗粒迅速脱出并释放各种生物活性物质,如组织胺、5-羟色胺、缓激肽、过敏毒素等,导致毛细血管扩张和通透性增加,从而引起血压下降,皮肤黏膜水肿,腺体分泌增多及消化道和呼吸道平滑肌痉挛等一系列反应(图 5-15)。

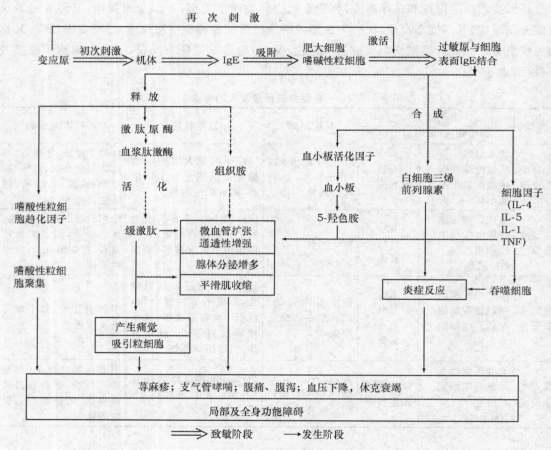

图 5-15　Ⅰ型变态反应发生示意图

2. Ⅰ型变态反应的常见疾病

(1)过敏性休克。过敏性休克是最严重的一种Ⅰ型变态反应性疾病,主要由药物或异种血清引起。

①药物过敏性休克：以青霉素引起者最为常见。青霉素本身无免疫原性，但其降解产物青霉噻唑和青霉烯酸可与机体内的蛋白质结合获得免疫原性，进而刺激机体产生 IgE，使之致敏。当机体再次接触青霉噻唑或青霉烯酸后，可诱发过敏反应，严重者导致过敏性休克，甚至死亡。值得注意的是，有些机体初次注射青霉素就能发生过敏性休克，这可能是曾吸入过青霉菌孢子或使用过被青霉素污染的注射器等医疗器械，机体已处于致敏状态之故。其他药物如普鲁卡因、链霉素、有机碘等，偶尔也可引起过敏性休克。

②血清过敏性休克：常发生于曾用过动物免疫血清，机体已处于致敏状态，后来再次接受同种动物免疫血清的个体。如临床上使用破伤风抗毒素进行治疗或紧急预防时，可出现此种反应。

（2）呼吸道过敏反应。少数机体吸入植物花粉、细菌、动物皮屑、尘螨等抗原物质时，可出现发热、鼻部发痒、喷嚏、流涕等过敏性鼻炎，或发生气喘、呼吸困难等外源性支气管哮喘等。

（3）消化道过敏反应。主要表现为过敏性胃肠炎。少数机体食入鱼、虾、蟹、蛋等，出现呕吐、腹痛、腹泻等症状。

（4）皮肤过敏反应。主要表现为皮肤荨麻疹、湿疹或血管性水肿。可由食物、药物、花粉、羽毛、冷、热、日光、感染病灶、肠道寄生虫等引起。

3. Ⅰ型变态反应的主要特点

①发生快，几秒钟至几十分钟内出现症状，消退亦快，为可逆性反应。

②由结合肥大细胞和嗜碱性粒细胞上的 IgE 抗体所介导。

③主要病变在小动脉，毛细血管扩张，通透性增加，平滑肌收缩。

④有明显个体差异和遗传背景，只有少数过敏性体质的机体易发。

⑤补体不参与此型反应，仅引起生理机能紊乱，而无后遗性的组织损伤。

⑥反应重，不但可引起局部反应，而且发生全身症状，重者可因休克而死亡。

（二）Ⅱ型变态反应（细胞溶解反应、细胞毒反应）

1. Ⅱ型变态反应的基本过程

参与此型变态反应的特异性抗体主要为 IgG 或 IgM，这些抗体与吸附在血细胞上面的变应原结合，形成抗原—抗体复合物，激活补体系统，引起血细胞溶解或被吞噬细胞吞噬。这些抗体可以是外源性的变应原刺激机体产生的，也可以是机体本身存在的天然抗体，如血型抗体。变应原可以是外源性的，如某些药物或某些微生物的荚膜多糖、细菌内毒素脂多糖等，也可以是机体本身的细胞膜抗原，如红细胞的血型抗原（图 5-16）。

2. Ⅱ型变态反应的常见疾病

（1）输血反应。各种动物都有其血型系统，猪有 15 个血型系统，其中 A～O 系统最为重要；牛至少有 12 种，最重要的是 B 系统和 J 系统。这是因为在红细胞表面存在着各种抗原，而在不同血型的个体血清中有相应的天然抗体（通常为 IgM）。当输入不同血型的红细胞时，可很快引起机体对外来红细胞的免疫应答，并激活补体系统，产生血管内溶血；在局部则形成微循环障碍等。临床表现溶血性黄疸、震颤、发热和血红蛋白尿。治疗的方法是停止输血和服用利尿剂，使积存在肾脏中的血红蛋白尽快排除，以免破坏肾小管。

（2）新生仔畜溶血性黄疸。这是一种因父本和母本血型不同而引起的溶血反应。在母畜妊娠期间，胎儿不同型的红细胞（父系）可能通过胎盘进入母畜血液循环内，引起母畜致敏而产

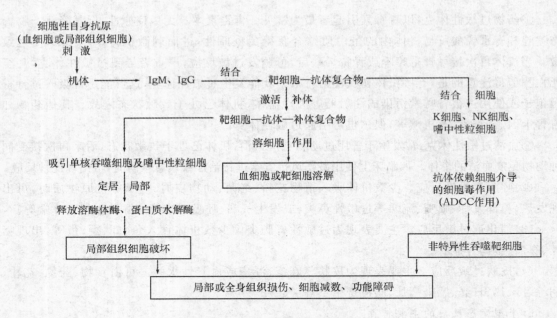

图 5-16　Ⅱ型变态反应发生示意图

生抗同种异型红细胞的抗体,此种抗体不能通过胎盘,但可大量集中在初乳中。因此,出生时幼畜是健康的,但吮吸母乳后数小时或几天内迅速发生溶血反应。新生骡驹有 $8\% \sim 10\%$ 发生这种溶血反应。这是因为骡的亲代(马和驴)血型抗原差异较大,这与人因 RhD 血型而导致的溶血性反应是相似的。经产母马所生幼驹较初产母马的幼驹发病的可能性大。除骡驹外,马驹、新生仔猪、羔羊也有溶血病例发生。

(3)病原微生物感染引起的溶血反应。有些病原微生物如沙门氏菌的脂多糖、马传性贫血病毒、水貂阿留申病毒和某些原虫(巴贝斯焦虫、锥虫)的抗原成分,能吸附宿主红细胞,这些吸附有异物的红细胞被自身免疫系统清除而发生溶血反应。

(4)由药物引起的Ⅱ型变态反应。有些药物可以和细胞(尤其是血细胞)牢固结合,如青霉素、氨基水杨酸和奎宁等,可吸附于红细胞表面,使红细胞表面抗原发生改变,因而被当作异物而为免疫反应所清除,导致溶血;磺胺类、氨基比林等可与粒细胞结合,引起粒细胞缺乏症。

3.Ⅱ型变态反应的主要特点

①达到反应高峰较快。

②发生过程中有细胞性抗原。

③有抗体及补体参与,无淋巴因子参与。

④有个体差异和遗传倾向。

(三)Ⅲ型变态反应(免疫复合物反应、血管炎型)

1.Ⅲ型变态反应的基本过程

此型变态反应也称血管炎性变态反应。抗原(异种血清、微生物、寄生虫和药物等)进入机体,产生相应的抗体 IgG、IgM 或 IgA,抗原与相应抗体结合形成抗原-抗体复合物,即称免疫复合物。由于抗原与抗体比例不同,所形成的免疫复合物的大小和溶解性也不同。当抗体量大于抗原量或两者比例相当时,可形成分子较大的不溶性免疫复合物,易被吞噬细胞吞噬而清除;当抗原量过多时,则形成较小的可溶性免疫复合物,它能通过肾小球滤过,随尿液排出体外。所以,以上两种情况对机体均无损伤。只有当抗原略多于抗体时,可形成中等大小的可溶性免疫复合物,它既不易被吞噬细胞吞噬,又不能通过肾小球滤过进入尿液排出体外,便沉积于血管壁基底膜、肾小球基底膜、关节滑膜和皮肤等处,并激活补体,迁移而至的吞噬细胞就开始吞噬它们,并释放溶解酶类,在溶解免疫复合物的同时也损伤了周围的组织,引起局部血管壁基底膜损伤和小血管周围炎(图5-17)。

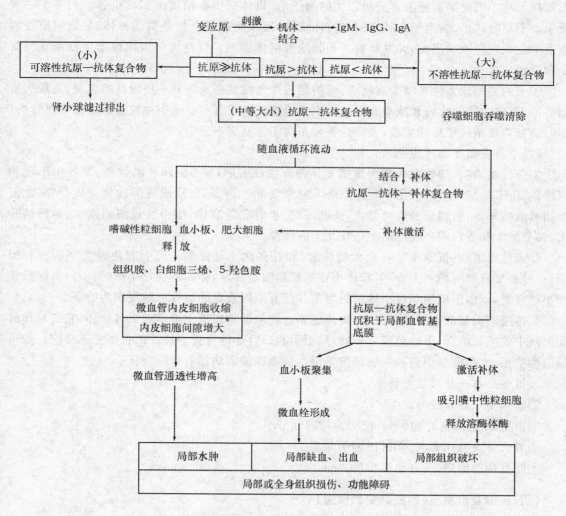

图 5-17 Ⅲ型变态反应发生示意图

2.Ⅲ型变态反应的常见疾病

(1)局部Ⅲ型变态反应。

①Arthus反应:如果将抗原皮下注射于带有相应沉淀性抗体的动物,则于几小时内在接种部位发生急性炎症反应。炎症反应以红斑和水肿开始,最终发生局部出血和血管栓塞,严重的则发生坏死。这种反应最初由Arthus给家兔和豚鼠注射马血清时发现的,故称为Arthus

反应。其发病的原因是局部的抗原多于抗体,它们形成中等大小的免疫复合物,沉积于注射局部的毛细血管壁上,并激活补体,引起嗜中性粒细胞积聚等一系列反应。

②犬的蓝眼病:犬的蓝眼病是因犬Ⅰ型腺病毒感染或活疫苗接种所致。蓝眼病的病变包括暂时性眼前房色素层炎、角膜水肿和浑浊。角膜有嗜中性粒细胞浸润,病变部通过间接荧光抗体法可查到病毒和抗体的复合物。此病发生于感染后 1～3 周,随着病毒的清除而自然消退。

③过敏性肺炎:动物再次吸入相同抗原时,在肺部可发生Ⅲ型变态反应。比如,舍饲牛吸入储存干草中因受潮而感染真菌所产生的孢子后,机体产生高滴度的沉淀抗体。当冬季牛大量采食干草时,吸入的孢子在肺泡壁与抗体结合,形成免疫复合物并激活补体,导致间质性肺炎发生。表现急性肺泡炎,并发脉管炎和肺泡腔液体渗出。慢性病例可出现增生性细支气管炎和纤维化。

④犬的葡萄球菌性Ⅲ型变态反应:犬的葡萄球菌性变态反应是一种慢性的皮炎,表现为皮脂溢出、深部或趾间疖病和脓疱病等。组织学检查发现其真皮呈嗜中性粒细胞增多的血管炎,同时经葡萄球菌抗原皮肤实验,表明这种病是属于Ⅲ型变态反应。

(2)全身Ⅲ型变态反应。

①急性血清病:动物在初次大量接受异种血清注射后,经 8～12 d 潜伏期,循环中出现相应抗体(IgG、IgM),而初次注射的抗原尚未完全清除,二者结合形成可溶性免疫复合物,此复合物可激活补体,引起全身性血管炎,皮肤红斑、水肿和荨麻疹,嗜中性粒细胞减少、淋巴结肿大,关节肿大和蛋白尿。反应通常可在几天内恢复。

②慢性血清病:抗原不是一次大量注射,而是多次小量注射。可引起两种类型的肾脏损伤,一种是复合物沉积于上皮,引起肾小球基底膜明显变厚,称为膜性肾小球病;一种为弥散性肾小球肾炎,以内皮细胞和肾小球细胞增生并伴有不同数量的炎性细胞浸润为特征。

③传染病引起的Ⅲ型变态反应:慢性感染过程的动物血清中可出现大量抗体,它们与释放到血液中的抗原结合,形成免疫复合物,从而引起以肾小球肾炎为特征的Ⅲ型变态反应。如马传染性贫血、水貂阿留申病和非洲猪瘟等慢性病毒性传染病都有这一特征。

3. Ⅲ型变态反应的主要特点

①达到反应高峰较慢。

②由抗原-抗体复合物引起,抗原为可溶性分子。

③有抗体及补体参与,无淋巴因子参与。

④既有功能障碍,又有组织损伤。

(四)Ⅳ型变态反应(迟发型变态反应)

1. Ⅳ型变态反应的基本过程

迟发型变态反应是细胞免疫应答引起的局部变态反应,与前 3 种类型的变态反应不同。特点是无抗体与补体参加,而与致敏淋巴细胞有关。由于反应发生较慢,一般在再次接触抗原后 6 h 左右开始出现,24～48 h 达到高峰,然后消退,故称迟发型变态反应。

机体在某些抗原刺激下,经过 2～3 周,体内 T 细胞活化增殖为致敏淋巴细胞和记忆细胞,机体处于致敏状态。当相同抗原再次进入致敏的动物机体时,与淋巴细胞相遇,促使其释放出多种淋巴因子。淋巴因子中的致炎因子使血管通透性增强,并吸引和激活吞噬细胞向抗原集中,吞噬作用加强,形成以单核细胞、淋巴细胞等为主的局部炎性细胞浸润,导致局部组织肿胀、化脓甚至坏死等炎性变化。某些病原菌如结核分枝杆菌、副结核分枝杆菌、布氏杆菌和鼻疽杆菌等细胞内寄生菌能引起Ⅳ型变态反应,变应原为菌体本身或其代谢产物(图 5-18)。

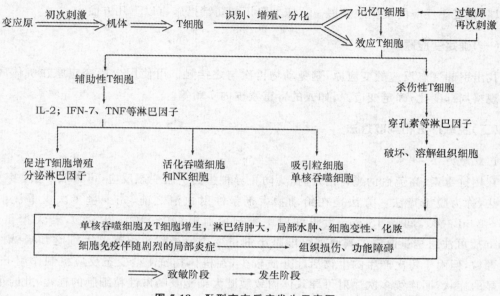

图 5-18　Ⅳ型变态反应发生示意图

2. Ⅳ型变态反应的常见疾病

(1)传染性变态反应。结核分枝杆菌为细胞内寄生菌,可在巨噬细胞内大量增殖。当细胞免疫形成后,将被巨噬细胞大量吞噬。残存的结核杆菌及坏死组织块则被包围在局部形成结节,结节的外围是大量聚集起来的巨噬细胞(可转化成上皮样细胞)。持续存在的结节可发展成肉芽肿或钙化灶。这种慢性炎症过程,都属于迟发型变态反应。此外,布氏杆菌病、马鼻疽等的病理过程也同结核病。

兽医临床常应用结核杆菌的抽提物(结核菌素,OT)接种于牛颈中部皮内或眼结膜囊内,分别在 48～72 h 或 15～18 h 观察局部是否肿胀、硬变或眼是否有脓性分泌物,来诊断结核杆菌感染,这种方法通常用于牛群的结核病检疫。鼻疽菌素点眼检测马鼻疽的原理也是如此。

(2)接触性皮炎。某些化学物质和组织细胞的蛋白质结合形成复合物,这种复合物被机体当作异物而清除,引起细胞免疫应答。这种反应若发生于皮肤,则引发变态反应性接触性皮炎,在犬常见。其病变包括红斑、皮肤水肿和水泡等。引起此反应的物质有镍盐、甲醛、苦味酸、苯胺染料、树胶等。

3. Ⅳ型变态反应的主要特点

①反应的开始及高峰出现慢。

②无明显个体差异。

③与抗体及补体无关,属细胞免疫。

④既有功能障碍,又有组织损伤。

三、变态反应的防治

防治变态反应的一般原则要从变应原及机体的免疫反应两方面考虑：一是要尽可能找出变应原，避免动物与之再次接触；二是要针对变态反应发生的过程，阻断或干扰其中的某些环节，以防止变态反应的发生或发展。临床上采用的防治措施有以下几方面。

(一)确定变应原

找出引起变态反应的变应原，避免动物再次与之接触。可使用少量变应原在机体局部实验以观察局部变化，确定变应原，如人的青霉素皮内实验等。

(二)脱敏疗法和减敏疗法

1.脱敏疗法

在用抗毒素、高免血清进行治疗时，为防止异种蛋白引起变态反应，可采取少量、多次注射的方法，称为脱敏疗法。方法是在给动物大剂量注射血清之前，先少量多次皮下注射血清（0.2～2 mL/次），间隔 15 min 后再注射中等剂量血清（10～100 mL/次），若无严重反应，15 min 后可注射全量血清。其原理可能是小剂量变应原虽然可引起肥大细胞和嗜碱性粒细胞脱颗粒，但由于每次产生的生物活性介质较少，在机体拮抗 I 型变态反应机制作用下，不引起明显的症状，而连续多次注射可导致体内致敏肥大细胞及嗜碱性粒细胞的耗竭，此时可大剂量使用异种动物免疫血清而不会引起变态反应。但这种脱敏是暂时的，很快会重建致敏状态，以后再用异种免疫血清时，仍需做皮肤实验。

2.减敏疗法

对已检出而难以避免接触的变应原，可采用少量多次反复注射的方法来消除机体的致敏状态，这种方法称为减敏疗法。其机制可能是：①引起 IgG 类循环抗体产生，这些高亲和力的抗体可与进入机体的变应原特异性结合并将其清除，阻断变应原与肥大细胞、嗜碱性粒细胞表面 IgE 的结合，从而阻断 I 型变态反应的发生；②诱发特异性 Ts 细胞的作用。

(三)治疗原则

针对变态反应的发生机制，选择不同的药物以阻断或干扰某个环节，抑制变态反应，达到治疗目的。

1.阻止生物活性介质的释放

①稳定肥大细胞膜色甘酸钠、肾上腺糖皮质激素可稳定肥大细胞膜，防止肥大细胞脱颗粒及释放生物活性介质。

②提高细胞内 cAMP 浓度变应原与肥大细胞上 IgE 结合后，对细胞膜上腺苷酸环化酶具有抑制作用，能降低细胞内 cAMP 浓度，从而导致组胺等生物活性介质释放。儿茶酚胺类药物和氨茶碱均能通过不同的作用环节提高细胞内的 cAMP 浓度，抑制生物活性介质的释放。

2.拮抗生物活性介质

苯海拉明、氯苯那敏、异丙嗪等药物，能与组胺竞争靶细胞膜上的组胺受体而影响组胺的作用;阿司匹林为缓激肽拮抗药;多根皮苷酊有拮抗白三烯的作用。

3.改变效应器官的反应性

常用的肾上腺素、麻黄碱不仅可解除支气管痉挛,而且可减少腺体分泌;葡萄糖酸钙、氯化钙、维生素 C 等除具有解痉、降低毛细血管通透性作用外,还可以减轻皮肤及黏膜的炎症反应。

4.免疫抑制疗法

肾上腺皮质激素具有明显的抗炎和免疫抑制作用,它可抑制巨噬细胞的趋化作用,阻止巨噬细胞对抗原的摄取和处理,阻止巨噬细胞释放 IL-1;在一定浓度下,可抑制淋巴细胞 DNA复制。此外,尚能稳定肥大细胞和嗜碱性粒细胞的细胞膜,使 cAMP 浓度升高,阻止血管活性介质的释放,抑制变态反应的发生。常用于Ⅰ型、Ⅲ型变态反应性疾病如过敏性休克、肾小球肾炎等的治疗。

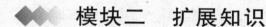

模块二　扩展知识

一、免疫诊断

机体对某种病原体产生的特异性免疫包括体液免疫和细胞免疫,前者表现为机体血清中出现大量特异性抗体,后者则表现为体内产生对同种抗原产生反应的致敏淋巴细胞。免疫诊断的内容包括以抗原和抗体特异性结合为基础而建立发展起来的血清学实验、细胞免疫的检测技术以及体内变态反应检测等,目前已广泛应用于传染病、寄生虫病、肿瘤、自身免疫病和变态反应性疾病等的诊断,在新分离病毒株和菌株的鉴定和分型以及微生物及寄生虫抗原的分析方面,也有重要作用。

(一)对动物传染病的诊断

1.血清学诊断

血清学技术已成为诊断畜禽传染病及寄生虫病不可缺少的手段。通过应用血清学技术检测病料中相应的抗原或血清中的特异性抗体,可对疾病做出诊断。常用的血清学技术有凝集实验、沉淀实验、补体结合实验、中和实验和免疫标记技术等。

此外,血清学技术还可用于新分离毒株或菌株的鉴定及分型;一些血清学技术如免疫电泳、免疫沉淀技术等可用于微生物抗原的分析。

2.细胞免疫检测

微生物或其他因素可导致机体的免疫水平低下,机体中 T 细胞的数量不仅影响细胞免疫水平,也会影响体液免疫的发挥,因此 T 细胞在血液中含量经常作为机体细胞免疫状态甚至整体免疫状态判断的依据。

细胞免疫检测技术不仅可以揭示动物体内细胞免疫的水平和状态,分析特定抗原刺激 T

细胞后的细胞免疫机制,而且可以通过测定抗原进入机体后细胞免疫应答的变化,衡量抗原的免疫原性和免疫效力,还可以用正常 T 淋巴细胞检测干扰素、白细胞介素等免疫因子的生物活性及效价。常用的 T 细胞检测方法有 E 玫瑰花环实验、EY 玫瑰花环实验、淋巴细胞转化实验、细胞毒性 T 细胞实验等。此外,对机体免疫功能检测方法还有巨噬细胞功能检测、红细胞免疫功能检测等。各种细胞免疫检测技术可作为一些疾病如肿瘤等的诊断、疗效监测和预后判断的辅助方法。

3. 传染性变态反应诊断

某些病原体在引起抗感染免疫的同时,也使机体发生变态反应。因此,利用变态反应原理,通过已知微生物或寄生虫抗原在动物机体局部引发的变态反应,能确定动物机体是否已被感染相应的微生物或寄生虫,并能分析动物的整体免疫功能。迟发型变态反应常用于诊断结核分枝杆菌、鼻疽杆菌、布氏杆菌等细胞内寄生菌的感染。如用结核菌素点眼和皮内注射来诊断牛羊等动物的结核病,就是利用了传染性变态反应诊断的方法。

(二)妊娠诊断

动物妊娠期间能产生新的激素,并从尿液排出。以该激素作为抗原,将激素抗原或抗激素抗体吸附到乳胶颗粒上,利用间接凝集实验或间接凝集抑制实验,检测妊娠动物尿液标本中是否有相应激素存在,进行早期妊娠诊断。如母马在怀孕 40 d 后,子宫内膜能分泌促性腺激素并进入血液,在 40~120 d 期间含量最高,由于该激素具有抗原性,故可用它免疫其他动物制备相应抗体,进行血清学实验诊断马是否怀孕。妊娠诊断方法有间接血凝抑制实验、反向间接血凝实验和琼脂扩散实验等。

二、免疫防治

机体对病原体的免疫力分为先天性免疫和获得性免疫两种。先天性免疫是动物体在种族进化过程中由于机体长期与病原体斗争而建立起来的天然防御能力,它可以遗传;获得性免疫是动物体在个体发育过程中受到病原体及其产物刺激而产生的特异性免疫力,它具有高度的特异性。

机体可通过多种途径获得特异性免疫,主要包括两大类型,即主动免疫和被动免疫。无论主动免疫还是被动免疫都可通过天然和人工两种方式获得。

$$获得性免疫\begin{cases}被动免疫\begin{cases}天然被动免疫\\人工被动免疫\end{cases}\\主动免疫\begin{cases}天然主动免疫\\人工主动免疫\end{cases}\end{cases}$$

(一)被动免疫

被动免疫是指从母体直接获得抗体或通过直接注射外源性抗体而获得的免疫保护。包括天然被动免疫和人工被动免疫。

1. 天然被动免疫

初生幼畜（禽）通过母体胎盘、初乳或卵黄等获得母源抗体而形成的对某种病原体的特异性免疫力，称为天然被动免疫。

动物在生长发育的早期，免疫系统发育不够健全，对病原体不能产生足够的抵抗力，通过接受母源抗体可大大增强抵抗病原微生物感染的能力，以保证早期的健康生长发育。母源抗体输送给胎儿取决于胎盘的结构。人和灵长目动物的胎盘允许 IgG 通过，但 IgM、IgA、IgE 不能通过；IgG 的被动转移可保护胎儿抵御某些败血性感染；但对于马、猪和反刍动物等，免疫球蛋白分子完全不能通过胎盘。

初生动物从母体获得的大部分抗体来自初乳。因此，对于初生动物而言，喂给初乳对于防止幼畜传染病具有极为重要的意义。在初乳中的 IgG、IgM 可抵抗败血性感染，IgA 可抵抗肠道病原体的感染。初乳的主要免疫球蛋白是占其全部免疫球蛋白的 60%～90%。母猪在产后泌乳早期的初乳中，IgG 占乳中免疫球蛋白总量的 80%，其次为 IgA 和 IgM。

对某些以侵害初生幼畜（禽）为主的传染病，常可用疫苗给怀孕期母畜（禽）免疫，通过母源抗体来保护初生幼畜（禽）抵抗感染。如由致病性大肠杆菌引起的仔猪黄痢，可用大肠杆菌 K88 疫苗给母猪免疫而得以预防；小鹅瘟主要引起雏鹅的大批死亡，可用小鹅瘟疫苗免疫产蛋母鹅，可使雏鹅获得坚强的天然被动免疫力。

母源抗体可保护胎儿和新生动物抵御病原体侵害，但在动物免疫接种时也会干扰疫苗的免疫效果，是导致免疫失败的原因之一，故在实际工作中应引起重视。

2. 人工被动免疫

将免疫血清、自然发病后的康复动物的血清或高免卵黄抗体等抗体制剂人工输入动物体内，使其获得某种特异抵抗力，称为人工被动免疫。其特点是免疫力产生快，人工被动免疫可使机体迅速获得特异性免疫力，无诱导期；免疫力维持时间短，一般维持 1～4 周。

免疫血清可用同种动物或异种动物制备，用同种动物制备的血清称为同种血清；用异种动物制备的血清称为异种血清。抗细菌血清和抗毒素通常用大动物制备，如破伤风抗毒素多用健壮的青年马制备，猪丹毒血清可用牛制备。异种动物血清的产量较大，但免疫后可引起应答反应，在使用时须注意过敏反应。抗病毒血清则多用同种动物制备，如猪瘟血清用猪制备；新城疫血清用鸡制备等。同种动物血清的产量有限，但免疫后不引起应答反应，因而其免疫期比异种血清长。

在家禽，还常用卵黄抗体制剂进行人工接种。如对于暴发鸡传染性法氏囊病的鸡群，用含有高效价的鸡传染性法氏囊病毒卵黄抗体进行紧急人工接种，有良好的防治效果。

人工被动免疫主要用于已感染畜禽的紧急预防和治疗。在传染流行的早期进行的紧急预防，能迅速控制疫情，减少损失；治疗也会有较好的疗效。

（二）主动免疫

主动免疫是指动物受到某种病原体抗原刺激后，由动物自身免疫系统产生的针对该抗原的特异性免疫力。它包括天然主动免疫和人工主动免疫。

1. 天然主动免疫

天然主动免疫是指动物在感染某种病原微生物耐过后产生的对该病原体再次侵入的不感

染状态,即产生了抵抗力。

2.人工主动免疫

人工主动免疫是指用人工接种的方法给动物注入疫苗或类毒素等抗原性生物制品,刺激机体免疫系统发生应答反应而产生的特异性免疫力。

与人工被动免疫相比较,人工主动免疫的免疫力产生较慢,但免疫保护的时间长,免疫期可达数月甚至数年,并具有回忆反应;某些疫苗免疫后,还可产生终生免疫力。

模块三　技能训练

一、鼻疽菌素变态反应实验

【学习目标】

通过训练,使学生学会鼻疽检疫中鼻疽菌素点眼的操作方法和判定标准,以便结合其他鼻疽检疫方法进行综合诊断。

【仪器材料】

消毒点眼管、鼻疽菌素、消毒盘,硼酸棉球、纱布、记录本、来苏儿、耳夹子、镊子、工作服、口罩、线手套。

【方法步骤】

1.操作方法

(1)点眼前必须仔细检查两眼,眼结膜正常,无任何眼病者方能点眼,一般点左眼,如左眼有异常可点右眼,但需记录(表5-4)。点眼后检查颌下淋巴结,体表状况,有无鼻漏。

(2)点眼时间应在早晨开始,最后第9小时的判定必须在白天进行完。

(3)间隔 5～6 d 做两回点眼算作一次检疫,每回点眼用鼻疽菌素原液 3～4 滴(0.2～0.3 mL),两回点眼必须点于同一眼中。

(4)点眼前妥善保定,先用硼酸棉球将眼角等处擦拭干净,以左手食指插入眼睑窝内,使瞬膜与下眼睑间形成凹窝;右手持吸好鼻疽菌素的点眼管,保持水平方向,手掌下缘支于额骨缘,点眼管距凹窝约 1 cm,拇指按胶皮乳头滴入鼻疽菌素 3～4 滴,点眼后以手掌于眼睑外轻揉数下,如点眼后,立即有大量眼泪流出,可再补点鼻疽菌素 2～3 滴。

(5)点眼后注意拴系,防止风沙侵入眼内、阳光直射及动物自行摩擦眼部。

2.判定反应

(1)判定反应的时间,应在点眼后 3 h,6 h,9 h,各检查一次,并于第 24 小时再检查一次,判定时由马头正面两眼对照观察,在 6 h 要翻眼检查(其余时间必要时也可翻眼观察),注意结膜状态,有无肿胀,分泌物情况等。

(2)每次检查点眼反应时均应记录判定结果,最后判定应以连续两回点眼中之任何一回最高反应判定之。

(3)鼻疽菌素点眼反应判定标准。

阴性反应：点眼后无反应或结膜轻微充血及流泪者，其记录符号为"－"。

疑似反应：结膜潮红，轻微肿胀，分泌物为灰白色浆液性或黏液性者，记录符号为"±"。

阳性反应：结膜发炎，肿胀明显，并分泌数量不等的脓性分泌物者，其记录符号为"＋"。

表 5-4　鼻疽菌素点眼反应记录表

年　　月　　日

编号	畜别	性别	年龄	特征	第一次点眼反应/h						第二次点眼反应/h						综合判定
					临床检查	3	6	9	24	判定	临床检查	3	6	9	24	判定	

兽医　　　　　　（签名）

二、结核菌素变态反应实验

【学习目标】

通过实训使学生学会牛结核菌素变态反应实验的操作方法和判定标准。

【仪器材料】

牛结核菌素、金属皮内注射器、皮内注射针头、煮沸消毒器、镊子、毛剪、牛鼻钳、点眼管、卡尺、记录表、酒精棉球、5％硼酸棉球、来苏儿。工作服、线手套及胶靴等。

【方法步骤】

(一)结核菌素皮内注射法

(1)注射部位。于颈侧中部上 1/3 处剪毛，直径约 10 cm，用卡尺测量术部皮皱厚度。

(2)注射剂量。结核菌素原液 3 个月以内的犊牛 0.1 mL，3 个月至 1 岁牛 0.15 mL，12 个月以上的牛 0.2 mL。

(3)注射方法。将牛保定妥当，术部用酒精棉球消毒，以左手食指、拇指捏起术部中央皱皮，然后皮内注入定量牛结核菌素，注射后局部出现小泡为正确。

(4)观察反应。注射后，分别在第 72 小时、第 120 小时各进行一次观察反应。仔细观察局部有无热、痛、肿胀等炎性反应，并以卡尺测量术部肿胀面积的大小及皱皮厚度，作好详细记录(表 5-5)。

在第 72 小时观察后，对呈阴性及可疑反应的牛只，须在第一回注射的同一部位，以同一剂量进行第二回注射，第二回注射后，于第 48 小时(即第一回注射后的第 120 小时)再观察一次。

(5)判定标准。

阳性反应：局部发热，有痛感并呈现界限不明显的弥漫性肿胀，肿胀面积达 35 mm×45 mm 以上，皮差在 8 mm 以上为阳性反应，其记录符号为(＋)。

表 5-5　牛结核病检疫记录表

地址 _____　　　　　　　　　　　　　　　20 　年　月　日　检疫员

牛号	年龄	结核菌素皮内注射反应/h									结核菌素点眼反应/h										综合判定	备注
		次数		注射时间	部位	原皮厚	48	72	120	判定	次数		点眼时间	点前检查	眼别	3	6	9	24	判定		
		第次	一回								第次	一回										
			二回									二回										
		第次	一回								第次	一回										
			二回									二回										
		第次	一回								第次	一回										
			二回									二回										

受检头数 _____　　阳性头数 _____　　疑似头数 _____　　阴性头数 _____

疑似反应：炎性肿胀面积在 35 mm×45 mm 以下，皮差在 5～8 mm 者，为疑似反应，其记录符号为（±）。

阴性反应：无炎性肿胀，皮差不超过 5 mm，或仅有无热坚实及界限明显的硬结者，为阴性反应，记录符号为（－）。

（二）结核菌素点眼法

牛结核菌素点眼，每次进行两回，间隔为 3～5 d。

1. 方法

点眼前对两眼做详细检查，结膜无变化，正常时方可点眼，结核菌素一般点于左眼，左眼有眼病可点于右眼，但需在记录上注明。点眼时，保定牛只，以 1% 硼酸棉球擦净眼部外围的污物，以左手食指、拇指打开上下眼睑，使瞬膜与下眼睑间形成凹窝，右手持已吸入结核菌素的点眼器向凹窝内滴入 3～4 滴（0.2～0.3 mL）即可。点眼后，注意将牛拴好，防止风沙侵入眼内，避免阳光直射及牛只自己摩擦眼部。

2. 观察反应

点眼后，于第 3 小时、6 小时、9 小时各观察一次，必要时第 24 小时再观察一次，做好记录。观察反应时，应注意结膜与眼睑肿胀的状态，流泪及分泌物的性质与量的多少，同时，由于结核菌素引起的饮食减少或停止以及全身战栗、呻吟、不安等其他变态反应，均应详细记录。

3. 判定标准

阳性反应：有两个大米粒大或 2 mm×10 mm 以上的黄白色脓性分泌物自眼角流出，或散布在眼的周围，或聚积在结膜囊及眼角内，或上述反应较轻，但有明显的结膜充血、水肿、流泪，并有其他全身反应者，为阳性反应，其记录符号为（＋）。

疑似反应：有两个大米粒大或 2 mm×10 mm 以上的灰白色半透明的黏液性分泌物积聚在结膜囊或眼角处，并无明显的眼睑水肿及其他全身症状者，为疑似反应，记录符号为（±）。

阴性反应:无反应,或仅有结膜轻微充血,流出透明浆液性分泌物者,为阴性反应,记录符号为(一)。

(三)综合判定

用两种方法结合进行检疫牛只的判定,结核菌素皮内注射与点眼两种方法中的任何一种呈阳性反应者,即判定为结核菌素阳性反应牛,两种方法中任何方法为疑似者,判为疑似反应牛。

(四)复检

(1)凡判定为疑似反应的牛只,于 25～30 d 进行复检,其结果仍为疑似反应时,可酌情处理。如果在牛群中有开放性结核牛,同群牛如有疑似反应的牛只,也应视为被感染,通过两回检疫都为疑似反应者,即可判为结核菌素阳性牛。

(2)如在健康群中检出阳性反应牛时,应于 30～45 d 后进行复检,连续三次检疫不再发现阳性反应牛时,仍认定是健康牛群。

复习思考题

1.什么是变态反应? 其类型有哪些?

2.各型变态反应发生的发生过程(机理)是什么?

3.临床发生的与溶血有关的变态反应性疾病有哪些? 请举例说明。

4.举例说明迟发型变态反应在兽医临床上的应用。

5.变态反应的防治措施有哪些? 抗过敏常用哪些药物?

项目六　血清学实验

任务一

凝 集 实 验

◆ 知识点

　　血清学实验的概念、血清学实验影响因素、血清学实验类型、直接凝集实验原理、间接凝集实验原理、直接凝集实验应用、间接凝集实验应用、平板凝集实验应用、试管凝集实验应用。

◆ 技能点

　　平板凝集实验操作、试管凝集实验操作。

◆◆◆ 模块一　基本知识 ◆◆◆

　　某些微生物颗粒性抗原的悬液与含有相应的特异性抗体的血清混合,在一定条件下,抗原与抗体结合,凝集在一起,形成肉眼可见的凝集物,这种现象称为凝集(图6-1)。凝集中的抗原称为凝集原,抗体称为凝集素。凝集反应是早期建立起来的四个古典的血清学方法(凝集反应、沉淀反应、补体结合反应和中和反应)之一,在微生物学和传染病诊断中有广泛的应用。按操作方法,分为试管法、玻板法、玻片法和微量法等。

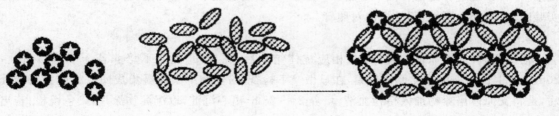

抗原　　　　　　　　　抗体　　　　　　　　　　抗原抗体复合物

图6-1　凝集实验示意图

一、直接凝集实验

直接凝集实验,指颗粒性抗原与相应抗体直接结合,在电解质的参与下凝聚成团块的现象。按操作方法可分为平板凝集实验和试管凝集实验。

1. 平板凝集实验

平板凝集实验(图 6-2)是一种定性实验,可在玻板或载玻片上进行。将含有已知抗体的诊断血清与待检菌悬液各一滴在玻片上混合均匀,数分钟后,如出现颗粒状或絮状凝集,即为阳性反应。反之,也可用已知的诊断抗原悬液检测待检血清中有无相应的抗体。此法简便快速,适用于新分离细菌的鉴定、分型和抗体的定性检测。如大肠杆菌和沙门氏菌等的鉴定,布氏杆菌病、鸡白痢、禽伤寒和败血霉形体病的检疫,亦可用于血型的鉴定等。玻片凝集时一般菌体(O 凝集),形成致密状凝集。但有鞭毛的细菌未失去鞭毛时可形成鞭毛凝集(H 凝集),呈疏松絮状凝集。

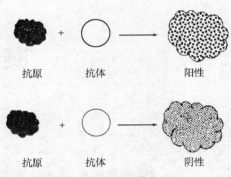

图 6-2 平板凝集实验

2. 试管凝集实验

试管凝集实验是一种定性和定量实验,可在小试管中进行。操作时将待检血清用生理盐水或其他稀释液作倍比稀释,然后每管加入等量抗原,混匀,37℃ 水浴或放入恒温箱中数小时,观察液体澄清度及沉淀物,根据不同凝集程度记录结果。以出现 50% 以上凝集的血清最高稀释倍数为该血清的凝集价,也称效价或滴度。

本实验主要用于检测待检血清中是否存在相应的抗体及其效价,如布氏杆菌病的诊断与检疫。是一种定性与定量相结合的方法。实验时用一列试管,将待检血清用 0.5% 石炭酸生理盐水作 10 倍递进稀释,每管维持量为 0.5 mL,一管不加血清作对照。每管中加入一定浓度的抗原 0.5 mL,混合均匀,在 37℃ 或室温下静置数小时,观察液体的亮度及沉淀物,视不同的凝集程度记录为＋＋＋＋(100%菌体凝集),＋＋＋(75%凝集),＋＋(50%凝集),＋(25%凝集)。凡能与一定量抗原发生 50%凝集(＋＋)的血清最高稀释度,为血清的凝集价或效价(滴度)。

由于某些细菌(如 R 型细菌)悬液有时不稳定,在没有特异性抗体存在的情况下,也发生凝集,称自家凝集。当稀释液 pH 低于一定水平,引起悬液中抗原凝集,称为酸凝集。所以,在实验时,必须建立阴性、阳性血清对照管。

3. 生长凝集实验

活的细菌(或支原体)培养物与相应抗体结合后,在 37℃ 温度下培养若干小时后(10～20 h),使生长的细菌或支原体凝集,在显微镜下检查,培养物中菌体凝集成团。如检查猪喘气病,是将支原体培养物加入待检血清,培养 24～28 h,离心沉淀,取沉淀物涂片,染色镜检,若出现支原体凝集成团,即为阳性反应。

二、间接凝集实验

将可溶性抗原(或抗体)先吸附于与免疫无关的小颗粒的表面,再与相应的抗体(或抗原)结合,在有电解质存在的适宜条件下,可出现肉眼可见的凝集现象(图6-3)。用于吸附抗原(或抗体)的颗粒称为载体。常用的载体有动物红细胞、聚苯乙烯乳胶、硅酸铝、活性炭和葡萄球菌A蛋白等。抗原多为可溶性蛋白质,如细菌、立克次氏体和病毒的可溶性抗原、寄生虫的浸出液、动物的可溶性物质、各种组织器官的浸出液、激素等,亦可为某些细菌的可溶性多糖。吸附抗原(或抗体)后的颗粒称为致敏颗粒。

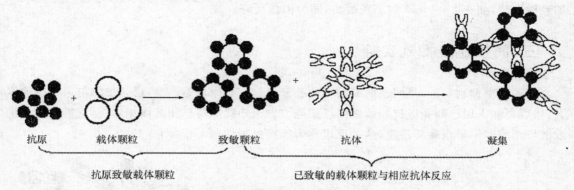

| 抗原 | 载体颗粒 | 致敏颗粒 | 抗体 | 凝集 |

抗原致敏载体颗粒　　　　　已致敏的载体颗粒与相应抗体反应

图6-3　间接凝集反应原理示意图

间接凝集实验根据载体的不同,可分为间接血凝实验、乳胶凝集实验、协同凝集实验和炭粉凝集实验等。

1. 间接血凝实验

以红细胞为载体的间接凝集实验,称为间接血凝实验。吸附抗原的红细胞称为致敏红细胞。致敏红细胞与相应抗体结合后,能出现红细胞凝集现象。用已知抗原吸附于红细胞上检测未知抗体称为正向间接血凝实验,用已知抗体吸附于红细胞上鉴定未知抗原称为反向间接血凝实验。常用的红细胞有绵羊、家兔、鸡及人的O型红细胞。由于红细胞几乎能吸附任何抗原,而且红细胞是否凝集容易观察,因此,利用红细胞作载体进行的间接凝集实验已广泛应用于血清学诊断的各个方面,如多种病毒性传染病、霉形体病、衣原体病、弓形体病等的诊断和检疫。

2. 乳胶凝集实验

聚苯乙烯经过乳化聚合而得到的高分子乳胶液,乳胶微球(直径约$0.8\ \mu m$)对蛋白质、核酸等高分子物质具有良好的吸附性能。用这种乳胶微球作为载体颗粒,吸附某些抗原或抗体,用以检验相应抗体或抗原的实验,称为乳胶凝集。该实验既可检测相应的抗体也可鉴定未知的抗原,而且方法简便、快速、保存方便、准确,在临床诊断中广泛应用于伪狂犬病、流行性乙型脑炎、钩端螺旋体病、猪细小病毒病、猪传染性萎缩性鼻炎、禽衣原体病、山羊传染性胸膜肺炎、囊虫病等的诊断。

3. 协同凝集实验

葡萄球菌A蛋白是大多数金黄色葡萄球菌的特异性表面抗原,能与多种哺乳动物IgG分子的 Fc 片段相结合,结合后的 IgG 仍保持其抗体活性。当这种覆盖着特异性抗体的葡萄球菌与相应抗原结合时,可以相互连接引起协同凝集反应,在玻板上数分钟内即可判定结果。目前已广泛应用于快速鉴定细菌、霉形体和病毒等。

4.炭素凝集实验

活性炭颗粒表面有许多蜂窝状结构,对蛋白质等具有强吸附能力。以极细的活性炭粉作为载体的间接凝集实验,称为炭素凝集实验。反应在玻板上或塑料反应盘进行,数分钟后即可判定结果。通常是用抗体致敏炭粉颗粒制成炭素血清,用以检测抗原,如马流产沙门氏菌;也可用抗原致敏炭粉,用以检测抗体,如腺病毒感染、沙门氏菌病、大肠杆菌病、囊虫病等的诊断。例如,钩端螺旋体快速诊断,即用钩端螺旋体菌体溶解液(抗原)致敏炭末后,取一滴于玻片上,加被检血清,如在 2~3 min 后出现凝集,即为阳性反应。

三、间接血凝抑制实验

间接血凝抑制实验,是间接血凝的一种补充实验。其原理是:先将已知抗体与未知抗原混合,然后再加入用已知相应抗原致敏的红细胞。如未知抗原与已知抗体相对应,则后来加入的致敏红细胞即不呈现凝集现象,这种反应称为间接血凝抑制实验(图 6-4)。

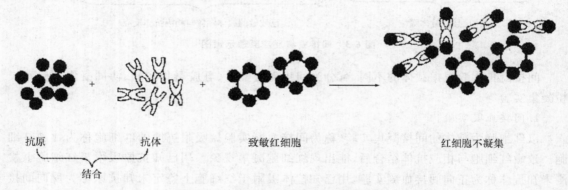

抗原　　　　　抗体　　　　　致敏红细胞　　　　　红细胞不凝集

结合

图 6-4　间接血凝抑制反应原理示意图

间接血凝抑制实验主要有两方面的用途。其一,是作为间接血凝的补充实验,用以检定间接血凝阳性结果的特异性。即当凝集是由于非特异因素或目的以外的抗原抗体反应所引起时,标准的游离抗原无抑制凝集的效应;反之,若系特异性反应,则在加入致敏细胞之前加入标准的特异性抗原,凝集现象不再出现。另一重要用途是用它来检查未知材料中有无某种抗原成分。此时须准备已知标准抗原,用以制备已知标准血清和致敏细胞。实验时在待查材料中加入已知抗体血清,相互作用一段时间后,再加入用标准抗原致敏的红细胞,若凝集现象被抑制,说明待查材料中有该种抗原物质。此法用于鼠疫的追溯诊断甚有价值,能在已经腐烂或枯干的动物尸体浸出物中查出鼠疫杆菌的抗原成分,从而为流行病学调查提供有力证据。在心肌梗死的早期诊断方面,用间接血凝抑制实验检测尿中微量肌红蛋白,也获得较好结果。近年还用它来检测血清中纤溶酶原、纤维蛋白原,乙型肝炎表面抗原等。

根据上述两种不同的目的,间接血凝抑制实验采取两类原则上不同的操作方法。

①用标准抗原加于一系列稀释的抗体血清。可在间接血凝实验同时进行,用以检查实

的特异性。将抗体血清按常法稀释成同样两排,其中一排每管加一定量标准抗原,另一排则加入生理盐水作为对照,室温放置 20～30 min,两排同时加入致敏细胞。按常法判定结果,并进行比较。

②抗原(或待查材料)做一系列稀释,加入一定量的标准抗体血清,互相作用一定时间后加入致敏细胞。按常法观察反应被抑制的滴度,并与用已知标准抗原代替检材进行实验所得结果进行比较,计算出待查材料中该抗原物质的含量。

 ## 模块二 扩展知识

一、血清学实验的概念

抗原及相应抗体在体内或体外均能发生特异性结合,在体外结合能发生可见免疫反应。由于抗体主要存在于血清中,故称为血清学反应。这是由于传统免疫学技术多采用人或动物的血清作为抗体的标本来源,但现代的抗原抗体反应早已突破了血清学时代的概念。抗原和抗体的体外反应是应用最为广泛的一种免疫学技术,为疾病的诊断、抗原和抗体的鉴定及定量提供了良好的方法。

二、血清学实验的特点

血清学反应根据抗原性质、反应条件、参与反应物质,则表现出反应有多种多样。其反应一般的特点如下。

1.抗原抗体结合的胶体形状变化

抗体是球蛋白,大多数抗原亦为蛋白质,它们溶解在水中皆为胶体溶液,不会发生自然沉淀。这种亲水胶体的形成是因蛋白质含有大量的氨基和羧基残基,在溶液中带有电荷,由于静电作用,在蛋白质分子周围出现了带电荷的电子云。如在 pH 为 7.4 时,某蛋白质带负电荷,其周围出现极化的水分子和阳离子,这样就形成了水化层,再加上电荷的相斥,蛋白质不会自行聚合而产生沉淀。

2.抗原抗体作用的结合力

抗原抗体的结合实质上是抗原表位与抗体超变区中抗原结合位点之间的结合。由于两者在化学结构和空间构型上呈互补关系,所以抗原与抗体的结合具有高度的特异性。例如,白喉抗毒素只能与其相应的外毒素结合,而不能与破伤风外毒素结合。但较大分子的蛋白质常含有多种抗原表位。如果两种不同的抗原分子上有相同的抗原表位,或抗原、抗体间构型部分相同,皆可出现交叉反应。抗原的特异性取决于抗原决定簇的数目、性质和空间构型。而抗体的特异性则取决于 Fab 片段的可变区与相应抗原决定簇的结合能力。抗原与抗体不是通过共价键,而是通过很弱的短距引力而结合,如范德华引力、静电引力、氢键及疏水性作用等。

3. 抗原与抗体结合的比例

抗原与抗体结合,其比例适当时才可出现可见反应。抗体除 IgM 具有 10 个结合点,分泌型 IgA 具有 4 个结合位点外,一般抗体都含有两个结合位点(二价);抗原则根据分子大小,有 10～50 个的结合点。当抗原抗体比例适当时,两者结合后,尚有未饱和的结合点,可以继续与游离的抗体、抗原或与抗原抗体的结合物的未饱和点相连接,逐渐形成愈来愈大的复合物,出现了肉眼可见反应。比例最适合,出现反应最快,反应产物愈多。

在抗原抗体特异性反应时,生成结合物的量与反应物的浓度有关。无论是在一定量的抗体中加入不同量的抗原,还是在一定量的抗原中加入不同量的抗体,只有在两者分子比例合适时才出现最强的反应。以沉淀反应为例,若向一排试管中加入一定量的抗体,然后依次向各管中加入递增量的相应可溶性抗原,根据所形成的沉淀物及抗原抗体的比例关系可绘制出反应曲线,曲线的高峰部分是抗原抗体分子比例合适的范围,称为抗原抗体反应的等价带。

在此范围内,抗原抗体充分结合,沉淀物形成快而多。反应最快,沉淀物形成最多,上清液中几乎无游离抗原或抗体存在,表明抗原与抗体浓度的比例最为合适,称为最适比。当抗原或抗体过量时,就只能形成较小的沉淀物或可溶性抗原抗体复合物,无沉淀物形成,称为带现象。抗体过剩而出现的抑制带,称为前带。在凝聚反应中,固定抗原,稀释抗体,前几管常常出现抗体过剩的前带现象。抗原过剩出现的抑制带,称为后带。在沉淀反应时,固定血清,稀释抗原,常出现后带现象。为了避免血清学反应的带现象,需要将抗原或抗体做适当的稀释。

4. 抗原与抗体结合的可逆性

抗原与抗体结合有高度特异性,这种结合虽相当稳定,但为可逆反应。因抗原与抗体两者为非共价键结合,不形成稳定的共价键,因此,在一定条件下可以解离。两者结合的强度,在很大程度上取决于特异性抗体 Fab 段与其抗原决定簇立体构型吻合的程度。任何抗血清中总会含有比较适合的、结合力强的抗体和一些不很适合的、结合力弱的抗体。若抗原抗体两者适合性良好,则结合十分紧密,解离的可能性就小,这种抗体称为高亲和力抗体。反之,适合性较差,就容易解离,称为低亲和力抗体。如毒素与抗毒素结合后,毒性被中和,若稀释或冻融,使两者分离,其毒性又重现。

抗原抗体复合物的解离取决于两方面的因素:一是抗体对相应抗原的亲和力;二是环境因素对复合物的影响。解离后的抗原或抗体均能保持未结合前的结构、活性及特异性。在环境因素中,凡是减弱或消除抗原抗体亲和力的因素都会使逆向反应加快,复合物解离增加。如 pH 改变,过高或过低的 pH 均可使离子间静电引力消失。对亲和力本身较弱的反应体系而言,仅增加离子强度即可解离抗原抗体复合物。

5. 抗原抗体反应的阶段性

抗原与抗体进行结合,可分为二个阶段:第一阶段为抗原与抗体的特异性结合阶段,反应快,几秒钟至几分钟即完成,但无可见反应;第二阶段为抗原与抗体的反应可见阶段,表现为凝集、沉淀、补体结合等,反应进行较慢,需几分钟或更久,第二阶段受电解质、温度、pH 影响。两个阶段在反应进行中无严格界限。

三、影响血清学实验的因素

影响抗原抗体反应的因素很多,既有反应物自身的因素,亦有环境条件因素。

1. 抗体

抗体是血清学反应中的关键因素,它对反应的影响可来自以下几个方面。

(1)抗体的来源。不同动物的免疫血清,其反应性也存在差异。家兔等多数实验动物的免疫血清具有较宽的等价带,通常在抗原过量时才易出现可溶性免疫复合物;人和马免疫血清的等价带较窄,抗原或抗体的少量过剩便易形成可溶性免疫复合物;家禽的免疫血清不能结合哺乳动物的补体,并且在高盐浓度(NaCl 50 g/L)溶液中沉淀现象才表现明显。

(2)抗体的浓度。血清学反应中,抗体的浓度往往是与抗原相对而言。为了得到合适的浓度,在许多实验之前必须认真滴定抗体的水平,以求得最佳实验结果。

(3)抗体的特异性与亲和力。抗体的特异性与亲和力是血清学反应中的两个关键因素,但这两个因素往往难以两全其美。例如,早期获得的动物免疫血清特异性较好,但亲和力偏低;后期获得的免疫血清一般亲和力较高,但长期免疫易使免疫血清中抗体的类型和反应性变得复杂;单克隆抗体的特异性毋庸置疑,但其亲和力较低,一般不适用于低灵敏度的沉淀反应或凝集反应。

2. 抗原

抗原的理化性状、抗原决定簇的数目和种类等均可影响血清学反应的结果。例如,可溶性抗原与相应抗体可产生沉淀反应,而颗粒性抗原的反应类型是凝集;单价抗原与抗体结合不出现可见反应;粗糙型细菌在生理盐水中易发生自凝,这些都需要在实验中加以注意。

3. 电解质

抗原与抗体发生特异性结合后,虽由亲水胶体变为疏水胶体,若溶液中无电解质参加,仍不出现可见反应。电解质是抗原抗体反应系统中不可缺少的成分,它可使免疫复合物出现可见的沉淀或凝集现象。为了促使沉淀物或凝集物的形成,一般用浓度 8.5 g/L 的 NaCl 溶液作为抗原和抗体的稀释剂与反应溶液。特殊需要时也可选用较为复杂的缓冲液,例如,在补体参与的溶细胞反应中,除需要等渗 NaCl 溶液外,适量的 Mg^{2+} 和 Ca^{2+} 的存在可得到更好的反应结果。如果反应系统中电解质浓度低甚至无,抗原抗体不易出现可见反应,尤其是沉淀反应。但如果电解质浓度过高,则会出现非特异性蛋白质沉淀,即盐析。

4. 酸碱度

适当的 pH 是血清学反应取得正确结果的另一影响因素。抗原抗体反应必须在合适的 pH 环境中进行。蛋白质具有两性电离性质,因此每种蛋白质都有固定的等电点。血清学反应一般在 pH 为 6~9 的范围内进行,超出这个范围,不管过高还是过低,均可直接影响抗原或抗体的反应性,导致假阳性或假阴性结果。但是不同类型的抗原抗体反应又有不同的 pH 合适范围,这是许多因素造成的。

5. 温度

抗原抗体反应的温度适应范围比较宽,一般在 15~40℃ 的范围内均可以正常进行。但若温度高于 56℃ 时,可导致已结合的抗原抗体再解离,甚至变性或破坏。在 40℃ 时,结合速度慢,但结合牢固,更易于观察。常用的抗原抗体反应温度为 37℃。但每种实验都可能有其独特的最适反应温度,例如,冷凝集素在 4℃ 左右与红细胞结合最好,20℃ 以上反而解离。

6. 时间

时间本身不会对抗原抗体反应主动施加影响,但是实验过程中观察结果的时间不同可能会看到不同的结果,这一点往往被忽略。时间因素主要由反应速度来体现,反应速度取决于抗原抗体亲和力、反应类型、反应介质、反应温度等因素。例如,在液相中抗原抗体反应很快达到平衡,但在琼脂中就慢得多。另外,所有免疫实验的结果都应在规定的时间内观察。

 模块三　技能训练

一、鸡白痢平板凝集实验

【学习目标】
掌握鸡白痢全血平板凝集实验的操作方法及结果判断。

【仪器材料】
鸡白痢全血凝集反应抗原、鸡白痢阳性血清、生理盐水、洁净玻璃板、蜡笔、7♯ 或 9♯ 注射针头、75％ 酒精棉球、移液器、手电筒。

【方法步骤】
(1)用蜡笔将玻璃板分成 3 格。
(2)将抗原瓶充分摇匀,在 3 格内分别滴加一滴鸡白痢全血凝集反应抗原。
(3)用注射针头刺破鸡的翅静脉或冠尖,用移液器吸取全血一滴加入第 1 格内。
(4)用移液器吸取鸡白痢阳性血清一滴加入第 2 格内作阳性对照,吸取生理盐水一滴加入第 3 格内作阴性对照。
(5)以上 3 格用牙签随即搅拌均匀,并使散开至直径约 2 cm 为度。
(6)用手电筒反照玻璃板,仔细观察并判定。
(7)结果分析。
＋＋＋＋:出现大的凝集块、液体完全透明,即完全凝集。
＋＋＋:有明显凝集块、液体几乎完全透明,即 75％ 凝集。
＋＋:有可见凝集片,液体不甚透明,即 50％ 凝集。
＋:液体浑浊,有小的颗粒状物,即 25％ 凝集。
—:液体均匀浑浊,无凝集物。
抗原与血清混合后在 2 min 内发生明显颗粒状或块状凝集者为阳性。2 min 以内不出现凝集,或出现均匀一致的极微小颗粒,或在边缘处由于临干前出现絮状者为阴性反应。在上述情况之外而不易判断为阳性或阴性者,判为可疑反应。

【注意事项】
(1)抗原应在 2～15℃ 冷暗处保存,有效期 6 个月。
(2)本抗原适用于产卵母鸡及 1 年以上公鸡,幼龄鸡敏感度较差。
(3)本实验应在 20℃ 以上室温中进行。冬季检疫室内温度达不到 20℃ 时,应先将载玻片在酒精灯加热达 30℃ 左右。
(4)手电筒反照可以不分阴晴天或白昼。

(5)吸血的滴管每次先用水反复吹吸 4～5 次,再用生理盐水冲洗 1～2 次,最后以吸水纸将水吸干。

(6)实验完后应迅速止血,以减少失血。再给鸡饮电解多维,以减少应激。

二、布氏杆菌凝集实验

【学习目标】

熟悉平板凝集反应和试管凝集反应的操作技术,通过对凝集结果的观察和记录,了解凝集的判定和对被检动物实验结果的判定。

【仪器材料】

(1)器材。恒温箱、冰箱、水浴锅、磁力搅拌器、离心机、试管(1 cm×8 cm)、刻度吸管(5 mL、10 mL、0.5 mL、0.2 mL)、玻璃板、酒精灯、火柴或牙签等。

(2)试剂。0.01 mol/L PBS 液(pH 7.4)、含 0.1% NaN$_3$ 的 0.01 mol/L PBS 液(pH 7.4)、含 0.5% 福尔马林的 0.01 mol/L PBS 液(pH 7.4)、生理盐水、0.5% 石炭酸生理盐水、琼脂斜面培养基。

(3)其他。布氏杆菌平板凝集抗原、琥红抗原、试管抗原、被检血清、布氏杆菌标准阳性血清及标准阴性血清。

【方法步骤】

1.平板凝集实验

(1)取洁净的玻璃板,用玻璃铅笔按表 1 划成 4 cm^2 小格若干。

(2)吸取被检血清,按 0.08 mL、0.04 mL、0.02 mL 和 0.01 mL 量,分别加在第一横行的四个格内。大规模检疫时可只做 2 个血清量,大动物用 0.04 mL 和 0.02 mL,中小动物用 0.08 mL 和 0.04 mL。每检一份血清更换一支吸管。同时设立标准阳性血清、标准阴性血清、生理盐水对照。

(3)每格内加入布氏杆菌平板抗原 0.03 mL 于血清附近,然后用牙签或火柴杆自血清量最少的一格开始,依次向前将抗原与血清混匀。每份被检血清用 1 根牙签(表 6-1)。

表 6-1　布氏杆菌平板凝集实验　　　　　　　　　　　　　　　mL

成 分	试 验 组				对 照		
	1	2	3	4	阳性血清	阴性血清	生理盐水
生理盐水							0.5
阳性血清					0.03		
阴性血清						0.03	
被检血清	0.08	0.04	0.02	0.01			
平板抗原	0.03	0.03	0.03	0.03	0.03	0.03	0.03

(4)将玻璃板置于酒精灯上方较远处稍加温,使之达到 30℃ 左右,于 3～5 min 记录结果。阳性血清对照出现"++"以上的凝集,阴性血清对照无凝集,生理盐水对照无凝集。

反应强度:在对照实验出现正确反应结果的前提下,根据被检血清各血清量凝集片的大小及液体透明程度,判定各血清量凝集反应的强度。

++++:出现大的凝集片或粒状物,液体完全透明,即 100% 菌体凝集。

＋＋＋：有明显凝集片,液体几乎完全透明,即 75% 菌体凝集。

＋＋：有可见凝集片,液体不甚透明,即 50% 凝集。

＋：仅可勉强看到粒状物,液体浑浊,即 25% 菌体凝集。

－：无凝集现象,液体均匀浑浊。

判定标准:牛、马、鹿、骆驼 0.02 mL 血清量出现"＋＋"以上凝集时,判为阳性反应;0.04 mL 血清量出现"＋＋"凝集时,判为疑似反应。猪、绵羊、山羊和犬 0.04 mL 血清量出现"＋＋"以上凝集时,判为阳性反应;0.08 mL 血清量出现"＋＋"凝集时,判为疑似反应。

2.琥红平板凝集实验

吸取被检血清和布氏杆菌琥红凝集抗原各 0.03 mL 加到玻璃板方格内,用牙签或火柴杆混匀,4 min 内观察结果。同时设立标准阳性血清、标准阴性血清、生理盐水对照。

在对照标准阳性血清出现凝集颗粒、标准阴性血清和生理盐水对照不出现凝集的前提下,被检血清出现大的凝集片或小的颗粒状物,液体透明判阳性;液体均匀浑浊,无任何凝集物判阴性。

3.试管凝集实验

(1)取 7 支小试管置于试管架上,4 支用于被检血清,3 支作对照。如检多份血清,可只作一份对照。

(2)按表 6-2 操作,先加入 0.5% 石炭酸生理盐水,然后另取吸管吸取被检血清 0.2 mL 加入第 1 管中,反复吹吸 5 次充分混匀,吸出 1.5 mL 弃掉,再吸出 0.5 mL 加入第 2 管,以第 1 管的方法吹吸混匀第 2 管,再吸出 0.5 mL 加入第 3 管,依此类推至第 4 管,混匀后吸出 0.5 mL 弃掉。第 5 管中不加血清,第 6 管加 1:25 稀释的布氏杆菌阳性血清 0.5 mL,第 7 管加 1:25 稀释的布氏杆菌阴性血清 0.5 mL。

(3)用 0.5% 石炭酸生理盐水将布氏杆菌试管抗原进行 1:20 稀释后,每管加入 0.5 mL。

(4)全部加完后,充分振荡,放入 37℃ 恒温箱中 24 h,取出后观察并记录结果。阳性血清对照管出现"＋＋"以上的凝集现象,阴性血清和抗原对照管无凝集(表 6-2)。

表 6-2 布氏杆菌试管凝集反应

管号 最终血清稀释度 成分/mL	1	2	3	4	5	6	7
						对 照	
	1:25	1:50	1:100	1:200	抗原对照	阳性对照 1:25	阴性对照 1:25
0.5%碳酸生理盐水	2.3	0.5	0.5	0.5	0.5	—	—
被检血清	0.2	0.5	0.5	0.5	—	0.5	0.5
抗原(1:20)	0.5	0.5	0.5	0.5	0.5	0.5	0.5

弃去 1.5   弃去 1.5

反应强度:在对照实验出现正确反应结果的前提下,根据被检血清各管中上层液体的透明度及管底凝集块的形状,判定各管凝集反应的强度。

＋＋＋＋:管底有极显著的伞状凝集物,上层液体完全透明。

＋＋＋:管底凝集物与"＋＋＋＋"相同,但上层液体稍有浑浊。

＋＋:管底有明显凝集物,上层液体不甚透明。

＋：管底有少量凝集物，上层液体浑浊，不透明。

－：液体均匀浑浊，不透明，管底无凝集，由于菌体自然下沉，管底中央有圆点状沉淀物，振荡时立即散开呈均匀浑浊。

判定标准：马、牛、骆驼在 1∶100 稀释度出现"＋＋"以上的反应强度判为阳性；在 1∶50 稀释度出现"＋＋"的反应强度判为可疑。绵羊、山羊、猪在 1∶50 稀释度出现"＋＋"以上的反应强度判为阳性；在 1∶25 稀释度出现"＋＋"的反应强度判为可疑。

可疑反应的家畜，经 3～4 周后采血重检。对于来自阳性畜群的被检家畜，如重检仍为可疑，可判为阳性；如畜群中没有临床病例及凝集反应阳性者，马和猪重检仍为可疑，可判为阴性；牛和羊重检仍为可疑，可判为阳性。

【注意事项】

(1)每次实验必须设立标准阳性血清、标准阴性血清和生理盐水对照。

(2)抗原保存在 2～8℃，用前置室温 30～60 min，使用前摇匀，如出现摇不散的凝块，不得使用。

(3)被检血清必须新鲜，无明显的溶血和腐败现象。加入防腐剂的血清应自采血之日起，15 d 内检完。

(4)大规模检疫时，吸管量不足可将用完吸管用灭菌生理盐水清洗 6 次以上，再吸取另一份血清。

(5)平板凝集反应温度最好在 30℃ 左右，于 3～5 min 内记录结果，如反应温度偏低，可于 5～8 min 内判定。用酒精灯加温玻璃板时，不能离火焰太近，以防抗原和血清干燥。

(6)平板凝集反应适用于普查初筛，筛选出的阳性反应血清，需做试管凝集实验，以试管凝集的结果为被检血清的最终判定。

复习思考题

1.什么叫血清学实验？有什么特点？

2.血清学实验的一般规律是什么？

3.哪些因素可影响血清学反应的发生？

4.什么是凝集实验？有几种类型？各有何用途？

5.试比较直接凝集实验和间接凝集实验的异同点。

任务二

沉淀实验

◆ 知识点

环状沉淀实验、絮状沉淀实验、琼脂扩散实验、单向单扩散实验、单向双扩散实验、双向单扩散实验、双向双扩散实验、免疫电泳实验、对流电泳实验、火箭电泳实验。

◆ 技能点

鸡法氏囊病琼脂扩散反应实验、炭疽沉淀反应实验。

◆◆◆ 模块一   基本知识 ◆◆◆

可溶性抗原与其相应的抗体相遇后,在电解质参与下,抗原抗体结合形成白色絮状沉淀,出现白色沉淀线,此种现象称为沉淀反应实验。沉淀实验中,抗原叫沉淀原,如细菌浸出液、含菌病料浸出液、血清以及其他来源的蛋白质、多糖质、类脂体等;抗体称为沉淀素。沉淀实验的发生机制与凝集实验基本相同,不同之点是沉淀原分子小,单位体积内总面积大,故在定量实验时,通常稀释抗原。

沉淀实验主要包括有环状沉淀实验、絮状沉淀实验、琼脂扩散实验和免疫电泳实验。

一、环状沉淀实验

环状沉淀实验是将抗原与血清在试管内混合,在电解质存在的情况下,抗原抗体相接触的界面出现白色环状沉淀带,称为环状沉淀反应。

在小试管中加入已知抗血清,然后小心地从壁缘加入待检抗原,使两者之间形成清晰的两层分界面,数分钟后在两层液面交界处出现白色环状沉淀,即为阳性反应。环状沉淀实验是最古老、最简单的一种沉淀反应。兽医上主要用于炭疽病诊断、链球菌病的多糖抗原测定、肉品检验、法医上血痕鉴定及生物分类。

二、絮状沉淀实验

抗原与抗体在试管内混合,在电解质的存在下抗原抗体复合物可形成絮状凝聚物。此法多用于毒素和抗毒素测定。

三、琼脂扩散实验

琼脂是一种含有硫酸基的多糖,加热溶解于水,冷却后凝固成凝胶,琼脂凝胶是一种多孔结构,其孔径大小与琼脂含量有关,1%琼脂凝胶孔径为85 nm,能使许多可溶性抗原与抗体在凝胶中自由扩散。琼脂凝胶免疫扩散是沉淀反应的一种形式,是在电解质参与下,特异性的抗原和抗体在琼脂凝胶中扩散后相遇,在最适比例处发生沉淀,此沉淀物因颗粒较大而不扩散,故形成沉淀带。这种反应简称琼脂扩散。

琼脂免疫扩散实验有多种类型,如单向单扩散,单向双扩散,双向单扩散,双向双扩散,其中两种双向单扩散,双向双扩散最为常用。

1. 单向单扩散

将0.6%～1%琼脂加热熔化后,加入定量经预热的稀释抗血清,混合均匀后,加入小试管中,待凝固后加入0.5 mL抗原于其上,直立,置于37℃中,2～3 h后出现沉淀线。由于抗原的扩散,使沉淀线不断向下推移,而最初形成的沉淀带随抗原的扩散而向下推移,最后稳定。沉淀带距抗原愈近,其浓度愈大,可作抗原浓度测定。

2. 单向双扩散

基本做法同上,但在抗原与抗体之间加一层不含抗体的盐水琼脂,抗原与抗体均向中间琼脂扩散,形成沉淀带。主要用于抗原成分的分析。

3. 双向单扩散

亦称辐射扩散。实验在平皿或玻板上进行,用2%缓冲琼脂盐水,加热融化,待冷后加入经预热的抗血清[用1:(5～10)倍稀释],混合后倒入平皿或玻板上,厚2～3 mm。凝固后在凝胶板上打孔,孔径2～3 mm,孔内滴加抗原液,放置湿盒中37℃下扩散。抗原在孔内向四周扩散,与凝胶中的抗体接触,形成白色沉淀环,白环的大小随抗原的浓度而增大。

此法在兽医临床已用于传染病的诊断,如鸡马立克病的诊断。可将鸡马立克高免血清制成血清琼脂平板,拔取病鸡新换的羽毛数根,将毛根剪下,插于此血清琼脂平板上,阳性者毛囊中病毒抗原向四周扩散,形成白色沉淀环。

4. 双向双扩散

此法系采用1%琼脂倒于平皿或玻片上,制成凝胶版,可按需要打孔。将抗原、抗体分别滴入孔内,放置湿盒中,在37℃温箱中24～72 h后观察沉淀带。

抗原抗体在琼脂凝胶内相向扩散,在两孔之间比例合适的位置出现沉淀带,如抗原抗体的浓度基本平衡时,此沉淀带的位置主要决定于二者的扩散系数。但如抗原过多,则沉淀带向抗体孔增厚或偏移,反之亦然。

双扩散可用于抗原的比较和鉴定,每一种抗原成分出现一条沉淀带。两个相邻的抗原孔(槽)与其相对的抗体孔之间,各自形成自己的沉淀带:此沉淀带一经形成,就像一道特异性的屏障一样,继续扩散而来的相同的抗原抗体只能使沉淀带加浓加厚,而不能再向外扩散,但对其他抗原抗体系统则无屏障作用,它们可以继续扩散,形成各自的沉淀带。沉淀带的基本形式有以下三种:若两个相邻孔之间抗原相同,则两条沉淀带融合;若两个相邻孔之间抗原完全不同,则形成两条交叉的沉淀带;若二者在分子结构上有部分相同的抗原决定簇,则两条沉淀带不完全融合并出现一个叉角(图 6-5)。

双扩散也可用于抗体的检测。检测抗体时,加待检血清的相邻孔应加入标准阳性血清作为对照,以此比较。测定抗体效价时可倍比稀释血清,以出现沉淀带的血清最大稀释度为抗体效价。

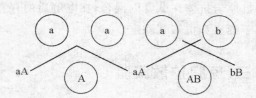

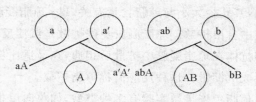

图 6-5　琼脂扩散的基本类型
a、b 为单一抗原;ab 为同一分子的 2 个抗原决定簇;
A、B 为抗 a、抗 b 抗体;a′为与 a 部分相同的抗原

四、免疫电泳实验

蛋白质是一种两性电解质,它同时具有游离氨基和羧基。每种蛋白质都有它自己的等电点。在 pH 大于等电点溶液中,羧基解离多,此时蛋白质带负电荷,带负电荷的蛋白质在电场中向正极移动。反之,在 pH 小于等电点的溶液中,氨基解离多,此时蛋白质带正电荷,在电场中向负极移动。这种带电的蛋白质在电场中向着带异相电荷的电极移动,称为电泳。琼脂扩散与电泳技术结合起来称免疫电泳。带电的蛋白质所以能在电场中移动以及具有一定的移动速度,取决于其本身所带的电荷、电场强度、溶液的 pH、黏度以及电渗等因素。

免疫电泳技术包括免疫电泳、对流免疫电泳、火箭免疫电泳等技术。琼脂扩散与电泳技术结合起来,大大加强了免疫扩散的分辨率及敏感性。此法可应用于抗原成分及含量的分析、免疫球蛋白纯度的鉴定,以及传染病的快速诊断等。

1.免疫电泳

用 pH 为 8.6 的巴比妥缓冲液配成 1% 的琼脂液,制成凝胶板。在凝胶板 1/3 处打孔 2 个,孔径 2～3 mm,两孔间距 10～12 mm。孔内滴加抗原,置于电泳槽上,两端用滤纸或纱布做桥,连接电泳液。电泳时,按凝胶板宽度测电流,电泳 45～120 min。电泳完毕,滴加抗血清,进行扩散。抗原成分不同,泳动速度不同,与抗血清形成数条清晰的沉淀弧(图 6-6)。本法用于血清成分分析及提取的 Ig 纯度鉴定。

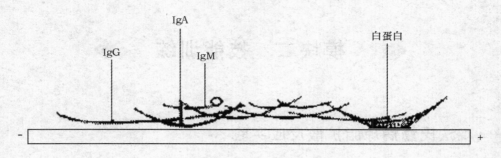

图 6-6　猪血清的免疫电泳示意图
（据 Tizard）

2.对流电泳

大部分抗原在碱性溶液（pH＞8.2）中带负电荷，在电场中向正极移动，而抗体球蛋白带电荷弱，在琼脂电泳时，由于电渗作用，向相反的负极泳动。如将抗体置正极端，抗原置负极端，则电泳时抗原抗体相向泳动，在两孔之间形成沉淀带（图 6-7）。

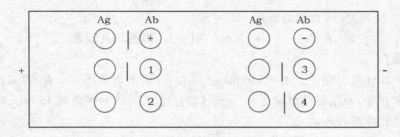

图 6-7　对抗电泳示意图
Ag 为抗原；Ab 为抗体；＋为阳性血清；
一为阴性血清；1、2、3、4 为待检血清

实验时在凝胶板上打孔，两孔为一组，并排打孔两组，然后加样。抗原滴入负极端孔内，抗体滴入正极端孔内，进行电泳。持续 30～90 min，观察结果。在两孔之间出现沉淀带，为阳性反应。

3.火箭电泳

将双向单扩散与电泳技术结合起来，其沉淀线似火箭，故称火箭电泳。本法将琼脂融化、冷却，在融化的琼脂中加入一定量的已知抗血清，制成凝胶板。在其一端打一小列孔，分别在孔中加入待检抗原与已知抗原，放置电泳槽中，加样品端位于负极，用双层滤纸连接琼脂板的槽内缓冲液，接通电源，板端电压 4 V/cm，电流 3 mA/cm，电泳 2～10 h。电泳后，抗原在有抗血清琼脂板内向正极迁移，前端与抗体接触，形成火箭状沉淀弧。在同一抗体浓度下形成峰的高低，与抗原浓度大小成正比。本法用于抗原量的测定（先用已知抗原浓度测定制成曲线）。

◆◆◆ 模块二 技能训练 ◆◆◆

一、鸡法氏囊病琼脂扩散反应实验

【学习目标】

知道鸡法氏囊病琼脂扩散反应实验方法步骤，会判定结果。

【仪器材料】

(1)优质琼脂粉(纯化琼脂或进口琼脂粉)。

(2)传染性法氏囊诊断血清、阳性抗原。

(3)传染性法氏囊待测抗原：取疑似传染性法氏囊病鸡的法氏囊组织，匀浆后制成组织悬液为待测抗原。

(4)pH 7.4 生理盐水(禽类血清用 8% 盐水)。

(5)培养皿、打孔器(直径 4~6 mm 孔径)、酒精灯、恒温箱及湿盒。

【方法步骤】

(1)制板。取优质琼脂 1 g 加入 100 mL 生理盐水(禽类血清用 8% 盐水)煮沸使其完全融化，然后注入平皿中，琼脂凝胶厚度 2~3 mm，(如直径 90 mm 的平皿需 15 mL，直径 75 mm 平皿需 8~10 mL)，冷凝后备用。

(2)打孔。在琼脂凝胶板上打梅花孔，中央孔径 4 mm，外周孔径 3 mm，中央孔与外周孔间距 3 mm，用针头将孔内的琼脂挑出。

(3)封底。将打好孔的平皿，在酒精灯火焰上通过数次，使孔底的琼脂融化封底，防止侧漏。

(4)加入样品。中央孔加入鸡传染性法氏囊诊断血清，周围六孔的 1、4 孔加入法氏囊病阳性抗原，其余孔加入待检抗原，加样时用毛细吸管滴加，加满孔为度，每种样品用一个滴管，不能混用。

(5)反应。加完样品后，将凝胶平板置湿盒中，放置 37℃ 恒温箱反应 24~72 h，观察结果。

(6)结果判定。将平皿置于暗背景下观察，标准阳性血清与阳性抗原孔之间应有明显致密的白色沉淀线，如被检抗原孔与诊断血清之间出现白色沉淀线，并与相邻的阳性抗原沉淀线融合，判为阳性。待检抗原与诊断血清之间不出现沉淀线或出现的沉淀线与阳性抗原沉淀线交叉均判为阴性。

【注意事项】

(1)将融化的琼脂注入平皿时，要从一侧注入，防止产生气泡。

(2)封底要适度，不能过轻或过重。

(3)加样品时，不要溢出孔外，以免影响实验结果。

(4)移动平皿时，不要让样品溢出。

二、炭疽沉淀反应实验

【学习目标】

知道炭疽沉淀反应实验方法步骤，会判定结果。

【仪器材料】

炭疽沉淀血清、待测炭疽沉淀抗原、试管 5 mm×50 mm、滴管、0.3% 石炭酸生理盐水。

【方法步骤】

(1)待测抗原的提取。

①取可疑为炭疽而死的病畜的实质脏器 1 g，放入试管或小三角烧瓶中，加生理盐水 5～10 mL，煮沸 30～40 min，冷却后用滤纸过滤，取上清液，即为待测抗原。

②如病料是皮张，可采用冷浸法。将样品高压灭活后，剪成小块并称重，加约 5 倍的生理盐水，室温浸泡 18～24 h，滤纸过滤，即为待检抗原。

(2)取试管 5 支(5 mm×50 mm)置于试管架上，编号。第 1、第 2 试管内加炭疽沉淀血清，第 3、第 4 试管内加阴性血清，第 5 管内加待检抗原，分别用毛细滴管加至 4～5 mm。

(3)第 1、第 4、第 5 试管轻轻叠加等量缓冲液，第 2、第 3 试管轻轻叠加等量待检抗原。为防止上下两界面破坏，可将小试管从试管架取出，微倾斜，沿试管壁加入缓冲液或抗原。

(4)在试管架上静置数分钟，观察结果。

(5)结果判定。第 2 管内两液界面出现白色环状沉淀带，其余管无此种沉淀带判为阳性。

【注意事项】

(1)反应物必须清澈，如不清澈，可离心，取上清液或冷藏后使脂类物质上浮，用吸管吸取底层的液体。

(2)必须进行对照观察，以免出现假阳性。

(3)采用环状沉淀反应，用以沉淀素效价滴定时，可将抗原做 100×，1 000×，2 000×，4 000×，8 000× 等稀释，分别叠加于抗血清上，以出现环状沉淀的最大稀释倍数，即为该血清的沉淀素效价。

复习思考题

1.琼脂扩散反应的实验原理是什么？

2.简述琼脂扩散反应的操作方法及结果判定标准。

3.简述琼脂扩散反应的实际应用。

任务三

补体结合实验

🍁 知识点

补体结合实验的概念、补体结合实验的原理、补体结合实验的方法、补体结合实验的应用。

🍁 技能点

肺炎支原体补体结合实验、钩端螺旋体病补体结合实验。

◆◆ 模块一　基本知识 ◆◆

一、概念

补体是存在于正常动物血浆中的一组蛋白质,有 9 种相继作用的酶类物质组成。

补体结合反应是有补体参与的抗原抗体反应,补体结合实验是用免疫溶血机制做指示系统,来检测另一反应系统抗原或抗体的实验。即应用可溶性抗原,如蛋白质、多糖、类脂质、病毒等,与相应抗体结合后,其抗原抗体复合物可以结合补体,但这一反应肉眼不能察觉,如再加入致敏红细胞(溶血素),即可根据是否出现溶血反应判定是否存在相应的抗原和抗体。补体结合实验有两个系统,即反应系统(检测系统)和指示系统(溶血系统)。五个要素,即抗原、抗体、补体、绵羊红细胞、溶血素。各个要素均需事先滴定,否则影响实验结果的准确性。

1. 指示系统(溶血系统)

即红细胞及溶血素。红细胞一般采用绵羊红细胞,配成 2.5% 的悬液。溶血素即抗绵羊红细胞抗体,一般用红细胞免疫家兔制备,用前测定其效价。实验时将 2 个单位的溶血素加等量的一定浓度的红细胞液,制成致敏红细胞。

2.反应系统(检测系统)

即抗原与抗体。可用已知抗体检测抗原。抗原多用细菌浸出液,病毒含毒组织的裂解液、细胞培养液、鸡胚尿囊液等,也有用细菌悬液(如布氏杆菌抗原)。待检血清应无菌采集,防止溶血,保持新鲜。血清在实验前应进行灭能(牛、马、猪的血清用 $56 \sim 57℃$,30 min;羊血清用 $57 \sim 58℃$,30 min)。

3.补体

常采用多个豚鼠的混合血清,以克服个体含量的差异。补体必须新鲜。

4.稀释液

一般采用生理盐水。也有用明胶巴比妥缓冲液,加入少量钙、镁离子,这种稀释液能增加补体活性,促进红细胞溶解,提高补体结合反应的敏感性和稳定性。

二、补体结合实验的原理

补体既能和抗原抗体复合物结合,又能和绵羊红细胞溶血素结合体结合,补体和绵羊红细胞溶血素结合体结合能发生溶血现象。如果反应系统中存在待测抗体(或抗原),则抗原抗体发生反应后可结合补体;再加入指示系统时,由于反应液中已没有游离的补体而不出现溶血,是为补体结合实验阳性。如果反应系统中不存在的待检的抗体(或抗原),则在液体中仍有游离的补体存在,当加入指示系统时会出现溶血,是为补体结合实验阴性。因此补体结合实验可用已知抗原来检测相应抗体,或用已知抗体来检测相应抗原。此法常用于检测动物血清中是否含有相对应的抗体,从而诊断某些传染病(图6-8)。

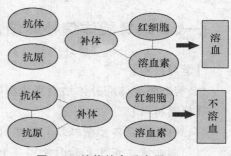

图6-8 补体结合反应原理

三、补体结合实验的方法

补体结合实验的操作方法,根据实验对象的要求而选用不同的方法。根据实验加入量的多少,可分全量法、半量法、半微量法和微量法(表6-3)。

表6-3 补体结合反应的反应量

方法	各种成分的含量/mL					实验器材
	抗原	抗体	补体	溶血素	绵羊红细胞	
全量法	1.0	1.0	1.0	1.0	1.0	试管
半量法	0.5	0.5	0.5	0.5	0.5	试管
半微量法	0.1	0.1	0.1	0.1	0.1	微量板
微量法	0.025	0.025	0.025	0.025	0.025	微量板
	(1滴)	(1滴)	(1滴)	(1滴)	(1滴)	

传统操作多采用试管半量法,此法操作简便,误差较少,但材料用量较多。为了节省材料,可用微量法,但加量要准确。

补体结合反应操作分两个阶段进行:第一阶段为反应系统,即用一个工作量抗原加入被检血清,加入一个工作量补体,置于一定温度下一定时间。第二阶段,即反应系统作用结束后,再加致敏红细胞,置于 37℃,20~30 min,取出判断,观察其溶血程度,与标准溶血管比较,并记录结果。

四、补体结合实验的应用

补体结合实验可应用在以下几方面:①传染病诊断。病原性抗原及相应抗体的检测。②其他抗原的检测。例如,肿瘤相关抗原、血迹中的蛋白质鉴定、分型等。③自身抗体检测。

 # 模块二　技能训练

一、钩端螺旋体病补体结合实验

【学习目标】
会钩端螺旋体病补体结合实验步骤和方法,知道钩端螺旋体病补体结合实验结果判定。
【仪器材料】
(1)抗原。系各型菌株培养物多价抗原,按瓶签说明倍数稀释。
(2)溶血素。正式实验时使用 2 个工作单位。
(3)补体。系冻干补体,用灭菌生理盐水作 1:5 基础稀释。在溶血素效价测定和补体效价滴定时均作 1:60 稀释,在正式实验时,用 2 个工作单位。
(4)1% 的红细胞悬液。用灭菌生理盐水洗涤与配制。在使用时与等量含 2 个工作单位的溶血素液配成致敏红细胞悬液。
(5)阳性血清。正式实验时 1:100 稀释。
(6)阴性血清。正式实验时 1:10 稀释。
(7)生理盐水。
【方法步骤】
1.溶血素效价测定
(1)溶血素稀释。先将溶血素做 1:1 000 基础稀释。见表 6-4。

表 6-4　溶血素稀释表　　　　　　　　　　　　　　　　　滴

稀释度	1:1 000	1:2 000	1:3 000	1:4 000	1:5 000	1:6 000	1:7 000	1:8 000
生理盐水	—	1	2	3	4	5	6	7
1:1 000 溶血素	1	1	1	1	1	1	1	1

(2)溶血素效价测定。见表 6-5。

表 6-5　溶血素效价测定表　　　　　　　　　　　　　　　　　滴

项目	1:1 000	1:2 000	1:3 000	1:4 000	1:5 000	1:6 000	1:7 000	1:8 000
溶血素	1	1	1	1	1	1	1	1
1:60 补体	2	2	2	2	2	2	2	2
生理盐水	2	2	2	2	2	2	2	2
1%红细胞悬液	1	1	1	1	1	1	1	1
	置微型振荡器振荡 3～5 min 后,放 37℃ 水浴 10 min							
溶血程度举例	♯	♯	♯	♯	♯	＋＋＋	＋	－

根据上述结果,溶血素效价为 1:5 000 即为一个工作单位,2 个工作单位溶血素为 1:2 500 稀释度。

2.补体效价测定

(1)补体稀释见表 6-6。

表 6-6　补体稀释表　　　　　　　　　　　　　　　　　mL

项目	1	2	3	4	5	6	7	8	9	10	11	12
1:60 补体	0.05	0.08	0.10	0.12	0.14	0.16	0.05	0.08	0.1	0.12	0.14	0.16
生理盐水	0.25	0.22	0.20	0.18	0.16	0.14	0.25	0.22	0.20	0.18	0.16	0.14

(2)补体效价测定见表 6-7。

表 6-7　补体效价滴定表　　　　　　　　　　　　　　　　　滴

项目	3	3	3	3	3	3	3	3	3	3	3	3
抗原	－	－	－	－	－	－	1	1	1	1	1	1
生理盐水	1	1	1	1	1	1	－	－	－	－	－	－
	置微型振荡器 3～5 min 后,放入 37℃ 水浴 10 min											
1%致敏红细胞	2	2	2	2	2	2	2	2	2	2	2	2
	振荡 3～5 min 后放入 37℃水浴 10 min											
溶血程度(举例)	－	＋	＋＋	♯	♯	♯	－	＋	＋＋	♯	♯	♯

以 2 个单位补体稀释度计算。按上表所示,在两列中达到完全溶血(♯)时,最小补体量 1:60 稀释为 0.12 mL,(即为第 4 管与第 10 管)作为 1 个补体单位。在抗原效价测定和正式实验时,使用补体 0.20 mL 中应含 2 个单位补体。所以补体的稀释度应为:$60:(0.12×2)=x:0.20$,$x=50$,即取 1 mL 补体原液加 49 mL 生理盐水即成。

3.抗原效价测定

新生产的抗原可按瓶签说明效价用,贮藏过久的抗原,应做效价测定后使用。

(1)抗原稀释。用血清稀释板做,见表 6-8。

表 6-8　抗原稀释表

抗原稀释度	1:2	1:4	1:8	1:16	1:32	1:64	1:128
生理盐水 抗原	2.00 2.00	2.00 2.00	2.00 2.00	2.00 2.00	2.00 2.00	2.00 2.00	2.00 2.00	2.00

(2)抗原效价测定(表6-9)。

表6-9　抗原效价测定表　　　　　　　　　　滴

项目		1:2	1:4	1:8	1:16	1:32	1:64	1:128	对照
抗原		1	1	1	1	1	1	1	—
阳性血清	1:10	1	1	1	1	1	1	1	1
	1:100	1	1	1	1	1	1	1	—
2 U 补体		2	2	2	2	2	2	2	2
生理盐水		—	—	—	—	—	—	—	2
振荡 3~5 min,37℃水浴 min									
1%致敏红细胞		2	2	2	2	2	2	2	2
振荡 3~5 min,37℃水浴 10 min,判定结果									

(3)抗原效价判定(表6-10)。

表6-10　抗原效价判定表

项目		1:2	1:4	1:8	1:16	1:32	1:64	1:128	对照
阳性血清	1:10	♯	♯	♯	♯	♯	＋＋＋	＋	
	1:100	♯	♯	♯	♯	♯			
阴性血清		—	—	—	—	—			
生理盐水		—	—	—	—	—			

以抗原的最高稀释度与最高稀释度的阳性血清呈完全抑制溶血者,作为抗原效价。按表6-10,抗原效价为1:32,即在使用时将抗原以生理盐水做1:32倍稀释。阴性血清对照应完全溶血。抗原抗补体对照应不超过1:2稀释度,为合格。

4.诊断实验

把待检血清置58℃水浴中30 min灭活。按表6-11步骤进行实验。

表6-11　微量补反实验表　　　　　　　　　　滴

项目	1	2	3	4	5	6	7	8	9
	被检血清		阳性血清	阴性血清	抗原抗补体对照	被检血清抗补体对照		阳性血清抗补体对照	阴性血清抗补体对照
血清	1:10	1:20	1:100	1:10	1:10	1:10	1:20	1:100	1:19
抗原	1	1	1	1	1	—	—	—	—
2 U 补体	2	2	2	2	2	2	2	2	2
生理盐水	—	—	—	1	1	1	1	1	1
振荡 3~5 min,37℃水浴 10 min									
1%致敏红细胞	2	2	2	2	2	2	2	2	2
振荡 3~5 min,37℃水浴 10 min									
抑制溶血程度	♯	♯	♯	—	—	—	—	—	±

5.结果判定

血清8×滴度抑制细胞溶血为阳性。

【注意事项】

(1)结果判定时,完全透明为100％溶血(♯),浑浊为50％溶血(＋＋)时,判定以后者标准为依据。

（2）抗原效价低于 1∶4 时，不可使用。阳性血清效价低于 1∶100（抑制溶血程度♯）者，不能用于抗原效价测定。但若抑制程度在＋＋以上者，尚可供正式实验时阳性血清对照用。

（3）V 形血清板较 U 形血清板反应观察清晰。

（4）由于血清板传热性能较差，所以感作时间应适当延长。一般以阴性血清对照孔完全溶血为止。

二、肺炎支原体补体结合实验

【学习目标】

会肺炎支原体补体结合实验步骤和方法，知道肺炎支原体补体结合实验结果判定。

【仪器材料】

（1）诊断液。溶血素；冻干补体；阴性及阳性抗原。

（2）被检血清。采自猪霉形体肺炎病猪。

（3）pH 为 7.3 巴比安缓冲液。

（4）器材。多管微量加样器，720 型分光光度计，U 形微量板等。

【方法步骤】

（1）测定溶血素效价、抗原效价、补体效价同技能训练一。

（2）诊断实验过程。把待检血清置 58℃ 水浴中 30 min 灭活。取 U 形微量板，每竖行 2～6 孔分别加 25 μL 缓冲液，第 1 孔加 25 μL 被检血清，混合均匀后取 25 μL 加入第 2 孔，依此作 2×、4×、8×、16×、32×、64×稀释度稀释。2～6 孔加抗原 25 μL，第 1 孔补加 25 μL 缓冲液作血清抗补体对照。1～6 孔加补体 25 μL（含 2 个单位）。各份被检血清操作与此相同。同设阴、阳性血清对照、诊断液对照，置 4℃冰箱感作 16～18 h，取出加致敏细胞混匀置 37℃ 温箱 30 min，取出置 4℃冰箱 2～3 h，待细胞沉淀后，各对照成立下判定记录结果。

（3）结果判定。血清 8×滴度抑制细胞溶血为阳性。

【注意事项】

同技能训练一。

复习思考题

1. 什么是补体结合实验？

2. 图示补体结合实验的原理。

3. 简述钩端螺旋体病补体结合实验的步骤。

任务四

免疫标记实验

◆ 知识点

　　荧光免疫技术、酶免疫技术、放射性同位素免疫技术、胶体金免疫技术、化学发光免疫技术。

◆ 技能点

　　荧光免疫实验的操作方法、ELISA 的操作方法。

◆◆◆ 模块一　基本知识 ◆◆◆

　　免疫标记实验是指用荧光素、酶、放射性同位素等易于检测的物质标记在抗体上,利用抗原抗体特异结合的原理,从而检测相应抗原的存在及所在部位的一种血清学方法。

　　免疫标记实验是近年来研究血清学反应的一项新技术,具有特异、敏感、快速等优点,能定性和定量、甚至定位,便于观察。由于有较高的敏感性,很多过去传统血清学方法测不出的抗原或抗体,都可以用这些方法进行。

　　免疫标记实验主要有荧光免疫技术、酶免疫技术、放射性同位素免疫技术、胶体金免疫技术等。

一、荧光免疫技术

　　荧光免疫技术是指用荧光素对抗体或抗原进行标记,然后用荧光显微镜观察,以分析相应的抗原或抗体的方法。荧光素在 10^{-8} 的超低浓度时,仍可被激发,射出使肉眼能感知的荧光。将荧光素与抗体结合,能检查出抗原或抗原定位。样品中的抗原和带有荧光素的抗体结合后,在短波光的激发下,即可发出明亮的荧光,如同夏夜的萤火虫,在黑暗的背景中,极易被检出。

　　荧光免疫技术现已发展成为一门完整的方法学,它使血清学的特异性和敏感性与显微术的精确结合起来,解决了生物学上的许多难题。如病毒的感染途径及其在感染细胞内的复制部位的研究,以及抗体的产生部位等问题,应用荧光免疫技术就能迎刃而解。此外,在细菌、病毒的鉴定,传染病的快速诊断,以及在肿瘤抗原的研究、自身免疫病的诊断等方面均已广泛使用。

荧光免疫技术有自己的独特优点,但还不是完美无缺的。目前主要的缺点是非特异性染色问题尚未完全解决,结果判断的客观性不足,技术程序仍然比较复杂,容易受外界条件变化的干扰,但这些不足必将随着技术的发展而逐步得到解决。

(一)原理

荧光抗体标记技术是将荧光染料标记在抗体球蛋白分子上,制成荧光抗体。经荧光染料标记后的抗体,仍具有结合抗原的活性,与抗原结合后,可形成带有荧光的抗原抗体复合物,在荧光显微镜下,可观察到其发出的荧光。

荧光抗体标记技术是将抗原抗体反应的特异性、荧光素的敏感性及显微镜技术的精确性三者相结合的一种免疫检测技术。

(二)荧光素

能够产生明显荧光并能作为染料使用的有机化合物称为荧光色素或荧光染料。用于标记抗体的荧光素,只有具有共轭键系统,才有可能使激发态保持相对稳定而发射荧光,具有此类结构的主要是以苯环为基础的芳香族化合物和一些杂环化合物。此类物质很多,但作为蛋白质标记用的荧光色素尚需具备以下条件。

(1)有与蛋白质分子形成稳定共价键的化学基团,而不形成有害产物。

(2)荧光效率高,与蛋白质结合需要量很少。

(3)结合物在一般贮存条件下稳定,结合后不影响抗原或抗体的免疫活性。

(4)作为组织学标记,结合物的荧光必须与组织的自发荧光(背景颜色)有良好的反衬,以便能清晰判断结果。

(5)结合程序简单,能做成直接应用的商品,可长期保存。

为了寻找符合上述条件的荧光色素,人们做了大量的工作,但到目前为止,只发现三种荧光素比较满意,即异硫氰酸荧光素(FITC)、四乙基罗丹明(RB200)和四甲基异硫氰酸罗丹明(TM-RITC)。实际上,现在应用最广的只有异硫氰酸荧光素,四乙基罗丹明只是作为前者的补充,用作对比染色时的标记。

(三)荧光抗体染色及荧光显微镜检查

1. 标本制备

细菌培养物、感染动物的组织或血液、脓汁、粪便、尿沉渣等,可用涂片或压印片。细胞培养物和感染组织也可采用冰冻切片或低温石蜡切片。

最常用的固定剂为丙酮和95%乙醇。经丙酮固定后,许多病毒、细菌的定位研究常能得到良好的结果。乙醇对可溶性蛋白抗原的定位也较满意。8%～10%福尔马林较适合于脂多糖抗原,因这类抗原可溶于有机溶剂。固定的温度和时间要凭经验确定,一般37℃ 10 min、室温15 min 或 4℃ 30 min。某些病毒最好以丙酮 -40～-20℃,固定 30 min。固定后应随即用 PBS

反复冲洗，干后即可用于染色。

2.染色方法

荧光抗体染色法分为直接法和间接法两类。

(1)直接法。将荧光染料异硫氰酸荧光素与提纯的免疫球蛋白(IgG)相结合，制成荧光抗体，以检测相应的未知抗原。

实验时，取待检抗原的标本片，滴加荧光抗体染色液于其上，置于湿盒中，于37℃作用30 min，用pH为7.2的PBS液漂洗3次，每次5 min，洗去未结合的荧光抗体，干燥后滴加缓冲甘油(分析纯甘油9份加PBS1份)封片，在荧光显微镜下观察，有抗原的部位即可见黄绿色荧光。如为细菌标本，则见整个菌体呈现黄绿色荧光(图6-9)。直接法应设阳性和阴性对照。该法优点是简便、特异性高、非特异性荧光染色少。缺点是敏感性偏低，而且每检测一种抗原就要制备相应的荧光抗体。

图6-9　荧光抗体染色法

(2)间接法。将荧光染料标记在抗抗体(即第二抗体)上，制成荧光抗体，用于检测抗原或抗体。

取待检抗原的标本，首先滴加特异性抗体，置于湿盒中，于37℃作用30 min，用pH为7.2的PBS液漂洗后，再加荧光素标记的抗抗体作用，置于湿盒中，于37℃作用30 min，用pH为7.2的PBS液漂洗，干燥后封片镜检。阳性者形成抗原-抗体-荧光抗体复合物，发黄绿色荧光。间接法首次实验时应设中间层对照(标本加标记抗抗体)和阴性血清对照(中间层用阴性血清代替特异性抗血清)。

间接法的优点是对一种动物而言，只需制备一种荧光抗抗体，即可用于多种抗原或抗体的检测。此外，由于抗体球蛋白分子有多个抗原决定簇，可以结合多个荧光抗体分子，起到放大作用，所以敏感性比直接法高5～10倍。

(3)补体法。补体法是间接法的一种改良。由于抗原抗体结合后可与补体结合，因此可制备豚鼠补体(常用其C_3成分)的相应抗体，并用荧光素进行标记，然后按照待测抗原(或抗体)、已知抗体(或抗原)、补体、抗补体荧光抗体的顺序依次加在载玻片上，每一步结合完成后，充分洗涤多余反应物，最后在荧光显微镜下观察。此法特异性和敏感性均高，但易产生非特异性荧光。

3.荧光显微镜检查

标本滴加缓冲甘油后用盖玻片封载，即可在荧光显微镜下观察。荧光显微镜不同于光学显微镜之处，在于它的光源是高压汞灯或溴钨灯，并有一套位于集光器与光源之间的激发滤光片，它只让一定波长的紫外光及少量可见光(蓝紫光)通过。此外，还有一套位于目镜内的屏障滤光片，只让激发的荧光通过，而不让紫外光通过，以保护眼睛并能增加反差。为了直接观察微量滴定板中的抗原抗体反应，如感染细胞培养物上的荧光，可使用倒置荧光显微镜观察。

二、酶免疫技术

酶标记抗体技术是根据抗原抗体反应的特异性和酶催化反应的高敏感性，建立起来的免疫检测技术,以底物是否被酶分解显色来指示抗原或抗体的存在及位置,以显色的深浅来反映待测样品中的抗原或抗体的含量。本法具有特异、敏感等优点,可以对抗原或抗体定性、定量和定位。

(一)原理

通过化学方法可以将酶与抗体相结合,酶标记后的抗体仍然保持着与相应抗原结合的活性及酶的催化活性。酶标抗体与抗原结合后,形成酶标抗体—抗原复合物,复合物上的酶,在遇到相应的底物时,催化底物呈现颜色反应。

用于标记的酶主要有辣根过氧化物酶(HRP)、碱性磷酸酶、葡萄糖氧化酶等,其中以HRP最为常用,其次是碱性磷酸酶。HRP广泛分布于植物界,辣根中含量最高。HRP的作用底物是过氧化氢(H_2O_2),催化时需要供氢体,以产生一定颜色的产物。供氢体有两种类型:一类为不溶性,反应后产生棕色沉淀物,常用的为 3,3-二氨基联苯胺(DAB),适用于各种免疫组化法;另一类为可溶性的,如邻苯二胺(OPD)、邻联茴香胺(OD),反应产生棕色或橙色溶解物质,适用于免疫酶测定法。

常用的免疫酶技术从方法上分为免疫酶组化法和酶联免疫吸附实验两大类。

(二)免疫酶组化法

免疫酶组化法是将酶标记的抗体应用于组织化学染色,以检测组织和细胞中或固相载体上抗原或抗体的存在及其分布位置的技术。

1.标本制备和处理

用于免疫酶染色的标本有组织切片(冷冻切片和低温石蜡切片)、组织压印片、涂片以及细胞培养的单层细胞标本等。这些标本的制作和固定与荧光抗体技术相同,但尚需要进行一些特殊处理。

(1)消除内源酶。用酶结合物作细胞内抗原定位时,由于组织和细胞内含有内源性过氧化酶,可与标记的过氧化物酶在显色反应上发生混淆。因此,在滴加酶结合物之前应浸于 0.3% H_2O_2 中,室温处理 15~30 min,以消除内源酶。应用 1%~3% H_2O_2 甲醇溶液处理单层细胞培养标本或组织涂片,低温状态下作用 10~15 min,可同时起到固定和消除内源酶的作用,效果比较满意。

(2)消除背景染色。背景染色可以是特异性的,如病变组织的炎性浸润、组织坏死和自溶等,都可以引起抗原的扩散和移位,造成背景染色。此类背景染色无法消除,是因为组织成分对球蛋白的非特异性黏附所致的非特异性背景染色。可用 10% 卵蛋白作用 30 min,进行处理。用 0.05% 吐温 -20 和含 1% 牛血清白蛋白的 PBS 对细胞培养标本进行预处理,同样可起到消除背景染色的效果。

2.染色方法

可采用直接法、间接法、抗抗体搭桥法、杂交抗体法、酶抗酶复合物法等各种染色方法,其中直接法和间接法最常用。反应中每加一种反应成分,均需于 37℃ 作用 30 min,然后以 PBS 反复洗涤 3 次,以除去未结合物。

(1)直接法。首先把待检组织制成冰冻切片或触片,干燥后用甲醇固定。然后加入酶标抗体,作用后充分冲洗组织片。再加入底物(H_2O_2＋DAB),置37℃作用后冲洗干净,晾干,在显微镜下观察。阳性者可见细胞内有棕褐色沉淀颗粒。直接法主要应用于细菌、病毒、寄生虫感染后在细胞水平上定性定位(图6-10)。

(2)间接法。将酶标记在抗抗体(二抗)上,制成酶标二抗,检测时,将被检物固定于载玻片上,加入已知相应抗体,作用后洗去多余的抗体,再加入酶标记的抗抗体作用,加底物显色(图6-11)。

3.显色反应

免疫酶组化染色的最后一步是使相应底物反应显色。不同的酶所用的底物和供氢体不同。同一种酶和底物如用不同的供氢体,则其反应物的颜色也不同。如辣根过氧化物酶,在组化染色中最常用DAB,用前应以0.05 mol/L pH为7.4～7.6的Tris-HCL缓冲液配成0.5～0.75 mg/mL溶液,并加少量(0.01%～0.03%)H_2O_2混匀后加于反应物中置室温10～30 min,反应产物呈深棕色;如用甲萘酚,则反应物呈红色。

4.标本观察

显色后的样本可在普通显微镜下观察,抗原所在部位DAB显色呈棕黄色。也可用常规染料作反衬染色,使细胞结构更为清晰,有利于抗原的定位。本法优于荧光抗体法之处,在于不必应用荧光显微镜,且标本可以长期保存。

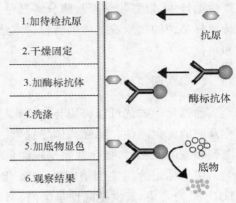

图6-10 免疫酶直接染色法

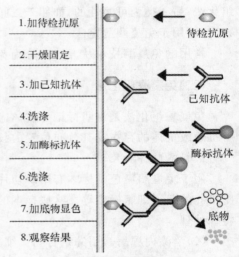

图6-11 免疫酶间接染色法

(三)酶联免疫吸附实验(ELISA)

ELISA是当前应用最广、发展最快的一项新技术。其基本过程是将抗原(或抗体)吸附于固相载体,在载体上进行免疫酶染色,底物显色后用肉眼或分光光度计判定结果。

1.固相载体

目前最常用的是聚苯乙烯微量滴定板。小孔呈凹形,操作简便,剂量小,有利于大批样品的检查。新板在应用前可用蒸馏水冲洗干净,自然干燥后备用,切勿刷洗和烘烤,也不要用清洁液浸洗。新板能否用于实验,每批应在购入时抽检其吸附蛋白质的能力,检查各孔是否均一。关于用过的微量滴定板如需再用,有人建议用超声波处理或以清洁液浸泡处理等,但目前尚无确切办法,一般均一次性使用。

用于ELISA的另一种载体是聚苯乙烯珠,由此建立的ELISA又称为微球ELISA。球的直径0.5～0.6 cm,表面经过处理以增强其吸附性,并能做成不同颜色。此小球可事先吸附或交联上抗原或抗体,制成商品。检测时将小球放入特制的凹孔板或小管中,加入待检标本将小球浸没进行反应,最后在底物显色后比色测定。本法现已有半自动化装置,用以检验抗原或抗体,效果良好。

2.包被

将抗原或抗体吸附于固相载体表面的过程称载体的致敏,或称为包被。用于包被的抗原或抗体,必须能牢固地吸附在固相载体的表面,并保持其免疫活性。各种蛋白质在固相载体表面的吸附能力不同,大多数蛋白质可吸附于载体表面。可溶性物质或蛋白质微粒的抗原,如病毒糖蛋白、血型物质、细菌脂多糖、脂蛋白等均较易包被上去。较大的病毒、细菌或寄生虫等难以吸附,需要将它们用超声波打碎或用化学方法提出抗原成分,才能供实验用。

一种抗原能否被包被上去,需通过实验才能确定。纯化的抗原和抗体是提高酶联免疫吸附实验的敏感性与特异性的关键。抗体最好用亲和层析或 DEAE 纤维层析柱提纯,有些抗原含有多种杂蛋白,需用密度梯度离心等方法除去,否则易出现非特异性反应。

包被只有在最适宜的条件下才能达到最大容量的吸附。包被的蛋白质浓度通常为 $1\sim10~\mu g/mL$,包被时如蛋白质浓度过低,固相载体表面可能因残留未吸附蛋白质的活性部位而吸附其他物质,造成实验误差。故需再用含 0.5% 牛血清白蛋白和 0.05% 吐温 -20 的 PBS 处理半小时,以封闭载体表面残留的活性部位,降低非特异性吸附所造成的误差。高 pH 和低离子强度缓冲液一般有利于蛋白质的包被,通常用 0.1 mol/L pH 为 9.6 磷酸盐缓冲液作包被液。一般包被均在 4℃ 过夜,也有经 37℃ 2~3 h 达到最大反应强度。包被后,蛋白质溶液仍可留在小孔内贮存于冰箱,可贮存三周,用前充分洗涤。

3.洗涤

在 ELISA 的整个过程中,需进行多次洗涤,目的是防治重叠反应,引起非特异现象。因此,洗涤必须充分。通常采用含助溶剂吐温-20(最终浓度为 0.05%)的 PBS 作洗涤液,以免发生非特异性吸附。洗涤时,先将前次加入的溶液倒空,吸干,然后用洗涤液洗涤 3 次,每次 3 min,倒空,并用滤纸吸干。

4.实验方法

ELISA 实验的方法主要有间接法、夹心法、竞争法等。

(1)间接法。用于测定抗体。用抗原致敏固相载体,然后加入待检血清,经孵育一定时间后,固相载体表面的抗原和抗体形成复合物。洗涤除去其他成分,再加上酶标记的抗球蛋白结合物,孵育一定时间后,在进行洗涤,最后加入底物,底物在酶的催化下即可发生显色反应,产生有色物质。有色产物颜色的深浅与被检样品中抗体的含量有关。样品中含抗体愈多,出现颜色愈快愈深。颜色的改变可以用肉眼或分光光度计判定。

(2)夹心法。它又称双抗体法。用于测定大分子抗原。实验时,需预先用纯化的特异性抗体致敏固相载体,再加入含待测抗原的溶液,作用后,洗涤除去多余的抗原,然后加入酶标记的特异性抗体,使之与固相载体表面的抗原结合,再洗涤除去未结合的酶标抗体,最后加入底物,经酶催化作用后产生有色产物的量与溶液中的抗原成正比。

(3)竞争法。主要用于测定小分子抗原及半抗原。用特异性抗体致敏固相载体,加入待检抗原溶液及一定量的酶标抗原共同孵育,对照仅加酶标抗原。如待测样品中有相应抗原存在,必与标记抗原竞争,洗涤除去标记和未标记抗原,加底物显色。颜色的深浅与待检抗原量成反比,即待检溶液中抗原越多,被结合的酶标记抗原越少,有色产物就越少。竞争法也是一种快速的 ELISA 方法,缺点是每种抗原都需进行标记,而且抗原的结构不同,与还需应用不同的酶结合方法。

5.底物显色

与免疫酶组化染色法不同,本法必须选用反应后的产物为水溶性色素的供氢体。最常用的是邻苯二胺(OPD),产物呈棕色,可溶,敏感性高,但对光敏感,因此要避光进行显色反应。底物溶液(OPD-H_2O_2 溶液)应现用现配。底物显色以室温 20~30 min 为宜。反应结束,每孔加浓硫酸 50 μL,终止反应,其产物为黄色。也常用四甲基联苯胺(TMB)为供氢体,加氢氟酸终止,其产物为蓝色。

6.结果判定

ELISA 实验结果可用肉眼观察,也可用 ELISA 测定仪测样本的光密度(OD)值。每批实验都需要设立阴性和阳性对照,肉眼观察时,如颜色反应超过阴性对照,即判为阳性。用 ELISA 测定仪来测定 OD 值,所用波长随底物供氢体不同而异,如以 OPD 为供氢体,测定波长为 492 nm;TMB 为 450 nm(硫酸终止)或 650 nm(氢氟酸终止)。

结果可用不同的方法记录。

(1)用"+"或"-"表示。超过规定吸收值(0.2~0.4)的标本均属阳性,此规定的吸收值是根据事先测定大量阴性标本取得的,是隐性标本的均值加上两个标准差。

(2)以 P/N 表示。求出该标本的吸收值与一组阴性标本吸收值的比值,大于 1.5 倍、2 倍或 3 倍,即判为阳性。

(3)以终点滴度表示。将标本稀释,最高稀释度仍出现阳性反应(即吸收值仍大于规定吸收值,或 P/N 大于 2 或 3 时),为该标本的滴度。

(四)斑点-酶联免疫吸附实验(Dot-ELISA)

该实验是近些年来创建的一项新技术,不仅保留了常规 ELISA 的优点,而且还弥补了抗原或抗体对载体包被不牢的缺点。此法的原理及其步骤与 ELISA 基本相同,不同之处在于:一是将固相载体以硝酸纤维素膜、硝酸醋酸混合纤维素膜、重氮苄氧甲基化纸等固相化基质膜代替,用以吸附抗原或抗体;二是显色底物的供氢体为不溶性的。结果以在基质膜上出现有色斑点来判定。可采用直接法、间接法、双抗体法、双夹心法等。

三、放射性同位素免疫技术

放射性同位素免疫技术是将同位素测定的高度敏感性和抗原抗体反应的高度特异性结合起来而建立的一种免疫分析技术,因此具有高度的特异性和敏感性。可精确测定体液中极微量的活性物质,其灵敏度可达到纳克(ng,10^{-9} g)甚至皮克(pg,10^{-12} g)级。

常用于测定各种激素(如甲状腺激素、性激素、胰岛素等)、微量蛋白质、肿瘤标志物和药物(如苯巴比妥、氯丙嗪、庆大霉素等)等。

标记用的同位素主要有放射 γ 射线和 β 射线两大类。放射 β 射线的同位素有 ^{14}C、^{3}H 和 ^{32}P,其放射出的 β 射线可用液体闪烁谱仪检测。放射 γ 射线的同位素有 ^{125}I、^{131}I、^{57}Cr 和 ^{60}Co,

其放射出的 γ 射线可用液体闪烁计数器检测。其中^3H 和^{125}I是放射免疫测定常用的同位素。

四、胶体金免疫技术

胶体金免疫标记技术是 20 世纪 80 年代发展起来的免疫检测技术。近年来,该技术发展很快,广泛应用于抗体或抗原的监测及定位分析。

(一)原理

胶体金免疫技术是以胶体金作为标记物应用于抗原抗体的一种新型的免疫标记技术。胶体金是由氯金酸($HAuCl_4$)在还原剂如白磷、抗坏血酸、枸橼酸钠、鞣酸等作用下,聚合成为特定大小的金颗粒,并由于静电作用成为一种稳定的胶体状态,称为胶体金。胶体金在弱碱环境下带负电荷,可与蛋白质分子的正电荷基团形成牢固的结合,由于这种结合是静电结合,所以不影响蛋白质的生物特性。

胶体金除了与蛋白质结合以外,还可以与许多其他生物大分子结合,如 SPA、PHA、ConA 等。根据胶体金的一些物理性状,如高电子密度、颗粒大小、形状及颜色反应,加上结合物的免疫和生物学特性,因而使胶体金广泛地应用于免疫学、组织学、病理学和细胞生物学等领域。

(二)检测实验类型

(1)胶体金免疫凝集实验。该实验具有试剂稳定、用量少、反应快、结果易判定的特点。优于红细胞凝集实验和乳胶凝集实验。

(2)胶体金免疫光镜染色。用标记有胶体金颗粒的抗体与组织切片反应,在光学显微镜下观察胶体金颗粒结合部位,可进行抗原定位分析。

(3)胶体金免疫电镜染色。将病毒等抗原置于铜网上,加抗体反应,再与 SPA 包被胶体金颗粒反应,在电镜下观察胶体金结合部位,可用于抗原或抗体检测。用胶体金颗粒抗体处理超薄样品切片,在电镜下还可进行抗原亚细胞水平定位分析。

(4)斑点免疫金渗滤法。应用微孔滤膜(如膜)作载体,先将抗原或抗体点于膜上,封闭后加待检样本,洗涤后用胶体金标记的抗体检测相应的抗原或抗体。

(5)胶体金免疫层析法。将特异性的抗原或抗体以条带状固定在膜上,胶体金标记试剂(抗体或单克隆抗体)吸附在结合垫上,当待检样本加到试纸条一端的样本垫上后,通过毛细作用向前移动,溶解结合垫上的胶体金标记试剂后相互反应,再移动至固定的抗原或抗体的区域时,待检物与金标试剂的结合物又与之发生特异性结合而被截留,聚集在检测带上,可通过肉眼观察到显色结果。该法现已发展成为诊断试纸条,使用十分方便。

五、化学发光免疫技术

化学发光免疫技术是将抗原与抗体特异性反应与敏感性的化学发光反应相结合而建立的一种免疫检测技术。

(一)原理

化学发光免疫测定(CLIA)属于标记抗体技术的一种,它以化学发光剂、催化发光酶或产物间接参与发光反应的物质等标记抗体或抗原,当标记抗体或抗原与相应抗原或抗体结合后,发光底物受发光剂、催化酶的作用,发生氧化还原反应,反应中释放可见光或者该反应激发荧光物质发光,最后用发光光度计进行检测。

(二)反应类型

1. 直接化学发光免疫分析

用吖啶酯直接标记抗体(抗原),与待测标本中相应的抗原(抗体)发生免疫反应后,形成固相包被抗体-待测抗原-吖啶酯标记抗体复合物,这时只需加入氧化剂(H_2O_2)和 NaOH 使成碱性环境,吖啶酯在不需要催化剂的情况下分解、发光 。由集光器和光电倍增管接收,记录单位时间内所产生的光子能,这部分光的积分与待测抗原的量成正比,可从标准曲线上计算出待测抗原的含量。

2. 化学发光酶免疫分析

化学发光酶免疫分析(CLEIA)是用参与催化某一化学发光反应的酶如辣根过氧化物酶(HRP)或碱性磷酸酶(ALP)来标记抗原或抗体,在与待测标本中相应的抗原(抗体)发生免疫反应后,形成固相包被抗体-待测抗原-酶标记抗体复合物,经洗涤后,加入底物(发光剂),酶催化和分解底物发光,由光量子阅读系统接收,光电倍增管将光信号转变为电信号并加以放大,再把它们传送至计算机数据处理系统,计算出测定物的浓度。

3. 电化学发光免疫分析

电化学发光免疫分析(ECLIA)是以电化学发光剂三联吡啶钌标记抗体(抗原),以三丙胺(TPA)为电子供体,在电场中因电子转移而发生特异性化学发光反应,它包括电化学和化学发光两个过程。在电化学发光免疫分析系统中,磁性微粒为固相载体包被抗体(抗原),用三联吡啶钌标记抗体(抗原),在反应体系内待测标本与相应的抗原 (抗体)发生免疫反应后,形成磁性微粒包被抗体-待测抗原-三联吡啶钌标记抗体复合物,这时将上述复合物吸入流动室,同时引入 TPA 缓冲液。当磁性微粒流经电极表面时,被安装在电极下面的电磁铁吸引住,而未结合的标记抗体和标本被缓冲液冲走。与此同时电极加压,启动电化学发光反应,使三联吡啶钌和 TPA 在电极表面进行电子转移,产生电化学发光,光的强度与待测抗原的浓度成正比。

模块二　技能训练

一、马传染性贫血酶联免疫吸附实验(ELASA)

【学习目标】

掌握酶联免疫吸附实验(间接法)的基本操作方法。

【仪器材料】

(1)器材。聚苯乙烯微量反应板、酶标仪。

(2)抗原、酶标记抗体和阴、阳性标准血清。

(3)实验溶液。抗原稀释液、冲洗液、酶标记抗体及血清稀释液、底物溶液、反应终止液。

【方法步骤】

1.包被抗原

用抗原稀释液将马传染性贫血 ELISA 抗原作 20 倍稀释,用微量移液器将稀释抗原加到各孔内,每孔 100 μL。盖好盖,置 4℃ 冰箱放置 24 h。

2.冲洗

甩掉孔内的包被液,注入冲洗液浸泡 3 min,甩干,再重新注入冲洗液,按此方法洗 3 次。

3.被检血清

每份被检血清及阳性对照血清、阴性对照血清均以血清稀释液作 20 倍稀释,每份被检血清依次加两孔,每孔加 100 μL。每块反应板均需设阳性及阴性对照血清各两孔,盖好盖,置 37℃ 水浴作用 1 h。

4.冲洗

方法同"2"。

5.加酶标记抗体

将酶标记抗体用稀释液作 1 000 倍稀释。每孔加 100 μL,盖好盖,置 37℃ 水浴作用 1 h。

6.冲洗

方法同"2"。

7.加底物溶液

每孔加新配制的底物溶液 100 μL,于 25~30℃ 避光反应 10 min。

8.终止反应

每孔滴加终止剂 25 μL。

9.比色

用酶标测试仪在波长 492 nm 下,测各孔降解产物的吸收值。

10.结果判定

被检血清两孔的平均吸收值与同块板阴性对照血清两个孔的平均吸收值之比≥2,且被检血清吸收值≥0.2 者,为马传染性贫血阳性。

附录

1.聚苯乙烯微量板的处理

将聚苯乙烯微量板用温水反复冲洗,彻底冲掉灰尘。用无离子水冲洗 3~4 遍,室温或 37℃ 温箱晾干,置无尘干燥处保存备用。

2.试液的配制

(1)抗原稀释液。0.1 mol/L pH 9.5 碳酸盐缓冲液。

甲液:0.1 mol/L pH9.5 碳酸钠溶液,称取无水 Na_2CO_3 10.6 g,以无离子水溶液溶解至 1 000 mL。

乙液:0.1 mol/L pH9.5 碳酸氢钠溶液,称取 $NaHCO_3$ 8.4 g,以无离子水溶液溶解至

1 000 mL。

取甲液 200 mL、乙液 700 mL 混合即成。

(2)冲洗液。0.02 mol/L pH 7.2 PBS-0.05% 吐温-20。

①0.02 mol/L pH 7.2 PBS 液。

甲液:0.2 mol/L 磷酸氢二钠溶液　称取 $Na_2HPO_4 \cdot 12H_2O$ 71.64 g,以无离子水溶液溶解至 1 000 mL。

乙液:0.2 mol/L 磷酸二氢钠溶液　称取 $NaH_2PO_4 \cdot 2H_2O$ 31.21 g,以无离子水溶液溶解至 1 000 mL。

取甲液 360 mL,乙液 140 mL,NaCl 38 g,无离子水溶解至 5 000 mL。

②0.02 mol/L pH7.2 PBS 液 1 000 mL,加吐温 20 液 0.5 mL 混匀即成。

(3)酶标记抗体和血清稀释液。0.02 mol/L pH 7.2 PBS-0.05% 吐温-20,加 0.1% 明胶,加 10% 健康牛血清。

(4)底物溶液。pH 5.0 磷酸盐-柠檬酸缓冲液,内含 0.04% 邻苯二胺和 0.045% 过氧化氢。

①pH 5.0 磷酸盐-柠檬酸缓冲液。

甲液:0.1 mol/L 柠檬酸溶液,称取柠檬酸($C_6H_8O_7 \cdot H_2O$) 21.01 g 以无离子水溶液溶解至 1 000 mL。

乙液:0.2 mol/L 磷酸氢二钠溶液。

取甲液 243 mL,乙液 257 mL 混合即成。

②称取邻苯二胺 40 mg 溶于 pH 5.0 磷酸盐-柠檬酸缓冲液 100 mL 中。临用前加 30% 过氧化氢 150 μL 即成。根据实验需要可按此比例增减。

(5)反应终止剂。2 mol/L 硫酸;取浓 H_2SO_4(纯度 95%～98%)4 mL 加入 32 mL 无离子水中混匀即成。

二、猪瘟荧光免疫标记实验

【学习目标】
(1)通过实验,进一步理解荧光抗体染色法的原理。
(2)以猪瘟荧光抗体染色法为例,掌握荧光抗体染色法的基本操作方法。

【仪器材料】
猪瘟病猪的肠系膜淋巴结、猪瘟荧光抗体、冰冻切片机、0.01 mol/L PBS(pH 7.2)、玻片、−30℃丙酮、荧光显微镜、缓冲甘油、盖玻片。

【方法步骤】
1.标本制备
切片制备:将冰冻的淋巴结进行切片,冰冻切片置载玻片上,以 −30℃ 丙酮 4℃ 固定30 min。

洗涤:将固定好的切片以 PBS 漂洗,漂洗 5 次,每次 3 min。

2.染色
染色:在晾干的标本片上滴加猪瘟荧光抗体,放湿盒内置 37℃ 染色 30 min。

洗涤:取出标本片,以吸管吸 PBS 冲去玻片上的荧光抗体,然后置大量 PBS 中漂洗,共漂洗 5 次,每次 3 min,再以蒸馏水冲洗晾干。

封载:滴加 pH 9.0 缓冲甘油,封片,供镜检。

3. 镜检

将染色后的标本片置荧光显微镜下观察,先用低倍物镜选择适当的标本区,然后换高倍物镜观察。以油镜观察时,可用缓冲甘油代替香柏油。

阳性对照应呈黄绿色荧光,而猪瘟自发荧光对照组和抑制实验对照组应无荧光。

4. 结果判定标准

＋＋＋＋:黄绿色闪亮荧光。

＋＋＋ 黄绿色的亮荧光。

＋＋ 黄绿色荧光较弱。

＋:仅有暗淡的荧光。

－:无荧光。

注:本实验需设定以下对照①阳性对照。②自发荧光对照,以 PBS 代替荧光抗体染色。③抑制实验对照,标本上加未标记的猪瘟抗血清,37℃于湿盒中 30 min 后,PBS 漂洗,再加标记抗体,染色同上。

复习思考题

1. 什么是免疫标记实验?免疫标记实验包括哪些类型?

2. 简述荧光免疫技术的原理,间接法荧光抗体技术的操作步骤。

3. 简述酶免疫技术的原理。酶免疫技术包括哪些种类?

4. 简述酶联免疫吸附实验常见方法。

5. 简述放射性同位素免疫技术的实验原理。

6. 简述胶体金免疫技术的实验原理。

7. 举例说明胶体金快速诊断试纸的临床应用。

任务五

中 和 实 验

● 知识点

　　中和实验的概念、中和实验的种类、中和实验的计算方法。

● 技能点

　　病毒价的测定、中和价的计算、中和指数的计算。

 模块一　基本知识

一、中和实验的概念

　　病毒或毒素与相应的抗体结合后,失去对易感动物的致病力,谓之中和实验。本实验主要用于:①从病料中检出病毒,或从血清中检出抗体,从而进行传染病的检验;②用抗毒素血清检查被检材料中的毒素或鉴定细胞的毒素型;③测定血清中的抗体效价;④新分离病毒的鉴定和分型。中和实验不仅可在易感的实验动物体内进行,亦可在细胞培养上或鸡胚上进行。

　　中和实验以能中和一定病毒的感染量为基础。因此,必须先测定病毒的感染力,进行毒价(毒力)测定。通常表示毒价(毒力)的大小的单位有最小致死量、半数致死量、最小感染量和半数感染量。

　　1.最小致死量(MLD)

　　能使特定实验动物感染后,在一定时限内发生死亡的最小的微生物量或毒素量。这一测定毒力的方法比较简便,但往往由于实验动物个体的差异,而产生较大误差。

　　2.半数致死量(LD_{50})

　　能使半数实验动物感染后一定时限内发生死亡的最小微生物量或毒素量。该方法可避免由动物个体差异造成的误差,较客观地反应被检材料的毒力状况。测定时应选择品种、年龄、性别、营养、体重一致的易感动物分成若干组,每组数量相同,然后以递减剂量的微生物或毒素分别接种动物,在一定时限内观察记录结果,最后以生物统计学方法计算出 LD_{50}。

3.最小感染量(MLD)和半数感染量(ID_{50})

能引起特定实验动物感染的最小微生物量为最小感染量。而能使半数实验动物发生感染的最小微生物量为半数感染量。

病毒毒价(毒力)的单位过去多用最小致死量(MLD),但由于剂量的递增与死亡率递增的关系不是一条直线,而是呈 S 形曲线,在越接近 100% 死亡时,对剂量的递增越不敏感。而死亡率越接近 50% 时,剂量与死亡率呈直线关系,所以现基本采用半数致死量(LD_{50})作为毒价单位,而且 LD_{50} 的计算应用了统计学方法,因此比较准确。以感染发病作为指标的,可用半数感染量(ID_{50})。用鸡胚测定时,可用鸡胚半数致死量(ELD_{50})或鸡胚半数感染量(EID_{50});用细胞培养测定时,可用组织细胞半数感染量($TCID_{50}$)。在测定疫苗的免疫性能时,则用半数免疫量(IMD_{50})或半数保护量(PD_{50})。

二、中和实验的种类

实验方法主要有简单定性实验、终点法中和实验和空斑减少法,终点法中和实验包括固定血清稀释病毒法、固定病毒稀释血清法。

(一)简单定性中和实验

本法主要用于检出病料中的病毒,亦可进行病毒的初步鉴定或定性。先根据病毒易感性选定实验动物(鸡胚或细胞)及接种途径。将动物分为实验组和对照组,每组至少 3 只。实验组:取待检病料研磨,并稀释成一定浓度($100\sim1\,000\ LD_{50}$ 或 $TCID_{50}$),加双抗(青霉素、链霉素各 $200\sim1\,000\ U$),在冰箱中作用 1 h 或经细菌滤器过滤,与已知的抗血清等量混合,置于 37℃ 中作用 1 h 后接种动物;对照组则用正常血清加入稀释病料接种,接种后分别隔离饲喂,观察发病和死亡情况。对照动物死亡,而中和组动物不死亡,即证实该病料中含有与该抗血清相应的病毒。

(二)终点法中和实验

终点法中和实验是通过滴定使病毒感染力减少至 50% 时血清的中和效价或中和指数。有固定病毒稀释血清和固定血清稀释病毒两种方法。

1.固定病毒稀释血清法

将已知的病毒量固定,血清作倍比稀释,常用于测定抗血清的中和效价。

本法需要先测定病毒的毒价,然后将病毒原液稀释成每单位剂量含 $200\ LD_{50}$(或 EID_{50}、$TCID_{50}$),与等量递进稀释的待血清混合,置 37℃ 作用 1 h。每一稀释度接种 $3\sim6$ 只(个、孔)实验动物(或鸡胚、细胞),记录每组动物的存活数和死亡数,有三种方法计算其半数保护量,即该血清的中和价。

(1)Reed-Muench 法。本计算方法有两种计算形式。

①$\lg PD_{50}=$ 低于 50% 的死亡(CPE)百分率的血清稀释度的对数 + 距离比 × 稀释系数的

对数。

② lgPD$_{50}$＝高于50％的死亡(CPE)百分率的血清稀释度的对数－距离比×稀释系数的对数。

举例如表6-12所示。

表6-12　固定病毒稀释血清法示例

血清稀释度	死亡 (CPE) 比例	死亡 (CPE)	存活 (无CPE)	累计和		
				死亡 (CPE)	存活 (无CPE)	死亡 (CPE)率
1:4($10^{-0.6}$)	0/4	0	4	0	9	0
1:16($10^{-1.2}$)	1/4	1	3	1	5	17
1:64($10^{-1.8}$)	2/4	2	2	3	2	60
1:256($10^{-2.4}$)	4/4	4	0	7	0	100
1:1024($10^{-3.0}$)	4/4	4	0	11	0	100

从表6-12可以看出,PD$_{50}$介于$10^{-1.2}$和$10^{-1.8}$之间。

以①法计算:

距离比＝〔50％－低于50％的死亡(CPE)百分率〕÷〔高于50％的死亡(CPE)百分率－低于50％的死亡(CPE)百分率〕＝$(50-17)÷(60-17)≈0.77$

lgPD$_{50}$＝低于50％的死亡(CPE)百分率的血清稀释度的对数＋距离比×稀释系数的对数＝$-1.2+0.77×\lg 1/4=-1.2+0.77×(-0.6)=-1.662$

PD$_{50}$＝$10^{-1.66}=0.0218$(1:46),表明该血清在1:46稀释时可保护50％的动物(鸡胚或细胞)免于死亡(或出现CPE)。

以②法计算:

距离比＝〔高于50％的死亡(CPE)百分率－50％〕÷〔高于50％的死亡(CPE)百分率－低于50％的死亡(CPE)百分率〕＝$(60-50)÷(60-17)≈0.23$

lgPD$_{50}$＝高于50％的死亡(CPE)百分率的血清稀释度的对数－距离比×稀释系数的对数＝$-1.8-0.23×\lg 1/4=-1.8-0.23×(-0.6)=-1.662$

由此可见,两种计算方法结果一致。

(2)内插法。从表6-12可见,50％的死亡(CPE)率在60％和17％之间的一定位置上,所以PD$_{50}$也在-1.2和-1.8之间,两者呈比例关系列出比例式即可计算出PD$_{50}$。

$(-1.8-$ lgPD$_{50})$:$(\lg 1/4)$＝$(60％-50％)$:$(60％-17％)≈0.23$

lgPD$_{50}$＝$-1.8-0.23×(-0.6)=-1.662$

其结果与上法相同。

(3)Karber法。其公式为lgPD$_{50}=L-d(S-0.5)$

公式中L为血清最低稀释度的对数,d为组距,即稀释系数,10倍递进稀释时d为-1,S为死亡比值的和(计算固定病毒稀释血清法中和实验效价时,S应为保护比值之和),即各组死亡(感染)数/实验数相加。

从表6-12可以看出$L=-0.6$;$d=0.6$;$S=1+0.75+0.5=2.25$

lgPD$_{50}=L-d(S-0.5)=-0.6-0.6(2.25-0.5)=-1.65$

PD$_{50}$＝$10^{-1.65}=0.0224$(1:45)与前边计算方法结果基本相同。

2.固定血清稀释病毒法

本法多将病毒液作 10 倍递增稀释,分置两列无菌试管,第 1 列加等量正常血清(对照组);第 2 列加待检血清(实验组)。混合后,置 37℃作用 1 h,将各管混合液分别接种选定的实验动物,每一稀释度用 3～6 只动物(或鸡胚、组织细胞)。接种后,逐日观察,并记录其死亡数、累计死亡数和累计存活数,按 Karber 法计算 LD_{50},然后计算中和指数(表 6-13):

中和指数＝中和组 LD_{50}/对照组 LD_{50}。

如实验组的 LD_{50} 为 $10^{-2.2}$,正常血清 LD_{50} 为 $10^{-5.5}$,根据中和指数公式 $10^{-2.2}/10^{-5.5}=10^{3.3}$,查 3.3 反对数是 1 995,故中和指数 $10^{3.3}=1$ 995。也就是说该待检血清中和病毒的能力为正常血清的 1 995 倍。本法多用以检出待检血清中的中和抗体,对病毒而言,通常中和指数大于 50 判为阳性,10～40 为可疑,小于 10 为阴性。

表 6-13　50% 终点法中和实验举例

项目	病毒稀释								中和指数
	10^{-1}	10^{-2}	10^{-3}	10^{-4}	10^{-5}	10^{-6}	10^{-7}	LD_{50}	
正常血清对照组				4/4	3/4	1/4	0/4	$10^{-5.5}$	$10^{3.3}=1$ 995
待检血清对照组	4/4	2/4	1/4	0/4	0/4	0/4	0/4	$10^{-2.2}$	

(三)空斑减少实验

本法系应用空斑技术,以使空斑数减少 50% 的血清稀释度作为该血清的中和滴度(效价)。实验时,先将已知空斑单位的病毒稀释成每接种剂量含 100 个 PFU(空斑形成单位),与不同稀释度的待检血清等量混合,每一稀释度接种至少 3 个已经形成单层细胞的培养瓶(孔),置 37℃ 作用 1 h,使病毒吸附,然后加入在 44℃ 水浴预热的营养琼脂(在 0.5% 水解乳蛋白或 Eagles 液中,加 2% 犊牛血清、1.5% 琼脂及 0.1% 中性红 3.3 mL)凝固后放无灯光照射的 37℃ 温箱。同时用稀释的病毒加等量 Eagles 液同样处理作为病毒对照。数天后分别计算 PFU,用 Karber 法或内插法计算血清的中和效价(表 6-14)。

表 6-14　空斑减少法中和实验举例

病毒稀释	100 PFU/0.5 mL					
病毒＋Hanks 液空斑数	(平均)	55PFU				
血清稀释	1/10	1/20	1/40	1/80	1/160	1/320
	10^{-1}	$10^{-1.3}$	$10^{-1.6}$	$10^{-1.9}$	$10^{-2.2}$	$10^{-2.5}$
血清中和后空斑数(平均)	5	11	15	29	40	50
中和比值	55－5/55	55－11/55	55－15/55	55－29/55	55－40/55	55－50/55
比值和 $S=3.4$						
血清中和价的对数＝$-1-0.3×(3.4-0.5)=-1.87$						
血清的中和价为 $10^{-1.75}=1/74$						

模块二　技能训练

一、狂犬病毒抗体测定

【学习目标】

会狂犬病毒抗体测定方法。

【仪器材料】

试管、1 mL 吸管、10 mL 吸管、37℃ 恒温水浴锅、0.25 mL 注射器、狂犬病毒标准抗原、被检血清、9～13 g 小白鼠。

【方法步骤】

(1)将标定好的狂犬病毒标准抗原稀释成每单位剂量含 200LD$_{50}$。

(2)将被检血清 2 倍系列稀释。

(3)将抗原稀释与等量递进稀释的待血清混合,置 37℃ 作用 1 h。

(4)每个滴度脑内接种 9～13 g 小白鼠 5 只,每只脑内接种 0.03 mL。

(5)设 5 只不接种小鼠对照(阴性对照),5 只接种标准抗原小鼠对照(阳性对照)。

(6)饲养观察 21 d,每天观察小鼠两次,记录小鼠死亡情况。

(7)计算血清的中和价。

【注意事项】

(1)发现有小鼠死亡及时检出,不然其他小鼠会把它吃掉。

(2)计算接种后 5～21 d 死亡的小鼠数。

(3)阴性对照小鼠应当全部健活,阳性对照小鼠应当全部死亡,实验成立。

二、鸡新城疫病免疫状态监测

【学习目标】

会鸡新城疫病抗体检测方法,知道鸡新城疫病免疫状态情况。

【仪器材料】

离心机、5 mL 注射器、250 mL 三角瓶、试管、健康鸡、5% 枸橼酸钠、生理盐水、1 mL 吸管、10 mL 吸管。96孔 U 形微量反应板、微量振荡器、鸡新城疫病毒标准抗原、生理盐水、微量吸液器等。

【方法步骤】

(一)被检血清制备

(1)采血。①静脉采血:将鸡固定,伸展翅膀,在翅膀内侧选一粗大静脉,用碘酒和酒精棉球消毒,再用左手食指、拇指压迫静脉心脏端使该血管怒张,针头由翼根部向翅膀方向沿静脉平行刺入血管。②心脏采血:将鸡侧位固定,右侧在下,头向左侧固定。找出从胸骨走向肩胛部的皮下大静脉,心脏约在该静脉分支下侧;在选定部位垂直进针,如刺入心脏可感到心脏跳动,稍回抽针栓可见回血,否则应将针头稍拔出,再更换一个角度刺入,直至抽出血液。

(2)血清分离。将采得血液在室温中自然凝固。待血液凝固后进行剥离或者将凝血切成若干小块,并使其与容器剥离。先置于 37℃ 1～2 h,然后置于 4℃ 冰箱过夜,次日离心收集血清。

(3)血清提取。用吸管将分离的血清吸出放入离心管中离心 3 000 r/min,离心 5 min,收集上清液。

(4)血清保存。放 2～8℃ 条件下保存,不超过 7 d,若长期保存应在 −18 ℃ 以下冻结保存。

(二)1% 鸡红细胞制备

(1)采血。采血前用注射器抽取抗凝剂 0.5 mL,采血 1 mL,血液和抗凝剂的比例为 2∶1。

(2)洗红细胞。将血液放入离心管中,加适量生理盐水混匀,洗涤离心,共离心三次(第一、第二次 2 000 r/min 5 min、第三次 3 000 r/min 5 min)洗去血清及白细胞。

(3)配制。用 1 mL 吸管吸取 0.1 mL 细胞泥加 9.9 mL 生理盐水,即成 1% 的鸡红细胞悬液。

(4)保存。2～8℃ 条件下保存备用,不得超过 7 d。

(三)4 个单位抗原的制备

(1)取 96 孔血凝板作标记。

(2)取鸡新城疫病毒标准抗原一瓶加生理盐水 1 mL。

(3)第一排 1～12 孔各加生理盐水 40 mL。

(4)吸 40 μL 抗原液于第一排第 1 孔,混匀后取 40 mL 至第 2 孔,依次稀释至第 10 孔,弃去 40 μL。

(5)第一排 1～12 孔各加 1% 鸡红细胞 40 μL。

(6)微型振荡器振荡 1 min 混匀。

(7)室温静置 10～30 min,观察结果。

(8)结果判定。对照组红细胞完全沉降,以实验排中能使等量红细胞发生完全凝集的病毒最高稀释倍数,作为病毒的血凝价,即 HA 效价。倾斜血凝板,红细胞没有流淌者为完全凝集。

(9)计算。如果前 6 个孔都出现完全凝集现象则是 $2^6 ÷ 4 = 64 ÷ 4 = 16$。

(10)抗原稀释。将抗原稀释 16 倍即为 4 个单位抗原。

(四)抗体测定(HI)

取 96 孔血凝板,按以下步骤操作。

(1)待检血清的稀释。第二排 1～12 孔各加生理盐水 40 μL,于第二排第 1 孔中加入 40 μL

待检血清,反复吹吸 3～5 次混匀后,取 40 μL 至第 2 孔混匀,吸取 40 μL 至第 3 孔,依次稀释至第 10 孔,弃去 40 μL。

(2)加抗原。第二排 1～11 孔各加 4 个单位抗原 40 μL,微量振荡器振荡 1 min 混匀。

(3)反应。室温静置 20 min。

(4)加红细胞。第二排 1～12 孔各加 1‰ 鸡红细胞 40 μL,微量振荡器振荡 1 min 混匀。

(5)反应。室温静置 10～30 min,观察结果。

(6)结果判定。第 11 孔为抗原对照,红细胞应全部凝集,第 12 孔为红细胞对照,红细胞应全部沉降。以待检血清能完全抑制病毒凝集红细胞的最高稀释倍数为血清的 HI 效价。通常能使 4 个凝集单位病毒凝集红细胞的作用完全被抑制的血清最高稀释倍数,称为抗体的血凝抑制价(HI 效价)。只有阴性对照孔、阳性对照孔成立,实验结果才有效。

(7)计算。如果前 6 个孔都出现完全不凝集现象则是 $2^6 = 64$。

(8)结论。本鸡场的鸡抗体效价为 64≥16,免疫状态良好。

(五)检测意义

HI 实验可监测鸡群的免疫状态,鸡免疫 3 周后,采血测定 HI 价。HI 越高免疫效果越好,鸡的 HI 价低于 16 时被认为免疫失败,需要重新进行免疫。幼鸡与后备鸡要求在 16 以上,蛋鸡要求在 32 以上,种鸡要求在 64 以上。

【注意事项】

(1)用离心机时对称孔重量相等。

(2)抗凝剂不能注入鸡体内。

(3)洗红细胞时用力不要过猛,以免破坏红细胞。

复习思考题

1.名词解释:中和实验、LD_{50}、ID_{50}、ELD_{50}、EID_{50}、$TCID_{50}$、PD_{50}。

2.中和实验包括哪些种类?

3.简述狂犬病毒抗体的测定方法。

4.简述中和实验的计算方法。

5.简述应用中和实验进行疾病免疫状态监测的意义。

6.简述鸡新城疫病免疫状态监测的步骤。

参 考 文 献

[1] 秦春娥，宋国盛. 动物微生物与免疫应用. 北京：中国农业大学出版社，2013.

[2] 杨玉平. 动物微生物. 北京：中国轻工业出版社，2012.

[3] 羊達平，梁学勇. 动物微生物. 北京：中国农业大学出版社，2011.

[4] 刘莉，王涛. 动物微生物及免疫. 北京：化学工业出版社，2010.

[5] 欧阳素贞，曹晶. 动物微生物. 北京：中国农业出版社，2009.

[6] 秦春娥，别运清. 微生物及其应用. 武汉：湖北科学技术出版社，2008.

[7] 陆承平. 兽医微生物学. 4版. 北京：中国农业出版社，2008.

[8] 王珅，乐涛. 动物微生物. 北京：中国农业大学出版社，2007.

[9] 李舫. 动物微生物. 北京：中国农业出版社，2007.

[10] 胡建和，王丽荣，杭柏林. 动物微生物学. 北京：中国农业科学技术出版社，2006.

[11] 黄青云. 畜牧微生物学. 北京：中国农业出版社，2006.

[12] 唐丽杰. 微生物学实验. 哈尔滨：工业大学出版社，2005.

[13] 胡开辉. 微生物学实验. 北京：中国林业出版社，2004.

[14] 崔保安. 动物微生物学. 北京：中国农业出版社，2005.

[15] 李决. 兽医微生物学及免疫学. 成都：四川科学技术出版社，2003.

[16] 沈萍，陈向东. 微生物学. 2版. 北京：高等教育出版社，2006.

[17] 杨汉春. 动物免疫学. 2版. 北京：中国农业大学出版社，2003.

[18] 赵良仓. 动物微生物及检验. 北京：中国农业出版社，2009.

[19] 杜念兴. 兽医免疫学. 2版. 北京：中国农业出版社，2000.

[20] 殷震，刘景华. 动物病毒学. 北京：科学出版社，1985.